普通高等教育“十一五”力学规划教材

湖北省精品课程教材

工程流体力学

赵汉中　主编

华中科技大学出版社

中国·武汉

内 容 简 介

本书介绍了流体力学的基本原理及其在工程中的应用，是为机械、材料、热能与动力、船舶与海洋及环境等工程类专业所编写的教材。全书包括绪论、流体静力学、理想流体动力学基础、黏性流体动力学基础、可压缩流体的一元流动、量纲分析与相似原理、理想不可压缩流体的势流和旋涡运动、黏性不可压缩流体的运动、激波与膨胀波，以及流动传输基础等内容。书中对每部分讲述的内容都列举了示范例题，配置了较多的习题，并编写了思考题。

本书可作为工程类专业本科生的教材，也可作为研究生和工程技术人员的参考用书。

图书在版编目(CIP)数据

工程流体力学/赵汉中主编．—武汉：华中科技大学出版社，2011.8(2024.7 重印)
ISBN 978-7-5609-7067-7

Ⅰ．工…　Ⅱ．赵…　Ⅲ．工程力学：流体力学-高等学校-教材　Ⅳ．TB126

中国版本图书馆 CIP 数据核字(2011)第 090801 号

工程流体力学　　赵汉中　主编

策划编辑：徐正达
责任编辑：刘　飞
封面设计：刘　卉
责任校对：周　娟
责任监印：朱　玢
出版发行：华中科技大学出版社(中国·武汉)　　电话：(027)81321913
　　　　　武汉市东湖新技术开发区华工科技园　　邮编：430223
录　　排：武汉市洪山区佳年华文印部
印　　刷：武汉科源印刷设计有限公司
开　　本：710mm×1000mm　1/16
印　　张：21
字　　数：442 千字
版　　次：2024 年 7 月第 1 版第 16 次印刷
定　　价：59.80 元

前　言

本书是根据机械、材料、热能与动力、船舶与海洋及环境等工程类专业“工程流体力学”课程的教学要求，并参考教育部水力学和流体力学教学指导小组制定的《工程流体力学课程教学基本要求》编写的教材。

流体力学是一门基础学科，也是一门应用学科。“工程流体力学”是许多工程类专业的重要学科基础课程，并被多个专业列为基础课“平台”课程。作为多个工程类专业的学科基础课程，该课程一方面要能够在较少的教学学时内，使学生牢固掌握流体力学的基本概念、基本原理，学会处理流体力学问题的一般方法，为学习后续选修课程建立扎实的基础；另一方面也要求课程内容具有一定的广泛性，以满足不同专业背景学生的需要。本书为满足上述教学要求而编写。全书共十章，大体分为两部分，前六章为第一部分，可以供相关工程类专业学科基础课程使用；后四章为第二部分，可以供热能与动力及环境工程类等需要更多流体力学知识的专业选用。

教学不仅要传授知识，更要注重提高学生的素质，培养学生分析和解决实际问题的能力。这是我们在教学实践中努力的方向，也是编写教材的指导思想。在本书的编写中，编者力求做到突出物理概念和基本原理，启发学生进行思考，激发学生的兴趣，强调解决问题的一般方法，落脚于实际工程问题。为了有利于学生自主学习，本书对每部分讲述的内容都列举了示范例题，配置了较多的习题，并编写了思考题。

本书是在2005年华中科技大学出版社出版的《工程流体力学》(Ⅰ)、(Ⅱ)的基础上，根据几年来的教学使用情况，由四位具有丰富教学经验和教材编写经验的教师重新编写而成的。各章的编写分工为：赵汉中，第1、2、4、8、9章；陈波，第3章；李万平，第5、7章；陈瀚，第6、10章。全书由赵汉中统稿。

本书的编写和出版获得了华中科技大学教材建设基金的支持。

编　者

2011年7月

主要符号表

A	面积
$\boldsymbol{a}$	加速度矢量
a_x, a_y, a_z	加速度分量
B, b	宽度
c_p	(质量)定压热容
c_V	(质量)定容热容
C_D	阻力系数
C_p	压强系数
c	声速,水击波波速
D, d	直径
E	能量,(固体)弹性模量
e	(质量)内能
Eu	欧拉数
F	力
$\boldsymbol{F}$	力矢量
F_D	阻力
Fr	弗劳德数
$\boldsymbol{f}$	单位质量力矢量
f	频率
f_x, f_y, f_z	单位质量力分量
G	重量
g	重力加速度
H	高度
h	高度,(质量)焓
K	体积模量
L, l	长度
m	质量
M	力矩
Ma	马赫数
P	功率
p	压强

p_a	大气压强
p_g	相对压强
p_v	真空压强
Q,q	体积流量
Q_m	质量流量
R	半径,气体常数
Re	雷诺数
Sr	斯特罗哈数
T	热力学温度
t	时间,摄氏温度
U	速度
u,v,w	速度分量
V	体积,速度
$\boldsymbol{v}$	速度矢量
W	功,复位势
α	角度,动能修正系数
β	角度,动量修正系数
Γ	速度环量
γ	(质量)热容比
Δ	壁面粗糙度
δ	边界层厚度,黏性底层厚度
ε	截面收缩系数,(固体)应变
ζ	局部损失系数
λ	沿程损失系数
μ	动力黏度,流量系数,马赫角
ν	运动黏度,普朗特-迈耶函数
Π	力势函数,无量纲综合参数
θ	角度
ρ	密度
σ	正应力,表面张力系数
τ	切应力
φ	速度势函数
ψ	流函数
$\boldsymbol{\Omega}$	涡矢量
ω	角速度
$\boldsymbol{\omega}$	角速度矢量

目　　录

第1章　绪　　论

1.1　流体与流体力学

力学是研究物质机械运动基本规律的科学。力学有许多学科分支，在不同的分支中研究对象和研究方法都有所不同。流体力学是力学的重要分支学科之一，它的研究对象是流体。

流体和固体是物质存在的主要形态。与固体相比，流体更容易变形。固体能够抵抗一定程度的压力、拉力和剪切力；流体一般不能抵抗拉力，在静止状态下也不能抵抗剪切力。如果对固体施加剪切力，只要剪切力不超过一定限度，固体在发生变形后其内部应力与外力相平衡，从而达到新的静止平衡状态。如果对流体施加剪切力，无论力多小，都会使它发生连续的变形；只要剪切力不停止作用，流体就永远不会达到静止平衡状态。

大量与人类生活密切相关的物质，如水、空气、油、酒精等，都是流体。流体包括液体和气体。液体与气体在力学性质上的主要差别是后者比前者更容易被压缩。

流体力学研究流体的运动规律和力的相互作用规律，研究流体运动过程中动量、能量和质量的传输规律。一方面，流体力学与物理学、数学等学科一样，所阐明的规律具有普遍性，因此流体力学是一门基础学科。另一方面，流体力学的一般原理及所获得的结论又被广泛地用于分析和解决各种与流动相关的实际问题中，它在许多工程技术领域中有着广泛的应用性，因此流体力学又是一门应用学科。

流体力学学科的历史非常悠久，人类早在公元前就开始研究流体的运动和受力规律了，早期最著名的研究成果就是阿基米德(Archimedes)浮力定律。公元18世纪，随着牛顿(I. Newton)运动定律和微积分的建立，一批著名的欧洲科学家，如欧拉(L. Euler)、伯努利(D. Bernoulli)、达朗贝尔(J. D'Alembert)、拉格朗日(J. Lagrange)和拉普拉斯(P. Laplace)等建立了无黏性流体的理论流体力学，从而使流体力学的基本理论初步成形。到了19世纪，纳维(C. Navier)和斯托克斯(G. Stokes)进一步建立了黏性流体的运动方程，完善了经典流体力学的理论体系。在此时期，哈根(G. Hagen)、泊肃叶(J. Poiseuille)和谢才(A. Chezy)等一批著名的实验科学家则建立了真实流体的实验力学。流体力学在19世纪末的另一重要进展是湍流研究。1883年英国科学家雷诺(O. Reynolds)用不同直径的圆管做了一系列的管道流动实验，发现流体存在着两种不同的流动状态，即层流和湍流。十几年后，雷诺又运用时均方法建立了湍流流动的运动方程组，从而为湍流的研究奠定了理论基础。进入20

世纪后,航空的发展提出了大量需要解决的流体力学问题。为了找到计算飞行器阻力的有效途径,德国科学家普朗特(L. Prandtl)在 1904 年提出了边界层理论。许多学者认为,现代意义上的流体力学形成于 20 世纪初,以边界层理论的诞生为标志,而普朗特、冯・卡门(V. Karman)、泰勒(C. Taylor)等一批流体力学家在空气动力学、湍流和旋涡理论等方面所取得的卓越成就则奠定了现代流体力学的基础。

在整个 20 世纪,流体力学不断地与各种应用学科交叉融合,许多新的研究领域由此被开拓出来。例如,设计高速、高敏捷性的飞机需要解决大量的空气动力学问题,从而使空气动力学这个流体力学的分支学科得到了完善和发展;大型火箭和航天飞机的研制,则在高超音速气动力学、物理化学流体力学、稀薄气体动力学等一系列流体力学的新分支内产生了大量的研究成果;大型水利枢纽的设计提出了许多需要研究的水力学问题,这些问题的逐步解决使水动力学又得到了新的发展;各种大型建筑物,如火电站的冷却塔和大跨度桥梁等遭风载破坏的教训,引起了力学和工程界的密切关注,后来形成了风工程学科;大型汽轮机、燃气轮机等现代动力机械的研制促进了独特的翼栅理论、多相流理论的形成;20 世纪以来,气象预报精确度有很大的提高,这又得益于地球流体力学这个新分支学科的产生和完善。

由流体力学的发展历史不难看出,流体力学学科在不断解决自然界中和工程技术领域中所提出问题的过程中逐步地发展和完善着,而流体力学的发展和完善又推动了相关领域科学技术的发展。

人类社会发展到今天,所提出的流体力学问题越来越多,例如,动力工程中的能量转换,机械工业中的润滑、液压传动、气力输送,高温液态金属在炉内或铸型内的流动,燃烧气体在炉内的运动,舰船的阻力,汽车和高速列车的风阻,市政工程中的通风、通水,高层建筑的风载,污染物在水和大气中的扩散,等等,所涉及的技术领域也越来越广。

在流体力学学科取得显著发展的同时,也留下了许多待解决的难题,例如,湍流的机理解释及湍流计算、旋涡运动的机理解释及旋涡运动的控制、非线性水波和风浪的相互作用问题、多相流及非牛顿流体的相关力学问题、渗流力学问题、热及化学非平衡流体力学问题、微尺度流动及传热问题,等等。在人类所关心的全球气候变化、环境保护、能源开发及利用、海洋开发、防灾减灾等问题中都还有许多待解决的流体力学难题,许多工程技术的发展仍然有赖于流体力学研究的新成果。

流体力学研究所采用的主要手段为理论分析、实验研究和数值计算。理论分析是应用基本物理定律建立方程,通过数学分析找出各种流动状态下相关参数之间的依赖关系;实验研究主要是在配备有各种测量和观察手段的实验设备(如风洞、水槽、管道等)上对流动现象进行模拟、观察和测量,找出流动的规律;数值计算则是使用计算机对流动现象进行数值模拟,计算出反映流动和受力规律的数据。正确的理论分析结果可以揭示流体运动的本质特性和基本规律,具有普遍的适用性;实验结果能够反映真实流体的实际运动规律，发现新的物理现象，检验理论分析和数值模拟的结果；数值计算则能够用于研究复杂的流动问题，模拟多种工况，比实验经济、省时。三种手段相辅相成，使流体力学学科日益完善和不断发展。

工程流体力学是热能与动力、机械、材料、土木、船舶与海洋及环境等工程类专业的学科基础课程。相对于流体力学学科范畴内的其他课程，工程流体力学更偏重于基础理论和基本方法，也更偏重于解决工程实际问题。本书作为课程的教材，主要介绍流体力学的基本原理和基本方法，并且将通过大量实例去说明如何运用这些原理、方法去分析和解决与流体运动相关的实际问题。

1.2 连续介质模型

流体由分子组成，分子不停地运动并相互碰撞。分子的运动具有较大程度的随机性，其规律比较复杂。从微观上来看，由于分子之间存在着空隙，流体是不连续分布的介质，因此在流体区域中分子运动参数的空间分布也不连续。通常把流体分子的运动称为微观运动。由于分子运动的随机性及其参数空间分布的不连续性，由微观运动着手来研究流动问题是相当困难的。

也可以把流体看做是由许多个含有大量分子的微团组成的介质。按照分子运动论的观点，流体微团的物理特征表现为其中所有分子的统计平均特征，只要流体微团所包含的分子足够多，其统计平均特征相对稳定，不具有随机性。如果微团紧密分布，相互之间没有空隙，那么微团的运动参数在流体空间上就是连续分布的。与微观运动的概念相对应，流体微团的运动称为宏观运动。由宏观运动着手研究流动比由微观运动着手研究流动要容易得多。

由宏观运动着手研究流动的更重要理由是，在绝大多数实际问题中人们感兴趣的只是流体的宏观运动特征。例如，在工程中所关心的翼型表面上的流体压强变化规律、管截面上的流体速度分布规律等问题中，压强和速度等都是宏观运动参数。事实上，常规测量仪器能够测量的流体力学参数也是一定面积或者体积上的宏观运动参数。例如，目前最精细的激光测速仪的感受体积（激光测速聚焦点）大约为 10^{-6} mm^3，在常规条件下，这样小的空气体积内含有大约 2.7×10^{10} 个空气分子。也就是说，激光测速仪所测出的速度值反映的是大约 2.7×10^{10} 个分子运动的整体特征。

同时，为了能够充分反映流体宏观运动的参数变化规律，流体微团中不仅应该含有足够多个分子，它的尺寸相对于实际问题的特征尺寸还必须足够小。例如，当流体微团的尺寸相对于翼型的特征尺寸足够小时，沿翼型表面微团间的压强变化才能够充分反映出翼型表面上的流体压强变化规律；当流体微团的尺寸相对于管道截面的特征尺寸足够小时，微团间的速度变化才能够充分反映出管道截面上流体速度的变化规律。

很小的流体微团内仍然含有数目巨大的分子，例如体积为 10^{-10} mm^3 的水中含

有大约 3.3×10^9 个分子。相对于一般工程问题中的宏观特征尺寸,含有足够多个分子的流体微团的体积可以小到被看成只是一个“点”,因此也可以把流体微团称为流体质点。

把流体看做是由内含足够多个分子的微团(或质点)所构成的连续介质,这就是所谓的连续介质模型或者连续介质假设。根据连续介质模型,流体的质量在空间上连续分布,反映流体运动和受力的各物理参数,如压强、速度、密度、温度等,都是连续分布的变量。提出连续介质模型的根本目的就是要运用连续函数来描述流体中的物理参数,从而可以在流体力学研究中使用微积分等数学工具。连续介质模型是传统流体力学理论得以建立的基础。

连续介质模型并不是对客观事物的真实描述,它只是一个数学模型,其正确性需要由实践来验证。实践证明,除了少数的特殊问题外,在这个模型基础上对绝大多数流动问题建立方程并由此求解所得到的结果是与实际现象相符合的。在一些特殊的问题中,宏观特征尺寸的量级与流体分子平均自由程的量级相同或者相近。例如:航天器在高空稀薄气体中飞行时,其特征尺寸的量级与大气分子平均自由程的量级相同;超声速气流中激波厚度的量级与气体分子平均自由程的量级相同;微机电系统中部分流道特征尺寸的量级与气体分子平均自由程的量级相近;生物系统中有些微细流道特征尺寸的量级与流体分子平均自由程的量级相近;等等。在这样一些特殊情况下,连续介质模型不成立,如果仍然采用基于连续介质模型的流体力学基本方程来分析这类流动问题,其结果往往会有较大误差。对于那些不能运用连续介质模型的流体力学问题,一般都是运用分子动力学理论和统计理论,从分析分子运动的统计规律着手来研究流体宏观运动的规律。这些内容已经超出了本书的讨论范围。

1.3 流体的密度及黏性

1. 流体的密度

流体的密度是单位体积流体所具有的质量。用 ρ 表示流体的密度。在均质流体中,如果体积 V 内的流体质量为 m,则密度

$$\rho=\frac{m}{V} \tag{1.1}$$

在国际单位制中,密度 ρ 的单位是 kg/m^3。

对于非均质流体,各点的密度不相同,密度的定义为

$$\rho=\lim_{\Delta V\to 0}\frac{\Delta m}{\Delta V} \tag{1.2}$$

这里 $\Delta V\to 0$ 只是趋于含有足够多个分子的流体微团(或质点)的体积,而不是趋于严格数学意义上的零。不过,由于流体微团的体积相对于一般流体力学问题中的特征尺寸是非常小的,因此在处理流体力学问题时对这类极限的处理与在数学问题中并

无差别。

密度的倒数称为比体积，记作 v，即

$$v=1/\rho \tag{1.3}$$

比体积的单位是 m^3/kg，它表示单位质量的流体所占有的体积。

流体的密度与压强和温度有关。在一般情况下，压强变化几乎不会对液体的密度产生影响，但温度变化时液体的密度会稍有改变。液体密度与温度之间的关系可以由下式描述：

$$\rho=\rho_0[1-\alpha_V(T-T_0)] \tag{1.4}$$

其中，T 是热力学温度，单位为 K；ρ_0 是温度 T_0 下的密度；α_V 是膨胀系数，单位为 1/K，一般液体的 α_V 值都具有 10^{-3} K 量级。

压强变化和温度变化都会对气体密度产生显著的影响。气体密度通常随压强的增高而增大，随温度的升高而减小。密度 ρ、压强 p 和热力学温度 T 之间的关系可以用热力学状态方程表示，即

$$p=p(\rho,T) \tag{1.5}$$

常见的气体大多数服从完全气体的状态方程，即

$$p=R\rho T \tag{1.6}$$

其中，R 是气体常数。对于空气，气体常数 $R=287$ J/(kg·K)。

常见流体的密度值可见表 1-1、表 1-2 和表 1-3。

根据流体密度的变化能否被忽略，可以把流体分类为不可压缩流体和可压缩流体。液体的密度受压强和温度变化的影响较小，在多数情况下可以作为不可压缩流体来处理；气体的密度受压强和温度变化的影响较大，在很多情况下要作为可压缩流体来处理。在一些特殊情况下也可以有不同。例如，在水下爆炸波的传播问题中压强和温度的变化都十分剧烈，而爆炸波正是通过对水的压缩而传播的，在研究这类问题时就必须把水作为可压缩流体来考虑。与此相反，在气体低速流动问题中，压强和

表 1-1　水的物理性质

温度 /℃	密度 ρ /(kg/m³)	动力黏度 μ /(10^{-3} Pa·s)	运动黏度 ν /(10^{-6} m²/s)	温度 /℃	密度 ρ /(kg/m³)	动力黏度 μ /(10^{-3} Pa·s)	运动黏度 ν /(10^{-6} m²/s)
0	999.8	1.785	1.785	40	992.2	0.653	0.658
5	1000	1.518	1.519	50	988.0	0.547	0.553
10	999.7	1.307	1.306	60	983.2	0.466	0.474
15	999.1	1.139	1.139	70	977.8	0.404	0.413
20	998.2	1.002	1.003	80	971.8	0.354	0.364
25	997.0	0.890	0.893	90	965.3	0.315	0.326
30	995.7	0.798	0.800	100	958.4	0.282	0.294

表 1-2　标准大气压下空气的物理性质

温度 /℃	密度 ρ /(kg/m³)	动力黏度 μ /(10^{-5} Pa·s)	运动黏度 ν /(10^{-6} m²/s)	温度 /℃	密度 ρ /(kg/m³)	动力黏度 μ /(10^{-5} Pa·s)	运动黏度 ν /(10^{-6} m²/s)
−40	1.515	1.49	9.8	30	1.156	1.86	16.0
−20	1.395	1.56	11.2	40	1.128	1.91	17.1
−10	1.350	1.62	12.0	60	1.060	2.03	19.2
0	1.293	1.68	13.0	80	1.000	2.15	21.7
10	1.248	1.73	13.9	100	0.946	2.28	24.3
20	1.205	1.80	14.9	200	0.747	2.58	34.5

表 1-3　常见液体的物理性质($p=1.0132\times10^{5}$ Pa, $t=20$ ℃)

液体名称	密度 ρ /(kg/m³)	动力黏度 μ /(10^{-3} Pa·s)	运动黏度 ν /(10^{-6} m²/s)	液体名称	密度 ρ /(kg/m³)	动力黏度 μ /(10^{-3} Pa·s)	运动黏度 ν /(10^{-6} m²/s)
苯	895	0.65	0.726 3	煤油	808	1.92	2.376 2
四氯化碳	1 588	0.97	0.610 8	水银	13 550	1.56	0.168 5
原油	856	7.20	8.411 2	液氧	1 206	0.28	0.232 2
汽油	678	0.29	0.427 7	SAE10 油	918	82	89.32
甘油	1 258	1 490	1 184	SAE30 油	918	440	479.3

温度的变化幅度都很小，因而气体密度的相对变化也不大，这时又可以把气体作为不可压缩流体来处理。

2. 流体的黏性

把盛有液体的圆桶放到旋转台上让其一起转动，桶内的液体会被圆桶带动而作整体的旋转运动。当圆桶停止转动，桶内液体的旋转也会逐渐停止。桶内液体之所以会产生运动或者停止运动，是因为紧靠桶壁的流体黏附在壁面上随桶一起旋转或静止，而相邻两层流体之间发生相对运动时又会在交界面上产生内摩擦作用，从而相互带动。流体的这种特性称为黏性。流体内摩擦的概念是牛顿在 1687 年最早提出的。

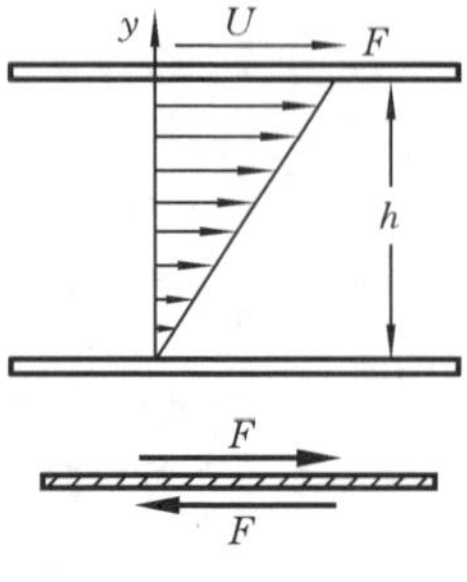

图 1-1　平板拖曳实验

图 1-1 所示的平板拖曳实验(通常也称为牛顿平板实验)更为直观地描述了黏性是怎样影响流体运动的。两块平行放置的平板相距 h，板之间充满流体，固定下板，在上板上施加外力 F，使它在自身平面内产生均匀的速度 U。观测发现，紧靠上板的流体黏附在上板壁面上，以速度 U 随上板一起运动；紧靠下板壁面的流体黏附在下板上，其速度为零；在两板之间流体的速度呈线性分布。任取一层流体(见图 1-1)作为隔离体并分析其受力。流体层上、下表面

上均作用有大小等于 F，方向却相反的摩擦力。上层流体速度较大，它通过对下层流体施加与速度方向相同的摩擦力 F 使之产生运动；下层流体速度较小，它对上层流体施加与速度方向相反的摩擦力 F，减缓其运动。流体层之间的摩擦力就是牛顿所说的内摩擦力。内摩擦力也称为黏性剪切力。

牛顿指出，内摩擦力与流体层之间的相对运动有关，与速度梯度成正比。如果流体层之间的接触面积为 A，则内摩擦力

$$F=\mu A\frac{U}{h} \tag{1.7}$$

其中，U/h 是流体的速度梯度；μ 是一个反映流体物理特性的参数，称为动力黏度，单位是 Pa·s。F 的单位是 N(牛顿)，h、A 和 U 的单位分别是 m、m^2 和 m/s。

根据气体分子动力学理论，流体的黏性现象是动量输运的结果。由于运动速度大的流体层和速度小的流体层分别具有动量较大和动量较小的分子，当相邻流体层的分子发生交换时，速度大的流体层损失了动量，速度小的流体层增加了动量，由此使运动趋于均匀，这就是流体层相对运动时产生内摩擦力的原因。

当速度梯度等于零时，流体层之间没有相对运动，也就不会产生内摩擦力。可见，只有当流体与流体之间有相对运动时，黏性的作用才会显现出来。

流体的黏性还表现在流体对固体表面所具有的黏附作用。在流体与固体的交界面上，流体分子可以进入固体表面，实现分子量级的接触，分子之间的内聚力使流体黏附在固体表面上，随固体一起运动或者静止。这就是所谓的流体与固体在其交界面上“无滑移”。尽管无滑移现象还很难由实验严格证明，但它早已被人们广泛接受。

施加于流体表面单位面积上的黏性剪切力又称为切应力，记作 τ。由式(1.7)，切应力

$$\tau=\frac{F}{A}=\mu\frac{U}{h}$$

如图1-2所示，对于更一般的平面平行剪切流(所有的流体质点沿 x 方向作平行直线运动，速度沿 y 方向发生变化)，速度分布表示为 $u(y)$，速度梯度为 $\mathrm{d}u/\mathrm{d}y$，切应力表示为

$$\tau=\mu\frac{\mathrm{d}u}{\mathrm{d}y} \tag{1.8}$$

式(1.8)称为牛顿内摩擦定律，它指出，由黏性产生的切应力与流体运动的速度梯度成正比。

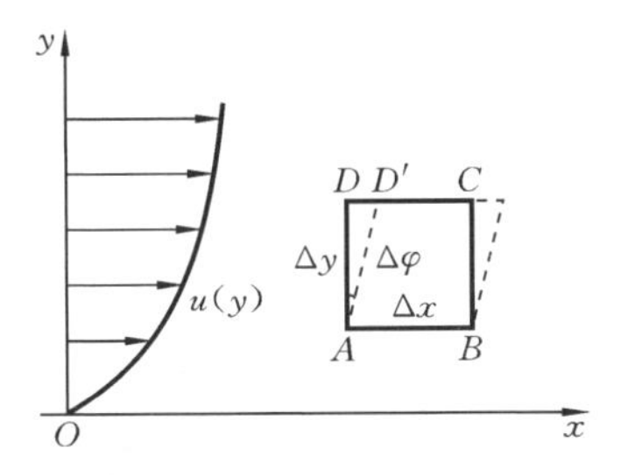

图1-2　平行剪切流中流体微团的角变形

出现在式(1.8)中的速度梯度 $\mathrm{d}u/\mathrm{d}y$ 同时也是平行剪切流中的剪切变形率。为了说明这一点，在平面平行剪切流中取图1-2所示边长为 Δx、Δy 的流体微团 $ABCD$。任意的时刻 t 微团为矩形，Δt 时段后微团运动到一个新的位置，其形状也发生了改变。

不考虑微团的位置变化，只考虑它的变形，变形使点 D 移到点 D' 处。设点 A 的速度为 u，点 D 的速度可以表示为 $u+\frac{\mathrm{d}u}{\mathrm{d}y}\Delta y$。$\Delta t$ 时段后，点 D 在水平方向相对于点 A 的位移为 $\frac{\mathrm{d}u}{\mathrm{d}y}\Delta y\Delta t$，于是流体线 AD 倾斜，成为 AD'，AD 的旋转角为

$$\Delta\varphi=\frac{\frac{\mathrm{d}u}{\mathrm{d}y}\Delta y\Delta t}{\Delta y}$$

图 1-2 中微团的变形称为剪切变形，由于剪切变形而在单位时间内所产生的变形角称为剪切变形率或角变形率。由上式可得剪切变形率为

$$\lim_{\Delta t\to 0}\frac{\Delta\varphi}{\Delta t}=\frac{\mathrm{d}u}{\mathrm{d}y}$$

由此可见，切应力与流体的剪切变形率成正比。这里的讨论仅仅是针对一个平面上的平行流动，在后面的章节中，我们还将针对更为复杂的流动建立应力与变形率之间的关系。

工程中还经常使用运动黏度来描述流体的黏性性质。运动黏度记作 ν，定义为

$$\nu=\frac{\mu}{\rho} \tag{1.9}$$

其单位是 $\mathrm{m^2/s}$。

流体黏度的大小与流体的种类、流体中的温度及压强有关。压强变化对黏度的影响相对较小，一般可以忽略；温度变化对黏度的影响则多数情况下需要考虑。常见液体的黏度随温度的升高而减小，常见气体的黏度则随温度的升高而增大。

流体的黏度由实验测定。常见流体的黏度值可见表 1-1、1-2 和 1-3。

例 1-1　如图 1-3 所示，面积 $A=2\ \mathrm{m}\times 2\ \mathrm{m}$、质量 $m=200\ \mathrm{kg}$ 的平板沿长斜面向下滑动，斜面与水平面之间夹角 $\theta=30^\circ$，板与斜面之间为厚度 $\delta=0.05\ \mathrm{mm}$ 的油膜，其动力黏度 $\mu=2\times 10^{-3}\ \mathrm{Pa\cdot s}$。试求板下滑的极限速度。

解　当板重力沿斜面方向的分力与黏性摩擦力相平衡时，板下滑的速度达到极限值 U。由牛顿内摩擦定律，此时切应力

$$\tau=\mu\frac{U}{\delta}$$

板的力平衡关系为

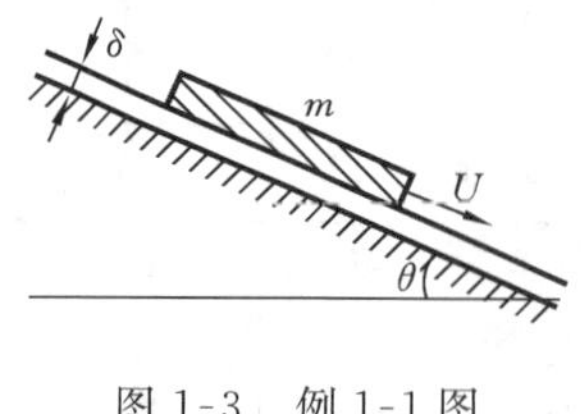

图 1-3　例 1-1 图

$$mg\sin\theta=\tau A=\mu A\frac{U}{\delta}$$

由此解出

$$U=\frac{mg\delta\sin\theta}{\mu A}=\frac{200\times 9.8\times 5\times 10^{-5}\times\sin 30^\circ}{2\times 10^{-3}\times 4}\ \mathrm{m/s}$$

$$=6.125\ \mathrm{m/s}$$

对于水、空气及许多其他流体来说，黏性切应力与剪切变形率成正比关系，但也有一些流体，如奶油、蜂蜜、蛋白、果浆、血液、石油、沥青、水泥浆及许多高分子聚合物溶液等，其切应力与剪切变形率不成线性的正比关系。前者称为牛顿流体，而后者则称为非牛顿流体。非牛顿流体力学在食品、医药、化工及石油工业等领域应用很广，是流体力学中一个活跃的分支。本书内容只涉及牛顿流体。

自然界中的实际流体都具有黏性，但是在不同的流动问题中黏性影响的重要性却可能很不相同。例如，流体黏度的不同会直接影响到物体的阻力，却几乎不会直接影响到机翼的升力。有时候，在同一问题中的不同流动区域，黏性的影响也可以完全不同。例如，当均匀来流绕过物体流动时，在物体表面附近速度梯度（或剪切变形率）比较大，因而黏性切应力就会比较大；而在远离物体的流动区域中，速度梯度很小，黏性的作用也比较小。没有黏性的流体称为理想流体，它是真实流体的一种近似模型。在理想流体的模型中没有切应力，因此理想流体对于剪切变形没有任何抵抗能力。采用理想流体模型可以使问题的求解大为简化，但仍然能够为许多实际工程问题提供足够好的近似结果，这就是理想流体动力学得以产生和发展的原因。事实上，早在19世纪末，理想流体动力学就已经形成了完整的体系，现在它仍然是流体力学理论中的重要组成部分。

1.4 作用在流体上的力

作用在流体上的外力有两种。第一种外力作用在流体所有的质量上，称为质量力。第二种外力由流体团周围的流体或者固体作用在与其接触的接触面上，称为表面力。下面分别介绍这两种力。

1. 质量力

重力是最普遍的质量力。采用非惯性坐标系研究问题时需要在平衡方程或者运动方程中加入惯性力项，惯性力也是一种质量力。质量力的大小与流体的质量成正比。通常用单位质量力，即单位质量的流体上所作用的质量力，来衡量质量力的大小。如果用 $\boldsymbol{F}$ 表示质量力，用 V 表示流体体积，则单位质量力

$$\boldsymbol{f}=\lim_{\Delta V\to 0}\frac{\Delta \boldsymbol{F}}{\rho \Delta V} \tag{1.10}$$

单位质量力 $\boldsymbol{f}$ 的单位是 $\mathrm{m/s^2}$，与加速度相同。在重力场中，单位质量力就等于重力加速度，其方向指向地心。质量力有大小，也有方向，所以用矢量表示。

2. 表面力及应力

通常用单位面积上的受力来衡量表面力的大小。表面力与受力流体面的方位有关。如果仍用 $\boldsymbol{F}$ 表示表面力，用 A 表示受力流体面的面积，则单位面积上的作用力为

$$\boldsymbol{p}_{\mathrm{n}}=\lim_{\Delta A\to 0}\frac{\Delta \boldsymbol{F}}{\Delta A} \tag{1.11}$$

其中，$\boldsymbol{p}_{\mathrm{n}}$ 称为应力，通常所使用的单位是 $\mathrm{N/m^2}$，也称为帕斯卡，记作 Pa，应力有大小，有方向，也需要用矢量表示。垂直于受力面的应力分量称为正应力或法向应力，相切于受力面的应力分量称为切应力。由于流体不能抵抗拉力，因此正应力只可能是压应力，压应力又称为压强，而切应力是由流体的黏性内摩擦产生的。

3. 理想流体的应力特征

理想流体没有黏性，因而也就没有切应力，所以在理想流体中压强是唯一有可能存在的应力。下面证明，在理想流体中压强的大小与其作用方向无关。

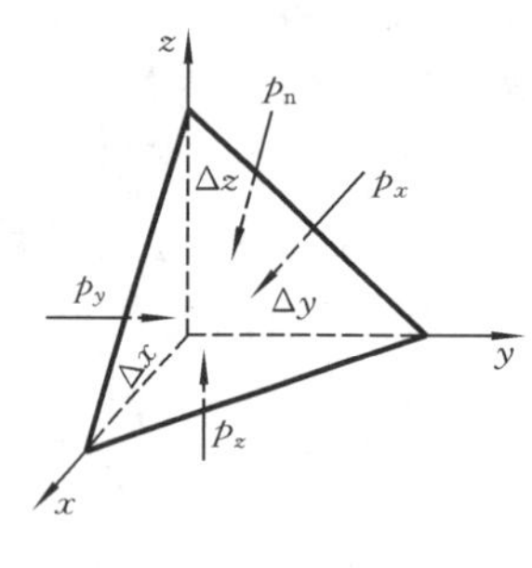

图 1-4　四面体微团

在理想流体中取一四面体微团，如图 1-4 所示。四面体沿 x 轴、y 轴和 z 轴方向的边长是 Δx、Δy 和 Δz，分别与 x、y 和 z 轴正交的三个面积和作用在上面的压强分别表示为 ΔA_x、ΔA_y、ΔA_z 和 p_x、p_y、p_z。另外一个斜平面的外法线矢量为 $\boldsymbol{n}$，其面积为 ΔA_{n}，压强为 p_{n}。假设这个四面体的体积是 ΔV，体积中流体加速度的 x 方向分量为 a_x，作用在流体上单位质量力的 x 方向分量为 f_x。

对四面体中的流体沿 x 方向建立运动方程，就得到

$$\rho a_x \Delta V = \rho f_x \Delta V - p_{\mathrm{n}} \Delta A_{\mathrm{n}} \cos(n \hat{,} x) + p_x \Delta A_x$$

由于

$$\Delta V = \frac{1}{6} \Delta x \Delta y \Delta z, \quad \Delta A_{\mathrm{n}} \cos(n \hat{,} x) = \Delta A_x = \frac{1}{2} \Delta y \Delta z$$

因此 x 方向的运动方程可以简化为

$$\frac{1}{3} \rho a_x \Delta x = \frac{1}{3} \rho f_x \Delta x - p_{\mathrm{n}} + p_x$$

同样道理，对四面体中的流体沿 y 和 z 方向建立运动方程还可以得到

$$\frac{1}{3} \rho a_y \Delta y = \frac{1}{3} \rho f_y \Delta y - p_{\mathrm{n}} + p_y$$

$$\frac{1}{3} \rho a_z \Delta z = \frac{1}{3} \rho f_z \Delta z - p_{\mathrm{n}} + p_z$$

当四面体向坐标原点无限缩小时，Δx、Δy 和 Δz 同时趋于零，于是由上面三式得到

$$p_x = p_y = p_z = p_{\mathrm{n}} \tag{1.12}$$

当四面体趋于无穷小时，可以认为 p_x、p_y、p_z 和 p_{n} 作用于同一点。它们的作用方向不同，但大小是相等的。

以上并没有对 p_{n} 的作用方向作任何限制，因此可以认为它的方向是任意的。式(1.12)表明，在理想流体中，压强的大小与其作用方向无关。既然压强的大小与作用方向无关，因此可以省去定义其作用方向的下标，用符号 p 来表示。

当流体静止时，流体质点之间没有相对运动，流体的黏性作用表现不出来。所

以，在静止流体中也没有切应力，只有压强，而且压强的大小也与其作用方向无关。

1.5 表面张力

液体表面有自动收缩的趋势，这是因为有表面张力的作用。硬币放在矿泉水的液面上可以不下沉，空气中的小肥皂泡和水中的小气泡呈圆球形，这些都是表明表面张力存在的典型例子。在绝大多数情况下，相对于其他类型的力（如重力、压强、黏性力等），表面张力的作用微不足道。但是，在少数特殊情况下它的作用也不容忽视，例如，在液柱式测压计中，细测压管内液面的表面张力效应可以显著影响液柱高度的读数。

通常把液体与气体的交界面称为自由面。在非常薄的液体表面层（其厚度为 10^{-9} m 数量级）内，分子受气体分子的吸引力较小，受液体内部分子的吸引力较大，因此自由面具有向液体内部收缩的趋势，就像一张受张力拉紧的膜。液体表面层中的拉力就是表面张力。表面张力与自由面相切，其大小用表面张力系数 σ 来度量，单位为 N/m。

表面张力使液体自由面产生弯曲，如图 1-5 所示。自由面弯曲的曲率半径与自由面两侧液体和气体的压强差 $p-p_0$ 有关。分析图示二维曲面微段，设曲率半径为 R，垂直于纸面为单位宽度，曲率角为 $\Delta\alpha$。考虑曲率半径方向的力平衡可以得到

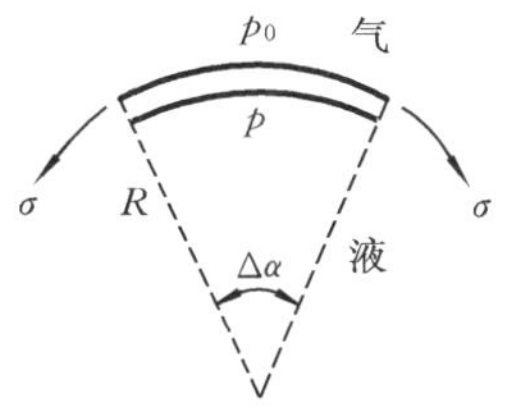

图 1-5 表面张力作用下的液体自由面

$$(p-p_0)R\Delta\alpha=2\sigma\sin\frac{\Delta\alpha}{2}$$

因为 $\sin\frac{\Delta\alpha}{2}\approx\frac{\Delta\alpha}{2}$，故上式可整理成

$$p-p_0=\frac{\sigma}{R} \tag{1.13}$$

类似地，对于三维曲面，如果两个主曲率半径分别为 R_1 和 R_2，则有

$$p-p_0=\sigma\left(\frac{1}{R_1}+\frac{1}{R_2}\right) \tag{1.14}$$

式(1.14)也称为拉普拉斯表面张力公式。

将很细的玻璃管插入液体，液面在表面张力的作用下会在管内升高或者降低，这种现象称为毛细现象。下面简单地介绍毛细现象。

在液、固、气交界处作自由面的切面，如图 1-6 所示，此切面与固体表面的夹角 θ 称为接触角。当接触角 θ 为锐角时，液体润湿固体，液体具有向固体表面伸展的趋势，如图 1-6(a)所示。当接触角 θ 为钝角时，液体不润湿固体，液体具有向液体内部收缩的趋势，如图 1-6(b)所示。水对于洁净玻璃的接触角为 $\theta=8^\circ\sim9^\circ$，接近于完全润湿；水银对玻璃面的接触角为 $\theta\approx138^\circ$，基本上不润湿。造成上述差异的原因主要

在于液固分子之间的吸引力(或附着力)与液体内分子之间的吸引力(或内聚力)的相对大小不同。水对玻璃的附着力大于水的内聚力,故发生沿固体表面伸展的润湿现象;水银对玻璃的附着力小于水银的内聚力,故发生水银液面脱离固体表面的不润湿现象。管内液面升高或降低量 Δh 可用张力合力与液柱重量的平衡关系求出,它可以表示为

$$\Delta h=\frac{4\sigma\cos\theta}{\rho g d} \tag{1.15}$$

其中,d 是管直径,ρ 是流体密度,g 是重力加速度。在 20 ℃的温度下,水的表面张力系数 $\sigma=0.0728$ N/m,水对于玻璃的接触角 $\theta=8°$,水银的表面张力系数 $\sigma=0.472$ N/m,水银对玻璃的接触角 $\theta=138°$。如果用 $d=3$ mm 的细玻璃管分别插入水和水银,根据式(1.15),毛细现象会使管内水面上升 9.8 mm,使水银面下降 3.5 mm。

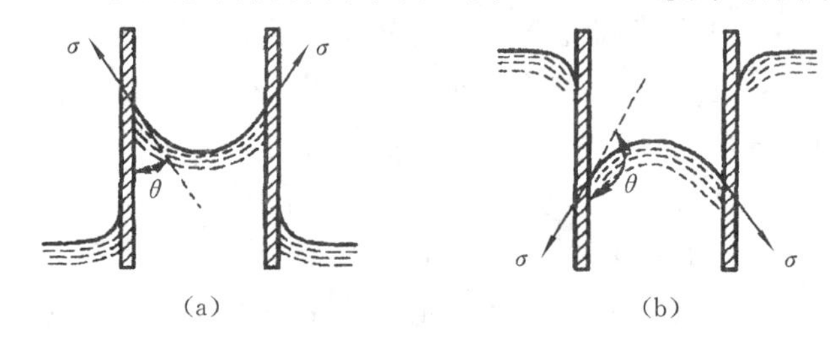

图 1-6 细管内的毛细现象

毛细现象不仅与液体性质、固壁材料、液面上方气体性质等因素有关,也与管径的大小有关。管径越小,毛细现象越明显。

小 结

流体容易变形,它不能抵抗拉力,在静止状态下也不能抵抗剪切力。流体包括液体和气体。气体比液体更容易被压缩。

在连续介质模型中,流体由连续分布的微团(或质点)组成,反映流体运动和受力的各物理参数都是连续分布的变量。连续介质模型是传统流体力学理论得以建立的基础。

根据流体密度的变化是否能被忽略,可以把流体划分为不可压缩流体和可压缩流体。液体的密度受压强和温度变化的影响较小,在多数情况下可以作为不可压缩流体来处理,而气体在很多情况下需要作为可压缩流体来处理。

真实流体都具有黏性。在许多流体中,切应力与速度梯度或者剪切变形率成正比。这样的流体称为牛顿流体。其黏性影响被忽略的流体则称为理想流体。

作用在流体上的外力主要有质量力和表面力。最普遍的质量力是重力,表面力则包括压强和切应力。在理想流体中不存在黏性切应力,压强的大小与其作用方向

无关。当流体静止时，其黏性作用表现不出来，因此也不存在切应力，压强的大小同样与其作用方向无关。

思 考 题

1-1 流体的连续变形就是通常所说的“流动”，流体流动时______。

(A) 一定受到剪切力的作用 (B) 一定受到拉力的作用

(C) 可能受力也可能不受力 (D) 可能受到剪切力和拉力的联合作用

试举例论证你的选择，并用你的例子说明流体与固体的异同。

1-2 连续介质模型意味着______。

(A) 流体分子之间没有间隙 (B)流体中的物理参数是连续函数

(C) 流体分子之间有间隙 (D)流体不可压缩

1-3 连续介质模型假设流体由连续分布的流体质点组成，这里的流体质点______。

(A) 与理论力学中的质点和刚体模型均等同

(B) 与理论力学中的刚体模型等同

(C) 与理论力学中的质点和模型刚体均不等同

(D) 与理论力学中的质点模型等同

1-4 牛顿流体就是______。

(A) 其压缩性效应可以忽略的流体

(B)切应力与剪切变形率成正比关系的流体

(C)其黏性效应可以忽略的流体

(D)切应力与剪切变形率成非线性关系的流体

1-5 ______的流体称为理想流体。

(A) 忽略黏性剪切力 (B) 速度非常大 (C) 没有运动 (D)密度不改变

1-6 分析静止流场时______考虑流体黏度的大小。

(A) 需要 (B) 不需要

1-7 下列力中，______是质量力，______是表面力。

(A) 重力 (B) 电磁力 (C) 表面张力 (D) 地球旋转所引起的科氏力

(E) 容器壁作用在流体上的压力 (F) 惯性力 (G) 黏性切应力

1-8 在理想流体中取图 1-4 所示的四面体微团并分析其受力，最后得到压强大小与其作用方向无关的结论。该分析______。

(A) 对不能忽略黏性效应的运动流体也适用

(B) 对静止流体也适用

(C) 对静止流体和不能忽略黏性效应的运动流体也适用

(D) 对静止流体和不能忽略黏性效应的运动流体都不适用

习　题

1-1　已知0.4 m^3润滑油的质量为360 kg，试求油的密度。

1-2　两平行平板的间距h=2 mm，中间充满密度ρ=900 kg/m^3，运动黏度ν=0.55×10^{-3} m^2/s的油。假设两板的相对运动速度U=4 m/s，试求作用在平板上的摩擦切应力。

1-3　两平行平板间距h=0.5 mm，中间充满流体。假设下板不动，上板以U=0.25 m/s的速度平行运动，并已测得流体对平板所作用的切应力τ=2 Pa，试求该流体的动力黏度。

1-4　将直径d=0.8 mm的圆截面导线从直径D=0.9 mm的拉丝模中拖过，拉丝模沿导线方向长度l=20 mm，其中充满动力黏度μ=0.02 Pa·s的绝缘漆。若要求导线以v=50 m/s的速度通过拉丝模，试求需要对导线所施加的拉力。

1-5　轴以匀角速度ω=150 rad/s在固定的轴承中旋转，在轴和轴承的间隙中充满油液，油的运动黏度ν=2×10^{-5} m^2/s，密度ρ=900 kg/m^3，轴承内径d=100 mm，长度l=120 mm，轴与轴承间隙δ=0.25 mm。试求需要施加于轴的转矩。

1-6　水的表面张力系数σ=0.0728 N/m，水对于玻璃的接触角θ=8°。如果用玻璃管制成测压管，并要求毛细水柱高度不超过h=5 mm，试求玻璃管的最小内径。

第2章　流体静力学

本章研究静止流体中力平衡的条件、压强的分布规律、相对静止液体中的压强分布规律，以及静止液体对物体壁面所作用的总压力等。

2.1　流体平衡微分方程

当流体静止时，质点之间没有相对运动，黏性的作用表现不出来。因此，在静止流体中不存在切应力，压强是唯一的表面应力，它的大小与作用方向无关。

当流体静止时，作用在流体上的力包括质量力和压强。下面建立它们之间的平衡关系。

由于流体容易变形，只有当所有质点上的作用力均达到平衡时，流体才能保持在静止状态。考虑密度为 ρ 的静止流体。在流体中任意取边长为 Δx、Δy、Δz 的平行六面体微团，如图 2-1 所示。流体中的压强是空间坐标的连续函数，即 $p=p(x,y,z)$。设微团形心点 M 上的单位质量力 $\boldsymbol{f}=f_x\boldsymbol{i}+f_y\boldsymbol{j}+f_z\boldsymbol{k}$，压强为 p，左、右两边微面积形心点上的压强可以分别表示为 $p-\dfrac{\partial p}{\partial x}\dfrac{\Delta x}{2}$ 和 $p+\dfrac{\partial p}{\partial x}\dfrac{\Delta x}{2}$，它们也可以作为两边面积微元上压强的平均值。在压力和质量力的作用下，流体微团保持平衡，沿 x 方向的力平衡关系是

$$\left(p-\frac{\partial p}{\partial x}\frac{\Delta x}{2}\right)\Delta y\Delta z-\left(p+\frac{\partial p}{\partial x}\frac{\Delta x}{2}\right)\Delta y\Delta z+\rho f_x\Delta x\Delta y\Delta z=0$$

化简后成为

$$f_x=\frac{1}{\rho}\frac{\partial p}{\partial x} \tag{2.1(a)}$$

同样，考虑另外两个方向的力平衡还可以得到

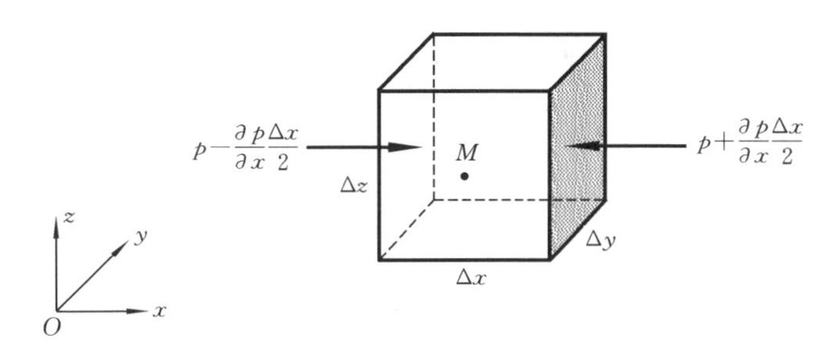

图 2-1　作用在六面体微团上的压强

$$f_y=\frac{1}{\rho}\frac{\partial p}{\partial y} \tag{2.1(b)}$$

$$f_z=\frac{1}{\rho}\frac{\partial p}{\partial z} \tag{2.1(c)}$$

式(2.1)称为平衡微分方程，它由瑞士科学家欧拉在1775年首先建立，也称为欧拉平衡方程。平衡微分方程给出了静止流体中质量力与压强梯度之间的关系。

取任意形状的流体微团考虑其力平衡，也同样可以得到平衡微分方程，采用形状不规则的微团只是使上面推导过程中的数学表达较为烦琐。

将式(2.1)中的三个标量微分方程表示成矢量形式就成为

$$\boldsymbol{f}=\frac{1}{\rho}\nabla p \tag{2.2}$$

其中，∇是微分算子，∇p 是压强 p 的梯度。微分算子的定义为

$$\nabla=\boldsymbol{i}\frac{\partial}{\partial x}+\boldsymbol{j}\frac{\partial}{\partial y}+\boldsymbol{k}\frac{\partial}{\partial z}$$

由式(2.1)知道，在静止流体中任意两个邻近的空间点(x,y,z)和$(x+\mathrm{d}x,y+\mathrm{d}y,z+\mathrm{d}z)$上，压强差

$$\mathrm{d}p=\frac{\partial p}{\partial x}\mathrm{d}x+\frac{\partial p}{\partial y}\mathrm{d}y+\frac{\partial p}{\partial z}\mathrm{d}z=\rho(f_x\mathrm{d}x+f_y\mathrm{d}y+f_z\mathrm{d}z) \tag{2.3}$$

式(2.3)又称为压强差公式。由压强差公式可以看出，静止流体中压强的空间变化是由于质量力的存在而造成的。如果已知单位质量力 $\boldsymbol{f}=\boldsymbol{i}f_x+\boldsymbol{j}f_y+\boldsymbol{k}f_z$ 和流体的密度 ρ，对式(2.3)积分就可以得到静止流体中的压强分布。

2.2 重力作用下静止流体中的压强分布

1. 重力作用下静止液体中的压强分布

通常把液体作为均质不可压缩流体处理。设液体在重力作用之下，取坐标系的 z 轴与重力的方向相反，流体中的单位质量力表示为

$$f_x=0,\quad f_y=0,\quad f_z=-g$$

把单位质量力代入压强差公式(2.3)后得到

$$\mathrm{d}p=-\rho g\mathrm{d}z \tag{2.4}$$

对于均质不可压缩流体密度 ρ 是常数，对式(2.4)积分后得到

$$p=-\rho gz+C \quad 或 \quad z+\frac{p}{\rho g}=C \tag{2.5}$$

式(2.5)称为静力学基本方程，式中的积分常数 C 在流体的连通域内不变。对于连通区域内的任意两点，静力学基本方程还可以写成更为实用的形式

$$z_1+\frac{p_1}{\rho g}=z_2+\frac{p_2}{\rho g} \tag{2.6}$$

式(2.5)中的积分常数 C 可以由任意水平参考液面上的压强确定。假设在高度

为 $z=z_0$ 的参考液面上压强为 $p=p_0$，由此条件消去式(2.5)中的积分常数后就得到

$$p=p_0+\rho g(z_0-z) \tag{2.7}$$

由式(2.7)还可以看到，液体中任意点的压强 p 与参考液面上的压强 p_0 有关，参考液面上压强的变化会等值地传递到液体中的任意一点。这就是帕斯卡(B. Pascal)在1653 年发现的静压强传递原理，也称为帕斯卡原理。

压强传递原理有重要的工程应用价值。例如在图 2-2 所示的活塞装置中，在右边活塞上施加压力 F_1，它在活塞与流体的接触面上产生压强增量 $\Delta p=F_1/A_1$，这一压强增量等值地传递到流体中的每个点，使流体对左边的活塞产生一推力 $F_2=\Delta pA_2=F_1A_2/A_1$。如果 A_2 大于 A_1，则在左边活塞上所产生的推力 F_2 大于在右边活塞上所施加的压力 F_1。液压千斤顶就是运用这个原理把力“放大”的。类似地，水压机、液压制动闸等也都是根据压强传递原理设计的。

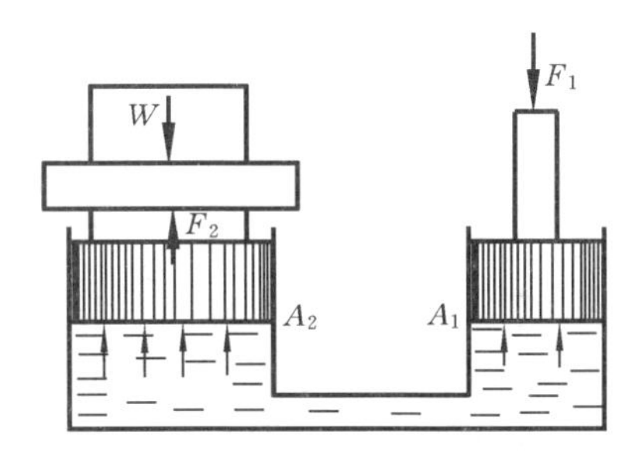

图 2-2　压强传递原理示意图

在多数情况下液体自由面的压强已知，因此当液体存在自由面时一般取自由面作为参考面。如果自由面压强为大气压强，记作 p_a，则 $p_0=p_a$。此时，式(2.7)成为

$$p=p_a+\rho g(z_0-z)=p_a+\rho gh \tag{2.8}$$

其中，$h=z_0-z$ 是点在自由面下的淹深。式(2.8)说明，在重力作用下，静止液体中的压强与淹深成正比，在同一淹深的水平面上压强是常数。

压强相等的流体面称为等压面。在重力作用下的静止液体中，等压面是水平面。

以绝对真空为基准的压强称为绝对压强；以大气压强为基准的压强称为相对压强或者表压强。如果用 p 表示绝对压强，用 p_g 表示相对压强，用 p_a 表示大气压强，则三者之间的关系为 $p=p_a+p_g$。标准大气压强为 101325 Pa，工程中一般采用近似值 101 kPa。如果某点绝对压强小于当地大气压，则称此点处于真空状态。大气压强与绝对压强之差称为真空压强或者真空度，用 p_v 表示真空压强，它与大气压强 p_a 和绝对压强 p 之间的关系为 $p_v=p_a-p$。

工程中也经常用水柱高或者水银柱高来表示压强的大小。按照中国计量局颁布的国家标准，重力加速度的值 $g=9.80665\ \mathrm{m/s^2}$，在实际工程计算中可以取近似值 $g=9.8\ \mathrm{m/s^2}$。1 $\mathrm{mmH_2O}$(毫米水柱)高压强定义为 4 ℃时 1 mm 水柱所对应的压强，1 mmHg(毫米水银柱)高压强定义为 0 ℃时 1 mm 水银柱所对应的压强。4 ℃时水的密度为 1000 $\mathrm{kg/m^3}$，0 ℃时水银的密度为 13550 $\mathrm{kg/m^3}$。因此液柱高与帕斯卡有以下对应关系

$$1\ \mathrm{mmH_2O}=9.8\ \mathrm{Pa},\quad 1\ \mathrm{mmHg}=132.79\ \mathrm{Pa}$$

例 2-1　设某地大气压强 $p_a=101$ kPa，试求：

(1) 对应于绝对压强 $p=117.7$ kPa 的相对压强，并用水柱高表示；

(2) 对应于绝对压强 $p=68.5$ kPa 的真空压强，并用水柱高表示。

解 (1) 相对压强 $p_g=p-p_a=(117.7-101)\text{kPa}=16.7\ \text{kPa}$

或者 $$p_g=\frac{16.7\times10^3}{9.8}\ \text{mmH}_2\text{O}=1.704\times10^3\ \text{mmH}_2\text{O}=1.704\ \text{mH}_2\text{O}$$

(2) 绝对压强 $p=68.5$ kPa 小于大气压强，此点处于真空状态。

真空压强 $p_v=p_a-p=(101-68.5)\text{kPa}=32.5\ \text{kPa}$

或者 $$p_v=\frac{32.5\times10^3}{9.8}\ \text{mmH}_2\text{O}=3.316\times10^3\ \text{mmH}_2\text{O}=3.316\ \text{mH}_2\text{O}$$

2. 液柱测压计

根据流体静力学原理，可以通过液柱高或者高度差来反映压强或者压强差的大小，由此人们设计了各种形式的液柱测压计和压差计。常见的液柱测压计和压差计有开口测压管、U 形管测压计、Π 形管测压计及多管压差计等。

把 $z=0$ 的水平面称为基准面。为了测量封闭容器内相对于水平基准面高度为 z_1、z_2 任意两点的压强 p_1、p_2，在容器壁上与测点同高处连接两个开口测压管，测压管中液柱表面的压强是大气压强 p_a，如图 2-3 所示。在液体压力的作用下，测压管内的液柱上升，当容器内液面压强 p_0 大于大气压强 p_a 时，管内的液柱高于容器内液面，反之亦然。由式(2.8)，两管内的液面高分别为

$$h_1=\frac{p_1-p_a}{\rho g},\quad h_2=\frac{p_2-p_a}{\rho g}$$

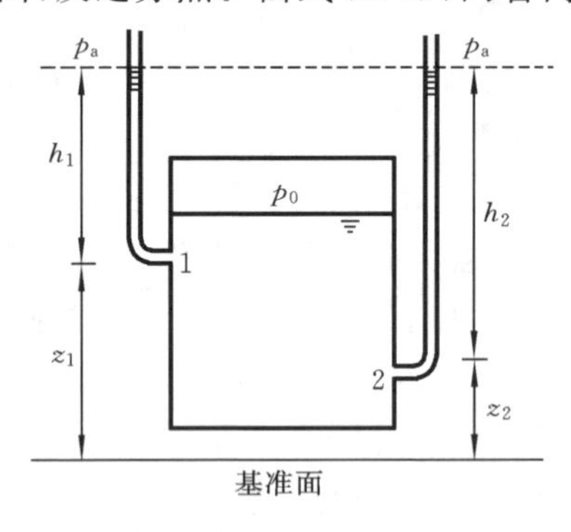

图 2-3 用开口测压管测压强

可见，开口测压管中的液柱高 h_1 和 h_2 直接反映了两个测点相对压强。又根据式(2.6)，在不同的测点虽然压强不同，但开口测压管中的液面将上升至同一水平高度，如图 2-3 所示。

在一般情况下，测压计都是在大气环境中工作，其液柱读数反映的都是相对压强。这也正是"相对压强"又称为"表压强"的原因。

U 形管测压计是一根带有刻度(或者附加刻度板)的透明开口 U 形管，管中通常盛有密度比较大的工作液体，例如水银等。将测压管的一端连接在待测压强点，如图 2-4 中的点 A。假设点 A 的待测压强为 p，容器中流体的密度为 ρ_0，测压管中工作液体的密度为 ρ_1。测压管的另一端是开口的，在一般的工作环境下点 D 的压强为当地大气压强 p_a。如果点 B 的压强大于点 D 的大气压强，则液面 B 下降，液面 D 上升。由刻度上读出 h_1 和 h_2 的数值就可以由静力学基本方程确定点 A 的待测压强 p。

由式(2.4)积分时要求流体密度 ρ 为常数，因此式(2.7)只能用于连通的同一液体中的两点，现在用于点 B 和点 D。点 B 的压强

$$p_B = p_D + \rho_1 g h_2$$

再把式(2.7)用于同一流体中的点 A 和点 B，则点 A 的压强表示为

$$p = p_B - \rho_0 g h_1$$

把前式的 p_B 代入后式，并注意到点 D 的压强为大气压强，即 $p_D = p_a$，点 A 的相对压强为

$$p - p_a = \rho_1 g h_2 - \rho_0 g h_1$$

如果容器内流体的密度远小于工作液体的密度，即 $\rho_0 \ll \rho_1$，则上式最后一项可以忽略，于是，点 A 的相对压强又可以近似表示为

$$p - p_a = \rho_1 g h_2$$

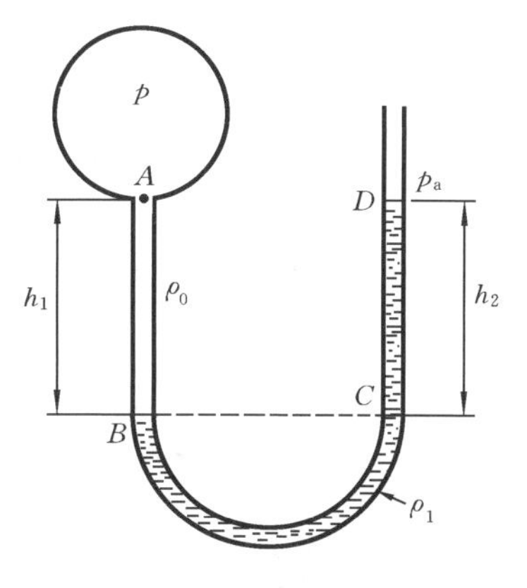

图 2-4　用 U 形管测压计测压强

可见，选用密度大的液体作为工作液体，只需要 h_2 读数便可近似确定相对压强，这样使测量更为简便。

用 U 形管测压计也可以测量流体中两点的压差。设图 2-5 两个容器中的流体密度同为 ρ_0，U 形管工作液体的密度为 ρ_1，由式(2.7)求出压差 $p_1 - p_2$ 与液面高度差 Δh 之间的关系为

$$p_1 - p_2 = (\rho_1 - \rho_0) g \Delta h$$

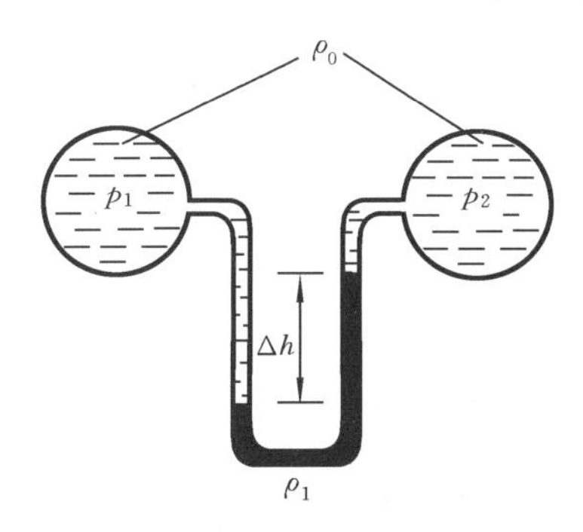

图 2-5　用 U 形管测压计测压差

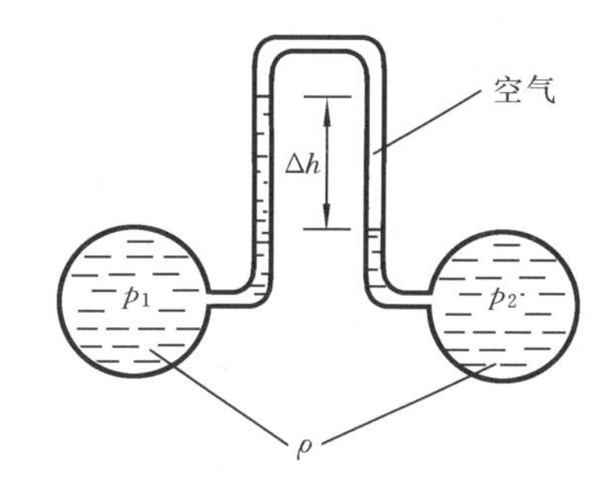

图 2-6　用 Π 形管测压计测压差

Π 形管测压计是倒放的 U 形管，如图 2-6 所示。Π 形管中一般没有工作液体，测量时容器中的液体从两端进入 Π 形管，形成一定高度的液柱，液柱的上方是空气。由于空气密度远小于液体密度，在压强计算中与空气密度相关的部分可以忽略，所以图中两容器内的压强差与液柱高度差之间的关系可以近似地表示为

$$p_1 - p_2 = \rho g \Delta h$$

多管压差计一般用于测量管道流的压强变化，它通常由若干支安装在支架上的开口测压管和刻度板组成。将测压管沿着管道依次接在不同的测点上，由测压管中的液面高度差可以计算出测点之间的压强差。

当所测压强或者压强差很小时，液柱高或者高度差读数就很小。此时，可以将液柱测压计斜置以达到放大液柱读数的目的。例如，图 2-7 中斜置开口测压管中液柱读数为 l，同样的压强在竖直测压管中所对应的液柱读数为 h。通过斜置可以将液柱读数由 h 放大为 $l(l>h)$。由测压管读出 l 值，再根据倾斜角 θ 算出 $h=l\sin\theta$ 后就可以知道所测压强。通过斜置 U 形管、Π 形管或者多管压差计同样也可以达到放大液柱读数的目的。

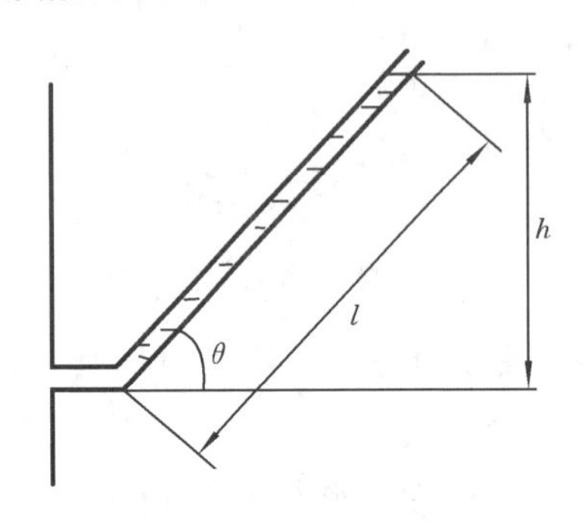

图 2-7　斜置开口测压管

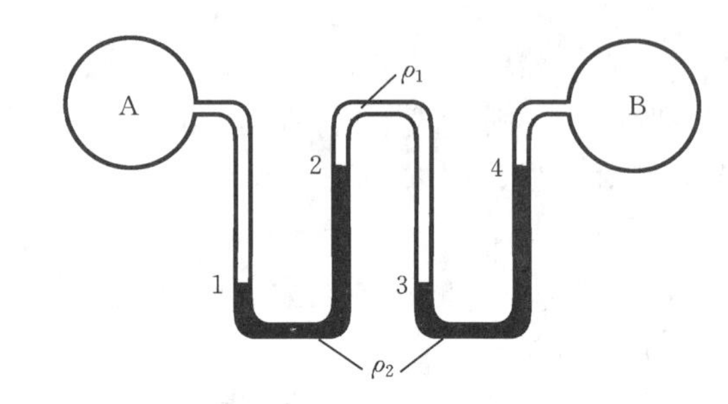

图 2-8　例 2-2 图

例 2-2　用图 2-8 所示的复式测压计测量两条气体管道的压强差。复式测压计由两个 U 形管及连接管组成，U 形管中的工作液体是水银，其密度为 ρ_2，连接管中的工作液体是酒精，其密度为 ρ_1。现已读出水银柱的高度 z_1、z_2、z_3、z_4，试求两管道的压强差 p_A-p_B。

解　气体的密度远比液体的密度小，因此压强在气体中随高度的变化比在液体中随高度的变化小得多。于是可以认为，管道 A 中的压强 p_A 就是界面 1 上的压强，管道 B 中的压强 p_B 就是界面 4 上的压强。应用静力学基本方程，从左边开始逐步求出各界面的压强：

界面 1 上的压强为 p_A；

界面 2 上的压强为 $p_A-\rho_2 g(z_2-z_1)$；

界面 3 上的压强为 $p_A-\rho_2 g(z_2-z_1)+\rho_1 g(z_2-z_3)$；

界面 4 上的压强 $p_B=p_A-\rho_2 g(z_2-z_1)+\rho_1 g(z_2-z_3)-\rho_2 g(z_4-z_3)$。

最后得到两管道的压强差 $p_A-p_B=\rho_2 g(z_2-z_1+z_4-z_3)-\rho_1 g(z_2-z_3)$。

3. 重力作用下可压缩流体的压强分布

对于气体，在计算压强时一般需要考虑压缩性，密度不再是常数。因此，在密度是常数的条件下积分所得到静力学基本方程不适用于求气体中的压强。为了得到可压缩流体中的压强分布，需要补充密度与其他参数之间的关系式，并将密度的表达式代入压强差公式后再积分。下面以国际标准大气为例说明这类问题的求解方法。

压强、温度、密度等参数的不同，会影响到飞机的空气动力学性能和飞机发动机的工作性能。大气压强、温度、密度等参数在不同的时间、不同的地点都是不同的。为了便于分析和比较飞行实验数据或发动机试车数据，国际航空界主要根据中纬度地区各季节大气参数的平均值规定了国际标准大气：空气可以近似为完全气体，并且大气层中的热力学温度 T 随海拔高度 z 的变化为

$$T=(288-0.0065z)\ \mathrm{K}\quad (z\leqslant 11000\ \mathrm{m})$$

$$T=216.5\ \mathrm{K}\quad (z>11000\ \mathrm{m})$$

通常称 $z\leqslant 11000$ m 为对流层，$z>11000$ m 为同温层。

影响大气的主要质量力是重力，因此可以由质量力为重力的压强差公式(2.4)求国际标准大气的压强分布。为了对压强差公式积分，首先要写出密度的表达式，于是需要补充一个关系式，即完全气体的状态方程

$$p=R\rho T$$

其中，$R=287$ J/(kg·K)是空气的气体常数。由于在对流层区域内和同温层区域内温度表达式不同，因此必须分别写出密度的表达式，然后分别计算积分。

1）对流层中的压强分布

把对流层的温度表达式代入状态方程，可以得到密度的表达式为

$$\rho=\frac{p}{RT}=\frac{p}{R(288-0.0065z)}$$

再把密度 ρ 的表达式代入式(2.4)，整理后得到

$$\frac{\mathrm{d}p}{p}=\frac{-g\mathrm{d}z}{R(288-0.0065z)}$$

积分后，得到压强分布表达式

$$\frac{p}{p_a}=\left(1-\frac{0.0065z}{288}\right)^{\frac{g}{0.0065R}}$$

其中，p_a 是海平面 $z=0$ 处的大气压强。把物理常数 g、R 的数值代入后，压强分布表达式为

$$p=p_a\left(1-\frac{z}{44308}\right)^{5.256}\quad (z\leqslant 11000\ \mathrm{m}) \tag{2.9}$$

在对流层上边界 $z=11000$ m 处的压强

$$p_1=p_a\left(1-\frac{11000}{44308}\right)^{5.256}=0.223p_a$$

2）同温层中的压强分布

在同温层中温度 $T=216.5$ K，把状态方程

$$\rho=\frac{p}{RT}=\frac{p}{216.5R}$$

代入式(2.4)，积分后得到

$$\frac{p}{p_1}=\exp\left[\frac{g(z_1-z)}{216.5R}\right]$$

其中，$z_1=11000$ m 是同温层下边界也是对流层上边界，$p_1=0.223p_a$ 是此处的压强。代入 z_1 和 p_1 以及物理常数 g、R 的数值，最后得到

$$p=0.223p_a\exp\left(-\frac{z-11000}{6336}\right)\quad(z>11000\text{ m})\tag{2.10}$$

式(2.9)和式(2.10)就是国际标准大气的压强计算公式。

知道了温度和压强随海拔高度的变化规律后，还可以计算大气层中不同高度的密度。在相关工程手册中列有国际标准大气表，在表中可以查到各个海拔高度的大气参数。

国际标准大气是各国设计、实验航空产品的统一标准。例如，各国生产的航空发动机的性能都是以国际标准大气为基准给出的。

2.3　相对静止液体中的压强分布

当流体的所有质点随特定的动坐标系一起作加速运动而质点之间没有相对运动时，流体处于相对静止状态。在相对静止状态下，虽然流体中没有黏性切应力，但质点却有加速度，因此这类问题本质上已经不是静力学问题。然而，如果根据达朗贝尔原理在每一个流体质点上施加一个与加速度方向相反的惯性力，则包括惯性力在内的所有作用力应该平衡，于是前面在力平衡基础上对静止流体所建立的微分方程及由此得到的压强差公式仍然成立。

下面针对两种典型的相对静止问题求其压强分布，以此来说明这类问题的处理方法。

1. 水平等加速运动液体在重力作用下的压强分布

一盛有液体的开口容器向右作水平直线等加速运动，加速度为 a，如图 2-9 所示。当容器内的液体稳定后，其自由面是一个倾斜的平面。把坐标系固定在稳定后的液体上，随液体一起作加速运动。相对于这个动坐标系，液体是静止的。

所有的流体质点均具有加速度 a，根据达朗贝尔原理，应该在质点上施加与加速度方向相反的水平惯性力。此时，质量力包括重力和惯性力，单位质量力

$$f_x=-a,\quad f_y=0,\quad f_z=-g$$

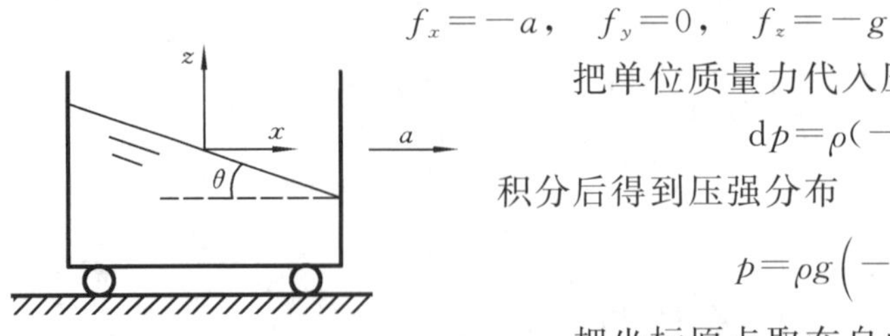

图 2-9　水平等加速运动系统

把单位质量力代入压强差公式(2.3)后得到

$$\mathrm{d}p=\rho(-a\mathrm{d}x-g\mathrm{d}z)$$

积分后得到压强分布

$$p=\rho g\left(-\frac{a}{g}x-z\right)+C\tag{2.11}$$

把坐标原点取在自由面上，在点 $x=0$、$z=0$ 有 $p=p_a$，p_a 是大气压强。由此边界条件求出积分常

数 C 后，压强分布表达式为

$$p=p_a-\rho g\left(\frac{a}{g}x+z\right) \tag{2.12}$$

在式(2.12)中令压强 p 等于常数，就得到等压面方程

$$ax+gz=C \tag{2.13}$$

等压面是一族倾斜的平面，它与水平面之间的夹角为

$$\theta=\arctan\frac{a}{g} \tag{2.14}$$

在自由面上压强等于大气压强，因此自由面也是一个等压面。在自由面上，当 $x=0$时 $z=0$，由此求出式(2.13)中的常数 $C=0$，于是自由面方程为

$$z_0=-\frac{a}{g}x \tag{2.15}$$

其中，z_0 是自由面的 z 坐标。

把式(2.15)代入式(2.12)，液体中的相对压强还可以表示为

$$p-p_a=\rho g(z_0-z)=\rho gh \tag{2.16}$$

其中 $h=z_0-z$ 是点在自由面下的淹深。现在自由面是个倾斜的平面，淹深应该从这个斜面沿竖直方向向下计算。

例 2-3　用开口 U 形管装置测量加速度，如图 2-10 所示，两侧管距 $l=165$ mm。当 U 形管装置以加速度 a 向右作水平等加速运动时，测得两边管中水柱高度差 $h=40$ mm，试求加速度。

解　系统作水平等加速运动时液体自由面是一倾斜平面，它就是两边测压管中水柱液面的连线。建立图示坐标系，自由面方程为

$$z_0=-\frac{a}{g}x$$

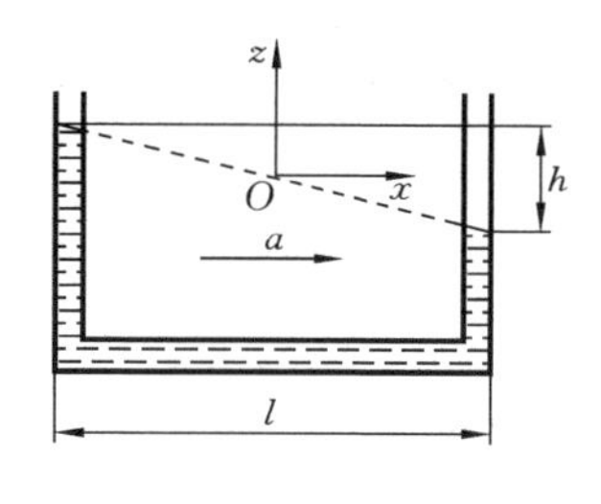

图 2-10　例 2-3 图

在液体自由面上，当 $x=l/2$ 时 $z_0=-h/2$，代入上式后有

$$\frac{h}{2}=\frac{al}{2g}$$

解出加速度，并代入数据计算，得

$$a=\frac{h}{l}g=\frac{40}{165}\times 9.8\ \text{m/s}^2=2.38\ \text{m/s}^2$$

2. 等角速度旋转液体在重力作用下的压强分布

图 2-11 所示为以等角速度 ω 绕其竖直中心轴旋转的开口容器，容器内盛有液体。在重力和离心惯性力的作用下，液体的自由面成为类似于漏斗状的旋转面。把

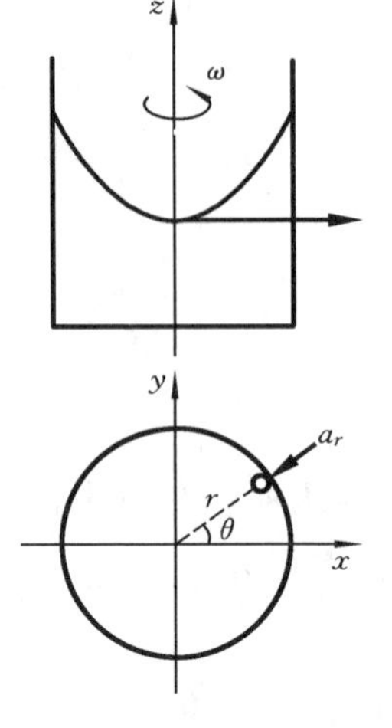

图 2-11　等角速度旋转系统

坐标系固定在稳定后的液体上，令其与液体一起旋转。相对于这个旋转的动坐标系，液体是静止的。

所有的流体质点均具有向心加速度，于是在质点上施加与加速度方向相反的离心惯性力。可以同时采用直角坐标系(x,y,z)和柱坐标系(r,θ,z)来研究这个问题，在直角坐标系中单位质量力

$$f_x=\omega^2 x,\quad f_y=\omega^2 y,\quad f_z=-g$$

把单位质量力代入压强差公式(2.3)中，得到

$$\mathrm{d}p=\rho(\omega^2 x\mathrm{d}x+\omega^2 y\mathrm{d}y-g\mathrm{d}z)$$

积分后有

$$p=\rho g\left(\frac{\omega^2}{2g}x^2+\frac{\omega^2}{2g}y^2-z\right)+C=\rho g\left(\frac{\omega^2}{2g}r^2-z\right)+C$$

把坐标原点取在自由面中心的最低点上，于是在点 $r=0$、$z=0$ 有，$p=p_a$，由此求出积分常数 C 后得到压强的表达式为

$$p=p_a+\rho g\left(\frac{\omega^2}{2g}x^2+\frac{\omega^2}{2g}y^2-z\right)=p_a+\rho g\left(\frac{\omega^2}{2g}r^2-z\right)\tag{2.17}$$

等压面方程为

$$\frac{\omega^2}{2}x^2+\frac{\omega^2}{2}y^2-gz=\frac{\omega^2}{2}r^2-gz=C\tag{2.18}$$

这是一族旋转抛物面。

在自由面上，当 $r=0$ 时，$z=0$，由此得到自由面方程为

$$z_0=\frac{\omega^2}{2g}r^2\tag{2.19}$$

把式(2.19)代入式(2.17)，可得液体中相对压强为

$$p-p_a=\rho g(z_0-z)=\rho g h\tag{2.20}$$

其中，$h=z_0-z$ 仍然是点在自由面下的淹深。现在自由面是个旋转抛物面，淹深应该从这个旋转抛物面向下计算。

由压强的表达式(2.17)可以看出，在同一水平面上($z=C$)液体的压强与 r^2 成正比，这说明在旋转液体中外缘的压强比中间大，这是液体受离心惯性力作用的结果。离心铸造就运用铸型的高速旋转使型腔外缘液态金属的压强增大，从而得到较密实的铸件。

当容器有水平顶盖时，尽管液体受顶盖的限制不能形成旋转抛物面形的自由面，但是液体内的等压面却仍然是旋转抛物面，液体作用在顶盖上的压强与 r^2 成正比。

例 2-4　用离心铸造机铸造车轮，如图 2-12 所示，已知铁液密度 $\rho=7000$

kg/m^3，并且 $\omega=20\pi$ rad/s，$h=200$ mm，$d=150$ mm，$D=900$ mm，试求铁液作用在平面 $A—A$ 上圆环面积上的总压力。

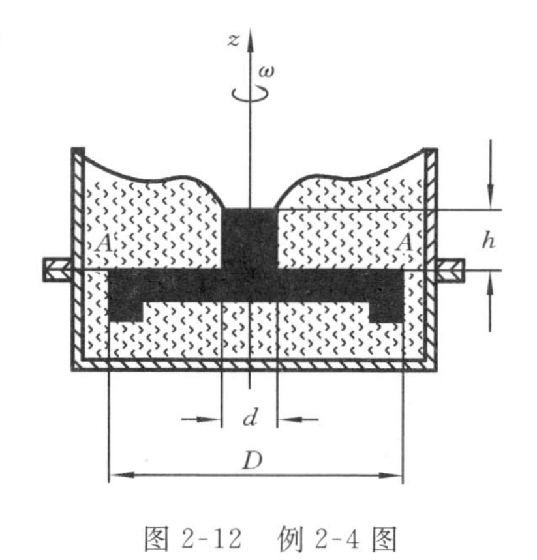

图 2-12　例 2-4 图

解　由式(2.17)可得，铁液中的相对压强

$$p-p_a=\rho g\left(\frac{\omega^2}{2g}r^2-z\right)$$

在平面 $A—A$ 上，$z=-h$，圆环面积上的总压力

$$\begin{aligned}F&=\int_{d/2}^{D/2}(p-p_a)2\pi r\mathrm{d}r\\&=\int_{d/2}^{D/2}\rho g\left(\frac{\omega^2}{2g}r^2+h\right)2\pi r\mathrm{d}r\\&=2\pi\rho g\left[\frac{\omega^2}{128g}(D^4-d^4)+\frac{h}{8}(D^2-d^2)\right]\end{aligned}$$

代入已知数据并计算得

$$\begin{aligned}F&=2\pi\times7000\times9.8\times\left[\frac{(20\pi)^2}{128\times9.8}\times(0.9^4-0.15^4)+\frac{0.2}{8}\times(0.9^2-0.15^2)\right]\text{ N}\\&=897815\text{ N}\approx897.8\text{ kN}\end{aligned}$$

2.4　静止液体作用在物体壁面上的总压力

在工程实际中，有时不仅需要知道液体中的压强分布，还需要知道液体作用在物体壁面上的总压力及其作用点。例如，在设计水坝、水闸、港口建筑物、储液容器等时就会遇到这类问题。下面分别讨论液体作用在平壁面和曲壁面上总压力的计算方法。

1. 静止液体作用在平壁面上的总压力

考虑一块倾斜的平板，板的左边浸没在静止的液体中，右边与大气相接触。平板与水平面之间的夹角为 θ。所取坐标系如图2-13所示，坐标原点在液体自由面上。

在平板上取任意面积微元 $\mathrm{d}A$，液体作用于该面积微元的总压力为 $(p_a+\rho gh)\mathrm{d}A$，h 为微元的淹深。在平板另一侧同一面积微元上大气所施加的总压力为 $p_a\mathrm{d}A$。两侧的大气压强抵消，液体作用于面积微元 $\mathrm{d}A$ 的总压力

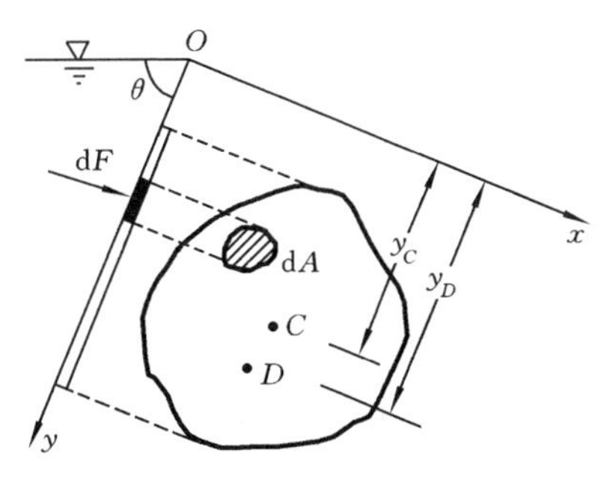

图 2-13　倾斜的平板

$$\mathrm{d}F=\rho gh\mathrm{d}A=\rho gy\sin\theta\mathrm{d}A$$

将 $\mathrm{d}F$ 对整个面积 A 积分，就得到作用于面积 A 的总压力

$$F=\int_A\mathrm{d}F=\rho g\sin\theta\int_A y\mathrm{d}A$$

积分 $\int_A y\mathrm{d}A$ 是面积 A 对 x 轴的静面矩(或面积矩)。在数学课程中已经证明,如果面积 A 的形心点 y 坐标为 y_C,那么 $\int_A y\mathrm{d}A = y_C A$,因此总压力

$$F=\rho g y_C \sin\theta A=\rho g h_C A \tag{2.21}$$

其中,$h_C=y_C\sin\theta$ 是形心点 C 的淹深。式(2.21)表明:静止液体作用在平壁面上的总压力等于壁面形心点相对压强与壁面面积的乘积。这也说明,形心点压强就是壁面平均压强。

现在求总压力的作用点。总压力作用点也称为压力中心。由理论力学知道,平行力系中诸力对某轴的力矩之和等于合力对该轴的力矩。假设总压力作用点为点 D,其坐标为(x_D,y_D),对 x 轴和 y 轴分别应用合力矩定理可以得到

$$Fx_D = \int_A x\mathrm{d}F = \rho g\sin\theta\int_A xy\mathrm{d}A = \rho g\sin\theta J_{xy}$$

$$Fy_D = \int_A y\mathrm{d}F = \rho g\sin\theta\int_A y^2\mathrm{d}A = \rho g\sin\theta J_x$$

其中,$J_{xy} = \int_A xy\mathrm{d}A$ 是面积 A 对 x、y 两轴的惯性积,$J_x = \int_A y^2\mathrm{d}A$ 是面积 A 对 x 轴的惯性矩。把式(2.21)中的 F 代入上两式后就可得到

$$x_D=\frac{J_{xy}}{y_C A} \tag{2.22(a)}$$

$$y_D=\frac{J_x}{y_C A} \tag{2.22(b)}$$

为了使用方便,可以根据平行移轴原理把 J_{xy} 和 J_x 用主惯性积 J_{Cxy} 和主惯性矩 J_{Cx} 表示。J_{Cxy} 是面积 A 对通过形心点 C 且平行于 x 轴、y 轴的两正交轴线的惯性积;J_{Cx} 是对通过形心点且平行于 x 轴的轴线的惯性矩。平行移轴公式为

$$J_{xy}=J_{Cxy}+x_C y_C A,\quad J_x=J_{Cx}+y_C^2 A$$

把它们代入式(2.22)就得到

$$x_D=x_C+\frac{J_{Cxy}}{y_C A} \tag{2.23(a)}$$

$$y_D=y_C+\frac{J_{Cx}}{y_C A} \tag{2.23(b)}$$

惯性积 J_{Cxy} 可正可负,因此 x_D 可能大于 x_C 也可能小于 x_C。如果平板具有对称性,则 $J_{Cxy}=0$,$x_D=x_C$。惯性矩 J_{Cx} 总是大于零,故 $y_D>y_C$,总压力作用点 D 的淹深总是大于形心点 C 的淹深。

例 2-5 一封闭水箱如图 2-14 所示,箱外为大气压强。容器壁上有一窗口 AB,窗口长 $l=1.5$ m,宽(垂直于图平面的方向)$b=3$ m,窗口与水平面之间的夹角 $\theta=30°$,窗口上端在自由液面下的淹深 $h=3$ m。试计算下列两种情况下窗口 AB 上所

作用的总压力及其作用点位置：

(1) 水箱内自由面压强 $p_0=p_a$；

(2) 水箱内自由面压强 $p_0=1.25\times10^5$ Pa。

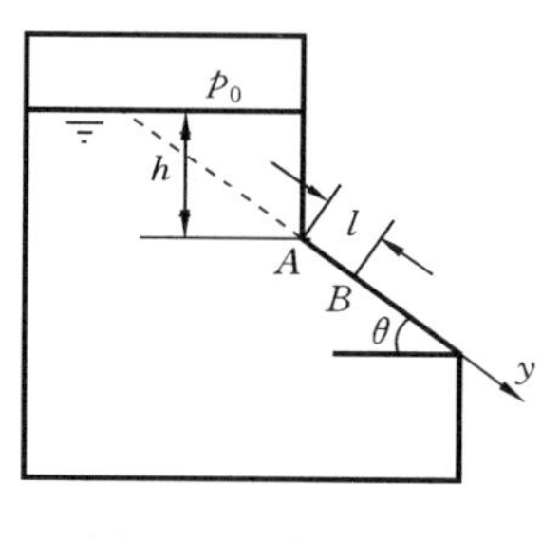

图 2-14　例 2-5 图

解　(1) 水箱内自由面压强 $p_0=p_a$。

取图示坐标系，坐标原点位于自由面上，窗口 AB 形心点的 y 坐标

$$y_C=\frac{h}{\sin\theta}+\frac{l}{2}=\left(\frac{3}{\sin30^\circ}+\frac{1.5}{2}\right)\ \text{m}=6.75\ \text{m}$$

淹深
$$h_C=y_C\sin\theta=6.75\sin30^\circ\text{m}=3.375\ \text{m}$$

由压强传递原理可知，自由面压强 $p_0=p_a$ 等值地传递到窗口 AB 的内壁面，与外壁面的大气压相抵消，因此 p_0 和窗外的大气压均不需要考虑。作用于窗口 AB 的总压力

$$F=\rho g h_C lb=1000\times9.8\times3.375\times1.5\times3\ \text{N}=1.488\times10^5\ \text{N}$$

由于窗口 AB 左右对称，总压力作用点位于对称轴上。对于宽为 b，长为 l(沿 y 轴方向)的矩形面积，主惯性矩 $J_{Cx}=bl^3/12$。作用点的 y 坐标

$$y_D=y_C+\frac{J_{Cx}}{y_C lb}=\left(6.75+\frac{\frac{3\times1.5^3}{12}}{6.75\times1.5\times3}\right)\text{m}=6.778\ \text{m}$$

(2) 水箱内自由面压强 $p_0=1.25\times10^5$ Pa。

现在自由面压强大于大气压强。假设把水箱的自由面上移 $\Delta h=(p_0-p_a)/(\rho g)$，在上移后的新自由面上压强为大气压 p_a，那么在原自由面所在位置压强依然是 p_0，水中压强分布与题目的要求相同。上移后的自由面称为等效自由面。式(2.21)和式(2.23)是在液面压强为大气压的前提下导出的，采用等效自由面后仍然可以使用它们计算总压力及其作用点。

$$\Delta h=\frac{p_0-p_a}{\rho g}=\frac{1.25-1.01}{1000\times9.8}\times10^5\ \text{m}=2.449\ \text{m}$$

$$\begin{aligned}F&=\rho g(h_C+\Delta h)lb=1000\times9.8\times(3.375+2.449)\times1.5\times3\ \text{N}\\&=2.568\times10^5\ \text{N}\end{aligned}$$

把坐标原点取在等效自由面上，则

$$y'_C=\frac{h+\Delta h}{\sin\theta}+\frac{l}{2}=\left(\frac{3+2.449}{\sin30^\circ}+\frac{1.5}{2}\right)\text{m}=11.648\ \text{m}$$

$$y'_D=y'_C+\frac{J_{Cx}}{y'_C lb}=\left(11.648+\frac{\frac{3\times1.5^3}{12}}{11.648\times1.5\times3}\right)\text{m}=11.664\ \text{m}$$

在图示坐标系中(坐标原点在原自由面上)

$$y_D=y'_D-\frac{\Delta h}{\sin\theta}=\left(11.664-\frac{2.449}{\sin30^\circ}\right)\text{ m}=6.766\text{ m}$$

2. 静止液体作用在曲壁面上的总压力

由于液体作用在曲壁面上各点压力的方向都不相同，因此在求总压力时不能像处理平壁面那样将面积微元上的总压力直接对面积积分，而必须首先把面积微元上的作用力分解为水平方向和竖直方向的分量，然后分别对同方向的分量积分。下面讨论二维曲面总压力的计算问题，所用方法也可以推广到三维曲面。

考虑图 2-15 所示的二维曲面 ab(在与图平面相垂直的方向所有尺寸默认为单位 1)，其面积为 A，坐标系 x 轴沿水平方向，z 轴竖直向上，与重力方向相反。在二维曲面上取面积微元 dA，其淹深为 h，其外法线与水平面之间的夹角为 θ。液体作用在面积微元上的总压力 d$F=\rho gh$dA，把 dF 分解到 x 和 z 的两个方向上，并分别对面积 A 积分，即得到总压力在相应方向的分量

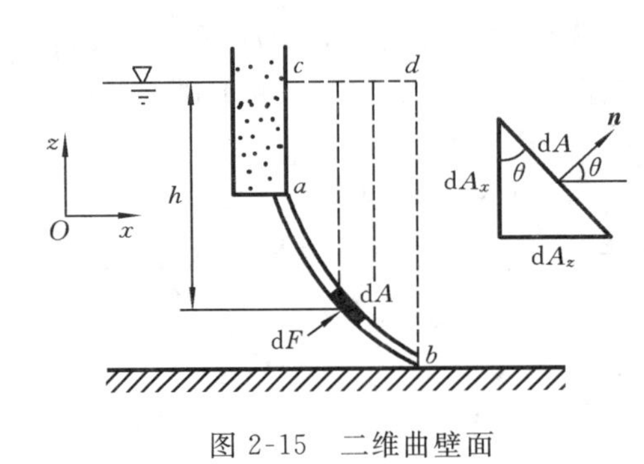

图 2-15　二维曲壁面

$$F_x=\int_A\cos\theta\mathrm{d}F=\int_A\rho gh\cos\theta\mathrm{d}A$$

$$F_z=\int_A\sin\theta\mathrm{d}F=\int_A\rho gh\sin\theta\mathrm{d}A$$

其中，$\cos\theta\mathrm{d}A=\mathrm{d}A_x$，$\sin\theta\mathrm{d}A=\mathrm{d}A_z$，它们分别是 d$A$ 在 x 和 z 方向的投影面积，于是上面的两个积分式又可以改写成

$$F_x=\rho g\int_{A_x}h\,\mathrm{d}A_x=\rho gh_{xC}A_x \tag{2.24}$$

$$F_z=\rho g\int_{A_z}h\,\mathrm{d}A_z=\rho gV \tag{2.25}$$

其中：A_x 是曲面 A 在 x 方向的投影面积；h_{xC} 是面积 A_x 形心点的淹深；V 是曲面以上到液面所在水平面之间的体积，也称为压力体。可见，总压力在 x 方向的投影分量 F_x 等于液体作用在平面面积 A_x 上的总压力；z 方向的投影分量 F_z 等于压力体中的液体重量。总压力的大小可以由两个分量确定，即

$$F=\sqrt{F_x^2+F_z^2} \tag{2.26}$$

其作用线与水平线之间的夹角 α 由下式计算，即

$$\tan\alpha=\frac{F_z}{F_x} \tag{2.27}$$

分力 F_x 的作用线通过其在投影面积 A_x 上的作用点，分力 F_z 的作用线通过压力体的形心，总压力 F 的作用线应该通过这两条作用线的交点，它的作用线与壁面的交点就是它的作用点。

需要注意的是，压力体体积由积分 $\int_{A_z}h\,\mathrm{d}A_z$ 定义，该体积内并不总是充满液体，

力 F_z 也不一定是压力体内实际存在的液体对曲面所施加的重力。例如，图 2.15 中曲面 ab 的压力体为区域 $cabdc$，其中就没有液体，而且作用在曲面 ab 上的 F_z 方向向上，与重力方向相反。

作用在三维曲面上的总压力可以被分解为三个分量，即 F_x、F_y 和 F_z。其中两个水平分量 F_x 和 F_y 的计算方法与二维曲面 F_x 的计算方法相同，竖直分力 F_z 的计算方法与二维曲面 F_z 的计算方法相同。

例 2-6　图 2-16 所示开口容器壁上装有三个半径 $R=0.5$ m 的半球形盖，容器中盛水。已知 $H=2.5$ m，$h=0.75$ m，试求三个盖上所作用的总压力。

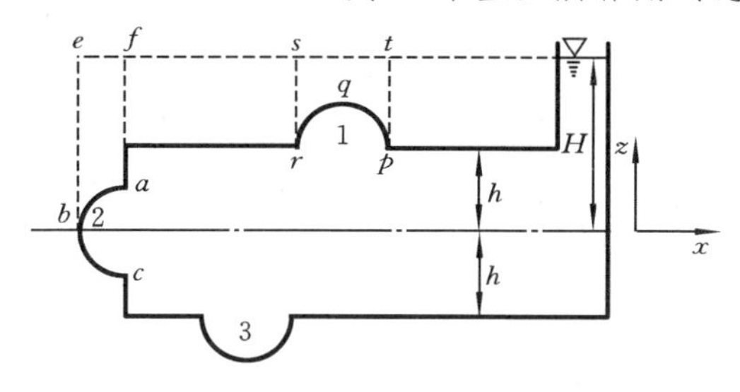

图 2-16　例 2-6 图

解　首先考虑盖 1。把盖 1 分为左、右两个半面，两个半面的水平投影面积相重合。两个半面上的作用力大小相同，方向相反。因此作用在盖 1 上的水平总压力

$$F_x=0$$

盖 1 的压力体体积是盖与液体自由面所在水平面之间的体积，即

$$V_{pqrstp}=\pi R^2(H-h)-\frac{2}{3}\pi R^3=\left[0.5^2\pi\times(2.5-0.75)-\frac{2\pi}{3}\times0.5^3\right]\ \text{m}^3=1.1127\ \text{m}^3$$

作用于盖 1 的竖直总压力方向向上，沿 z 轴正方向，其值为

$$F_z=\rho gV_{pqrstp}=1000\times9.8\times1.1127\ \text{N}=10904\ \text{N}$$

对于盖 2，其水平投影面积为 πR^2，该面积形心点淹深为 H，因此水平总压力

$$F_x=-\rho gH\pi R^2=-1000\times9.8\times2.5\pi\times0.5^2\ \text{N}=-19242\ \text{N}$$

式中的负号表示力沿 x 轴负方向。

求盖 2 的竖直总压力时须将盖分为上、下两个半面，竖直总压力是两个半面的压力体体积之差与 ρg 的乘积，即

$$F_z=-\rho g(V_{cbefc}-V_{abefa})=-\rho gV_{abca}=-\rho g\frac{2}{3}\pi R^3$$

$$=-1000\times9.8\times\frac{2}{3}\pi\times0.5^3\ \text{N}=-2565\ \text{N}$$

式中的负号表示力沿 z 轴负方向。

对于盖 3，用同样的方法可以求得

$$F_x=0$$

$$F_z = -\rho g\left[\pi R^2(H+h)+\frac{2}{3}\pi R^3\right]$$

$$= -1000\times 9.8\times\left[0.5^2\pi\times(2.5+0.75)+\frac{2}{3}\pi\times 0.5^3\right]\ \text{N} = -27580\ \text{N}$$

式中的负号表示力沿 z 轴负方向。

由曲壁面总压力的计算公式很容易得到水中物体浮力的计算公式。例如对图 2-17中的船体，船体上的水平总压力为零，船体触水面的压力体就是船体的排水体积，因此水对船体所作用的总压力的方向竖直向上，其大小为船体的排水重量。这个结论就是阿基米德浮力定律。该定律对于浮体(漂浮在液体中，部分体积露出液面)和潜体(悬浮在液体中，不露出液面)同样适用，也适用于计算气体中飘浮物的浮力。

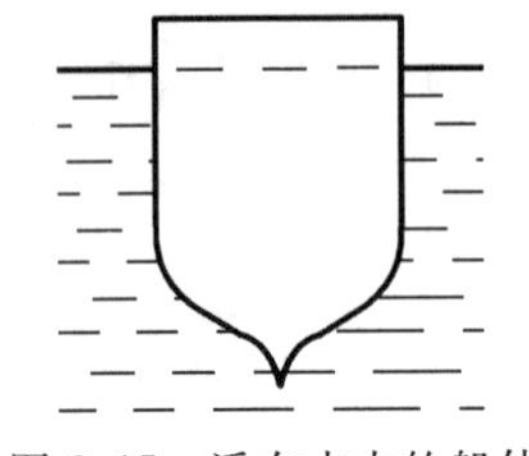

图 2-17　浮在水中的船体

小　结

由于流体容易变形，只有当所有质点上的作用力均达到平衡时，流体才能保持在静止状态。在静止流体中不存在切应力，压强是唯一的表面应力，其大小与作用方向无关。平衡微分方程给出了静止流体中的力平衡关系。在静止流体中，压强的空间变化是质量力造成的，压强差公式给出了相邻空间点上压强差与质量力之间的关系。

液体一般可以作为均质不可压缩流体。在重力作用下，液体中的压强分布由静力学基本方程给出。由静力学基本方程知道：液体中的压强与淹深成正比，等压面是水平面，任意液面上的压强变化会等值地传递到液体所有的点上。

根据流体静力学原理，可以通过液柱高或者高度差来反映压强或者压强差的大小，这是设计各式液柱测压计和压差计的理论依据。

当流体的所有质点随特定的非惯性坐标系一起运动而质点之间没有相对运动时，流体处于相对静止状态。在相对静止的液体中，质量力包括重力和惯性力，对静止流体所建立的平衡微分方程及由此得到的压强差公式仍然成立。在相对静止的液体中压强仍然与淹深成正比，但等压面不再是水平面。

通过对压强积分可以求出静止液体作用在物体壁面上的总压力。平壁面上的总压力等于壁面形心点的压强与壁面面积的乘积，总压力作用点的淹深总是大于形心点的淹深。作用在曲壁面上的总压力可以分解为水平分力和竖直分力，水平分力等于水平投影平面上的总压力，竖直分力则等于压力体内的液重。

思 考 题

2-1　流体静止时，作用在流体微团表面上的力是______。

(A) 重力　　(B) 黏性剪切力　　(C) 压力　　(D) 拉力

2-2　静止流体中任意一点的压强与______无关。

(A) 点的位置　(B) 作用方向　(C) 流体密度　(D) 重力加速度

2-3　______把等速均匀直线运动的流体作为静止流体来处理。

(A) 可以　(B) 不可以

2-4　对于作任意运动的流体，______把其加速度所对应的惯性力作为质量力，从而把它当成相对静止流体来进行分析。

(A) 可以　(B) 不可以

2-5　用开口测压管测量封闭容器中液体的压强，测压管中的液柱读数与______。

(A) 当地重力加速度有关　(B) 当地大气压和重力加速度都有关

(C) 当地大气压有关　(D) 当地大气压和重力加速度都无关

2-6　用开口测压管测量开口容器中液体的压强，测压管中的液柱读数与______。

(A) 当地重力加速度有关　(B) 当地大气压和重力加速度有关

(C) 当地大气压有关　(D) 当地大气压和重力加速度无关

2-7　在图 2-3 所示容器内盛水，开口测压管竖直段的长度为 50 cm，测压管的最大量程大约是______。

(A) 0.05 个标准大气压　(B) 0.5 个标准大气压

(C) 5 个标准大气压　(D) 50 个标准大气压

2-8　液体随容器作等角速度旋转时，重力和惯性力的合力总是与液体自由面______。

(A) 正交　(B) 斜交　(C) 相切

2-9　容器内液体对容器底所施加的总压力与______不是直接相关的。

(A) 液深　(B) 液重　(C) 容器底面积　(D) 流体密度

2-10　容器所盛液体中有一浮体，现将容器封闭并向里充气，改变液体的压强，物体的浮力______，这说明物体的浮力与液体中的______有关。

(A_1) 增大　(B_1) 减小　(C_1) 不变

(A_2) 压强大小　(B_2) 上下压差　(C_2) 压强大小和上下压差均

2-11　压力体中______。

(A) 必定充满液体　(B) 必定没有液体

(C) 至少有部分液体　(D) 可能有液体，也可能没有液体

2-12　试用能量的观点解释静力学基本方程 $z+\dfrac{p}{\rho g}=C$ 中各项的意义及整个方程的意义。

习 题

2-1 液体中的静压强分布满足 $z+\frac{p}{\rho g}=C$。设容器内有两种互不混杂的液体，上、下层液体密度分别为 ρ_1 和 ρ_2，静压强表达式中的常数为 C_1 和 C_2。假设 $\rho_1<\rho_2$，试证明 $C_1>C_2$。

2-2 试求题 2-2 图中同高程的两条输水管道的压强差 p_1-p_2。已知液面高程读数 $z_1=18$ mm，$z_2=62$ mm，$z_3=32$ mm，$z_4=53$ mm，水密度 $\rho_0=1000$ kg/m^3，酒精密度 $\rho_1=800$ kg/m^3，水银密度 $\rho_2=13550$ kg/m^3。

2-3 用题 2-3 图所示装置测量流体的密度，已知 $h=74$ mm，$h_1=152$ mm，$h_2=8$ mm，水密度 $\rho_0=1000$ kg/m^3，水银密度 $\rho_1=13550$ kg/m^3，试求油的密度 ρ_2。

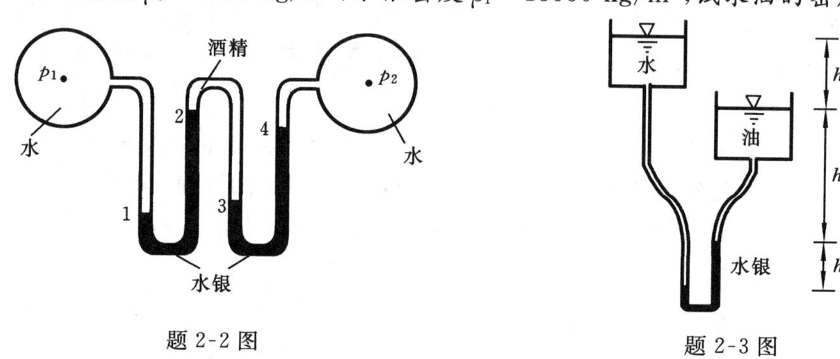

题 2-2 图　　题 2-3 图

2-4 如题 2-4 图所示，已知 $h_1=20$ mm，$h_2=240$ mm，$h_3=220$ mm，水密度 $\rho_0=1000$ kg/m^3，水银密度 $\rho_1=13550$ kg/m^3，试求水深 H。

2-5 如题 2-5 图所示的密封容器中上层是油，其密度 $\rho_1=800$ kg/m^3，下层是水，其密度 $\rho_0=1000$ kg/m^3。图中有两条测压管，一条用于确定油和水的交界面，另一条用于测压。已知液面读数 $z_1=0.6$ m，$z_2=1.4$ m，$z_3=1.5$ m，试求容器内液面上的相对压强 p_0-p_a。

2-6 用复式水银压差计测量水箱中液面上的压强 p_0，如题 2-6 图所示。已知读

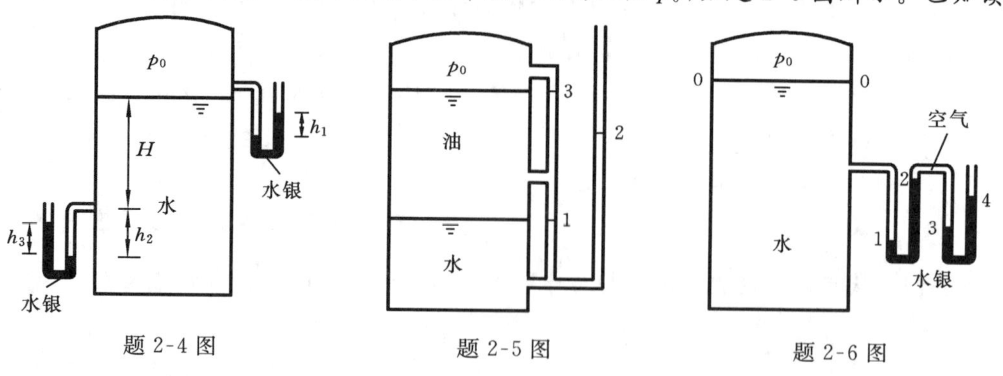

题 2-4 图　　题 2-5 图　　题 2-6 图

数 $z_0=208\ \text{cm}$，$z_1=90\ \text{cm}$，$z_2=124\ \text{cm}$，$z_3=95\ \text{cm}$，$z_4=116\ \text{cm}$，水密度 $\rho_0=1000\ \text{kg/m}^3$，水银密度 $\rho_1=13550\ \text{kg/m}^3$，试求相对压强 p_0-p_a。

2-7 在绝热的大气中 $p/\rho^\gamma=C$，其中 C 和 γ 为常数。试证明大气压强 p 随海拔高度 z 的变化规律为

$$p=\frac{1-\gamma}{\gamma}\rho gz+p_0\frac{\rho}{\rho_0}$$

其中，p_0 和 ρ_0 是海平面($z=0$)上的压强和密度。

2-8 酒精和水银的双液测压计如题 2-8 图所示，已知：$d_1=5\ \text{mm}$，$d_2=20\ \text{mm}$，$d_3=50\ \text{mm}$，水银密度 $\rho_1=13550\ \text{kg/m}^3$，酒精密度 $\rho_2=800\ \text{kg/m}^3$。如果当细管上端接通大气时酒精液面高度为零，试求当酒精液面下降 $h=30\ \text{mm}$ 时细管上端的相对压强。

2-9 水力变压器如题 2-9 图所示，大活塞直径为 D，小活塞直径为 d，两条测压管直径相同。当活塞处于平衡状态时，左测压管液面与活塞连杆之间的高度差为 H，左、右测压管液面高度差为 h，试求 h 与 H 的关系。

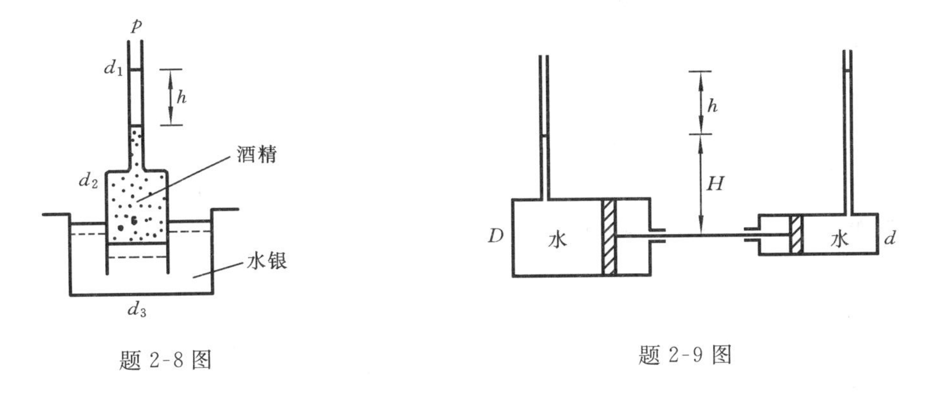

题 2-8 图　　　　题 2-9 图

2-10 装在水平匀加速运动物体上的 U 形管加速度计如题 2-10 图所示，已测得两管中的液面高度差 $h=4\ \text{cm}$，两管相距 $L=20\ \text{cm}$，试求物体的加速度。

2-11 底面积 $A=b\times b=200\ \text{mm}\times200\ \text{mm}$ 的方口容器如题 2-11 图所示，容器自重 $G=40\ \text{N}$，静止时盛水高度 $h=150\ \text{mm}$。设容器在荷重 $W=200\ \text{N}$ 的作用下沿平面滑动，容器底与平面之间的摩擦系数 $f=0.3$，试求水不溢出的容器最小高度 H。

2-12 一水箱在重力作用下沿斜面以加速度 a 向下滑，斜面与水平面成夹角 α，如题 2-12 图所示，试求水箱液面与水平面之间的夹角。

2-13 如题 2-13 图所示的圆柱形容器，其顶盖中心装有一开口的测压计，容器内装满水。假设测压管中的水面比顶盖高 h，圆柱容器直径为 D，试求当它绕其竖轴以角速度 ω 旋转时顶盖所受到的力。

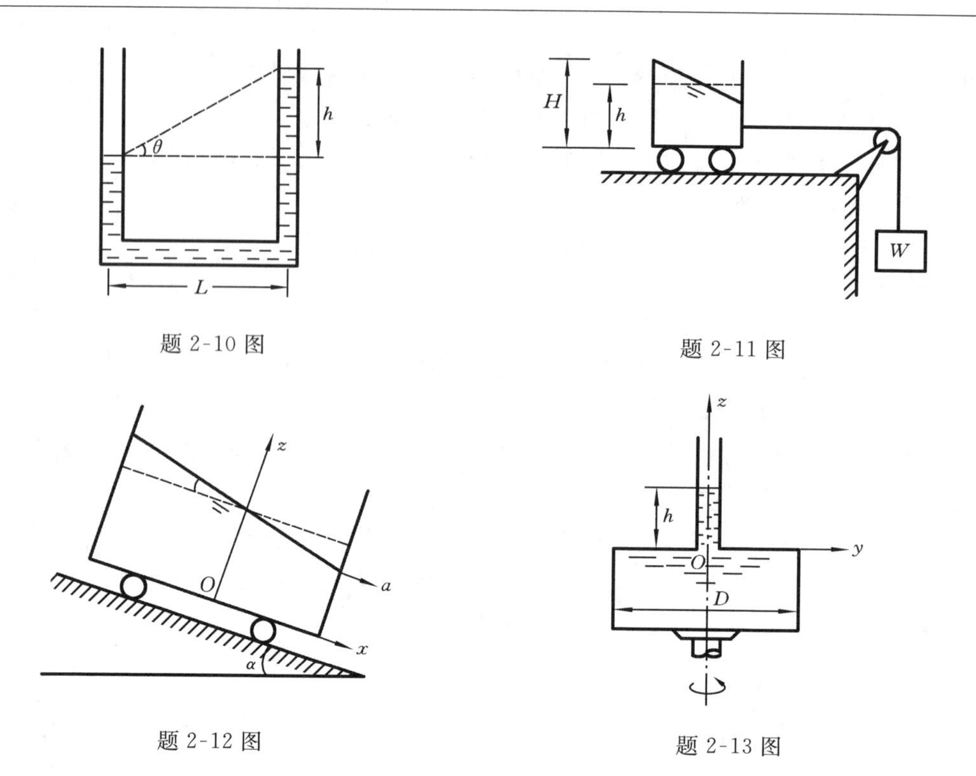

题 2-10 图　　题 2-11 图

题 2-12 图　　题 2-13 图

2-14　题 2-14 图所示的液体转速计由直径为 d_1 的圆筒、活塞盖及与其相连通的两条直径为 d_2 的支管构成。转速计内盛水银，直管距圆筒立轴的距离为 R，当转速为 ω 时，活塞高度比静止时下降了 h，试证明：

$$h=\frac{\omega^2}{2g}\frac{R^2-\dfrac{d_1^2}{8}}{1+\dfrac{1}{2}\left(\dfrac{d_1}{d_2}\right)^2}$$

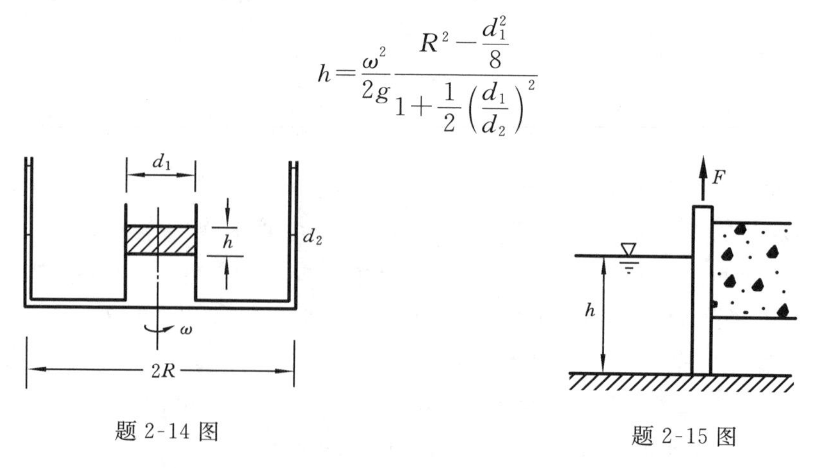

题 2-14 图　　题 2-15 图

2-15　题 2-15 图所示的平板闸门，其单位宽自重 20 kN，挡水深度 $h=2.5$ m，闸门与竖壁间的摩擦系数 $f=0.3$。试求闸门开始提升时在单位宽度闸门所需要施加的力 F。

2-16　一条半径为 R 的水管将左、右两边的积水隔开，如题 2-16 图所示，左边积水水位 $h_1=2R$，右边积水水位 $h_2=R$。试求左、右两边的水共同作用在单位长水管上的总压力。

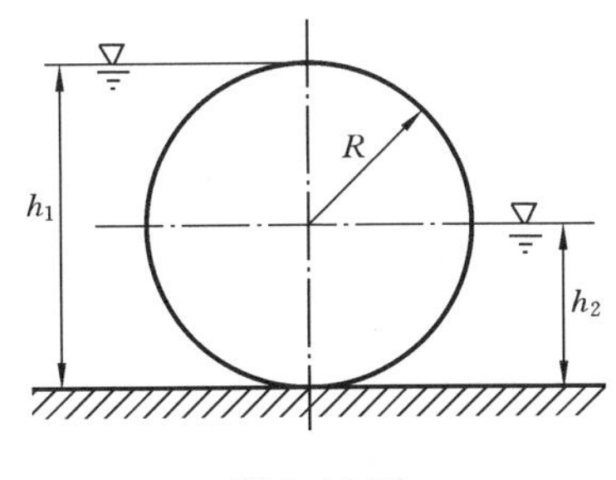

题 2-16 图

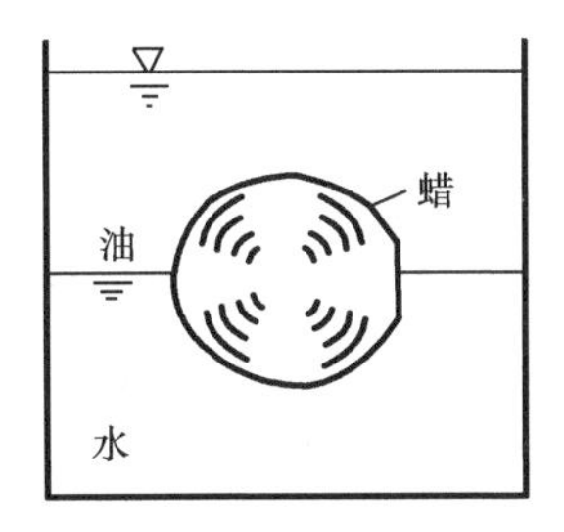

题 2-17 图

2-17　容器内液体上半部分是油，下半部分是水，一蜡块潜没其中，如题 2-17 图所示。假设蜡的相对密度为 0.9，油的相对密度为 0.85，试确定蜡在水和油中的体积各占总体积的比例。

2-18　题 2-18 图所示直径 $d_1=8$ cm 的圆柱形浮子用一长 $l=12$ cm 的绳子系在直径 $d_2=4$ cm 的圆阀上。已知浮子和圆阀的总质量 $m=0.1$ kg，液体是汽油，其密度 $\rho=0.74$ g/cm^3。试求圆阀会自动打开时的汽油液面高度 H。

2-19　试求题 2-19 图中圆锥形阀门上所受水和大气合力的大小。已知 $a=2$ cm，$b=1$ cm，$c=3$ cm，$h=0.3$ m。

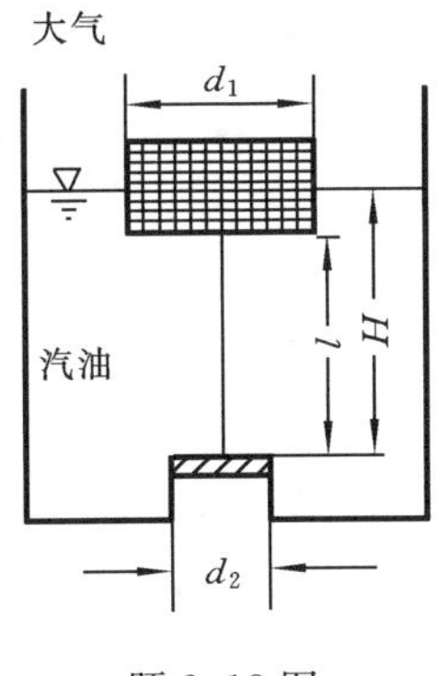

题 2-18 图

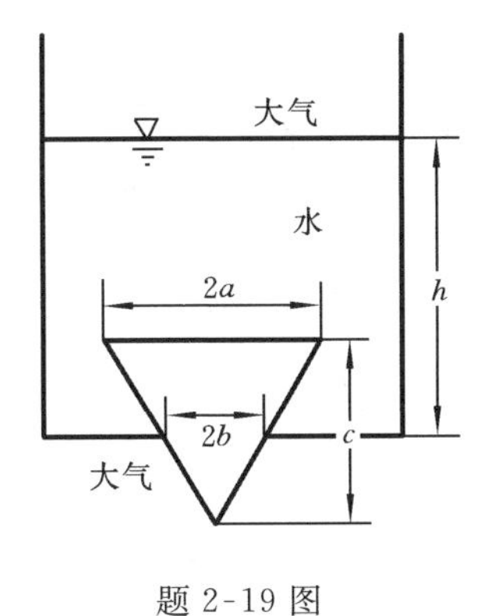

题 2-19 图

第 3 章 理想流体动力学基础

理想流体就是没有黏性的流体，它是真实流体的一种近似模型。当理想流体运动时不会产生黏性切应力，也不会产生机械能损失。

本章首先介绍描述流体运动的方法，然后从质量守恒定律和动量定律出发，建立反映理想流体运动和受力规律的基本方程，并通过实例说明怎样应用这些基本方程来分析和解决工程实际中常遇到的流动问题。

3.1 描述流体运动的两种方法

1. 描述流体运动的方法

根据连续介质模型，流体由连续分布的质点（微团）组成。流体运动和受力时，各个流体质点的位置会发生改变，各个质点的流动参数，如速度、加速度、压强、密度和温度等随着时间而变化；与此同时，流动区域的所有空间点都由流体质点所占据，在各个空间点上质点的流动参数也不相同。要运用数学工具来研究流体运动和受力的规律，就需要建立描述这些流动参数变化规律的数学方法。

当我们考察江水的运动时可以采取两种不同的方法。第一种方法是，记录特定水质点在各个时刻的所在位置并考察这些质点流动参数随时间的变化规律；第二种方法是，在特定空间位置上考察水流参数随时间的变化。当考察污染物排入江水后的扩散情况时，就需要跟踪被污染的水体，记录污染水体在以后各时刻的所在位置及相关污染指数的变化，这就是第一种方法。在设计大坝时，特定江段的水流状态（如流量、流速、含沙量等）非常重要，但到底是哪些水质点正在通过特定的江段，以及这部分水流从何处来，又将流向何处去等问题与设计并不直接相关，在这种情况下，就应该采用第二种方法来提供设计所需的水流数据。第一种描述江水运动的方法着眼于特定的流体质点，第二种方法则着眼于特定的空间位置。在流体力学中，采用这两种不同的方法都可以完整地描述流体运动的规律。

1）拉格朗日法

拉格朗日描述法着眼于流体质点，它通过对每一个流体质点运动的描述给出流体整体运动规律。这种方法是质点运动学的研究方法。在理论力学中采用的就是这种方法。

流体由无数个连续分布的质点组成，要描述整个流体的运动就需要描述每一个流体质点的运动，为此首先需要标记不同的质点。在拉格朗日法中，通常用某一指定时刻质点所在空间位置的坐标来标记不同的质点。在数学表达上，可以用下式来描

述质点所在的空间位置，即

$$x=x(\xi,\eta,\zeta,t) \tag{3.1(a)}$$

$$y=y(\xi,\eta,\zeta,t) \tag{3.1(b)}$$

$$z=z(\xi,\eta,\zeta,t) \tag{3.1(c)}$$

这三个式子表示时刻 t_0 处于空间点(ξ,η,ζ)的流体质点在任意的时刻 t 处于空间位置(x,y,z)。式中符号 ξ、η、ζ 用于标记质点，也称为拉格朗日变量。质点位置(x,y,z)随时间变化而变化，而拉格朗日变量 ξ、η、ζ 则不随时间变化而变化。

质点的速度是其位置对时间的变化率，用 u、v、w 分别表示 x、y、z 方向的速度分量，则有

$$u=\frac{\partial x}{\partial t} \tag{3.2(a)}$$

$$v=\frac{\partial y}{\partial t} \tag{3.2(b)}$$

$$w=\frac{\partial z}{\partial t} \tag{3.2(c)}$$

质点的加速度是其速度对时间的变化率，用 a_x、a_y、a_z 表示加速度的三个分量，则又有

$$a_x=\frac{\partial^2 x}{\partial t^2} \tag{3.3(a)}$$

$$a_y=\frac{\partial^2 y}{\partial t^2} \tag{3.3(b)}$$

$$a_z=\frac{\partial^2 z}{\partial t^2} \tag{3.3(c)}$$

当拉格朗日变量 ξ、η、ζ 的取值遍及时刻 t_0 的所有质点时，由式(3.1)、式(3.2)和式(3.3)就可以得到所有流体质点的位置、速度和加速度。由此方式，还可以描述流体运动的其他参数。

例 3-1　已知拉格朗日变量的速度表达式为

$$u=(\xi+1)e^t-1,\quad v=(\eta+1)e^t-1,\quad w=0$$

其中$(\xi,\eta,0)$是时刻 $t=0$ 流体质点的空间位置。试求流体质点空间位置的表达式和流体质点加速度表达式。

解　把所给速度代入式(3.2)，得到

$$\frac{\partial x}{\partial t}=u=(\xi+1)e^t-1$$

$$\frac{\partial y}{\partial t}=v=(\eta+1)e^t-1$$

$$\frac{\partial z}{\partial t}=w=0$$

对时间 t 积分后得到 x、y、z 的表达式为

$$x=(\xi+1)e^t-t+C_1$$
$$y=(\eta+1)e^t-t+C_2$$
$$z=C_3$$

由于 $t=0$ 时，$x=\xi$，$y=\eta$，$z=0$ 因此积分常数 $C_1=-1$，$C_2=-1$，$C_3=0$，得到流体质点空间位置的表达式：

$$x=(\xi+1)e^t-t-1$$
$$y=(\eta+1)e^t-t-1$$
$$z=0$$

把速度表达式代入式(3.3)中，得到流体质点加速度表达式：

$$a_x=\frac{\partial u}{\partial t}=(\xi+1)e^t$$

$$a_y=\frac{\partial v}{\partial t}=(\eta+1)e^t$$

$$a_z=\frac{\partial w}{\partial t}=0$$

2）欧拉法

充满流体的空间称为流场。欧拉描述法着眼于流场中特定空间点的流动参数变化，通过给出流动参数在流场中的空间分布规律和它们随时间的变化规律来描述整个流动。所以，在欧拉描述法中，流动参数被表示成空间位置坐标和时间的函数。例如，速度、密度和压强等流动参数可以分别表示为

$$u=u(x,y,z,t),\quad v=v(x,y,z,t),\quad w=w(x,y,z,t)$$
$$\rho=\rho(x,y,z,t),\quad p=p(x,y,z,t)$$

式中：x、y、z 是空间点的坐标，也称为欧拉变量；t 是时间变量。当流体运动时，流体质点的位置不断改变，不同时刻的流场特定空间点由不同的流体质点占据，在点(x,y,z)上的流动参数就是时刻 t 通过此空间点的那个流体质点的流动参数。

由欧拉描述可以知道流动参数的空间变化规律，但却无法直接看出这些流动参数是由哪些流体质点所表现出来的。与此相反，由拉格朗日描述可以知道流体质点的流动参数，但却不能直接看出这些参数的空间变化规律。由于流体具有易流动性，跟踪流体质点的运动轨迹非常困难，采用拉格朗日法所建立的控制方程也难以进行数学处理，而且在大多数实际工程中更重要的是某些特定空间点上的流动参数，如物体表面的压强、管道截面上的速度分布等，并不需要特别关心流体质点的运动规律，正因为如此，在流体力学中更广泛地采用欧拉法来描述流体运动。当然，拉格朗日法具有直接给出流体质点运动规律的优点，在一些特别的问题中，如污染的扩散、波浪中的质点运动轨迹等，也还是有用的。另一方面，建立在拉格朗日观点基础上的流体线、流体面和流体质点系统等概念在流体力学中也非常重要。

如果未加特别说明，在本书中所讨论的问题都是采用欧拉法来表示流体的运动参数的。

2. 质点加速度与质点导数

下面讨论采用欧拉描述法时流体质点加速度的表示方法。设任意时刻 t，一流体质点通过空间点 $M_0(x,y,z)$ 时的速度矢量为 $\boldsymbol{v}_0(x,y,z,t)$，在微小的时段 Δt 之后，该质点运动到附近的空间点 $M_1(x+\Delta x,y+\Delta y,z+\Delta z)$，其速度矢量变化为 $\boldsymbol{v}_1(x+\Delta x,y+\Delta y,z+\Delta z,t+\Delta t)$，如图 3-1 所示。其中，$\Delta x$、$\Delta y$、$\Delta z$ 分别是质点在 Δt 时段内沿着三个坐标轴方向的位移。按照其定义，质点加速度矢量 $\boldsymbol{a}$ 等于其速度矢量 $\boldsymbol{v}$ 对时间 t 的变化率，因此

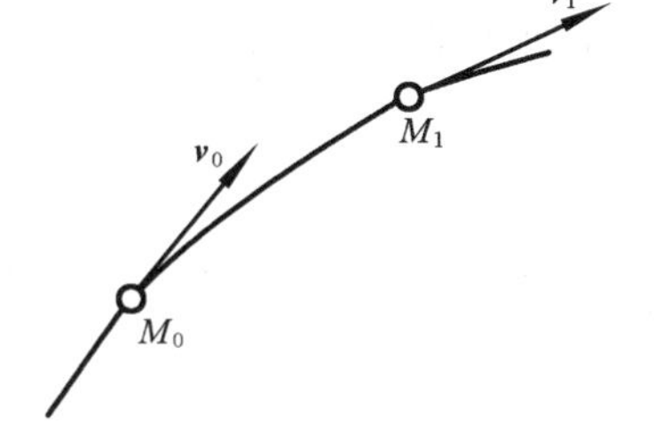

图 3-1　流体质点的位置及速度矢量

$$\boldsymbol{a}=\lim_{\Delta t\to 0}\frac{\boldsymbol{v}_1-\boldsymbol{v}_0}{\Delta t}=\lim_{\Delta t\to 0}\frac{\Delta \boldsymbol{v}}{\Delta t}$$

速度矢量的增量又可以运用级数展开式写为

$$\begin{aligned}\Delta \boldsymbol{v}&=\boldsymbol{v}_1(x+\Delta x,y+\Delta y,z+\Delta z,t+\Delta t)-\boldsymbol{v}_0(x,y,z,t)\\&=\frac{\partial \boldsymbol{v}}{\partial t}\Delta t+\frac{\partial \boldsymbol{v}}{\partial x}\Delta x+\frac{\partial \boldsymbol{v}}{\partial y}\Delta y+\frac{\partial \boldsymbol{v}}{\partial z}\Delta z\end{aligned}$$

于是有

$$\frac{\Delta \boldsymbol{v}}{\Delta t}=\frac{\partial \boldsymbol{v}}{\partial t}+\frac{\partial \boldsymbol{v}}{\partial x}\frac{\Delta x}{\Delta t}+\frac{\partial \boldsymbol{v}}{\partial y}\frac{\Delta y}{\Delta t}+\frac{\partial \boldsymbol{v}}{\partial z}\frac{\Delta z}{\Delta t}$$

三个方向的位移与速度分量之间有关系式 $\Delta x=u\Delta t$，$\Delta y=v\Delta t$，$\Delta z=w\Delta t$，因此加速度矢量成为

$$\boldsymbol{a}=\frac{\partial \boldsymbol{v}}{\partial t}+u\frac{\partial \boldsymbol{v}}{\partial x}+v\frac{\partial \boldsymbol{v}}{\partial y}+w\frac{\partial \boldsymbol{v}}{\partial z}\tag{3.4}$$

运用微分算子

$$\nabla=\boldsymbol{i}\frac{\partial}{\partial x}+\boldsymbol{j}\frac{\partial}{\partial y}+\boldsymbol{k}\frac{\partial}{\partial z}$$

也可以把式(3.4)中的质点加速度表示成为较简洁的形式

$$\boldsymbol{a}=\frac{\partial \boldsymbol{v}}{\partial t}+(\boldsymbol{v}\cdot\nabla)\boldsymbol{v}\tag{3.5}$$

加速度的分量形式为

$$a_x=\frac{\mathrm{d}u}{\mathrm{d}t}=\frac{\partial u}{\partial t}+u\frac{\partial u}{\partial x}+v\frac{\partial u}{\partial y}+w\frac{\partial u}{\partial z}\tag{3.6(a)}$$

$$a_y=\frac{\mathrm{d}v}{\mathrm{d}t}=\frac{\partial v}{\partial t}+u\frac{\partial v}{\partial x}+v\frac{\partial v}{\partial y}+w\frac{\partial v}{\partial z}\tag{3.6(b)}$$

$$a_z=\frac{\mathrm{d}w}{\mathrm{d}t}=\frac{\partial w}{\partial t}+u\frac{\partial w}{\partial x}+v\frac{\partial w}{\partial y}+w\frac{\partial w}{\partial z}\tag{3.6(c)}$$

由式(3.4)或者式(3.5)可以看出，流体质点的加速度由两部分组成：

(1) $\frac{\partial \boldsymbol{v}}{\partial t}$，它是特定空间点(不是质点)上速度对时间的变化率，称为局部加速度或者时变加速度；

(2) $(\boldsymbol{v}\cdot\nabla)\boldsymbol{v}=u\frac{\partial \boldsymbol{v}}{\partial x}+v\frac{\partial \boldsymbol{v}}{\partial y}+w\frac{\partial \boldsymbol{v}}{\partial z}$，它对应于不同空间位置上的速度差，也称为对流加速度或者迁移加速度。

质点加速度的表达式为

质点加速度＝局部加速度＋对流加速度

流体质点的流动参数对时间的变化率称为该参数的质点导数。质点的加速度就是速度的质点导数；对应于局部加速度的导数称为局部导数；对应于对流加速度的导数称为对流导数。所以对于流动参数，有

质点导数＝局部导数＋对流导数

也可以把质点导数表示成下列的一般形式：

$$\frac{\mathrm{d}}{\mathrm{d}t}=\frac{\partial}{\partial t}+u\frac{\partial}{\partial x}+v\frac{\partial}{\partial y}+w\frac{\partial}{\partial z} \tag{3.7}$$

等号右边第一项是局部导数，后三项是对流导数。例如，流体质点的密度 ρ 对时间的变化率可以表示为

$$\frac{\mathrm{d}\rho}{\mathrm{d}t}=\frac{\partial \rho}{\partial t}+u\frac{\partial \rho}{\partial x}+v\frac{\partial \rho}{\partial y}+w\frac{\partial \rho}{\partial z}$$

例 3-2 已知欧拉变量的速度表达式为

$$u=x+t,\quad v=y+t,\quad w=0$$

试求质点加速度表达式。

解 把所给速度表达式代入式(3.6)，得到

$$a_x=\frac{\partial u}{\partial t}+u\frac{\partial u}{\partial x}+v\frac{\partial u}{\partial y}+w\frac{\partial u}{\partial z}=x+t+1$$

$$a_y=\frac{\partial v}{\partial t}+u\frac{\partial v}{\partial x}+v\frac{\partial v}{\partial y}+w\frac{\partial v}{\partial z}=y+t+1$$

$$a_z=\frac{\partial w}{\partial t}+u\frac{\partial w}{\partial x}+v\frac{\partial w}{\partial y}+w\frac{\partial w}{\partial z}=0$$

3. 流动的分类

流体一般运动的流动参数是空间坐标变量 x、y、z 和时间变量 t 的连续函数。各流动参数都不随时间变量 t 变化的流动称为定常流动，否则称为非定常流动。

流动是否定常有时还与坐标系的选取有关。例如，考察飞机在空中作匀速直线飞行时的扰动流场，如果把坐标系固定在地球表面上，在这个坐标系中观察固定空间点上的气流速度，当飞机远离和接近这一空间点时，该点的速度是不同的，它随着时间的变化而变化，因此流动是非定常的；如果把坐标系固定在飞机上，在该坐标系中

看，空气从前方向飞机流动，绕过飞机后流向下游，其运动不随时间变化而变化，流动是定常的。

在定常流动中，所有的流动参数都不随时间变量 t 的变化而变化，此时，所有参数的局部导数都等于零，即

$$\frac{\partial(\cdot)}{\partial t}=0$$

其中，$(\cdot)$可以代表任意参数，于是式(3.7)中的质点导数可简化为

$$\frac{\mathrm{d}}{\mathrm{d}t}=(\boldsymbol{v}\cdot\nabla)=u\frac{\partial}{\partial x}+v\frac{\partial}{\partial y}+w\frac{\partial}{\partial z} \tag{3.8}$$

需要特别注意的是，在定常流动中流体质点流动参数的局部导数$\partial(\cdot)/\partial t$ 等于零，但质点导数 $\mathrm{d}(\cdot)/\mathrm{d}t$ 并不一定等于零，因为只要当流体质点运动到新的空间位置时其流动参数有所改变，则参数的对流导数

$$(\boldsymbol{v}\cdot\nabla)(\cdot)=u\frac{\partial(\cdot)}{\partial x}+v\frac{\partial(\cdot)}{\partial y}+w\frac{\partial(\cdot)}{\partial z}$$

就不为零。例如，在变截面管道中作定常流动的流体，其质点速度的局部导数为零，但对流导数不为零。因为当流体质点通过面积不同的管截面时其速度是不同的，所以流体质点的加速度不为零。再如，盛在一个圆柱形容器中，并随着容器绕圆柱中心轴以等角速度旋转的流体是在作定常运动，此时，流体质点的局部加速度为零，但其对流加速度并不为零，它就是流体质点的向心加速度。流体质点之所以有向心加速度是因为当它沿着圆周轨迹线运动时，其速度方向不断发生变化。

当流动参数与三个空间坐标变量都有关时，此流动称为三元流动；当流动参数仅与两个空间坐标变量有关时，该流动称为二元流动，二元流动包括平面流动和轴对称流动；当流动参数仅与一个坐标变量有关时，该流动称为一元流动。由于所有流体的实际流动都发生在三维空间中，所以严格地说，它们都是三元流动，但是在实际工程问题中，经常根据流动参数的变化特点将三元流动简化为二元流动或者一元流动。

3.2　迹线、流线与流管

1. 迹线、流线与染色线

流体质点的运动轨迹线称为迹线。

图 3-2(a)中所示的迹线就是一个特定的流体质点在 t_1、t_2、t_3、t_4 等不同时刻所经过的路径。由于流体是由无数个流体质点组成的，每个质点都有自己的运动轨迹，因此在一个流场中可以作出许多条迹线。

流场空间中与速度矢量处处相切的曲线称为流线。

流线具有瞬时性，图 3-2(b)中的速度矢量 $\boldsymbol{v}_1$、$\boldsymbol{v}_2$、$\boldsymbol{v}_3$ 就是同一个瞬间处于流场不同空间位置的流体质点速度。在任意瞬间，都可以根据该瞬间的速度作出许多条流线。流线一般不相交，因为在特定瞬间过一点的速度矢量只能有一个特定的方向。

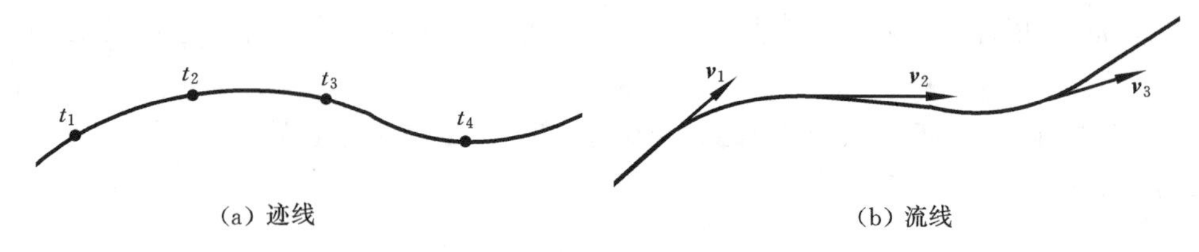

图 3-2　迹线与流线

只有在速度为零的空间点(称为驻点)和速度为无穷大的空间点(称为奇点)流线才有可能相交,因为在那样的空间点上流体的运动没有特定的速度方向。在非定常流动中,特定空间点上的流体速度随着时间变化,如果速度的方向随时间变化,则不同时刻通过这些空间点的流线是不相同的,因为它们在这一点具有方向不同的切线。在定常流动中,流线不随时间变化。

相继通过流场同一空间点的流体质点所连成的曲线称为染色线。

在实验中经常通过在水流中的一些特定点连续注入染色液体或者在气流中的特定点连续施放烟气的方式来演示流场。染色液体或者烟气所形成的曲线是染色线。在定常流动中,通过同一空间点的所有流体质点具有相同的运动轨迹,而且它们沿着流线行进,因此染色液体线或者烟线同时也是流线和迹线。在非定常流动中,染色线与流线和迹线都不重合,因此此时不能把染色液体线或烟线当成流线和迹线。

下面根据流线的定义推导流线的微分方程。

设任意一个流体质点的速度矢量 $\boldsymbol{v}=u\boldsymbol{i}+v\boldsymbol{j}+w\boldsymbol{k}$,在该质点所在空间点沿流线取一矢量微元 $\mathrm{d}\boldsymbol{s}=\mathrm{d}x\boldsymbol{i}+\mathrm{d}y\boldsymbol{j}+\mathrm{d}z\boldsymbol{k}$。根据流线的定义,速度矢量应该与沿流线的矢量微元平行;又根据矢量运算法则,当两个矢量平行时,它们叉乘的积等于零,即 $\boldsymbol{v}\times\mathrm{d}\boldsymbol{s}=\boldsymbol{0}$。再把该叉乘表达式写成分量形式就是

$$(v\mathrm{d}z-w\mathrm{d}y)\boldsymbol{i}+(w\mathrm{d}x-u\mathrm{d}z)\boldsymbol{j}+(u\mathrm{d}y-v\mathrm{d}x)\boldsymbol{k}=\boldsymbol{0}$$

零矢量的三个分量都应该等于零,因此

$$v\mathrm{d}z-w\mathrm{d}y=0,\quad w\mathrm{d}x-u\mathrm{d}z=0,\quad u\mathrm{d}y-v\mathrm{d}x=0$$

这三个式子又可以整理成

$$\frac{\mathrm{d}x}{u}=\frac{\mathrm{d}y}{v}=\frac{\mathrm{d}z}{w}\tag{3.9}$$

式(3.9)就是流线的微分方程组,其中包含两个微分方程,它们的解各自是一族空间曲面,两族曲面的交线是一族空间曲线,这一族空间曲线就是流线。如果需要求特定时刻 $t=t_0$ 时通过特定空间点 $M(x_0,y_0,z_0)$ 的流线,还需由所给条件确定微分方程求解过程中出现的积分常数。

例 3-3　已知流场的速度分布为

$$u=-(y+t^2),\quad v=x+t,\quad w=0,$$

试求时刻 $t=2$,过点 $M(0,0,0)$ 的流线。

解　把所给速度表达式代入流线的微分方程式(3.9),并代入时间表达式 $t=2$,则流线方程为

$$\begin{cases}\dfrac{dx}{-(y+4)}=\dfrac{dy}{x+2}\\ dz=0\end{cases}$$

两个微分方程并不耦合,可以分别积分求解。第一个方程改写为

$$(x+2)dx+(y+4)dy=0$$

再积分就得到

$$(x+2)^2+(y+4)^2=C_1$$

由第二个方程积分得

$$z=C_2$$

两个由积分得到的代数表达式各自代表一族空间曲面,其中,$(x+2)^2+(y+4)^2=C_1$ 代表一族圆心轴平行于 z 轴的圆柱面,而 $z=C_2$ 则代表一族与 z 轴正交的平面(平面也可以认为是曲面的一种),两族曲面的交线是一族圆周线,它们就是时刻 $t=2$ 的流线。对应于过点 $M(0,0,0)$ 的流线,积分常数 $C_1=20$,$C_2=0$,因此,时刻 $t=2$ 过点 M 的流线为

$$\begin{cases}(x+2)^2+(y+4)^2=20\\ z=0\end{cases}$$

它是平面 $z=0$ 上的一个圆周,如图 3-3 所示。流线本身是不具有方向性的,为了清楚地描述流体的运动,在图 3-3 中的流线上加上了箭头。

由流线构成的管状曲面称为流管。

由于流管的“管壁”是由流线构成的,因此流体质点的速度总是与“管壁”相切,不会有流体质点穿过“管壁”流入或者流出流管。如图 3-4 所示,流管内的流体就像是在一个真实的管道里流动一样:从一端流入,从另一端流出。

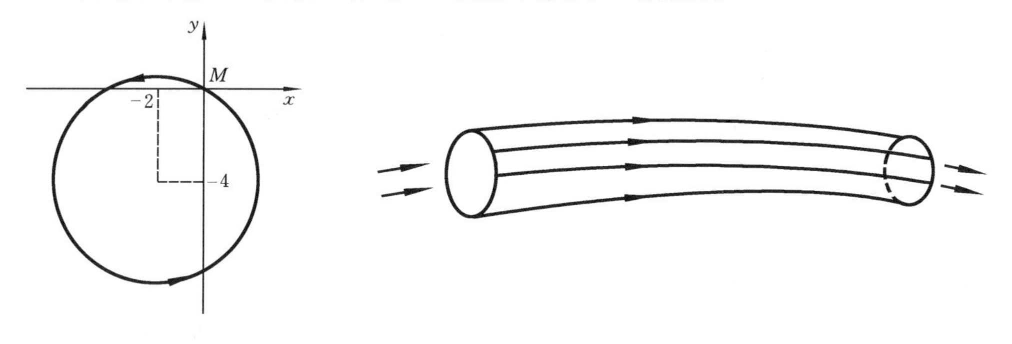

图 3-3　过点 M 的流线　　图 3-4　流管

流管内的流体又称为流束。

管道流动和渠道流动既可以看成是一个流束,也可以看成是若干个流束的集合,

还可以看成是无数个微小流束(截面积无穷小的流束)的集合。在工程中把管道流动或者渠道流动这一类截面积有限大的流束整体称为总流。与所有流线正交的流束横截面和总流横截面又称为过流截面。

2. 流量

单位时间内通过流场中特定面积的流体量称为流量。通常用体积或者质量来度量所通过的流体量,相应地称为体积流量和质量流量。体积流量记为 Q,通过图 3-5 所示过流面积 A 的体积流量

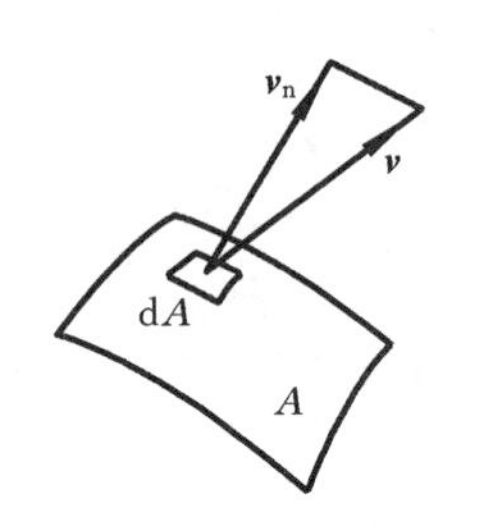

图 3-5 流场中的过流面积

$$Q=\int_A v_n \mathrm{d}A \tag{3.10}$$

图中的 $\boldsymbol{v}$ 是面积微元 $\mathrm{d}A$ 上的速度矢量,v_n 是速度矢量在 $\mathrm{d}A$ 法线上的投影分量。体积流量的单位是 m^3/s。

质量流量记为 Q_m,通过过流面积 A 的质量流量

$$Q_m=\int_A \rho v_n \mathrm{d}A \tag{3.11}$$

质量流量的单位是 kg/s。

体积流量 Q 与过流面积 A 之比称为该面积上的平均速度,记作

$$V=\frac{Q}{A} \tag{3.12}$$

在许多实际工程问题中,主要关心的是流束或总流中运动参数沿着流程的变化规律,而过流截面上参数的变化细节并不十分重要,此时就可以把过流截面上的平均速度作为基本参数,从而把流动简化为一元问题。

3.3 连续性方程

1. 质量系统与控制体

质量系统是由特定流体质点组成的流体团。随着质点的运动,质量系统的位置和形状都相应地发生变化,但是它始终由同一些流体质点所组成。例如,水中的气泡、空气中漂浮的微小水滴都是由同一些质点组成的运动流体团,它们都可以看成是流体质量系统。

控制体是流场中人为定义的空间区域,它的边界面又称为控制面。控制体形状不变,其位置相对于参照坐标系固定不变,流体可以穿过控制面流进和流出控制体。例如,我们可以定义一截水管中的整个体积为控制体,水穿过进口截面的控制面流进控制体,穿过出口截面的控制面流出控制体。

流体的运动看似千变万化,但实际上都具有一定的内在规律,它们都遵循基本的物理定律,如质量守恒定律、动量定律等。基本的物理守恒定律都是对闭系统建立

的，而前面定义的质量系统就是闭系统，因此物理守恒定律对质量系统成立。例如，质量守恒定律指出，质量系统的总质量恒定不变；动量定律指出，质量系统的动量对时间的变化率等于作用在质量系统上的合外力。我们可以根据基本物理定律对任意的质量系统建立流体的运动学和动力学方程。但是，由于质量系统是变形体，对质量系统所建立的基本方程在实际使用时不方便，因此有时也在控制体上建立流体运动的基本方程。在控制体上所建立的基本方程反映的仍然是质量系统的物理守恒规律。

2. 微分形式的连续性方程

连续性方程是质量守恒定律在流体力学中的具体数学表达，也称为质量守恒方程。连续性方程可以表示成微分的形式，也可以表示成积分的形式。

质量守恒定律源于物质不灭论，其基本含义是，物质不能够凭空地产生或者消失，因此其质量始终是守恒的。首先在微小控制体上运用质量守恒定律建立微分形式的连续性方程。

在图 3-6 的坐标系中取微小的平行六面体控制体，其边长 Δx、Δy、Δz 都是小量，其形心位于点 M。假设在点 M 流体的速度和密度分别为 (u,v,w) 和 ρ，则图 3-6 中左、右两个控制面的中点上 x 方向的速度分量和流体密度分别为 $u-\frac{\partial u}{\partial x}\frac{\Delta x}{2}$、$u+\frac{\partial u}{\partial x}\frac{\Delta x}{2}$ 和 $\rho-\frac{\partial \rho}{\partial x}\frac{\Delta x}{2}$、$\rho+\frac{\partial \rho}{\partial x}\frac{\Delta x}{2}$。由于控制面的面积很小，因此以上速度和密度可以分别作为它们各自所在控制面上的平均值，于是沿 x 方向从左、右两个控制面净流入控制体的质量流量为

$$\left(\rho-\frac{\partial \rho}{\partial x}\frac{\Delta x}{2}\right)\left(u-\frac{\partial u}{\partial x}\frac{\Delta x}{2}\right)\Delta y\Delta z-\left(\rho+\frac{\partial \rho}{\partial x}\frac{\Delta x}{2}\right)\left(u+\frac{\partial u}{\partial x}\frac{\Delta x}{2}\right)\Delta y\Delta z$$

上式可整理为

$$-\frac{\partial(\rho u)}{\partial x}\Delta x\Delta y\Delta z$$

在一般情况下，六个控制面均有流体流进或者流出，通过图中前、后和上、下两对控制

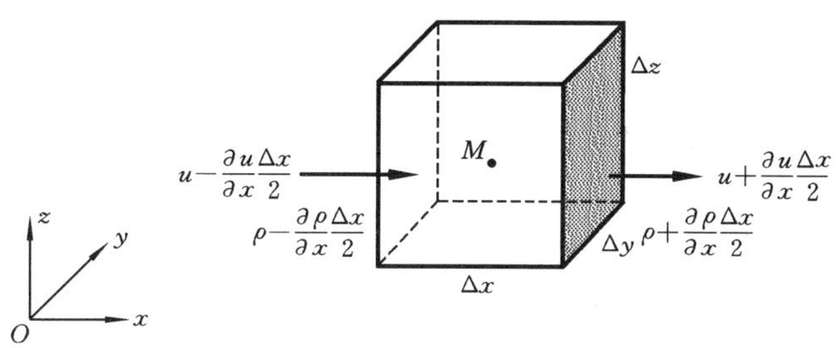

图 3-6　控制体及控制面上的速度和密度

面沿 y 方向和 z 方向净流入控制体的质量流量分别为

$$-\frac{\partial(\rho v)}{\partial y}\Delta x\Delta y\Delta z$$

和

$$-\frac{\partial(\rho w)}{\partial z}\Delta x\Delta y\Delta z$$

由于控制体的体积不变,而且流体质点又始终是连续分布的,如果从全部控制面净流入的质量流量不为零,则控制体内流体的密度就一定会发生改变。因为取的是微小控制体,其形心点的密度 ρ 可以作为控制体内流体的平均密度,所以单位时间内由于密度变化所引起的质量增量为

$$\frac{\partial\rho}{\partial t}\Delta x\Delta y\Delta z$$

根据质量守恒定律,单位时间内控制体中流体质量的增量就等于通过所有控制面净流入的质量流量,于是就有

$$\frac{\partial\rho}{\partial t}\Delta x\Delta y\Delta z=-\left[\frac{\partial(\rho u)}{\partial x}+\frac{\partial(\rho v)}{\partial y}+\frac{\partial(\rho w)}{\partial z}\right]\Delta x\Delta y\Delta z$$

该式又可整理成

$$\frac{\partial\rho}{\partial t}+\frac{\partial(\rho u)}{\partial x}+\frac{\partial(\rho v)}{\partial y}+\frac{\partial(\rho w)}{\partial z}=0 \tag{3.13}$$

这就是连续性方程。方程等号左边的后三项之和是单位时间内净流出单位体积控制体的质量流量。连续性方程是由达朗贝尔在 18 世纪中期首先建立的。如果采用微分算子,式(3.13)还可以写为更简洁的形式

$$\frac{\partial\rho}{\partial t}+\nabla\cdot(\rho\boldsymbol{v})=0 \tag{3.14}$$

对于均质不可压缩流体,其密度 ρ 为常数,因此连续方程式(3.13)可以简化为

$$\nabla\cdot\boldsymbol{v}=\frac{\partial u}{\partial x}+\frac{\partial v}{\partial y}+\frac{\partial w}{\partial z}=0 \tag{3.15}$$

可见,对于均质不可压缩流体的流动,为了满足质量守恒定律,其速度矢量的散度必须等于零。如果采用柱坐标系(r,θ,z),则式(3.14)可表示为

$$\frac{\partial\rho}{\partial t}+\frac{1}{r}\left[\frac{\partial(\rho r v_r)}{\partial r}+\frac{\partial(\rho v_\theta)}{\partial\theta}+\frac{\partial(\rho r v_z)}{\partial z}\right]=0 \tag{3.16}$$

其中,v_r、v_θ、v_z 是柱坐标系中的三个速度分量。

连续性方程是运动学方程,它根据质量守恒定律给出了运动学参数(即速度)必须满足的关系式。

3. 定常流动中总流的连续性方程

对微小控制体运用质量守恒定律得到以上微分形式的连续性方程。同样也可以把质量守恒定律用于有限大小、任意形状的控制体。对于定常流动中的总流,取总流上游截面 A_1、下游截面 A_2 及两截面之间的总流壁面为控制面。对于定常流动,控制

体内的流体质量不变，根据质量守恒定律，由控制面净流出的质量流量为零。在总流壁面上 $v_n=0$，因此通过 A_1 流入的质量流量等于通过 A_2 流出的质量流量，也就是

$$-\int_{A_1}\rho v_n \mathrm{d}A=\int_{A_2}\rho v_n \mathrm{d}A$$

这就是对定常流动的总流所建立的积分形式的连续性方程。如果采用上、下游截面的平均速度 V_1 和 V_2 以及平均密度 ρ_1 和 ρ_2 来表示这个关系，则它又可以简单地表示为代数形式，即

$$\rho_1 V_1 A_1=\rho_2 V_2 A_2 \tag{3.17}$$

在上游截面，平均速度 V_1 与外法向速度 v_n 的方向相反，因此式(3.17)与上面的积分表达式相差一个负号。对于不可压缩流体的管道流动，密度 ρ 是常数，式(3.17)还可以进一步简化为

$$V_1 A_1=V_2 A_2 \tag{3.18}$$

连续性方程式(3.18)对于不可压缩流体的非定常运动也是成立的。

例 3-4　已知不可压缩流体平面流动的速度分布为

$$u=ax^2-y^2+x,\quad v=-xy-by$$

试确定速度表达式中待定系数 a、b 的值。

解　对于不可压缩流体的流动，速度应该满足连续方程式(3.15)，所以有

$$\frac{\partial u}{\partial x}+\frac{\partial v}{\partial y}=2ax+1-x-b=0$$

在流场所有点上都必须满足质量守恒的条件，这就要求连续性方程对任意的 x、y 都成立，于是有

$$\begin{cases}2a-1=0\\1-b=0\end{cases}$$

解出 $a=0.5$，$b=1$。

3.4　理想流体的运动微分方程

现在由动量定律对质量系统建立理想流体运动的动力学方程。用 $\boldsymbol{I}=m\boldsymbol{v}$ 表示流体质量系统的动量，其中 m 是系统的质量，$\boldsymbol{v}$ 是平均速度矢量；用 $\sum \boldsymbol{F}$ 表示作用在质量系统上的合外力，动量定律为

$$\frac{\mathrm{d}\boldsymbol{I}}{\mathrm{d}t}=\sum \boldsymbol{F} \tag{3.19}$$

由于流体质量系统的质量 m 是常数，因此上式还可以写为

$$m\frac{\mathrm{d}\boldsymbol{v}}{\mathrm{d}t}=\sum \boldsymbol{F}$$

其中，$\mathrm{d}\boldsymbol{v}/\mathrm{d}t$ 是加速度矢量。上式也是牛顿第二运动定律，它与动量定律是一致的。

动量定律对任意的质量系统都成立。在运动流体中取边长分别为 Δx、Δy、Δz

的平行六面体的微小质量系统，如图 3-7 所示，作用在系统上的外力包括质量力和边界面上的压强。设六面体形心点 M 上的单位质量力为 $\boldsymbol{f}=f_x\boldsymbol{i}+f_y\boldsymbol{j}+f_z\boldsymbol{k}$，压强为 p，速度为 $\boldsymbol{v}=u\boldsymbol{i}+v\boldsymbol{j}+w\boldsymbol{k}$，图中左、右两个边界面形心点上的压强分别为 $p-\frac{\partial p}{\partial x}\frac{\Delta x}{2}$ 和 $p+\frac{\partial p}{\partial x}\frac{\Delta x}{2}$，它们可以作为所在面积上的平均压强，因此沿 x 方向作用于质量系统的总压力为

$$\left(p-\frac{\partial p}{\partial x}\frac{\Delta x}{2}\right)\Delta y\Delta z-\left(p+\frac{\partial p}{\partial x}\frac{\Delta x}{2}\right)\Delta y\Delta z=-\frac{\partial p}{\partial x}\Delta x\Delta y\Delta z$$

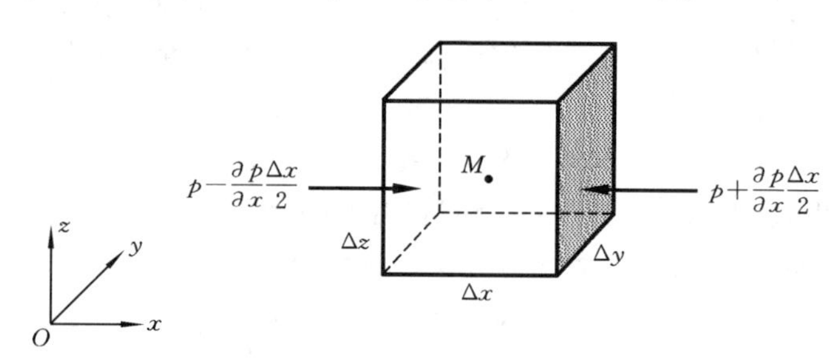

图 3-7 质量系统及作用在质量系统上的压强

沿 x 方向作用于质量系统的质量力为

$$\rho f_x\Delta x\Delta y\Delta z$$

根据动量定律，沿 x 方向有

$$\rho\frac{\mathrm{d}u}{\mathrm{d}t}\Delta x\Delta y\Delta z=\rho f_x\Delta x\Delta y\Delta z-\frac{\partial p}{\partial x}\Delta x\Delta y\Delta z$$

该式整理后就成为

$$\frac{\mathrm{d}u}{\mathrm{d}t}=f_x-\frac{1}{\rho}\frac{\partial p}{\partial x}$$

等式左边的 $\mathrm{d}u/\mathrm{d}t$ 既是单位质量流体沿 x 方向动量对时间 t 的变化率，也是质点沿 x 方向的加速度。运用式(3.6(a))把沿 x 方向的加速度表示成局部加速度和对流加速度之和，则上式又成为

$$\frac{\partial u}{\partial t}+u\frac{\partial u}{\partial x}+v\frac{\partial u}{\partial y}+w\frac{\partial u}{\partial z}=f_x-\frac{1}{\rho}\frac{\partial p}{\partial x} \tag{3.20(a)}$$

对 y 和 z 方向运用动量定律，同样可得

$$\frac{\partial v}{\partial t}+u\frac{\partial v}{\partial x}+v\frac{\partial v}{\partial y}+w\frac{\partial v}{\partial z}=f_y-\frac{1}{\rho}\frac{\partial p}{\partial y} \tag{3.20(b)}$$

$$\frac{\partial w}{\partial t}+u\frac{\partial w}{\partial x}+v\frac{\partial w}{\partial y}+w\frac{\partial w}{\partial z}=f_z-\frac{1}{\rho}\frac{\partial p}{\partial z} \tag{3.20(c)}$$

式(3.20)的三个微分方程称为运动微分方程，它们给出了运动参数与力参数之间的关系，因此是动力学的方程。运动微分方程是由瑞士科学家欧拉首先建立的，又称为

欧拉运动方程。由于在建立运动方程的过程中并未考虑流体的黏性应力，因此它们只适用于理想流体的运动。运动方程包括三个标量微分方程，把它们合起来表示成矢量形式就有

$$\frac{\partial \boldsymbol{v}}{\partial t}+(\boldsymbol{v}\cdot\nabla)\boldsymbol{v}=\boldsymbol{f}-\frac{1}{\rho}\nabla p \tag{3.21}$$

以上方程的左边项是流体的运动加速度，还可以解释为单位质量流体的惯性力，其中 $\partial \boldsymbol{v}/\partial t$ 是局部惯性力，$(\boldsymbol{v}\cdot\nabla)\boldsymbol{v}$ 是对流惯性力；方程的右边项是单位质量流体上所作用的合外力，其中 $\boldsymbol{f}$ 是质量力，$\nabla p/\rho$ 是压强差。

如果所有流体质点的运动速度均恒等于零，流体处于静止状态，此时欧拉运动方程式(3.21)可简化为第 2 章中对静止流体导出的平衡微分方程式(2.2)。

矢量形式的欧拉运动方程式(3.21)还可以改写为

$$\frac{\partial \boldsymbol{v}}{\partial t}+\nabla\left(\frac{V^2}{2}\right)-\boldsymbol{v}\times(\nabla\times\boldsymbol{v})=\boldsymbol{f}-\frac{1}{\rho}\nabla p \tag{3.22}$$

该式称为兰姆(Lame)运动方程，其中左边第二项中的 $V=\sqrt{u^2+v^2+w^2}$ 是速度的模。兰姆运动方程式(3.22)与欧拉运动方程式(3.21)本质上是同一方程式，它们只是在数学表达形式上有所差别。读者可以自行完成由欧拉方程到兰姆方程的数学推导。在第 7 章中还会进一步介绍，流体的一般运动可以分解为几个部分，质点的旋转运动是其中之一。兰姆方程把旋转运动分解出来，表示为左边的第三项。如果速度矢量满足 $\nabla\times\boldsymbol{v}=\boldsymbol{0}$，则所有流体质点都没有旋转运动，这样的流动称为无旋流动。对于无旋流动，兰姆方程左边的第三项等于零，方程得到简化，此时使用兰姆方程来求解问题往往比使用欧拉方程更为方便。

3.5　理想流体定常运动的伯努利方程

流体运动都必须遵循质量守恒定律和动量定律，对于理想不可压缩流体的运动，连续性方程式(3.15)和欧拉运动方程式(3.20)是速度和压强等参数的控制方程。但是，这些偏微分方程没有通解，因此只能针对各种流动的不同特点，对控制方程分别进行分析求解。伯努利方程就是在流动定常、重力作用等特定条件下由欧拉运动方程所求出的代数方程形式的解。

1. 理想流体定常运动的伯努利方程

考虑理想不可压缩流体在重力作用下的定常流动，仍然取坐标系 z 轴与重力方向相反。对于定常流动，$\partial(\cdot)/\partial t=0$；流体在重力作用下，单位质量力为：$f_x=0$，$f_y=0$，$f_z=-g$；于是欧拉运动方程式(3.20)可简化为

$$u\frac{\partial u}{\partial x}+v\frac{\partial u}{\partial y}+w\frac{\partial u}{\partial z}=-\frac{1}{\rho}\frac{\partial p}{\partial x} \tag{3.23(a)}$$

$$u\frac{\partial v}{\partial x}+v\frac{\partial v}{\partial y}+w\frac{\partial v}{\partial z}=-\frac{1}{\rho}\frac{\partial p}{\partial y} \tag{3.23(b)}$$

$$u\frac{\partial w}{\partial x}+v\frac{\partial w}{\partial y}+w\frac{\partial w}{\partial z}=-g-\frac{1}{\rho}\frac{\partial p}{\partial z} \tag{3.23(c)}$$

沿流线取 $\mathrm{d}x$、$\mathrm{d}y$ 和 $\mathrm{d}z$，根据流线方程式(3.9)，$\mathrm{d}x$ 与 $\mathrm{d}y$ 以及 $\mathrm{d}x$ 与 $\mathrm{d}z$ 之间具有以下关系：

$$v\mathrm{d}x=u\mathrm{d}y,\quad w\mathrm{d}x=u\mathrm{d}z$$

把式(3.23(a))的各项同时乘以 $\mathrm{d}x$，并运用以上关系，得到

$$u\frac{\partial u}{\partial x}\mathrm{d}x+u\frac{\partial u}{\partial y}\mathrm{d}y+u\frac{\partial u}{\partial z}\mathrm{d}z=-\frac{1}{\rho}\frac{\partial p}{\partial x}\mathrm{d}x$$

由于 $\frac{\partial u}{\partial x}\mathrm{d}x+\frac{\partial u}{\partial y}\mathrm{d}y+\frac{\partial u}{\partial z}\mathrm{d}z=\mathrm{d}u$，因此上式可进一步改写为

$$u\mathrm{d}u=-\frac{1}{\rho}\frac{\partial p}{\partial x}\mathrm{d}x$$

同理，式(3.23(b)、(c))分别乘以 $\mathrm{d}y$ 和 $\mathrm{d}z$ 并运用流线方程后改写为

$$v\mathrm{d}v=-\frac{1}{\rho}\frac{\partial p}{\partial y}\mathrm{d}y$$

$$w\mathrm{d}w=-g\mathrm{d}z-\frac{1}{\rho}\frac{\partial p}{\partial z}\mathrm{d}z$$

把以上三式相加，得到

$$u\mathrm{d}u+v\mathrm{d}v+w\mathrm{d}w=-g\mathrm{d}z-\frac{1}{\rho}\left(\frac{\partial p}{\partial x}\mathrm{d}x+\frac{\partial p}{\partial y}\mathrm{d}y+\frac{\partial p}{\partial z}\mathrm{d}z\right)$$

它又可以整理成为

$$g\mathrm{d}z+\frac{1}{\rho}\mathrm{d}p+\mathrm{d}\left(\frac{u^2+v^2+w^2}{2}\right)=0$$

如果用 u 表示沿流线切线方向的速度，由流线的性质知道 u 就等于速度的模 $V=\sqrt{u^2+v^2+w^2}$；再考虑到不可压缩流体的密度 ρ 是常数，于是上式可以改写为

$$\mathrm{d}\left(gz+\frac{p}{\rho}+\frac{u^2}{2}\right)=0$$

其中，u 是沿流线切线方向的速度。由上式积分后得到

$$gz+\frac{p}{\rho}+\frac{u^2}{2}=C_1$$

习惯上常将该式改写为

$$z+\frac{p}{\rho g}+\frac{u^2}{2g}=C \tag{3.24}$$

其中，C 是积分常数。由于 $\mathrm{d}x$、$\mathrm{d}y$ 和 $\mathrm{d}z$ 是沿流线取的，因此代数方程式(3.24)是微分方程组式(3.23)沿流线积分后所得到的解。

还可以对于同一流线上的任意两点(不妨设为点 1 和点 2)把式(3.24)写成更为实用的形式，即

$$z_1+\frac{p_1}{\rho g}+\frac{u_1^2}{2g}=z_2+\frac{p_2}{\rho g}+\frac{u_2^2}{2g} \tag{3.25}$$

式(3.24)或式(3.25)是由著名科学家伯努利在1738年首先给出的,因此称为伯努利方程。伯努利方程是流体运动微分方程在特定条件下的一个代数解,求解过程中所用到的条件包括:① 定常流动;② 理想流体;③ 均质不可压缩流体;④ 重力是唯一的质量力;⑤ 沿着流线积分。

因此,伯努利方程在前四个条件下沿着流线成立。

当流体的运动速度恒等于零,伯努利方程式(3.24)就简化为第2章中的静力学基本方程式(2.5)。

下面讨论当流动无旋时运动方程的求解。对于无旋流动,用兰姆运动方程求解较为方便。

如果理想流体的运动不仅是定常的,而且还是无旋的($\nabla\times\boldsymbol{v}=\mathbf{0}$),则兰姆运动方程式(3.22)可简化为

$$\nabla\left(\frac{V^2}{2}\right)=\boldsymbol{f}-\frac{1}{\rho}\nabla p$$

对于重力,单位质量力矢量可以表示为 $\boldsymbol{f}=-g\boldsymbol{k}=-\nabla(gz)$,再考虑到不可压缩条件 $\rho=C$,则兰姆方程可进一步改写为

$$\nabla\left(gz+\frac{p}{\rho}+\frac{V^2}{2}\right)=\mathbf{0}$$

上式中的梯度矢量等于零,则它的三个分量都必须等于零,因此有

$$\frac{\partial}{\partial x}\left(gz+\frac{p}{\rho}+\frac{V^2}{2}\right)=0,\quad \frac{\partial}{\partial y}\left(gz+\frac{p}{\rho}+\frac{V^2}{2}\right)=0,\quad \frac{\partial}{\partial z}\left(gz+\frac{p}{\rho}+\frac{V^2}{2}\right)=0$$

这说明在整个流场中 $gz+\frac{p}{\rho}+\frac{V^2}{2}$ 是常数。与前面一样用 u 表示沿流线切线方向的速度,于是在整个流场中有

$$gz+\frac{p}{\rho}+\frac{u^2}{2}=C_1$$

或者

$$z+\frac{p}{\rho g}+\frac{u^2}{2g}=C$$

以上讨论说明,当流动无旋时,伯努利方程式(3.24)在整个流场中都成立,而不限于沿着流线成立;对于式(3.25),点1和点2可以是流场中任意的两点,而不限于是同一条流线上的两点。在第7章中将重点研究无旋流动,在这一章中对无旋流动使用伯努利方程不需要受到“沿流线”的条件约束。

伯努利方程给出了各点位置高度、流体压强及流体速度三者之间的关系,尽管推导所用到的条件看似数目很多,但在许多实际问题中这些条件都可以近似地得到满

足。因此,伯努利方程是流体力学中使用最多的方程之一。

2. 伯努利方程的意义

当一个物体在保守(或有势)力场中运动时,它的动能和势能之和保持不变,这就是一般力学中的机械能守恒定律。从数学的观点来看,机械能守恒定律是动量定律的一次积分。伯努利方程是欧拉运动方程的一次积分,它描述的是流体在重力(保守力)作用下并且无机械能损失(黏性产生的)时总机械能的守恒规律。伯努利方程(式(3.24))中的每一项都代表机械能的一部分:z 为单位重量流体相对于基准面($z=0$ 的水平面)所具有的位势能;$\frac{p}{\rho g}$为单位重量流体所具有的压强势能;$\frac{u^2}{2g}$为单位重量流体所具有的动能。三种能量之和是单位重量流体所具有的总机械能。因此,伯努利方程表述的是:当不考虑流体黏性所产生的机械能损失时,在流体质点沿流线运动的过程中其具有的总机械能是不变化的。

伯努利方程中的各项都具有长度的量纲。在水力学中,又把方程中的各项都分别定义为一种水头:z 为位置水头;$\frac{p}{\rho g}$为压强水头;$\frac{u^2}{2g}$为速度水头。三种水头之和为总水头。因此按照水力学的表述方法,伯努利方程表述的是:在没有黏性所产生的水头损失时,沿着流线总水头保持为常数。

如果把 $z=0$ 的水平面作为基准面,对同一流线上的各点画出水头的高度,在不同的点上,位置水头、压强水头及速度水头的高度可能会各不相同,但总水头的高度却一定是相同的,如图 3-8 所示。反映总水头高度的水平线又称为总水头线。

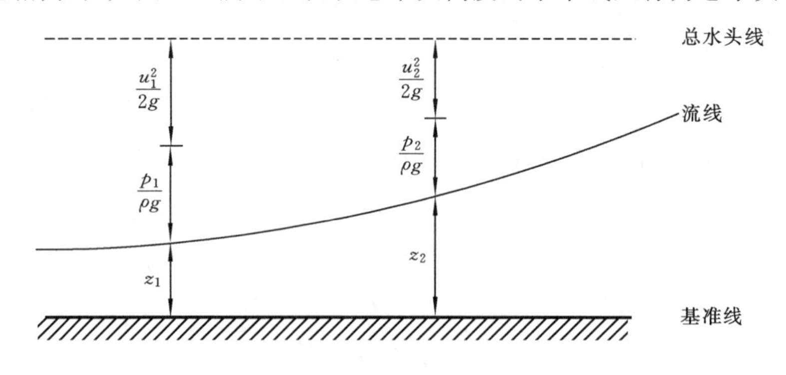

图 3-8 沿着流线的水头变化

3.6 总流的伯努利方程

1. 压强沿流线法向的变化

在 3.5 节中讨论了沿流线各点位置高度、流体压强及流体速度三者之间的关系,现在研究这些物理量沿流线法向的变化规律。

仍然考虑理想不可压缩流体在重力作用下的定常流动。沿流线法向取坐标轴r，设该轴与z轴之间的夹角为β，如图3-9所示，并且r轴的零点位于流线的曲率中心。设流体质点在法向的加速度为a_r，在定常运动中，a_r就是与r轴方向相反的向心加速度，因此沿流线法向的运动方程为

$$a_r=-\frac{u^2}{R}=f_r-\frac{1}{\rho}\frac{\partial p}{\partial r}$$

其中，R是流线的曲率半径，f_r是r方向的质量力分量。在图中所示的坐标系中，f_r可以表示为

$$f_r=-g\cos\beta=-g\frac{\partial z}{\partial r}$$

由于考虑的是不可压缩流体，其密度ρ为常数，因此运动方程最后可改写为

$$-\frac{u^2}{R}=-\frac{\partial}{\partial r}\left(gz+\frac{p}{\rho}\right)$$

当曲率半径R很大时，上式左边可忽略不计，于是沿流线的法向有

$$z+\frac{p}{\rho g}=C$$

它和静力学基本方程式(2.5)完全一样。这就说明，当流线的曲率半径很大时，沿着流线的法向，压强的变化规律与静止流体中的压强变化相同。

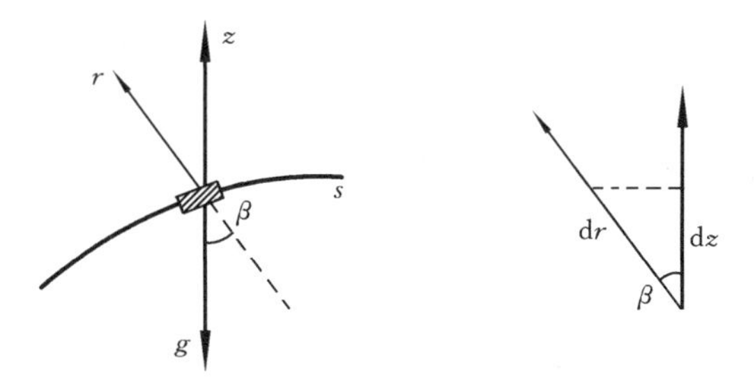

图3-9　重力作用方向与流线法向之间的夹角

经常把总流或者流束划分为缓变流区域和急变流区域。例如，管流可以当成一个总流，在等截面的直管段，管流的流线曲率很小，并且相互平行，这样的流动称为缓变流；在变截面管段(如粗、细管的接口附近)、弯管段、半开阀门附近等，管流的流线会发生弯曲而且也不平行，此类区域的流动则称为急变流。在缓变流区域，流线的曲率很小，在缓变流的横截面上位置水头与压强水头之和是常数，压强的变化规律与静止流体中的压强变化规律相同。

2. 总流的伯努利方程

考虑不可压缩流体定常流动的总流或者流束，如图3-10所示，它由无数个微小流束组成。设A_1和A_2为它的两个缓变流截面，在总流或流束中的任意一个微小流

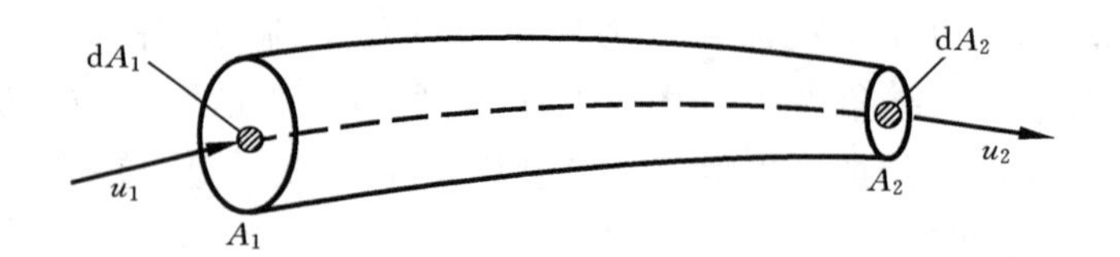

图 3-10　总流

束上其流动参数满足伯努利方程

$$z_1+\frac{p_1}{\rho g}+\frac{u_1^2}{2g}=z_2+\frac{p_2}{\rho g}+\frac{u_2^2}{2g}$$

对于不可压缩流体的定常流动，在微小流束上还有

$$u_1\mathrm{d}A_1=u_2\mathrm{d}A_2$$

将上两式相乘，在缓变流截面 A_1 和 A_2 上积分后再除以总流的体积流量，得

$$\frac{1}{Q}\int_{A_1}\left(z_1+\frac{p_1}{\rho g}+\frac{u_1^2}{2g}\right)u_1\mathrm{d}A_1=\frac{1}{Q}\int_{A_2}\left(z_2+\frac{p_2}{\rho g}+\frac{u_2^2}{2g}\right)u_2\mathrm{d}A_2$$

其中，Q 是总流流量，其表达式为

$$Q=\int_{A_1}u_1\mathrm{d}A_1=\int_{A_2}u_2\mathrm{d}A_2$$

总流截面上各点的速度一般是不相同的。为简化起见，把速度水头的积分用截面平均速度 $V=Q/A$ 表示，于是有

$$\int_A\frac{u^2}{2g}u\mathrm{d}A=\alpha\frac{V^2}{2g}VA=\alpha\frac{V^2}{2g}Q$$

其中，α 称为动能修正系数。对比上式的左、右两边可知，α 的表达式为

$$\alpha=\frac{1}{A}\int_A\left(\frac{u}{V}\right)^3\mathrm{d}A \tag{3.26}$$

又因为 A_1 和 A_2 是缓变流截面，在截面上 $z+\frac{p}{\rho g}$ 等于常数，因此对伯努利方程的积分式又可以简化为

$$z_1+\frac{p_1}{\rho g}+\alpha_1\frac{V_1^2}{2g}=z_2+\frac{p_2}{\rho g}+\alpha_2\frac{V_2^2}{2g} \tag{3.27}$$

式(3.27)称为总流的伯努利方程。尽管总流的伯努利方程与流线的伯努利方程式(3.25)在形式上相似，但两者的意义有所不同。式(3.25)用于流线上任意两点的流动计算，而式(3.27)则是通过对缓变流截面取平均值后得到的，因此应该用于总流或者流束任意两个缓变流截面的流动计算。式(3.27)中的 $z+\frac{p}{\rho g}$ 在缓变流截面上是常数，因此可以在截面的任意点取值。

动能修正系数 α 与截面上的速度分布有关。当速度均匀分布时，$\alpha=1$；当速度分布不均匀时，则 $\alpha>1$。对于一般的管道流动，α 的值介于 1 和 2 之间。如果能够求出总流截面上的速度分布，则可以由式(3.26)计算 α。在实际工程中，多数的管道流动都是处于湍流状态，截面速度分布比较均匀(有关内容将在4.4节中介绍)，因此 α 的值接近于1。

3.7　伯努利方程应用举例

1. 小孔定常出流

在开口大水箱的壁面开一个小孔，孔口中心与水面高度差为 H，如图3-11所示。假设水箱的横截面积远大于孔口面积，出流过程中水面的高度变化可以忽略。下面求小孔的出流速度 u。

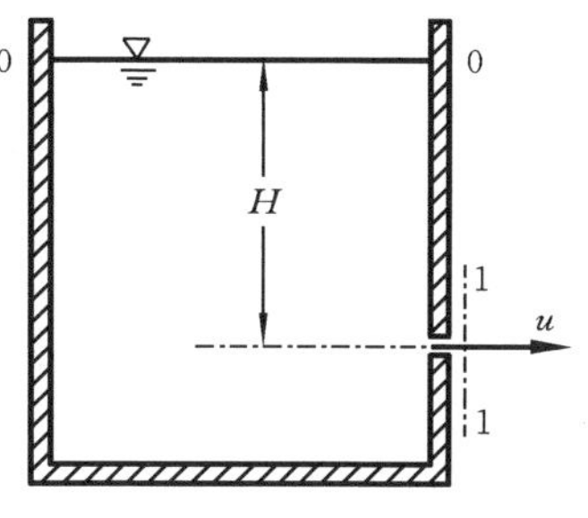

图3-11　水箱上的小孔出流

因为 H 保持不变，所以小孔出流是定常的。截面(液面)0—0和出口截面1—1是缓变流截面，对于大水箱，截面0—0的流速可以忽略，故 $V_1 \approx 0$，出口截面平均速度 $V_2 = u$，两个截面上的压强均为大气压 p_a。

以孔口中心线所在水平面为基准面，对截面0—0和截面1—1列出伯努利方程为

$$z_0 + \frac{p_a}{\rho g} + 0 = 0 + \frac{p_a}{\rho g} + \alpha_1 \frac{u^2}{2g}$$

其中，$z_0 = H$。取 $\alpha_1 = 1$，则小孔出流速度为

$$u = \sqrt{2gh} \tag{3.28}$$

2. 皮托管测速原理

皮托(Pitot)管是测量流体速度的常用装置之一。皮托管是一个椭球头圆柱体，如图3-12所示。在球头中央有一孔道，图中点0为孔口；在球头后部距离3～8倍直径处沿周向开有一排侧孔，侧孔孔口标为点1；中心孔和侧孔由内套管与测压计连在一起。设上游待测流体速度为 u。将皮托管平行于来流放置，由于流体受到皮托管

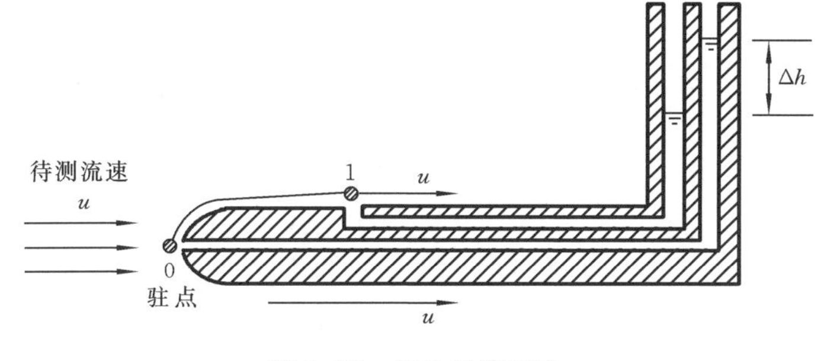

图3-12　用皮托管测速

头部的阻挡，流动速度在点 0 滞止为零，所以此点是驻点。驻点压强为 p_0。过球头驻点的流线分叉经过皮托管侧表面上点 1，速度恢复至上游来流速度 u，压强变为 p_1。由于点 0 和点 1 的速度不同，故压强也不相同，两点的压强差使测压管中的液柱产生 Δh 的高度差。由测压管读出 Δh 后就可以由伯努利方程计算出流体速度 u。下面推导相关的计算公式。

皮托管的直径很小，因此点 0 和点 1 的高度差可忽略。沿流线 0—1 列出的伯努利方程为

$$\frac{p_0}{\rho g}=\frac{p_1}{\rho g}+\frac{u^2}{2g}$$

根据静力学基本方程，压强差与 Δh 的关系为

$$p_0-p_1=\rho g\Delta h$$

综合两式就得到待测速度

$$u=\sqrt{\frac{2(p_0-p_1)}{\rho}}=\sqrt{2g\Delta h} \tag{3.29}$$

驻点压强 p_0 常称为总压，p_1 又称为静压，与它们相对应的测压管也分别被称为总压管和静压管。也可以用其他的装置，如 U 形管压差计等，来测量压差 p_0-p_1。

3. 文丘里流量计

文丘里(Venturie)流量计是一段两头粗中间细的管道，其中包括收缩段和扩散段。两段交接处横截面最小，也称为喉部。收缩段由截面积 A_1 光滑地收缩至截面积 A_2 的喉部，然后又逐渐扩大，如图 3-13 所示。把文丘里管串联在待测流量的管道中，并由附带的 U 形管压差计读出液柱高度差 Δh，就可以确定管道流动的体积流量。

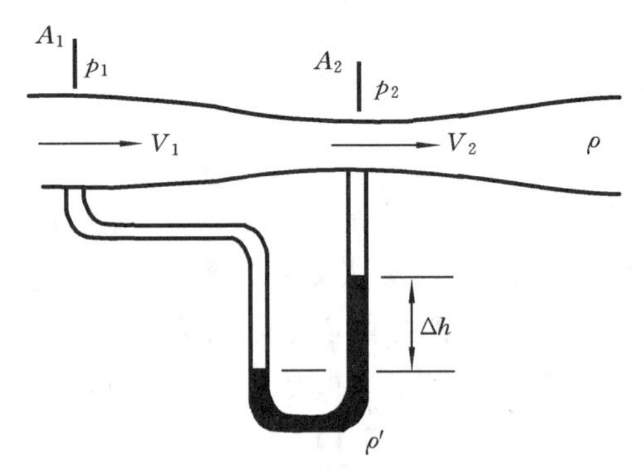

图 3-13　用文丘里流量计测流量

截面 A_1 和截面 A_2 附近的流线均平行于管轴线，可以看成是缓变流。对两截面运用总流的伯努利方程，并取动能修正系数 $\alpha=1$，于是有

$$\frac{p_1}{\rho g}+\frac{V_1^2}{2g}=\frac{p_2}{\rho g}+\frac{V_2^2}{2g}$$

对于不可压缩流体的管道流动，连续性方程为

$$V_1A_1=V_2A_2$$

运用连续性方程消去伯努利方程中的 V_1，得到喉部平均速度

$$V_2=\sqrt{\frac{2(p_1-p_2)}{\rho\left(1-\frac{A_2^2}{A_1^2}\right)}}$$

两个截面上的压强差可以由测压管测出。假设测压管中工作液体的密度为 ρ'，

则压强差 p_1-p_2 与测压管中液柱高度差 Δh 的关系为

$$p_1-p_2=(\rho'-\rho)g\Delta h$$

于是流量

$$Q=\mu V_2A_2=\mu A_2\sqrt{\frac{2g(\rho'-\rho)}{\rho\left(1-\frac{A_2^2}{A_1^2}\right)}\Delta h} \tag{3.30}$$

其中，μ 称为流量修正系数。由于实际流体的黏性影响，沿管截面的速度分布是不均匀的。在上面的公式推导中把总流伯努利方程中的动能修正系数 α 的值取为 1，实质上就是忽略了黏性造成的速度不均匀，从而使流量计算公式产生了一定误差，而这样的误差可以通过系数 μ 来修正。测压管在使用之前都要通过实验方法进行标定，以确定流量修正系数。

3.8　叶轮机械内流体相对运动的伯努利方程

水泵、风机、水轮机等叶轮机械都是运用流体作为工作介质来实现能量转换的。

流体在叶轮机械中沿叶片间的通道做内、外方向的运动，另一方面，它还随叶轮一起以等角速度沿圆周方向流动。在固定坐标系中，流体机械中的流动较为复杂，分析起来非常困难。如果采用与叶轮一起旋转的动坐标系，如图 3-14 所示，则流动问题得到简化，分析起来就相对容易。在以下的分析中采用动坐标系。

叶片固定在内轮（半径 R_1）和外轮（半径 R_2）之间。在转动坐标系里，流体沿叶片通道由内向外作定常流动。不考虑重力的影响。取图 3-14 所示流线 s，沿流线的运动方程为

$$a_s=u\frac{\partial u}{\partial s}=f_s-\frac{1}{\rho}\frac{\partial p}{\partial s}$$

沿流线切向的单位质量力 f_s 就是流体随叶轮一起旋转的离心惯性力在 s 方向的投影，借助于图 3-15 所示的运动关系，又可以把它表示为

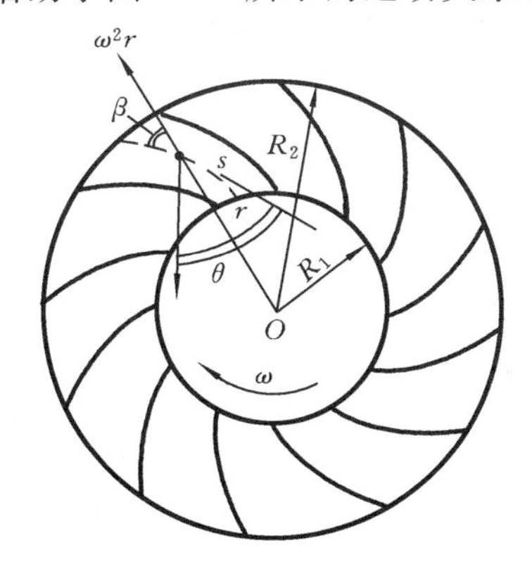

图 3-14　叶轮

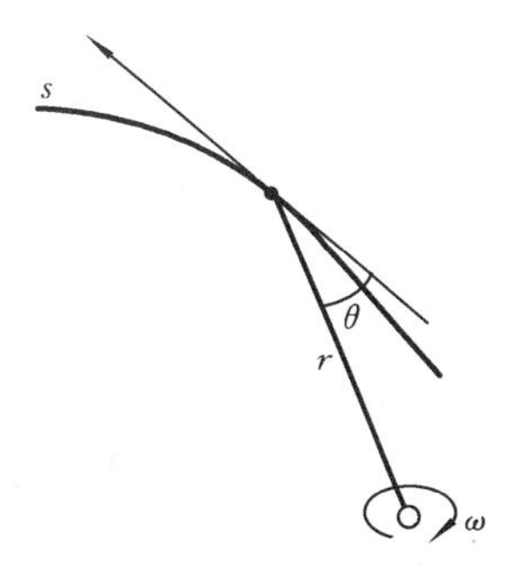

图 3-15　叶轮中的流线

$$f_s=\omega^2 r\cos\theta=\omega^2 r\frac{\partial r}{\partial s}$$

把 f_s 代入运动方程，再考虑到不可压缩流体的密度 ρ 是常数，于是得到

$$\frac{\partial}{\partial s}\left(\frac{p}{\rho}+\frac{u^2}{2}-\frac{\omega^2 r^2}{2}\right)=0$$

再沿流线 s 积分就进一步得到

$$\frac{p}{\rho g}+\frac{u^2}{2g}-\frac{\omega^2 r^2}{2g}=C$$

这就是叶轮机械中流体相对运动的伯努利方程。把方程用于叶轮内、外边缘的两点（对应半径为 R_1 和 R_2），则有

$$\frac{p_1}{\rho g}+\frac{u_1^2}{2g}-\frac{\omega^2 R_1^2}{2g}=\frac{p_2}{\rho g}+\frac{u_2^2}{2g}-\frac{\omega^2 R_2^2}{2g} \tag{3.31}$$

设叶轮内、外边缘处单位重量流体总机械能分别为 E_1 和 E_2，则

$$E_1=\frac{p_1}{\rho g}+\frac{u_1^2}{2g},\quad E_2=\frac{p_2}{\rho g}+\frac{u_2^2}{2g}$$

由于 $R_2>R_1$，由方程式(3.31)得

$$E_2-E_1=\frac{\omega^2}{2g}(R_2^2-R_1^2)>0$$

即，当流体由内向外流动时，叶轮外边缘处的流体总机械能总是大于内边缘处的总机械能。由于旋转叶轮的叶片对流体做功，因此流体的总机械能逐渐增加。水泵、风机等就是根据这个原理设计的。

当流体由外向内流动时，其总机械能则逐渐减小，此时流体对叶片做功，推动叶轮旋转。这就是水轮机、汽轮机等机械的工作原理。

3.9 动量方程及动量矩方程

欧拉运动方程式(3.20)是对微小的流体质量系统运用动量定律建立的，它是微分形式的动量方程。流体力学的多数问题都可以采用微分形式的方程进行求解，前面导出的伯努利方程就是微分形式的动量方程在特定条件下的解。对有限大小的质量系统运用动量定理和动量矩定理还可以得到积分形式的动量方程和动量矩方程。积分形式的动量方程和动量矩方程也具有实际的应用价值。例如，有时只需要知道运动流体与固体接触面之间相互作用力的合力或者合力矩，而并不需要特别关注接触面上作用力分布的细节。对于这类问题，采用积分形式的动量方程和动量矩方程求解就很方便。下面以理想不可压缩流体定常流动的总流为例，介绍积分形式的动量方程和动量矩方程。

考虑定常流动的总流，在总流中取控制体 $ABCD$，如图 3-16 所示，其边界 AD 和 BC 与总流边界的流线重合，流体穿过控制面 AB 和 DC 流入和流出控制体。假设在

任意时刻 t_0，控制体内流体质量系统所具有的动量为 $\boldsymbol{I}_{ABCD}(t_0)$，在微小时段后的时刻 $t_1=t_0+\Delta t$，原在控制体 $ABCD$ 内的质量系统运动到新的位置 $A'B'C'D'$，其动量成为 $\boldsymbol{I}_{A'B'C'D'}(t_1)$，$\Delta t$ 时段内它的动量变化为

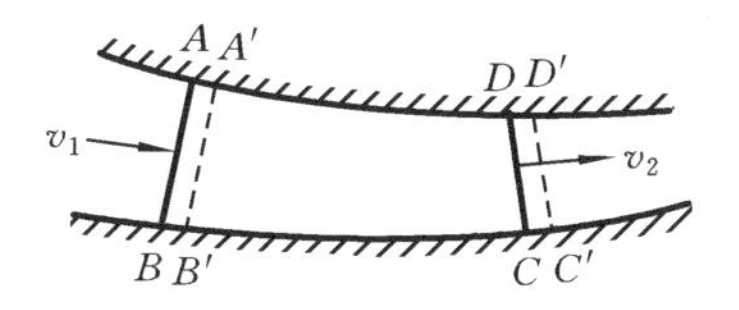

图 3-16　总流中的控制体及质量系统

$$\Delta\boldsymbol{I}=\boldsymbol{I}_{A'B'C'D'}(t_1)-\boldsymbol{I}_{ABCD}(t_0)=\boldsymbol{I}_{A'B'CD}(t_1)+\boldsymbol{I}_{DCC'D'}(t_1)-\boldsymbol{I}_{ABB'A'}(t_0)-\boldsymbol{I}_{A'B'CD}(t_0)$$

对于定常流动，物理参数均不随时间变化，因此 $\boldsymbol{I}_{A'B'CD}(t_0)=\boldsymbol{I}_{A'B'CD}(t_1)$，而且 $\boldsymbol{I}_{ABB'A'}(t_0)$ 和 $\boldsymbol{I}_{DCC'D'}(t_1)$ 也与时间参数 t_0 和 t_1 无关，可以简写为 $\boldsymbol{I}_{ABB'A'}$ 和 $\boldsymbol{I}_{DCC'D'}$，于是质量系统的动量在 Δt 时段内的变化又表示为

$$\Delta\boldsymbol{I}=\boldsymbol{I}_{DCC'D'}-\boldsymbol{I}_{ABB'A'}$$

体积 $ABB'A'$ 和 $DCC'D'$ 中的流体分别是 Δt 时段内穿过控制面 AB 和 DC 的流体。由于 Δt 是微小时段，因此，截面 AB 与截面 $A'B'$ 之间的距离微小，截面 DC 与截面 $D'C'$ 之间的距离微小，于是，体积 $ABB'A'$ 中流体的速度近似为控制面 AB 上的速度，$DCC'D'$ 中流体的速度近似为 DC 上的速度。设控制面 AB 的面积为 A_1，控制面 DC 的面积为 A_2，则两体积内流体质量所具有的动量分别为

$$\boldsymbol{I}_{ABB'A'}=\int_{A_1}\rho\boldsymbol{v}v_{\mathrm{n}}\Delta t\mathrm{d}A \quad 和 \quad \boldsymbol{I}_{DCC'D'}=\int_{A_2}\rho\boldsymbol{v}v_{\mathrm{n}}\Delta t\mathrm{d}A$$

把这两个积分式代入动量定律式(3.19)中，有

$$\frac{\mathrm{d}\boldsymbol{I}}{\mathrm{d}t}=\lim_{\Delta t\to 0}\frac{\Delta\boldsymbol{I}}{\Delta t}=\lim_{\Delta t\to 0}\frac{\boldsymbol{I}_{DCC'D'}-\boldsymbol{I}_{ABB'A'}}{\Delta t}=\sum\boldsymbol{F}$$

得到

$$\int_{A_2}\rho\boldsymbol{v}v_{\mathrm{n}}\mathrm{d}A-\int_{A_1}\rho\boldsymbol{v}v_{\mathrm{n}}\mathrm{d}A=\sum\boldsymbol{F} \tag{3.32}$$

这就是对图 3-16 中定常流动的总流所导出的积分形式的动量方程。方程等号左边第一项和第二项分别是单位时间内流出和流进控制体的流体质量所具有的动量，两项的差值是流体质量系统的动量在单位时间内发生的变化，也就是动量变化率；方程等号右边项是作用在质量系统上的合外力。

只要把上面推导过程中的动量都换成动量矩，并把力矢量 $\boldsymbol{F}$ 换成力矩矢量 $\boldsymbol{r}\times\boldsymbol{F}$，就得到同样条件下积分形式的动量矩方程，即

$$\int_{A_2}\rho(\boldsymbol{r}\times\boldsymbol{v})v_{\mathrm{n}}\mathrm{d}A-\int_{A_1}\rho(\boldsymbol{r}\times\boldsymbol{v})v_{\mathrm{n}}\mathrm{d}A=\sum\boldsymbol{r}\times\boldsymbol{F} \tag{3.33}$$

其中，矢量 $\boldsymbol{r}$ 是流体质点相对于坐标原点的位置矢量。方程左边的两项分别代表单位时间内流出和流进控制体的流体质量所具有的动量矩，右边项则是作用在质量系统上的合力矩。

在实际应用中，为了简化式(3.32)和式(3.33)中的积分计算，一般用控制面上的平均速度来计算动量和动量矩。设面积 A_1 上的平均速度矢量为 $\boldsymbol{V}_1$，A_2 上的平均速

度矢量为 $\boldsymbol{v}_2$，再注意到，对于不可压缩流体的定常流动，通过 A_1 和 A_2 的体积流量相等，也就是 $\int_{A_2} v_n \mathrm{d}A = \int_{A_1} v_n \mathrm{d}A = Q$，把式(3.32)中的两个积分分别表示为

$$\int_{A_1} \rho \boldsymbol{v} v_n \mathrm{d}A = \rho\beta_1 \boldsymbol{V}_1 \int_{A_1} v_n \mathrm{d}A = \rho Q \beta_1 \boldsymbol{V}_1$$

$$\int_{A_2} \rho \boldsymbol{v} v_n \mathrm{d}A = \rho\beta_2 \boldsymbol{V}_2 \int_{A_2} v_n \mathrm{d}A = \rho Q \beta_2 \boldsymbol{V}_2$$

其中，β 称为动量修正系数，用来修正把积分中的速度 $\boldsymbol{v}$ 换为平均速度 $\boldsymbol{V}$ 而产生的误差。当面积 A 上的速度均匀分布时，$\beta=1$。把积分式改写为代数形式后，动量方程式(3.32)又成为

$$\rho Q(\beta_2 \boldsymbol{V}_2 - \beta_1 \boldsymbol{V}_1) = \sum \boldsymbol{F}$$

在许多工程问题中，即使在面积 A 上的速度分布不完全均匀也可以近似地取动量修正系数 β 为 1，这样上式又可简化为

$$\rho Q(\boldsymbol{V}_2 - \boldsymbol{V}_1) = \sum \boldsymbol{F} \tag{3.34}$$

动量方程式(3.34)是个矢量方程，它也可以用以下三个分量方程来表示，即

$$\rho Q(u_2 - u_1) = \sum F_x \tag{3.35(a)}$$

$$\rho Q(v_2 - v_1) = \sum F_y \tag{3.35(b)}$$

$$\rho Q(w_2 - w_1) = \sum F_z \tag{3.35(c)}$$

类似于动量方程式(3.34)，定常流动总流的动量矩方程为

$$\rho Q_2 \boldsymbol{r}_2 \times \boldsymbol{V}_2 - \rho Q_1 \boldsymbol{r}_1 \times \boldsymbol{V}_1 = \sum \boldsymbol{r} \times \boldsymbol{F} \tag{3.36}$$

一般需要运用连续性方程、伯努利方程和动量方程，或者连续性方程、伯努利方程和动量矩方程联立求解。由于总流的伯努利方程只能用于缓变流截面，因此截面 1—1 和截面 2—2 应取缓变流截面。

有时总流具有分叉，所取控制体有多于一个的进口截面和(或者)多于一个的出口截面，例如，图 3-17 所示是具有一个进口截面和两个出口截面的控制体。对于有多个进口截面和多个出口截面的控制体，流进或者流出控制体的流体所携带的动量可以通过简单的求和来计算，此时动量方程和动量矩方程可以分别写为

$$\sum (\rho Q \boldsymbol{V})_{\text{out}} - \sum (\rho Q \boldsymbol{V})_{\text{in}} = \sum \boldsymbol{F} \tag{3.37}$$

$$\sum (\rho Q \boldsymbol{r} \times \boldsymbol{V})_{\text{out}} - \sum (\rho Q \boldsymbol{r} \times \boldsymbol{V})_{\text{in}} = \sum \boldsymbol{r} \times \boldsymbol{F} \tag{3.38}$$

其中，下标“out”表示出口截面，“in”表示进口截面。

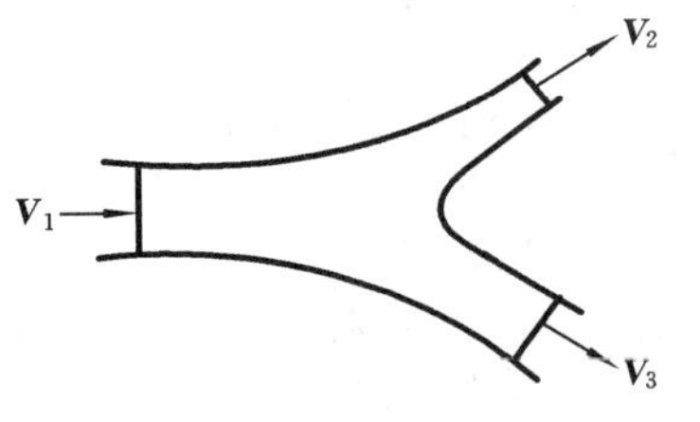

图 3-17 具有一个进口截面和两个出口截面的控制体

下面给出几个用动量方程和动量矩方程分析问题的实例。

1. 水流与变截面弯管之间的作用力

考虑图3-18(a)中的一截变截面弯管，弯管截面1—1和截面2—2的过流面积分别为A_1和A_2，转角为θ，水体积流量为Q。水流在通过变截面弯管的过程中，速度的大小和方向都发生了改变，其动量也相应发生了变化。由动量定律知道，水流动量发生变化的原因是管壁对水施加了作用力。下面不考虑重力的影响，求水流与弯管之间的作用力$\boldsymbol{F}$。

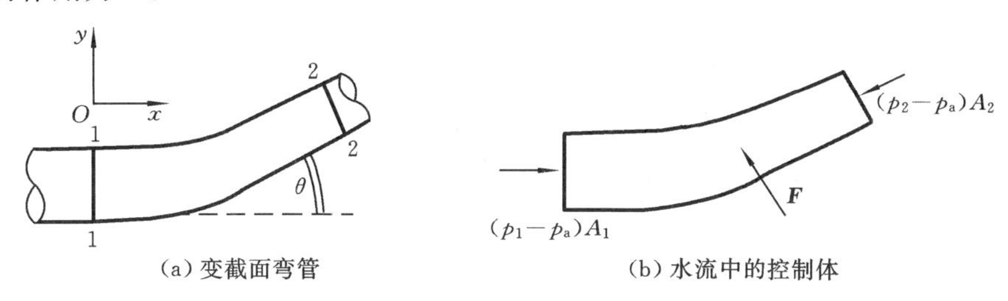

图3-18　弯管及水流中的控制体

取水流截面1—1和截面2—2之间的体积为控制体，如图3-18(b)所示，管壁对控制体内流体质量系统的作用力为$\boldsymbol{F}$。当管内没有水流时，管内外的大气相平衡，管壁不受力。当管内有水流时，管壁上水流压强相对于管壁不受力状态的变化为$p-p_a$，它就是相对压强。可见，实际的管壁受力问题只与水流的相对压强有关。

对控制体内的流体质量系统列出动量方程

$$\rho Q(\boldsymbol{V}_2-\boldsymbol{V}_1)=\boldsymbol{F}-(p_1-p_a)\boldsymbol{n}_1A_1-(p_2-p_a)\boldsymbol{n}_2A_2$$

其中，$\boldsymbol{n}_1$和$\boldsymbol{n}_2$分别是截面1—1和截面2—2的外法向单位矢量，$\boldsymbol{V}_1$和$\boldsymbol{V}_2$是两个截面上的速度矢量。设两个截面上平均速度的值分别为V_1和V_2，取图3-18(a)所示坐标系，把矢量方程写成分量形式，即

$$\rho Q(V_2\cos\theta-V_1)=F_x+(p_1-p_a)A_1-(p_2-p_a)A_2\cos\theta$$

$$\rho QV_2\sin\theta=F_y-(p_2-p_a)A_2\sin\theta$$

其中，F_x和F_y是力矢量$\boldsymbol{F}$的两个分量。

例3-5　设图3-18中弯管水流量$Q=0.08\ \mathrm{m}^3$，管直径$d_1=0.3\ \mathrm{m}$，$d_2=0.2\ \mathrm{m}$，转角$\theta=30°$，截面A_1中心点的相对压强$p_1-p_a=12\ \mathrm{kPa}$。不考虑重力影响，试求水流与管壁之间的作用力F。

解　首先计算两个截面的截面积和平均速度，即

$$A_1=\frac{\pi d_1^2}{4}=\frac{0.3^2\pi}{4}\ \mathrm{m}^2=0.0707\ \mathrm{m}^2$$

$$A_2=\frac{\pi d_2^2}{4}=\frac{0.2^2\pi}{4}\ \mathrm{m}^2=0.0314\ \mathrm{m}^2$$

$$V_1=\frac{Q}{A_1}=\frac{0.08}{0.0707}\ \mathrm{m/s}=1.13\ \mathrm{m/s}$$

$$V_2=\frac{Q}{A_2}=\frac{0.08}{0.0314}\ \mathrm{m/s}=2.55\ \mathrm{m/s}$$

对截面1—1和截面2—2列伯努利方程，有

$$\frac{p_1}{\rho}+\frac{V_1^2}{2}=\frac{p_2}{\rho}+\frac{V_2^2}{2}$$

由此求出截面 A_2 中心点的相对压强

$$p_2-p_a=p_1-p_a+\frac{\rho}{2}(V_1^2-V_2^2)=\left[12\times10^3+\frac{1000}{2}\times(1.13^2-2.55^2)\right]\ \mathrm{Pa}=9387\ \mathrm{Pa}$$

最后由动量方程计算分力 F_x 和 F_y，有

$$\begin{aligned}F_x&=-(p_1-p_a)A_1+(p_2-p_a)A_2\cos\theta+\rho Q(V_2\cos\theta-V_1)\\&=[-12\times10^3\times0.0707+9387\times0.0314\cos30^\circ\\&\quad+1000\times0.08\times(2.55\cos30^\circ-1.13)]\ \mathrm{N}\\&=-507\ \mathrm{N}\end{aligned}$$

$$\begin{aligned}F_y&=(p_2-p_a)A_2\sin\theta+\rho QV_2\sin\theta\\&=(9387\times0.0314\sin30^\circ+1000\times0.08\times2.55\sin30^\circ)\ \mathrm{N}\\&=249\ \mathrm{N}\end{aligned}$$

力 $\boldsymbol{F}$ 的大小

$$F=\sqrt{F_x^2+F_y^2}=\sqrt{(-507)^2+249^2}\ \mathrm{N}=565\ \mathrm{N}$$

它与 x 轴之间的夹角

$$\alpha=\arctan\frac{F_y}{F_x}=\arctan\frac{249}{-507}=153.84^\circ$$

2. 水流与喷嘴之间的作用力

图3-19(a)所示是消防水龙头的喷嘴。喷嘴截面积由 A_1 收缩至 A_2，高速水流由管道经喷嘴射入大气。水流通过喷嘴后其方向没有改变，但其速度的大小发生了变化，于是动量有所变化，这是因为喷嘴对水施加了作用力。下面求水与喷嘴之间的作用力。

取控制体如图3-19(b)所示。因为只涉及一个方向的运动和受力，对速度和力都采用标量表示。设截面 A_1 上的相对压强为 p_1-p_a，两个截面的平均速度分别为

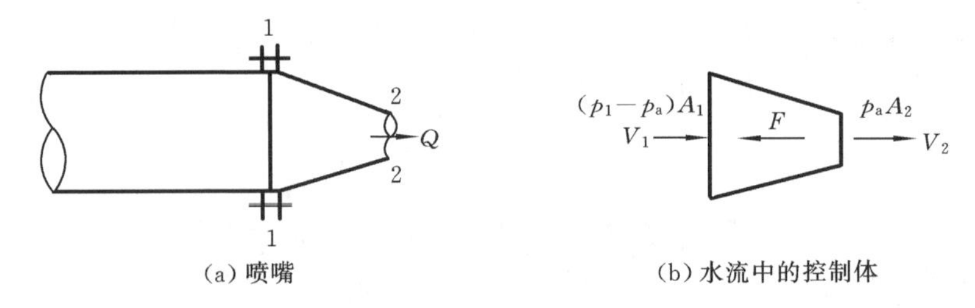

(a) 喷嘴　　(b) 水流中的控制体

图3-19　喷嘴及水流中的控制体

V_1 和 V_2，管嘴对控制体内流体的作用力为 F，其方向如图 3-19(b)所示。对控制体内的流体质量系统列出动量方程为

$$\rho Q(V_2-V_1)=-F+(p_1-p_a)A_1$$

由于截面 A_2 上的压强为大气压，因此相对压强为零。上式中 p_1 和 V_1 还是未知的。对两截面列出连续性方程和伯努利方程

$$V_1A_1=V_2A_2$$

$$\frac{p_1}{\rho}+\frac{V_1^2}{2}=\frac{p_2}{\rho}+\frac{V_2^2}{2}$$

在出口截面 $p_2=p_a$，再由连续性方程消去伯努利方程中的 V_1 后得

$$p_1-p_a=\frac{1}{2}\rho V_2^2\left[1-\left(\frac{A_2}{A_1}\right)^2\right]$$

把 p_1-p_a 和流量 $Q=V_2A_2$ 代入动量方程，整理后就得到

$$F=\frac{\rho V_2^2}{2A_1}(A_1-A_2)^2$$

由于没考虑流体黏性的影响，因此当 $A_1=A_2$ 时水与喷嘴之间的作用力 $F=0$。

3. 水流与溢流坝之间的作用力

水流过溢流坝如图 3-20(a)所示，上游水深 h_1，下游水深 h_2。水在流过溢流坝的过程中其速度发生了改变，因而动量发生了变化，这是因为坝体对水施加了作用力。下面由动量方程求单位长坝体与水流之间的作用力。

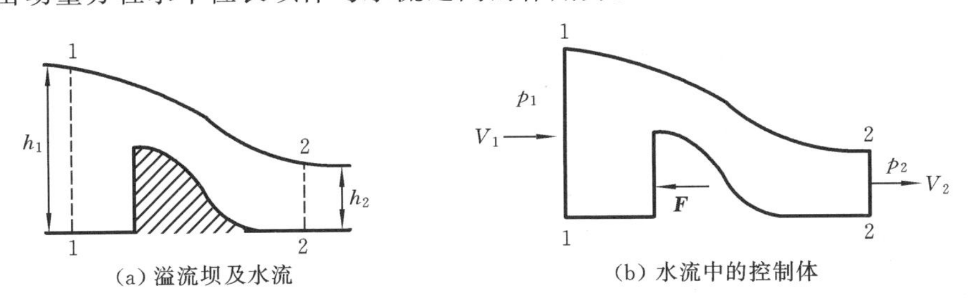

图 3-20　溢流坝及水流中的控制体

在上游和下游水流平缓处分别取图 3-20(b)所示的缓变流截面 1—1 和截面 2—2为控制面。由于两缓变流截面上压强沿高度服从静力学规律，截面形心点的压强 $\frac{1}{2}\rho g h_1$ 和 $\frac{1}{2}\rho g h_2$ 就是平均压强，因此施加在截面 1—1 和截面 2—2 上的总压力的大小分别为 $\frac{1}{2}\rho g h_1^2$ 和 $\frac{1}{2}\rho g h_2^2$，坝体施加在流体上的作用力 $\boldsymbol{F}$ 指向上游方向，如图 3-20(b)所示。对控制体内的流体质量系统列出动量方程为

$$\rho Q(V_2-V_1)=-F+\frac{1}{2}\rho g(h_1^2-h_2^2)$$

由连续性方程 $Q=V_1h_1=V_2h_2$ 得

$$\rho Q(V_2-V_1)=\rho V_2^2 h_2\left(1-\frac{h_2}{h_1}\right)$$

沿水面建立伯努利方程为

$$h_1+\frac{p_a}{\rho g}+\frac{V_1^2}{2g}=h_2+\frac{p_a}{\rho g}+\frac{V_2^2}{2g}$$

由此解出

$$V_2^2=\frac{2g(h_1-h_2)}{1-\left(\frac{h_2}{h_1}\right)^2}$$

代入动量方程后就得到单位长坝体与水流之间的作用力

$$F=\frac{\rho g}{2}\frac{(h_1-h_2)^3}{h_1+h_2}$$

4. 射流与物体壁面之间的作用力

自由射流受物体阻挡会改变其运动方向，从而产生动量变化。射流的动量之所以发生改变，是因为物体壁面对流体施加了作用力，流体与物体壁面之间的相互作用力与射流的动量变化率相关。

考虑一股射向固定叶片的射流，如图 3-21 所示。取图中所示控制体，设射流速度为 V，射流截面面积为 A，叶片的转角为 θ。在射流问题中，一般不考虑重力的影响，因此在射流截面上压强是常数。又由于射流与大气接触，可以认为射流流体中的压强均为大气压。根据伯努利方程可知，控制体进、出口处的流速相同，只是流动方向发生了改变。设叶片对控制体内流体的作用力为 $\boldsymbol{F}_x$ 和 $\boldsymbol{F}_y$，方向如图 3-21 所示，由动量方程得

$$F_x=\rho V^2 A(1-\cos\theta)$$

$$F_y=\rho V^2 A\sin\theta$$

在叶轮机械中，叶片在射流的作用下发生运动。由固定喷嘴喷出的射流冲击以定常速度 u 向右运动的叶片，如图 3-22 所示。射流离开喷嘴时的速度为 V，其截面

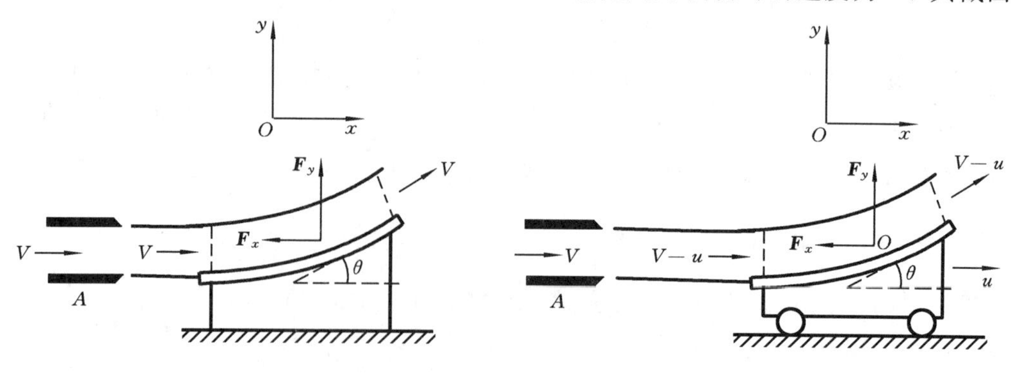

图 3-21　射向固定叶片的射流　　　　图 3-22　射向运动叶片的射流

面积为 A。采用固定在叶片上的运动坐标，相对于此坐标系流动是定常的。在动坐标系中取控制体，在控制体的进、出口截面上速度为 $V-u$。列出动量方程

$$F_x=\rho(V-u)^2A(1-\cos\theta)$$

$$F_y=\rho(V-u)^2A\sin\theta$$

射流对叶片的作用力与 $\boldsymbol{F}_x$ 和 $\boldsymbol{F}_y$ 的大小相等，方向相反。射流对叶片做功的功率为

$$P=F_xu=\rho(V-u)^2uA(1-\cos\theta)$$

再考虑另一射流的例子。图 3-23 所示平面(单位厚度)射流射向一斜置的平壁面后分为两股。射流的流量为 Q，速度为 V，射流方向与壁面的夹角为 θ。假设图 3-23 所示的 Oxy 平面是水平面，求平壁面对射流的作用力 F。

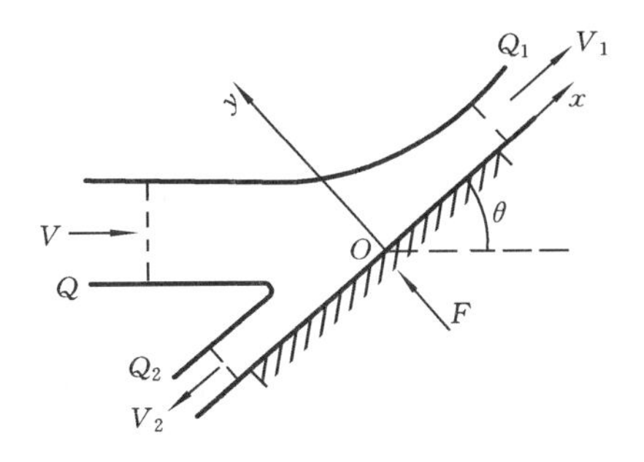

图 3-23　射向斜置平壁面的射流

取控制体如图 3-23 所示，在其进、出口截面上射流压强都近似等于大气压，并且速度相同，即 $V_1=V_2=V$。在射流与平壁的接触面上，壁对射流所施加的力 F 与壁面垂直，并且沿图中 y 轴正方向。

现在流出控制体的流体有两股，流出控制体的流体所带出的动量是这两股流体带出的动量之和。运用动量方程式(3.37)，x 方向、y 方向的动量方程分别为

$$\rho VQ_1-\rho VQ_2-\rho VQ\cos\theta=0$$

$$F=\rho VQ\sin\theta$$

运用第二式可以直接计算流体与板之间的作用力 F，再运用连续性方程

$$Q=Q_1+Q_2$$

与第一式联立，还可以解出两股分叉流的流量 Q_1 和 Q_2，即

$$Q_1=\frac{1+\cos\theta}{2}Q,\quad Q_2=\frac{1-\cos\theta}{2}Q$$

5. 洒水器的转速

图 3-24 所示为一洒水器，流量 $2Q$ 的水由转轴流入转臂，再从喷嘴流出，喷嘴与圆周切向的夹角为 θ，喷嘴截面积为 A。当水喷出时，水流的反推力使洒水器转动。如果不计摩擦力的作用，则转臂所受的外力矩为零。

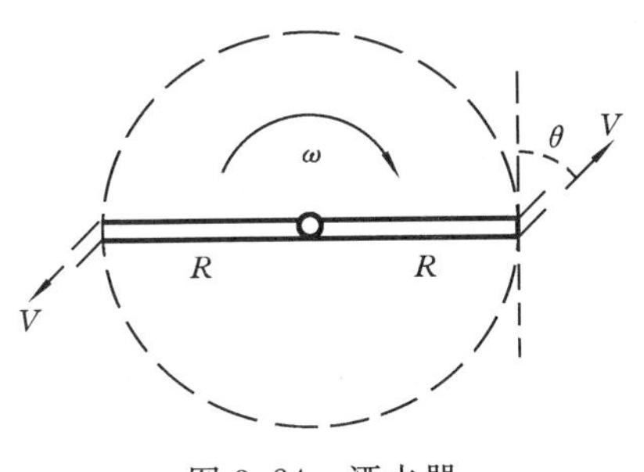

图 3-24　洒水器

取半径为 R 的圆周为控制面，流入控制体的流体相对于转轴的动量矩为零，由于外力矩为零，因此流出控制体的流体带出的动量矩也为零。

喷嘴在圆周切向的运动速度为 ωR，这是

牵连速度,水相对于喷嘴的流动速度 $V=Q/A$,因此水流绝对速度在圆周切向的投影分量为 $V\cos\theta-\omega R$。由动量矩方程式(3-38)得

$$2\rho Q(VR\cos\theta-\omega R^2)=0$$

由此解出旋转角速度

$$\omega=\frac{V}{R}\cos\theta$$

小　　结

有两种描述流体运动的方法。拉格朗日法通过描述流体质点的运动给出流体的整体运动规律,欧拉法则通过给出流动参数在流场中的空间分布规律和它们随时间变化而变化的规律来描述整个流动。在大多数流体力学问题中都采用欧拉描述法。

流体质点流动参数对时间的变化率称为该参数的质点导数,它包括局部导数和对流导数两部分。质点的加速度是速度的质点导数,它也包括局部加速度和对流加速度两部分。

流体质点的运动轨迹线称为迹线;流场空间中处处与速度矢量相切的曲线称为流线;由相续通过流场同一空间点的流体质点所连成的曲线则称为染色线。在定常流动中三族曲线相重合。在实际中都是通过作染色线的方式来演示定常流动的流线。

不可压缩流体的运动必须满足质量守恒定律和动量定律,由这两个基本物理定律出发可以建立相应的连续性方程和动量方程。连续性方程和动量方程既可以表示成微分形式也可以表示成积分形式。对于理想流体的运动,微分形式的动量方程也称为欧拉运动方程。

连续性方程和欧拉运动方程是速度和压强等参数的控制方程。伯努利方程是在特定条件下由理想流体运动方程所求出的代数方程形式的解,它给出了沿流线各点位置高度、流体压强及流体速度三者之间的关系,是流体力学中使用最多的方程之一。从物理角度看,伯努利方程是能量方程,其中的每一项都代表单位重量流体所具有机械能的一部分,即位势能、压强势能和动能;三种能量之和是总机械能。因此,伯努利方程表述的是:如果不考虑流体黏性所产生的机械能损失,在流体质点沿流线运动的过程中其具有的总机械能是不变化的。在水力学中,把伯努利方程中的各项都定义为水头,相应地有位置水头、压强水头和速度水头,这三种水头之和称为总水头。所以,伯努利方程表述的又是:在没有因黏性而产生的水头损失时,沿着流线总水头保持不变。

伯努利方程描述了沿流线的参数变化规律。在研究管道流动、渠道流动等一元

总流流动时，经常把伯努利方程中的各项在缓变流截面上进行平均，从而得到描述缓变流截面之间参数变化规律的总流伯努利方程。

积分形式的动量方程和动量矩方程具有广泛的实际应用价值，适合用于计算运动流体与固体壁面之间相互作用力的合力或者合力矩。在求解这类问题时，应该注意选取适当的控制体，运用伯努利方程和连续性方程求出控制面上的未知参数，然后对控制体内的流体质量系统列出动量方程或动量矩方程并求解。

思考题

3-1　欧拉法通过描述______的变化规律来描述整个流动。

(A) 每个质点的速度　(B) 每个空间点的流速

(C) 每个质点的轨迹　(D) 每个空间点的质点轨迹

3-2　对于定常流动，在______表达式中流动参数与时间变量无关。

(A) 欧拉　(B) 拉格朗日　(C) 欧拉和拉格朗日

3-3　在一固定点向运动流体注入染料，染料线描述的是______。

(A) 流线　(B) 迹线　(C) 染色线

3-4　在定常流动中质点加速度______。

(A) 一定等于零　(B) 一定不等于零　(C) 可能等于零也可能不等于零

3-5　流体质点的速度随时间变化，流动______。

(A) 一定是非定常的　(B) 一定是定常的

(C) 可能是定常的也可能是非定常的

3-6　通过一面积的流量与该面积上的______有关。

(A) 切向速度　(B) 法向速度　(C) 速度的模

3-7　控制体______。

(A) 具有特定的形状和空间位置　(B) 包含特定的流体质点

3-8　对于特定的______，流体的质量是守恒的。

(A) 控制体　(B) 质量系统　(C) 控制体和质量系统

3-9　在定常流动中，通过控制面流出的质量流量______流入的质量流量。

(A) 大于　(B) 小于　(C) 等于

3-10　连续性方程和运动方程描述了______上的质量守恒定律和动量定律。

(A) 质量系统　(B) 控制体　(C) 质量系统和控制体

3-11　在______条件下伯努利方程不成立。

(A) 定常　(B) 理想流体　(C) 不可压缩　(D) 可压缩

3-12　在总流的伯努利方程中，速度 V 是______速度。

(A) 截面上任意点的　(B) 截面平均

(C) 截面形心处的　(D) 截面上最大

3-13 对总流的两个缓变流截面运用总流伯努利方程时，两截面之间______。
(A) 必须都是缓变流 (B) 必须都是急变流
(C) 可以有急变流也可以有缓变流

3-14 由于机翼有攻角，其上表面的流体相对速度______下表面的流体相对速度，因此在机翼上产生向上的升力。
(A) 大于 (B) 小于 (C) 等于

3-15 水流在收缩喷嘴内加速，其动量增加。喷嘴壁对水作用力的方向______。
(A) 与水流的速度方向相同 (B) 与水流的速度方向相反 (C) 无法判断

3-16 射流遇垂直壁后折回，其动量的______发生变化。
(A) 大小 (B) 方向 (C) 大小和方向

3-17 用壁上开一小孔的开口测压管测量流速，当小孔正对来流方向和侧对来流方向时，测压管中液柱高分别反映了______的大小。
(A) 静压和总压 (B) 总压和静压
如何运用测得的数据计算来流速度？

3-18 是否可以在非定常流场中演示流线和迹线？如果可以，试设计演示方法。

3-19 试说明伯努利方程各项的物理意义和水力学意义。

3-20 运动方程是动量定律的数学表达式，伯努利方程是运动方程的代数解。为什么说伯努利方程描述了机械能守恒定律？试运用理论力学中的相关知识说明其原因。

3-21 在总流的伯努利方程中，位置高度 z 和压强 p 应该取截面何处的值？为什么？

3-22 当并行航行的两船距离过近时，相互之间会产生“吸力”，从而有可能造成撞船事故。试运用伯努利方程解释其原因。

习　题

3-1 已知平面速度场 $u=1+2t, v=3+4t$，试求：
(1) 流线方程；
(2) $t=0$ 时分别经过(0,0)，(0,1)，(0,−1)三点的三条流线。

3-2 已知流场的速度分布为 $u=x^2y, v=-3y, w=2z^2$，试求空间点(1,2,3)处的流体质点加速度。

3-3 已知流场的速度分布为 $u=yzt, v=xzt, w=0$，试求 $t=0.5$ 时空间点(2,5,3)处流体质点的加速度。

3-4 已知二元流动速度为(1) $u=x, v=-y$，(2) $u=-y, v=x$，(3) $u=x^2-y^2+x, v=-2xy-y$，试判断该流场是否不可压缩流场。

3-5 在不可压缩流体的平面流动中，x 方向的速度分量为 $u=e^{-x}\operatorname{ch}y+1$，如果

$y=0$ 时 $v=0$，试由连续性方程求速度 v 的表达式。

3-6　试推导平面流动中极坐标形式的连续性方程

$$\frac{\partial\rho}{\partial t}+\frac{1}{r}\left[\frac{\partial(\rho r v_r)}{\partial r}+\frac{\partial(\rho v_\theta)}{\partial\theta}\right]=0$$

3-7　如题3-7图所示，直径为 d 的柱塞以 $V=50$ mm/s 的速度挤入一个充满油液、直径为 D 的同心油缸，如果 $d=0.9D$，试求环形缝隙中油液的出流速度 u。

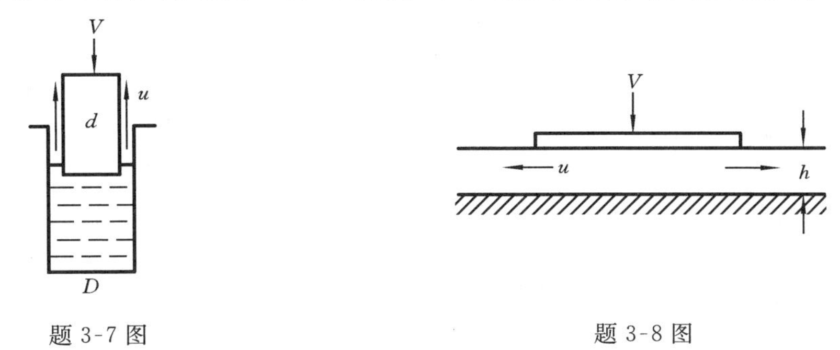

题3-7图　　题3-8图

3-8　如题3-8图所示，直径 $d=0.5$ m 的圆盘浮在液面上，液深 $h=5$ mm，如果圆盘以速度 $V=0.1$ m/s 向下挤压，试求圆盘边缘处液体的挤出速度 u。

3-9　如题3-9图所示，用水银压差计测量油管中的点速度。如果油的密度 $\rho=800\ \mathrm{kg/m^3}$，试求当水银柱读数 $\Delta h=60$ mm 时油的运动速度 v。

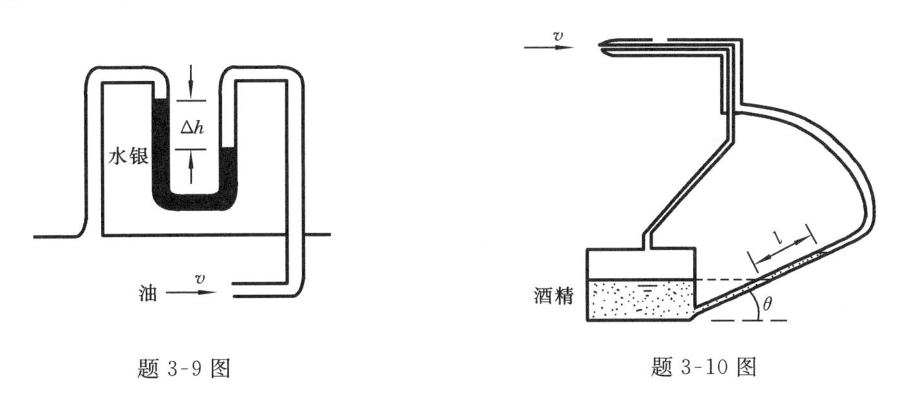

题3-9图　　题3-10图

3-10　如题3-10图所示，用皮托管和倾斜微压计测气流速度。气体密度 $\rho=1.2\ \mathrm{kg/m^3}$，酒精密度 $\rho'=800\ \mathrm{kg/m^3}$，斜管倾角 $\theta=30°$，读数 $l=12$ cm，试求气流速度 v。

3-11　用图3-13所示的文丘里流量计测量管道中的水流量。已知 $d_1=25$ mm，$d_2=14$ mm，喉部与其上游截面的压差 $p_1-p_2=883$ Pa，流量修正系数 $\mu=0.96$，试确定体积流量 Q。

3-12　用文丘里流量计和水银压差计测量管道中石油的流量。已知 $d_1=$

300 mm,d_2=180 mm,石油密度 ρ= 890 kg/m^3,水银密度 ρ'=13550 kg/m^3,压差计中水银柱高度差读数 Δh=50 mm,流量修正系数 μ=0.98,试求石油体积流量 Q。

3-13 输油管道的直径从 d_1=260 mm 收缩到 d_2=180 mm,用题 3-13 图示缸套、活塞装置测量油的流量 Q。活塞直径 D=300 mm,油的密度 ρ=850 kg/m^3。如果已知固定活塞所需要施加的力为 F=75 N,不计流体黏性的影响,试求输油管道内油的流量 Q。

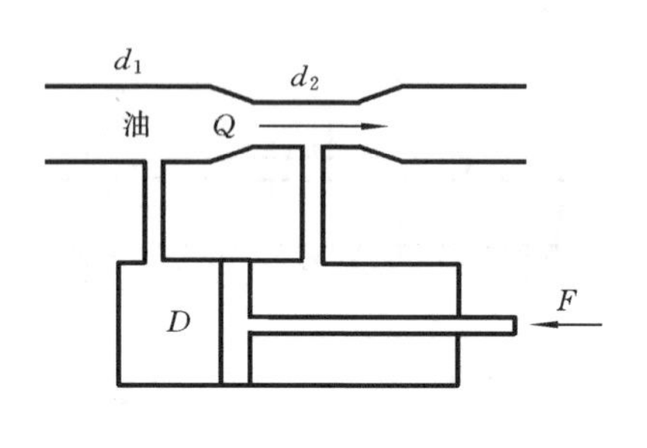

题 3-13 图

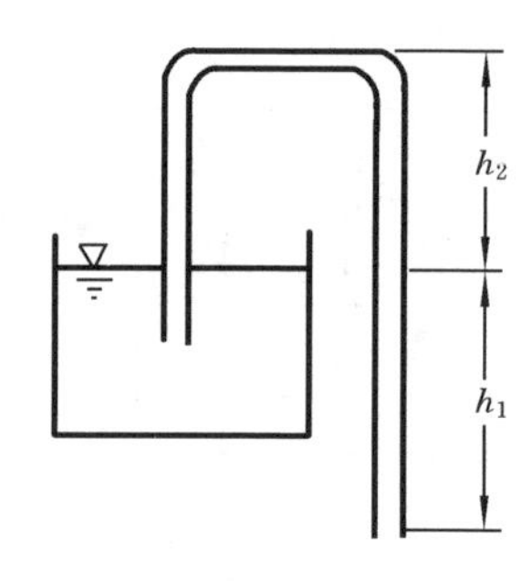

题 3-14 图

3-14 如题 3-14 图所示虹吸管,其内直径为 d=10 cm。假设吸水管内水的流动是定常的,如果要求管的吸水量 Q=0.08 m^3/s,并且管内不出现气泡,试求 h_1 和 h_2。已知水的汽化压强为 33 kPa,大气压强为 101 kPa。

3-15 为了测量矿山排风管道的气体流量 Q,在其出口处装有一个收缩、扩张的管嘴,在管嘴喉部处安装一个细管,细管下端插入水中,如题 3-15 图所示,管嘴出口与大气相通。已知空气密度 ρ=1.25 kg/m^3,水密度 ρ'=1000 kg/m^3,以及 h=45 mm,d_1=400 mm,d_2=600 mm,试求排风管道的体积流量 Q。

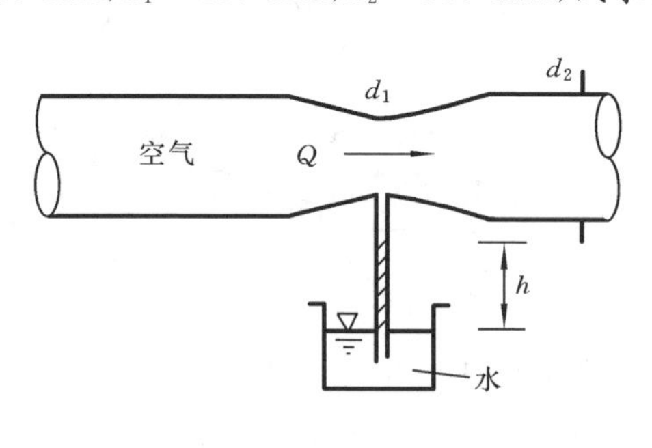

题 3-15 图

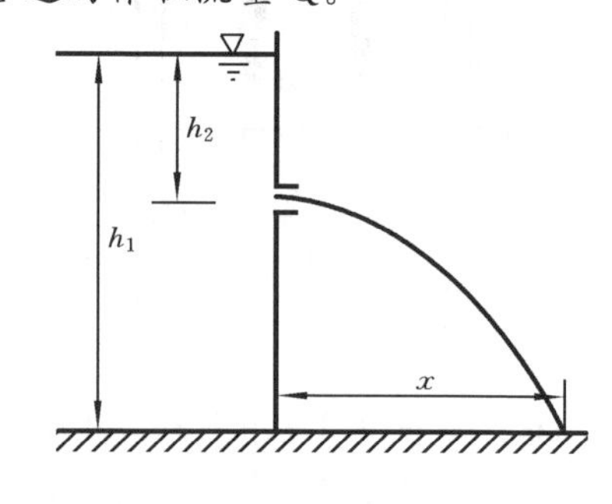

题 3-16 图

3-16 水池的水位高 h_1=4 m,池壁开有一小孔,孔口到水面高差为 h_2,如题 3-16图所示。如果从孔口射出的水流到达地面的水平距离 x=2 m,试求 h_2 的值。

3-17 在题 3-16 图中,如果要使水柱射出的水平距离最远,试求 x 和 h_2 的值。

3-18 如题 3-18 图所示,水从水位为 h_1 的大容器经过小孔流出射向一块无重量的大平板,该平板盖住了另一水位为 h_2 的大容器的小孔。假设两小孔的面积相等。如果射流对平板的冲击力恰好与它右边所受到的静水压力相等,试求比值 h_1/h_2。

3-19　如题 3-19 图所示,单位宽度的平板闸门开启时,上游水位 $h_1=2$ m,下游水位 $h_2=0.8$ m。试求水流作用在闸门上的力。

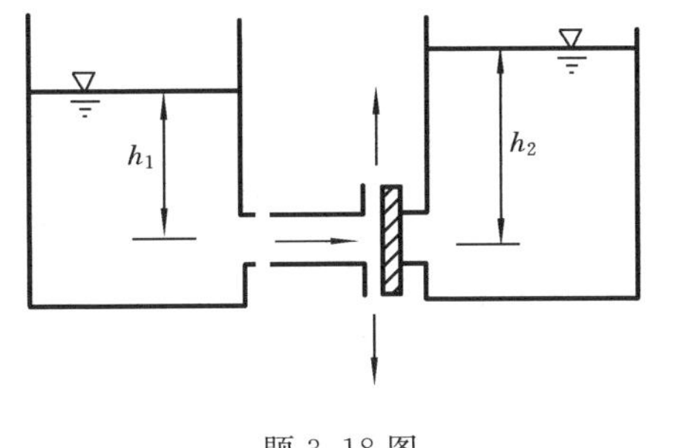

题 3-18 图

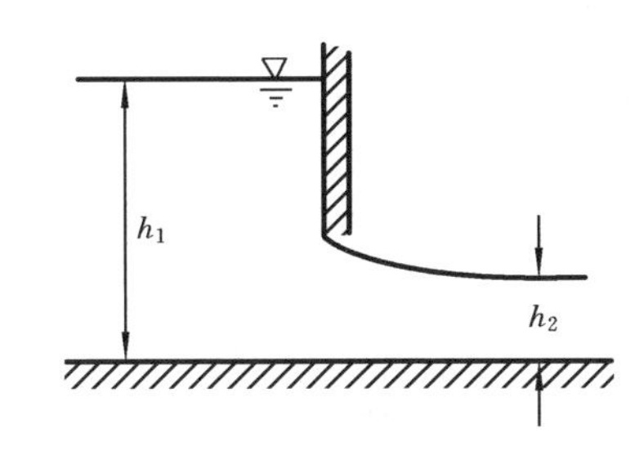

题 3-19 图

3-20　消防水龙头喷嘴的大、小端的管径 $D=150$ mm 和 $d=50$ mm。如果水流量 $Q=0.06$ m^3/s,不计流体黏性的影响,试求水流对喷嘴的作用力。

3-21　如题 3-21 图所示,水平面的管路在某处分叉,主干管和分叉管的直径、水流量分别为 $d_1=500$ mm,$d_2=400$ mm,$d_3=300$ mm,$Q_1=0.35$ m^3/s,$Q_2=0.2$ m^3/s,$Q_3=0.15$ m^3/s,夹角 $\alpha=45°$,$\beta=30°$,主干管中的相对压强为 8000 Pa。不计重力和流体黏性的影响,试求水流对此分叉段的作用力。

3-22　如题 3-22 图所示,水由一个压力容器的喷嘴射出,已知容器内水面上的相对压强 $p_0=98\times10^4$ Pa,水位 $h=3$ m,管直径 $d_1=100$ mm,$d_2=50$ mm,不计流体黏性的影响,试求水流作用在喷嘴上的力。

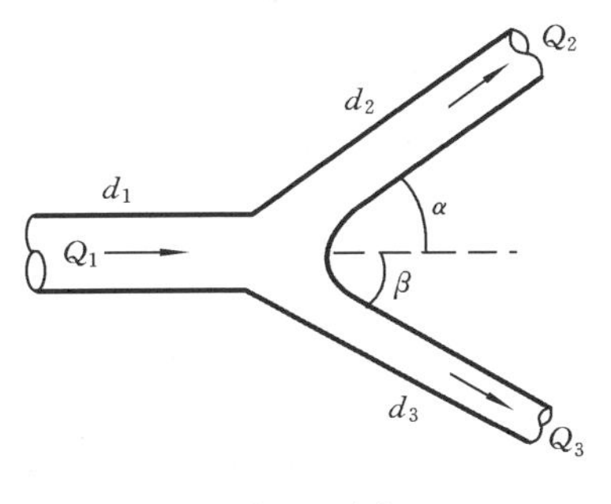

题 3-21 图

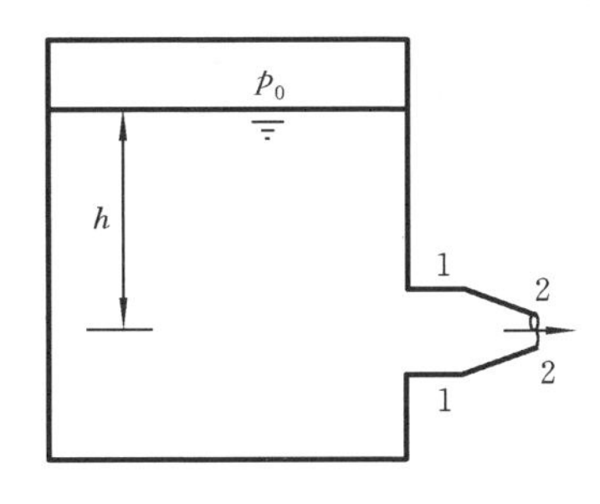

题 3-22 图

3-23　如题 3-23 图所示,一块与射流方向垂直的平板将射流的流量截成 Q_1 和 Q_2 两部分,如果 $V=30$ m/s,$Q=36\times10^{-3}$ m^3/s,$Q_1=24\times10^{-3}$ m^3/s,$Q_2=12\times10^{-3}$ m^3/s,不计重力和流体黏性的影响,试求水流偏转角 θ 及水流对平板的作用力。

3-24　如题 3-24 图所示,气体混合室进口截面宽 $2B$,出口宽 $2b$,进、出口截面气压都等于大气压，进口截面速度分别为 u_0 和 $2u_0$ 气流分布的宽度各占进口截面总宽度的一半，出口截面速度分布为

$$u=u_{\max}\left(1-\frac{|y|}{b}\right)^{0.2}$$

其中，$u_{\max}$ 是出口截面上速度最大值，气体密度为 ρ。试求气流对混合室壁面的作用力。

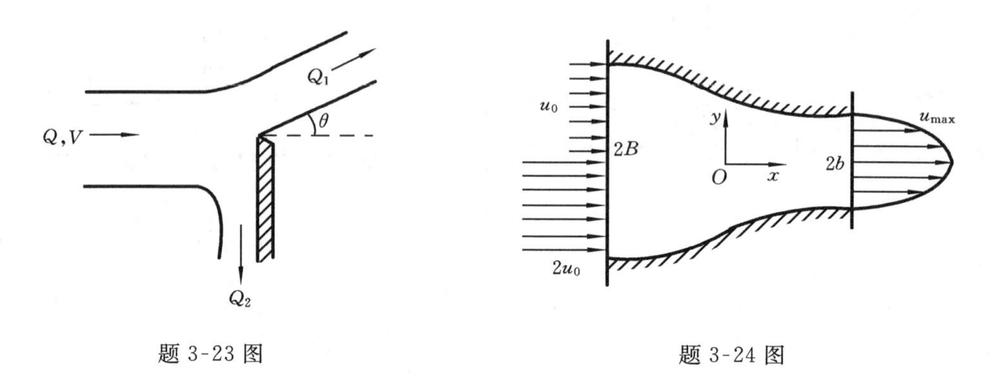

题 3-23 图　　　　题 3-24 图

3-25　水从消防喷管喷出，喷嘴与管道由四个螺钉连接，如题 3-25 图所示。已知管道截面积 $A_1=50\ \text{cm}^2$，管道中相对压强 $p_1=0.51\ \text{MPa}$，喷管嘴截面积 $A_2=30\ \text{cm}^2$，不计重力和流体黏性的影响，试确定每个螺钉的受力。

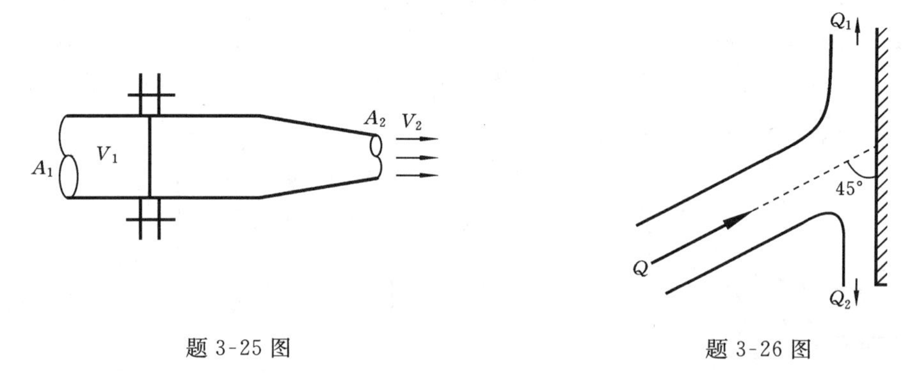

题 3-25 图　　　　题 3-26 图

3-26　如题 3-26 图所示，密度 $\rho=1000\ \text{kg/m}^3$ 的水射向静止的平板，流量 $Q=0.01\ \text{m}^3/\text{s}$，流速为 $V=10\ \text{m/s}$，射角 $\alpha=45°$。不计重力和流体黏性的影响，试求平板所受力的大小和方向。

3-27　如题 3-27 图所示，一块单位宽度的平板放在气流中，平板上游的气流速度均匀分布，下游的速度分布为

$$u=\begin{cases} u(y) & |y|\leqslant h \\ u_0 & |y|>h \end{cases}$$

如果上、下游的气体压强都相同，试证明平板受到的气流作用为

$$F = 2\int_0^h \rho u(u_0 - u)\mathrm{d}y$$

3-28　偏心管接头如题 3-28 图所示，管直径为 d，管距为 $2h$，流体密度为 ρ，流速为 V，压强为 p。不计重力和流体黏性的影响，试求为防止管接头转动而需要施加的力矩。

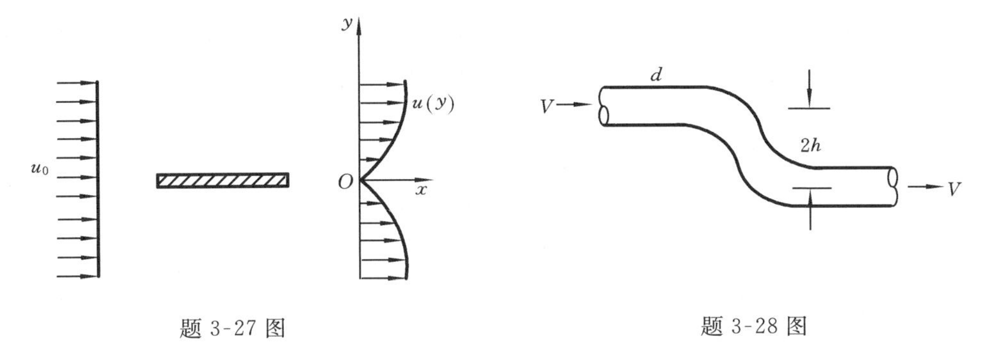

题 3-27 图　　题 3-28 图

3-29　如题 3-29 图所示，旋转洒水器两臂长度不等，$l_1 = 1.2$ m，$l_2 = 1.5$ m，若喷口直径 $d = 25$ mm，每个喷口的水流量为 $Q = 3\times10^{-3}$ m^3/s，不计摩擦力矩，试求转速。

3-30　如题 3-30 图所示，洒水器的旋转半径 $R = 200$ mm，喷口直径 $d = 10$ mm，喷射方向 $\theta = 45°$，每个喷口的水流量 $Q = 0.3\times10^{-3}$ m^3/s，已知旋转时的摩擦阻力矩为 0.2 N·m，试求转速。若在喷水时不让它旋转，试求所需力矩。

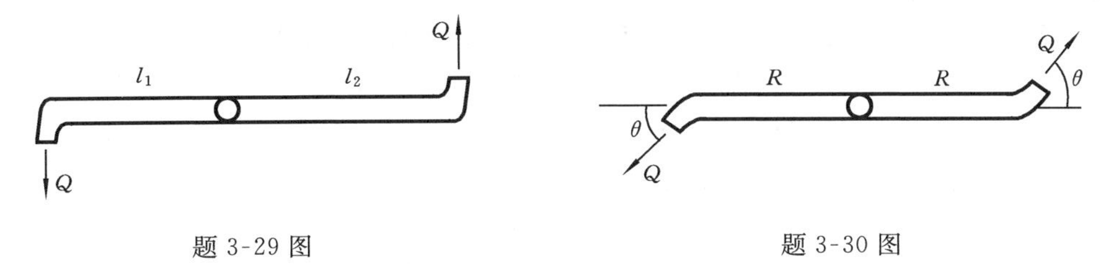

题 3-29 图　　题 3-30 图

第4章　黏性流体动力学基础

自然界中所有的流体均具有一定程度的黏性，黏性作用阻滞流体的运动，消耗一定的运动机械能。对于流体力学中的许多实际问题，如分析管道流动的阻力、计算管嘴孔口的出流等，黏性的影响都十分重要。在研究这样一类问题时，必须考虑流体的黏性作用。

在第3章中对理想流体的运动推导了伯努利方程，本章首先简要介绍黏性流体运动的一些基本特征和重要性质，然后重点介绍如何在考虑流体黏性作用的基础上运用伯努利方程来解决工程中最常见的流动问题。

4.1　水头损失及流动状态

1. 水头损失及分类

第3章中研究理想不可压缩流体的运动，得到沿流线的伯努利方程（式(3.25)），即

$$z_1+\frac{p_1}{\rho g}+\frac{u_1^2}{2g}=z_2+\frac{p_2}{\rho g}+\frac{u_2^2}{2g}$$

该式说明，在忽略流体黏性影响的情况下，流体运动的总水头不变，或者流体的总机械能沿着流线不变。

黏性在运动流体之间及流体与固体壁面之间形成摩擦，从而把一部分运动机械能转换为热能。另外，当黏性流体在运动中遭遇局部障碍产生旋涡，也会造成机械能的减少。因此，在黏性流体的运动中，总水头沿着流线逐渐减小。设点1为上游点，点2为同一流线上的下游点，则对于黏性流体，伯努利方程（式(3.25)）应该被修正为

$$z_1+\frac{p_1}{\rho g}+\frac{u_1^2}{2g}=z_2+\frac{p_2}{\rho g}+\frac{u_2^2}{2g}+h_w' \tag{4.1}$$

其中，h_w' 是流体质点从点1沿着流线运动到点2过程中所减小的总水头，称为损失水头，它也是单位重量流体所损失的总机械能。

把式(4.1)对总流的任意两个缓变流截面求平均值，又得到黏性流体总流的伯努利方程

$$z_1+\frac{p_1}{\rho g}+\alpha_1\frac{V_1^2}{2g}=z_2+\frac{p_2}{\rho g}+\alpha_2\frac{V_2^2}{2g}+h_w \tag{4.2}$$

其中，h_w 是损失水头 h_w' 在总流缓变流截面上的平均值。

在一般情况下，损失水头 h_w 包括沿程损失水头和局部损失水头两个部分。

当流体在管道中运动时，流体与管壁之间的黏性摩擦对运动形成阻力，从而造成

水头损失。这类损失沿着流程逐渐发生,与管段(或者流程)的长度成正比,因此称为沿程损失,记作 h_f。管壁摩擦对流体运动的阻力又称为沿程阻力。

通常用速度水头作为基准来描述沿程损失的大小。理论分析和实验都表明,h_f 不仅与管段的长度 l 成正比,还与管道的直径 d 成反比,因此沿程损失可以写为

$$h_f=\lambda \frac{l}{d}\frac{V^2}{2g} \tag{4.3}$$

其中,λ 称为沿程损失系数或者沿程阻力系数。法国科学家达西(H. Darcy)在 1858 年发表了对水管沿程损失的系统实验报告,是他最早把沿程损失表示成式(4.3)的形式,因此通常把这个公式称为达西公式。

当流体在运动中遇到局部障碍(如半开阀门、管道弯头、粗细管接口、滤网等)时,流线会发生局部变形,并且由于流动分离、二次流等原因产生旋涡运动,从而耗散一部分机械能,造成水头损失。这种在局部区域内损失的水头称为局部损失,记作 h_j。仍然用速度水头作为基准,把它表示为

$$h_j=\zeta \frac{V^2}{2g} \tag{4.4}$$

其中,系数 ζ 又称为局部损失系数。

流程中的总损失水头等于所有的沿程损失水头和局部损失水头之和,即

$$h_w = \sum h_f + \sum h_j \tag{4.5}$$

后面将详细介绍与沿程损失相关的各种流动现象及损失的发生规律,并且还将介绍沿程损失系数和局部损失系数的确定方法。

2. 层流与湍流

19 世纪初许多研究者发现,管道流动中沿程损失水头随流动速度的增高而加大,但两者并不总是简单的线性关系。当管内流速较小时,损失水头与速度的一次方成正比;当流速增大到一定的程度,损失水头又与速度的二次方成正比或者近似成正比。为了找到发生上述不同现象的原因,英国工程师雷诺做了大量的相关研究,并在 1883 年用一个很直观的实验表明,之所以在不同的管流速度范围内沿程损失水头的加大随速度增高的规律不一样,是因为流动存在两种不同的流态,而在不同的速度范围内流动状态不相同。

雷诺的实验装置非常简单:让清水从具有恒定水位的水箱经等截面圆管定常地流出,如图 4-1 所示,管内流速可以通过阀门进行调节。管道上装有两根开口测压管,两管液面高度差就是管流的沿程损失水头 h_f。另在圆管入口中心处通过一针形细管注入有色液体,并观察有色液体的流动形态。

缓慢地打开阀门,使管流速度由小逐渐增大。当管内流速处于较低水平时,有色液体在管内形成一条平稳的直线,如图 4-2(a)所示。这说明管内水质点各自沿着直线轨迹互不干扰地向同一方向运动,或者说,流体相互不掺混地作平行的分层流动。

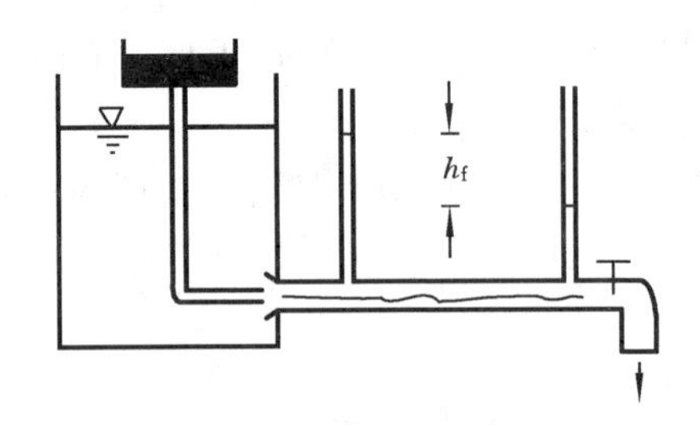

图 4-1　雷诺实验装置

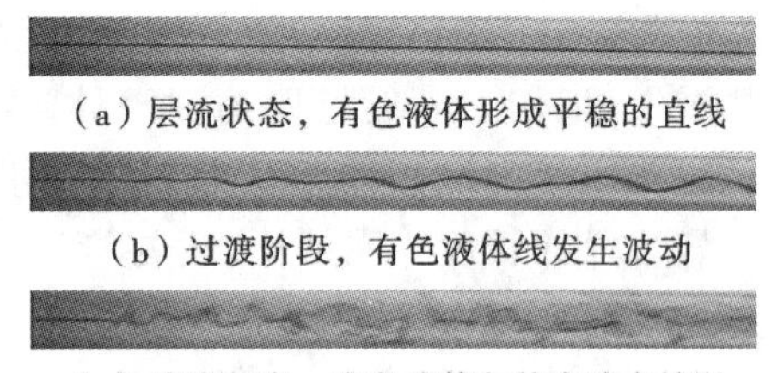

(a) 层流状态，有色液体形成平稳的直线

(b) 过渡阶段，有色液体线发生波动

(c) 湍流状态，有色液体与管内清水掺混

图 4-2　管道内有色液体分布照片

雷诺把这样的流动状态称为层流。实验还发现，沿程损失水头 h_f 随着管内平均速度 V 的增大而逐渐变大，在层流状态下，h_f 与 V 的一次方成正比。当流速继续增大，有色液体线逐渐发生波动，如图 4-2(b)所示，而且随着流速的继续增大，波动越来越剧烈，并且有色液体线最终发生破裂，形成许多大小不一的旋涡。当流速进一步增大，有色液体由细管注入管流，很快与清水掺混在一起，如图 4-2(c)所示。这种现象说明，管内的水质点已经不再是沿着直线轨迹运动了，在水整体流向下游的过程中，流体质点还有其他方向的不规则运动，流层之间发生了剧烈的质点交换，从而使有色液体与周围的清水相掺混。雷诺把这种流动状态称为湍流或紊流。在湍流状态下，沿程损失水头 h_f 与速度 V 的1.75～2次方成正比。由层流到湍流并不是突然发生的，中间还有一个发展阶段，即有色液体线逐渐发生波动和破裂的阶段。通常把这个阶段水流所处的状态称为过渡状态。

以上实验说明，当管内流动速度小于一定的值时，流动处于层流状态；当速度大于此定值后，流动进入过渡状态，以后随着速度进一步增大，又逐渐过渡为湍流。由层流开始进入过渡状态的速度值称为临界速度。

大量实验表明，临界速度并不是一个定值，它与管道的直径 d、流体的黏度 μ 和密度 ρ 都有关。设临界速度为 V_c，它与三者的关系为

$$V_c \propto \frac{\mu}{\rho d}$$

定义无量纲综合参数

$$Re=\frac{\rho V d}{\mu}=\frac{V d}{\nu} \tag{4.6}$$

并且对应于临界速度定义

$$Re_c=\frac{\rho V_c d}{\mu}=\frac{V_c d}{\nu}$$

显而易见，根据 Re 的值是否大于 Re_c 来判别流动状态，这样的判据与管道的直径和流体的物理参数均无关，对于所有的圆管流动具有普遍的适用性。于是，可以把管道实验中发现的规律总结为：当 $Re<Re_c$ 时，流动处于层流状态；当 $Re>Re_c$ 时，流动处于向湍流的过渡状态或者湍流状态。为纪念雷诺在相关研究中所作出的贡献，人们

把无量纲综合参数 Re 称为雷诺数，而 Re_c 则相应地称为临界雷诺数。

在第6章中将进一步说明，雷诺数是一个无量纲的相似性参数，它表征流体中惯性力与黏性力的比值。当流场中出现扰动时，黏性力使扰动衰减，惯性力则使扰动发展。当雷诺数小于临界值时，黏性力的作用占优，任何进入流场的扰动都会衰减，因此流动保持为层流状态。随着雷诺数增大，惯性力的作用增大，黏性力的作用减小。当雷诺数大于临界值时，惯性力的作用开始占优，进入流场的扰动会发展，并且连锁地引起更多扰动，并最终使层流流动转变为湍流流动。由层流向湍流的转变也称为转捩。

转捩不仅取决于雷诺数的大小，它还取决于扰动的大小。扰动可以由来流速度脉动和温度不均匀、物体表面粗糙不平、流体中掺混有杂质、环境扰动等原因引起。通过小心控制实验条件，避免各种扰动因素，可以推迟转捩的发生。例如对圆管流动，当雷诺数小于2300时，流动一般不会发展为湍流；在没有受到特殊控制的情况下，当雷诺数大于这个值就有可能发生转捩从而变成湍流。但也有人通过非常仔细地控制扰动，使圆管流动的层流状态一直保持到 $Re=10^5$。另一方面，转捩是一个渐进的发展过程，一般也无法精确地确定层流与湍流的分界点。因此，临界雷诺数并没有一个非常确切的数值。在解决工程实际问题时，一般把2300作为圆管流动中转捩的临界雷诺数。

运用图4-1所示的实验装置，不由针形细管注入有色液体同样也可以测定管流的临界雷诺数。此时不用显示的方法来区分流动状态，却可以运用不同流动状态下沿程损失水头的加大随速度增高（也是随雷诺数增高）的规律不一样这个性质来区分流动状态。在层流状态下，沿程损失水头 h_f 与速度 V 的一次方成正比；在湍流状态下，h_f 与 V 的1.75～2次方成正比。为确定临界雷诺数，需要测出各个不同速度 V 之下的损失水头 h_f（也就是图4-1中两测压管的液柱高度差），并算出该速度对应的 Re，然后作 $\log Re$-$\log h_f$ 曲线。在层流状态下曲线的斜率与湍流状态下曲线的斜率不同，斜率不同的两段曲线的分界点就对应临界雷诺数。

例4-1　直径 $d=200\ \text{mm}$ 的圆管通过的流体体积流量为 $Q=0.025\ \text{m}^3/\text{s}$，试判别以下两种流体的流态：(1) 管内流体为水，其运动黏度 $\nu=1.14\times10^{-6}\ \text{m}^2/\text{s}$；(2) 管内流体为石油，其运动黏度 $\nu=10^{-4}\ \text{m}^2/\text{s}$。

解　管流平均速度 $V=\dfrac{4Q}{\pi d^2}=\dfrac{4\times0.025}{0.2^2\pi}\ \text{m/s}=0.796\ \text{m/s}$

(1) 对于水，$Re=\dfrac{Vd}{\nu}=\dfrac{0.796\times0.2}{1.14\times10^{-6}}=139649>2300$，因此为湍流，

(2) 对于石油，$Re=\dfrac{Vd}{\nu}=\dfrac{0.796\times0.2}{10^{-4}}=1592<2300$，因此为层流。

从这个例子可以看到，黏度小的流体在较低的速度下就进入了湍流状态。

4.2 圆管定常层流流动

在实际工程和自然界中存在着许多小管径、小流量、大黏度的圆管流动。在这样的流动中，雷诺数很小，流动处于层流状态。

考虑黏性流体在半径 $R=d/2$ 的无限长水平圆管中作定常流动，如图 4-3 所示。采用柱坐标系(r,θ,z)，其中 z 是沿管轴方向的坐标轴。在管道流动中，流体的主要运动是沿着轴向进行的，径向运动不需要考虑，故 $v_r=0$；又由于流动是轴对称的，因此$\partial(\cdot)/\partial\theta=0$ 及 $v_\theta=0$，而且由于管道无限长，任意两个管道截面上的速度分布都是相同的，因此轴向速度只是 r 的函数，即 $v_z=u(r)$。取一个以管轴为中心的圆柱形流体质量系统，其长度为 l，半径为 r，作用在圆柱体上的外力包括两端截面上的压强 p_1 和 p_2，以及柱表面的切应力 τ。重力对流动没有影响，可以略去。由于所考虑的流动是定常的，并且速度沿管轴方向不发生变化，因此流体的加速度为零，于是作用在圆柱体上的压强和切应力的合力应该等于零，即

$$(p_1-p_2)\pi r^2-2\pi rl\tau=0$$

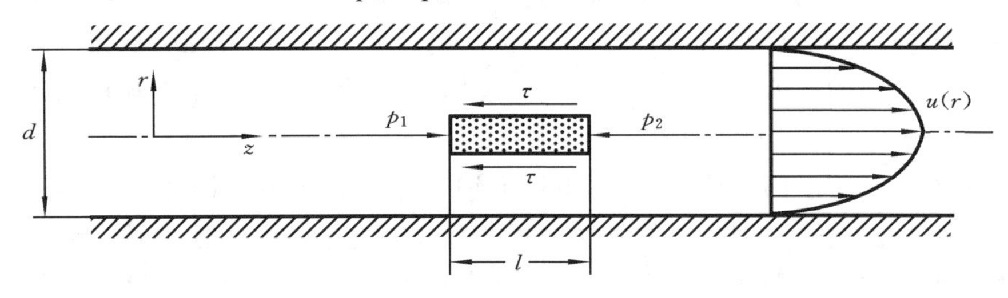

图 4-3　圆管层流

解出切应力

$$\tau=\frac{p_1-p_2}{l}\frac{r}{2}=\frac{\Delta p}{l}\frac{r}{2} \tag{4.7}$$

其中，$\Delta p=p_1-p_2$ 是 l 长管段的压降。由式(4.7)看出，切应力 τ 与 r 成正比。在管壁上，$r=R$，切应力最大。壁面切应力就是流体中的最大切应力，即

$$\tau_w=\frac{\Delta p}{l}\frac{R}{2} \tag{4.8}$$

当流动状态为层流时，又可以由牛顿内摩擦定律

$$\tau=-\mu\frac{\mathrm{d}u}{\mathrm{d}r}$$

把切应力与速度联系在一起。由于在这里讨论的管流中沿径向 r 速度是减小的，速度梯度为负值，因此上式右边有一个负号。把 τ 代入式(4.7)并积分后得到速度

$$u=-\frac{\Delta p}{l}\frac{1}{4\mu}(r^2+C)$$

在管壁上流体与壁面无滑移，因此当 $r=R$ 时，$u=0$，由此求出积分常数 $C=-R^2$，于

是得

$$u=\frac{\Delta p}{l}\frac{1}{4\mu}(R^2-r^2) \tag{4.9}$$

这就是黏性流体在圆管中作层流运动时沿管截面的速度分布。可见在圆管截面上速度剖面是旋转抛物面。取 $r=0$,就得到管截面上的最大速度

$$u_{\max}=\frac{\Delta p}{l}\frac{R^2}{4\mu}$$

把速度表达式(4.9)在管截面上积分,还可以得到管道的体积流量

$$Q=\int_0^R u2\pi r\mathrm{d}r=\frac{\Delta p}{l}\frac{\pi R^4}{8\mu} \tag{4.10}$$

对于非水平圆管中的层流运动,有时需要考虑重力的作用,此时只要用 $\Delta(p+\rho gh)$代替 Δp(其中 h 是管截面的水平高度),式(4.7)至式(4.10)就仍然适用。

1839 年和 1841 年,德国工程师哈根和法国生理学家泊肃叶先后通过实验总结出了类似的公式;1858 年哈根巴赫(E. Hagenbach)导出了上面的流量计算解析式。通常把无限长圆管中的流动称为泊肃叶流动,把式(4.10)称为哈根-泊肃叶定律,或者简称泊肃叶定律。泊肃叶定律表明,圆管中的流量与单位长度管道上的压降 $\Delta p/l$ 成正比,与流体黏度成反比;尤其重要的是,该定律还指出流量与管道半径的四次方成正比。举例来说,一根半径为 10 cm 的圆管与四根半径为 5 cm 的圆管截面积相等,在其他所有条件都相同的情况下,粗管的流量却等于 16 根细管的总流量。

由管道的体积流量很容易得到管截面上的平均速度

$$V=\frac{Q}{\pi R^2}=\frac{\Delta p}{l}\frac{R^2}{8\mu}=\frac{u_{\max}}{2} \tag{4.11}$$

该式不仅给出了平均速度与单位长度管道上的压降之间的关系,它还指出,平均速度是最大速度的一半。

下面考虑圆管层流流动的沿程损失和动能修正系数。对管流任意的两个截面列出伯努利方程

$$z_1+\frac{p_1}{\rho g}+\alpha_1\frac{V_1^2}{2g}=z_2+\frac{p_2}{\rho g}+\alpha_2\frac{V_2^2}{2g}+h_{\mathrm{f}}$$

此时两截面之间只有沿程损失。由于 $z_1=z_2$,$V_1=V_2$,因此解出

$$h_{\mathrm{f}}=\frac{p_1-p_2}{\rho g}=\frac{\Delta p}{\rho g} \tag{4.12}$$

比较达西公式(式(4.3)),即

$$h_{\mathrm{f}}=\lambda\frac{l}{d}\frac{V^2}{2g}$$

得到

$$\lambda=\frac{\Delta p}{\frac{1}{2}\rho V^2}\frac{d}{l} \tag{4.13}$$

再运用式(4.11)把式(4.13)中的 $\Delta p/l$ 用平均速度 V 代替,就有

$$\lambda=\frac{64\mu}{\rho Vd}=\frac{64}{Re} \tag{4.14}$$

其中,$Re=\rho Vd/\mu$ 是雷诺数。沿程损失系数 λ 与雷诺数成反比,因为 Re 表征流体运动的惯性力与黏性力之比,当 Re 大时,黏性效应小,当 Re 小时,黏性效应大。由达西公式(4.3)和 λ 的表达式(4.14)还可以看出,在层流状态的管道流动中,沿程损失水头 h_f 与速度 V 成正比。

由动能修正系数的定义式(3.26),代入截面的速度分布表达式(4.9)及平均速度表达式(4.11),就有

$$\alpha=\frac{1}{\pi R^2}\int_0^R\left(\frac{u}{V}\right)^3 2\pi r\mathrm{d}r=2$$

例 4-2 通过长 $l=1000$ m,直径 $d=150$ mm 的水平管道输送石油,已知石油的密度 $\rho=920$ kg/m^3,运动黏度 $\nu=4\times10^{-4}$ m^2/s,进、出口压差 $\Delta p=0.965\times10^6$ Pa,试求管道的体积流量 Q。

解 先假设流动为层流,由式(4.11)求出平均速度为

$$V=\frac{\Delta pR^2}{l\ 8\mu}=\frac{\Delta p}{l}\frac{d^2}{32\rho\nu}=\frac{0.965\times10^6\times0.15^2}{1000\times32\times920\times4\times10^{-4}}\ \text{m/s}=1.844\ \text{m/s}$$

由此算出雷诺数

$$Re=\frac{Vd}{v}=\frac{1.844\times0.15}{4\times10^{-4}}=692$$

雷诺数小于2300,确定为层流,与假设相符。流量为

$$Q=\frac{\pi d^2}{4}V=\frac{0.15^2\pi}{4}\times1.844\ \text{m}^3/\text{s}=0.0326\ \text{m}^3/\text{s}$$

例 4-3 通过直径 $d=300$ mm 管道的流体体积流量 $Q=0.03$ m^3/s,流体运动黏度 $\nu=120\times10^{-6}$ m^2/s,试求 $l=30$ m 管段的沿程损失水头。

解 首先算出雷诺数以判断管流的状态。

$$V=\frac{4Q}{\pi d^2}=\frac{4\times0.03}{0.3^2\pi}\ \text{m/s}=0.424\ \text{m/s}$$

$$Re=\frac{Vd}{\nu}=\frac{0.424\times0.3}{120\times10^{-6}}=1060$$

雷诺数小于2300,确定为层流。运用达西公式(式(4.3))和式(4.14),得

$$h_f=\lambda\frac{l}{d}\frac{V^2}{2g}=\frac{64}{Re}\frac{l}{d}\frac{V^2}{2g}=\frac{64}{1060}\times\frac{30}{0.3}\times\frac{0.424^2}{2\times9.8}\ \text{m}=0.0554\ \text{m}\quad(\text{油柱})$$

4.3 湍流的基本特征及湍流应力

1. 湍流运动的基本特征

层流与湍流的不同状态并不只是在管道的液体流动中才会出现,它们在液体、气

体的各种形式的流动中都会出现。

用热线风速仪或者激光测速仪可以测量流场中固定空间点上的速度。当雷诺数较小时，速度不随时间变化而变化，速度-时间曲线是一条规则的直线，此时流动处于层流状态；当雷诺数增大到某一水平时，速度-时间曲线上出现某一频率的扰动；随着雷诺数继续增大，扰动的频带加宽，各种频率的扰动相互叠加并相互作用，从而使速度-时间曲线上出现不规则的上下波动，此时流动进入湍流状态。

图 4-4 是用热线风速仪在某点上测量的湍流气流流向速度。测量中每秒采集数据 2000 次，然后将测量结果连成速度-时间曲线。由曲线看出，速度随时间不规则变化，但它总是在一水平线上小幅波动，水平线所对应的速度值（$u=10$ m/s）就是测量时段内测点的平均速度，波动的幅值一般不会超过平均速度的 10%。

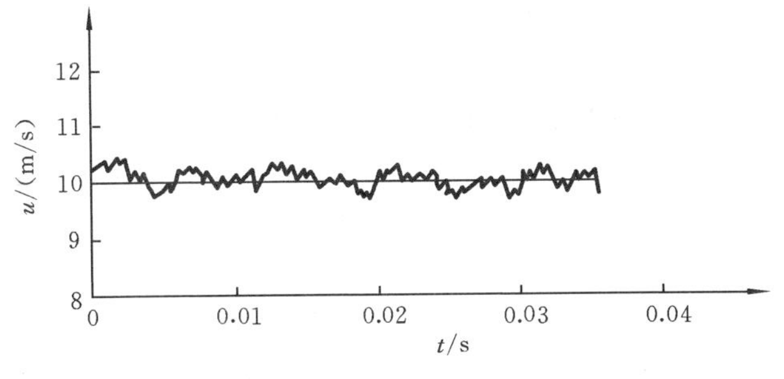

图 4-4　湍流速度-时间曲线

湍流中每一流体质点在沿着主流方向运动的同时还不断地在各个方向随机脉动，其流动参数值也相应地随机波动。一般认为，湍流中包含许多尺度不同的旋涡运动，质点的随机脉动正是由这些旋涡所引起的。质点的脉动使得湍流具有掺混性，由此引起的质量、动量和能量传输可以比分子运动所引起的传输量大几个数量级。近期的研究还发现，湍流中除了具有小尺度的随机运动外，还存在着一种大尺度的涡结构，也称为拟序结构。拟序结构具有一定的规律性和重复性，并不完全是随机的。也可以说，在湍流中随机运动和拟序运动同时存在。

湍流中流体质点的运动具有一定的随机性，相应流动参数的变化也不规律，这就使湍流的数学表达和数学求解非常困难。不过，湍流脉动不管是在时间尺度上还是在空间尺度上都非常小，而对于解决实际工程问题最有用的只是物理量，如压强、速度等的平均值，这就类似于储气罐中壁面压强值对工程问题有实际意义，而它是大量气体分子无规律热运动碰撞壁面所产生的平均效果。因此，对于实际应用来说，最需要研究的只是湍流流动参数的平均值。有不同的平均方法，如时间平均法、空间平均法和系综平均法（对同一系统的多次测量结果进行平均），最常用的是时间平均法，简称时均法。例如，质点速度 $u(x,y,z,t)$ 在时刻 t 的时均值定义为

$$\bar{u}(x,y,z,t)=\frac{1}{T}\int_{t-\frac{T}{2}}^{t+\frac{T}{2}}u(x,y,z,t)\mathrm{d}t \tag{4.15}$$

而此时的质点瞬时速度为

$$u(x,y,z,t)=\bar{u}(x,y,z,t)+u'(x,y,z,t) \tag{4.16}$$

其中，u'是湍流脉动速度。时间周期 T 应该远大于湍流的脉动周期，以使平均值相对稳定；周期 T 还应该远小于大尺度流动的特征时间，以使时均值能够描述流动的大尺度特征变化。例如，海湾的潮汐宏观上每 24 h 涨潮落潮一次，而海水中流体质点则是以 1 Hz 左右的频率随机脉动。如果取周期 T 为几分钟进行时均，则每一周期内包含有大量的随机脉动，并且时均值仍然能够充分反映出潮汐以 24 h 为周期的大时间尺度变化。

2. 湍流切应力及混合长理论

布辛涅斯克(J. Boussinesq)在 1877 年最早提出：把湍流质点的随机运动比拟为分子的随机运动；把质点的时均速度比拟为分子的宏观平均速度；把质点脉动所产生的动量输运比拟为分子运动所产生的动量输运。质点的湍流脉动会引起流层之间的动量交换，从而产生流层之间的湍流切应力。下面取一控制体来进行具体分析。

取底面积为 A 的控制体，如图 4-5 所示。设控制体下方流体质点的脉动速度为 u'和 v'，由于质点的脉动，单位时间内由下方带入控制体的流体质量为 $\rho Av'$，这部分流体在 x 方向的速度为$\bar{u}+u'$，因此带入的动量为 $\rho A(\bar{u}+u')v'$。根据动量定律，这部分动量变化在面积 A 上所对应的剪切力

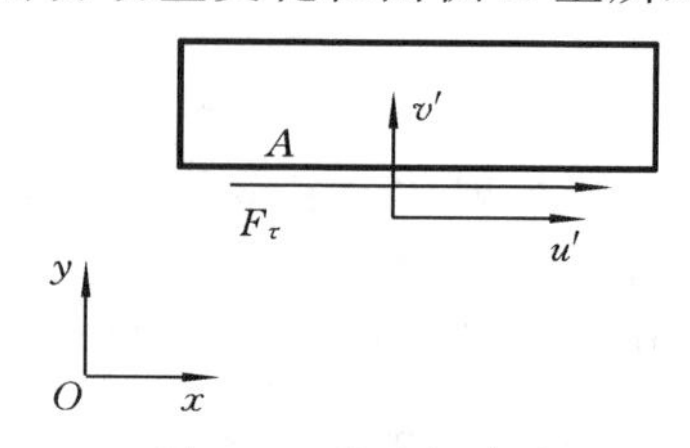

图 4-5　湍流切应力

$$F_\tau=-\rho A(\bar{u}+u')v'$$

除以面积 A 并取时均，再注意到$\overline{\bar{u}v'}=0$，就得到由湍流脉动所产生的切应力

$$\bar{\tau}=\frac{\bar{F}_\tau}{A}=-\rho\overline{u'v'}$$

一般省去时均速度上的符号“-”，默认 u 为时均速度。在湍流中，流体的切应力包括两部分，可以表示为

$$\tau=\mu\frac{\mathrm{d}u}{\mathrm{d}y}-\rho\overline{u'v'} \tag{4.17}$$

其中，方程等号右边第一项 $\mu\mathrm{d}u/\mathrm{d}y$ 是分子运动的动量传输所产生的切应力，又称为分子黏性应力；第二项$-\rho\overline{u'v'}$是湍流质点脉动的动量传输所产生的切应力，称为湍流应力、湍流附加应力或者雷诺应力。在层流中，没有流体质点的脉动，因此只出现分子黏性应力。

湍流应力$-\rho\overline{u'v'}$一般是待求的未知量。与层流相比，湍流中多出了附加的应力未知量，需要补充附加关系式才能够完全求解流场；又由于在求解湍流时都是把时均参数作为流场的基本参数，因此补充的关系式必须能够把湍流应力与时均参数联系起来。到目前为止，建立这样的关系式所依据的理论还不成熟，有关的研究工作还在沿着两个不同的方向进行，它们分别是采用统计数学方法研究的湍流统计理论及以

半经验假设为基础的湍流模式理论。湍流统计理论的研究进展迄今尚距解决工程实际问题相差甚远；湍流模式理论的研究虽已获得一些能够计算实际湍流问题的公式，但几乎每种公式都具有一定的局限性，各自只适用于某些类别的流动。有关湍流理论的内容很多，限于本书的性质，下面仅介绍一种最简单，也是应用最广泛的湍流模式理论，即混合长理论。

1925年，德国力学家普朗特在布辛涅斯克所提出的湍流动量传输模型的基础上建立了混合长理论。普朗特假设，不同方向的湍流脉动速度幅度$|\overline{u'}|$和$|\overline{v'}|$具有相同的量级，并且它们都与该处时均速度梯度的绝对值$|\mathrm{d}u/\mathrm{d}y|$成正比，因此可以分别表示为

$$|\overline{u'}|=l_1\left|\frac{\mathrm{d}u}{\mathrm{d}y}\right|,\quad |\overline{v'}|=l_2\left|\frac{\mathrm{d}u}{\mathrm{d}y}\right|$$

于是

$$|-\rho\overline{u'v'}|=\rho|\overline{u'v'}|=\rho c|\overline{u'}||\overline{v'}|=\rho c l_1 l_2\left|\frac{\mathrm{d}u}{\mathrm{d}y}\right|^2$$

记$l^2=cl_1l_2$，则湍流切应力的绝对值为

$$|-\rho\overline{u'v'}|=\rho l^2\left|\frac{\mathrm{d}u}{\mathrm{d}y}\right|^2$$

再注意到切应力的正负符号总是与$\mathrm{d}u/\mathrm{d}y$一致，因此湍流切应力又可以表示为

$$-\rho\overline{u'v'}=\rho l^2\left|\frac{\mathrm{d}u}{\mathrm{d}y}\right|\frac{\mathrm{d}u}{\mathrm{d}y}\tag{4.18}$$

其中，l是一个具有长度量纲的系数，称为混合长。式(4.18)又称为混合长公式，它把湍流切应力与当地的时均速度联系起来，但仍留下了一个待定的系数(即混合长l)。按照普朗特的最初解释，混合长是流体质点两次碰撞之间运动距离的统计平均值，类似于分子运动的平均自由程。

布辛涅斯克的比拟和普朗特的混合长理论都不是基于公认的物理定律，而是基于半经验的假设，它们在物理概念上都有经不起严格推敲的地方。除此之外，使用混合长公式也有不方便的地方。混合长l的取值与流动参数有关，通常就在同一流场的不同区域内也需要对l取不同的数值。要正确地选取l的值，还需要依赖实验测量资料。然而，混合长公式在形式上比其他的模式理论公式简单得多，并且在用于计算平板附近的湍流、管道中的湍流及自由湍流射流等压强梯度较小的平行流动时，通过适当选择参数l能够给出合理的速度分布。正因为如此，尽管混合长理论不完美，但它仍然在工程计算中得到了广泛的应用。

4.4　圆管定常湍流流动

1. 水力光滑管与水力粗糙管

在工程中，绝大多数的管道流动都是处于湍流状态。湍流的速度分布与层流有

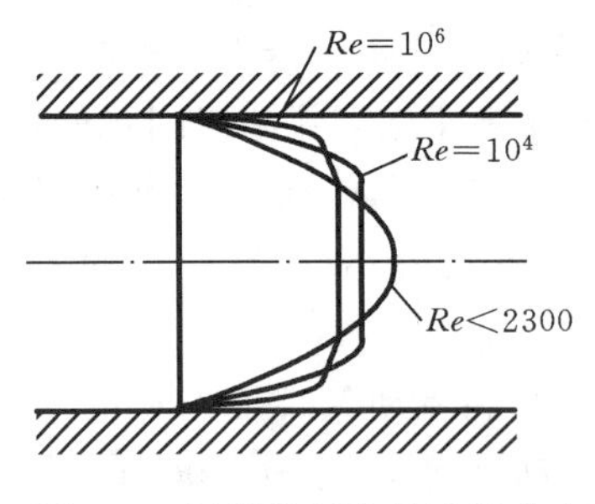

图 4-6　圆管截面上的速度分布

很大的区别。图 4-6 给出不同雷诺数下圆管截面上的速度分布。在层流状态下($Re<2300$)，管截面上的速度剖面是一个旋转抛物面，随着雷诺数 Re 增大，层流转变为湍流，壁面附近的速度梯度逐渐增大，而在轴心周围的中心区域内，速度变化却趋于平缓。雷诺数越大，壁面附近的速度梯度就越大，速度平缓区域也越大，如图 4-6 所示。

根据湍流速度分布的特点，可以把它划分成三个区域。在壁面附近非常薄的区域内，流体速度比较小，而且流体质点的脉动受到壁面的限制，因此湍流脉动不活跃。此薄层称为黏性底层或层流底层，其厚度记为 δ。在远离壁面的一个相当大的区域内，流体质点的湍流脉动非常剧烈，沿截面的速度分布比较均匀，此区域为湍流核心区。在黏性底层和湍流核心区之间还存在一个过渡区(或缓冲区)。黏性底层的厚度与管流的雷诺数 Re 有关，雷诺数越大，黏性底层就越薄。有数种估算黏性底层厚度的经验公式或者半经验公式，其中使用较方便也使用较多的是

$$\delta=\frac{34.2d}{Re^{0.875}} \tag{4.19}$$

其中，d 是管道直径。黏性底层的厚度很小，在很多情况下只有几分之一毫米到几毫米。

实际管壁都在不同的程度上凹凸不平。管壁粗糙物凸出的平均高度 Δ 称为壁面的粗糙度，粗糙度与管道直径之比 Δ/d 又称为相对粗糙度。当黏性底层的厚度大于管壁粗糙度，即 $\delta>\Delta$ 时，黏性底层完全淹没了管壁粗糙物，如图 4-7(a)所示，因此粗糙物不会影响湍流核心区的湍流流动，湍流就像在一个光滑的管道中流动一样。工程中把此种管道称为水力光滑管，或者说管道中的流动处于水力光滑区。当 $\delta<\Delta$ 时，管壁粗糙物露出黏性底层，如图 4-7(b)所示，因此会影响湍流核心区内的湍流运动。这样的管道又称为水力粗糙管，或者说流动处于水力粗糙区。由于黏性底层的厚度与雷诺数有关，对于同一条管道，在小雷诺数下它可能是水力光滑管，当雷诺数增大到一定的程度后，它又可能会成为水力粗糙管。

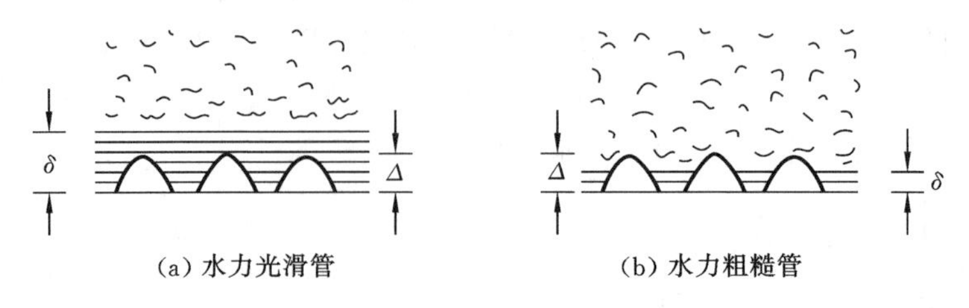

图 4-7　水力光滑管与水力粗糙管

2. 尼古拉兹实验曲线

尽管近 150 年来人们对管道流动做了大量的理论研究和实验研究，但由于对湍流的认识还不足够，目前只能对层流流动求出沿程损失系数的理论解，对湍流流动只能求出部分经验或者半经验公式，要更全面、更深入地了解各种雷诺数范围内管流沿程损失的变化规律还必须借助于实验资料。下面介绍尼古拉兹(J. Nikuradse)在 1933—1934 年间进行的人工粗糙管沿程损失实验。

尼古拉兹在分析了前人的管道实验数据后发现，管壁粗糙度对于沿程损失的影响很大。为了研究它们之间的定量关系，他决定用人工的方法实现对管壁粗糙度的控制。尼古拉兹用黄沙经筛选后根据不同的粒径(即 Δ)分类，然后均匀地粘贴在三种直径的管道内壁上，从而形成了 Δ/d 为 1/30、1/61.2、1/120、1/252、1/504 和 1/1014共计六种相对粗糙度的人工粗糙管。图 4-8 所示是他的实验测量 λ-Re 曲线，实验雷诺数的范围为 $600\sim10^6$。实验曲线可以被划分为图中所示的 Ⅰ 至 Ⅴ 五个区域。

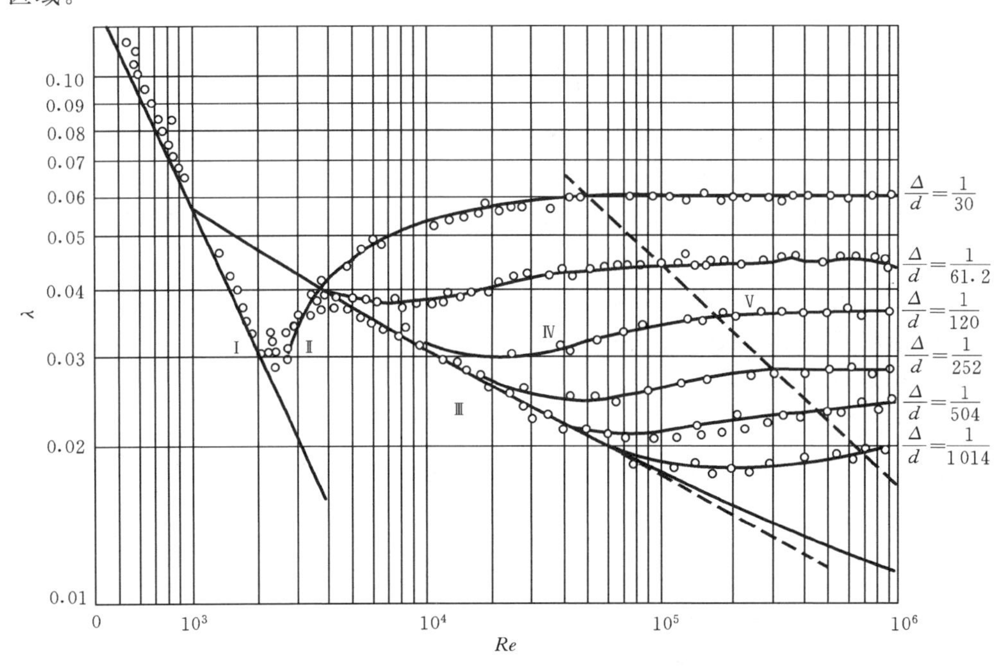

图 4-8　尼古拉兹试验曲线

当 $Re<2300$ 时，对应于六种不同相对粗糙度的实验点都落在区域 Ⅰ 中的直线上。这条直线对应于层流沿程损失系数的理论计算公式 $\lambda=64/Re$，它与区域 Ⅱ 的交界点对应于临界雷诺数 2300。实验点落在这个范围时，流动处于层流状态，沿程损失系数 λ 与相对粗糙度 Δ/d 无关，沿程损失水头 h_f 与速度 V 成正比。

当 $2300<Re<4000(3.37<\lg Re<3.60)$ 时，流动处于由层流向湍流的过渡状

态，此时 λ 的值仍然仅与 Re 有关，与 Δ/d 无关，因此六种相对粗糙度的实验点都落在区域Ⅱ中的同一曲线上。

当 $Re>4000$ 时，流动已处于湍流状态，此时对应于不同相对粗糙度的六条曲线都与区域Ⅲ中的直线有一段重合。当实验点落在这条直线上时，流动处于水力光滑区，λ 的值与 Δ/d 无关，因为黏性底层完全淹没了管壁的粗糙物。对于不同的管壁相对粗糙度，流动在水力光滑区的雷诺数范围不一样。例如，若 $\Delta/d=1/120$，当雷诺数在 $4000<Re<10^4$ 的范围时流动都处于水力光滑区；若 $\Delta/d=1/30$，流动则基本上不存在水力光滑区。实验数据表明，当流动处于水力光滑区，沿程损失水头 h_f 与速度 V 的 1.75 次方成正比。

当 Re 继续加大时，六条曲线先后进入区域Ⅳ。此时流动正处于由水力光滑区向水力粗糙区过渡的阶段，黏性底层的厚度与管壁粗糙度的量级相当，因此不仅 Re 对 λ 有影响，Δ/d 对 λ 也有一定的影响，不同相对粗糙度所对应的六条曲线都不重合。

当曲线进入区域Ⅴ时，流动已完全进入水力粗糙区。此时管壁粗糙度物完全暴露在湍流核心区中，Δ/d 是影响 λ 的唯一因素，λ 基本上与 Re 无关（也与速度 V 无关），于是由达西公式可知，沿程损失水头 h_f 与速度 V 的二次方成正比。也正因为如此，区域Ⅴ又称为二次方阻力区。

根据尼古拉兹的实验结果我们知道：随着雷诺数由小到大变化，管道流动经历层流状态、层流到湍流的过渡，以及湍流状态；湍流又可以划分为水力光滑区、水力光滑到水力粗糙的过渡区，以及水力粗糙区。下面介绍具体确定沿程损失系数的方法。

3. 沿程损失系数的计算方法

1）层流状态（$Re<2300$）

对应尼古拉兹曲线的区域Ⅰ。

在 4.2 节中已经运用理论推导求出了层流状态时沿程损失系数的计算公式

$$\lambda=\frac{64}{Re}$$

它与尼古拉兹的实验结果吻合得非常好。

2）层流到湍流的过渡状态（$2300<Re<4000$）

对应尼古拉兹曲线的区域Ⅱ。

此时流动比较复杂，无法进行理论推导，实验数据也比较分散，总结不出明显的规律，因此目前还没有实用的计算公式。

3）湍流水力光滑管 $\left(4000<Re<80\dfrac{d}{\Delta}\right)$

对应尼古拉兹曲线的区域Ⅲ。

取由壁面指向管中心线的坐标轴 y，可以大致按以下标准把水力光滑管中的流动划分为三个区域，即：黏性底层，$\frac{u_* y}{\nu}\leqslant 5$；过渡区，$5<\frac{u_* y}{\nu}<30$；湍流核心区，$\frac{u_* y}{\nu}\geqslant 30$。其中：$\nu$ 是流体运动黏度；$u_* = \sqrt{\tau_w/\rho}$是一个具有速度量纲的特征参数，称为摩擦速度；τ_w 是壁面切应力。

下面首先对水力光滑管的黏性底层和湍流核心区的速度求解。

在黏性底层内，流体质点的脉动受到壁面的限制，湍流脉动不活跃，湍流应力远小于分子黏性应力，因此湍流应力可以忽略。理论分析和实验测量都表明，在整个黏性底层内切应力的变化都不大，可以认为它就等于壁面切应力 τ_w。于是

$$\mu \frac{du}{dy}=\tau_w$$

积分上式，并代入壁面边界条件 $y=0,u=0$ 就得到速度

$$u=\frac{\tau_w}{\mu}y$$

可见，在黏性底层中速度随着离壁面的距离增大呈线性增长。

通常运用摩擦速度把以上速度表达式表示成无量纲的形式，即

$$\frac{u}{u_*}=\frac{u_* y}{\nu} \tag{4.20}$$

在湍流核心区，流体质点的湍流脉动非常剧烈，截面上的速度分布比较均匀，速度梯度较小，湍流应力远大于分子黏性应力，于是后者可以略去不计。理论和实验都表明，由于存在着强烈的湍流脉动混合，这个区域内的切应力也与壁面切应力相差不大，可以认为两者近似相等。因此，在湍流核心区内

$$-\rho \overline{u'v'}=\tau_w$$

运用混合长公式(4.18)，并注意到此处 $du/dy>0$，因而 $du/dy=|du/dy|$，上式可改写为

$$\rho l^2\left(\frac{du}{dy}\right)^2=\tau_w$$

用摩擦速度 u_* 代替式中的壁面切应力 τ_w，再把它写成

$$\frac{du}{dy}=\frac{u_*}{l}$$

距壁面越远湍流脉动越活跃，混合长 l 也应该越大。通常假设，在壁面附近混合长 l 与到壁面的距离 y 成正比，即

$$l=ky$$

其中，k 是待定常数。于是在这个区域中有

$$\frac{du}{dy}=\frac{u_*}{ky}$$

积分后得到

$$u=\frac{u_*}{k}\ln y+C$$

或者写成无量纲形式

$$\frac{u}{u_*}=\frac{1}{k}\ln\frac{u_* y}{\nu}+B$$

其中，k 称为卡门常数。根据实验测量资料，可以取 $k=0.4$ 和 $B=5.5$（对于光滑壁面），于是湍流核心区内的速度分布表达式最后成为

$$\frac{u}{u_*}=2.5\ln\frac{u_* y}{\nu}+5.5 \tag{4.21}$$

式(4.21)说明湍流核心区内的速度分布具有对数函数的形式，因此这个区域也称为对数律区。式(4.21)所给出的圆管湍流速度分布比圆管层流流动中的旋转抛物面速度分布均匀得多。因为湍流脉动会使流体质点之间发生剧烈的动量交换，从而使速度分布趋于均匀。

图 4-9 根据式(4.20)和式(4.21)在对数坐标系中画出了管截面上的速度分布曲线，同时也标出了尼古拉兹在雷诺数 Re 在 $4000\sim3\times10^6$ 间的速度测量值。由于无法求出过渡区的计算公式，因此在过渡区内采用了黏性底层和湍流核心区的计算公式。从图 4-9 中可以看出，除了在过渡区内($5<u_* y/\nu<30$)黏性底层的线性公式计算值与实验测量值有一定差别外，在其他区域内的计算结果都与实验结果吻合较好。

下面求水力光滑管的沿程损失系数。

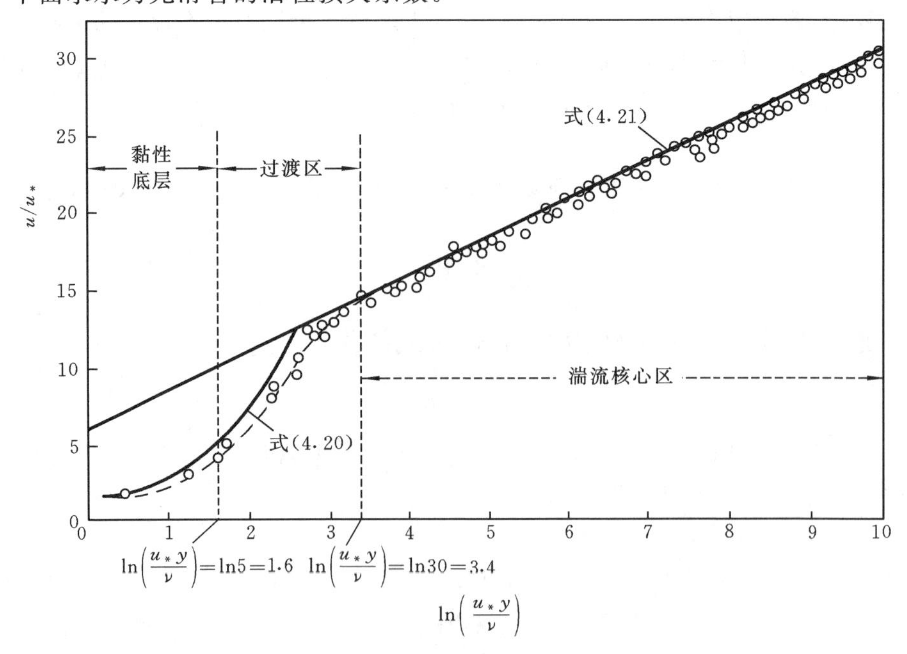

图 4-9　水力光滑管中湍流流动的速度分布

式(4.8)

$$\tau_w=\frac{\Delta p}{l}\frac{R}{2}$$

是由流体质量系统的力平衡条件导出的，其中并未用到只适用于层流状态的牛顿内摩擦定律，因此它也适用于湍流。由式(4.13)

$$\lambda=\frac{\Delta p}{\frac{1}{2}\rho V^2}\frac{d}{l}$$

消去式(4.8)中的 Δp 后得到

$$\tau_w=\frac{\lambda}{8}\rho V^2$$

运用摩擦速度 u_* 还可以把上式表示成下列无量纲形式：

$$\left(\frac{V}{u_*}\right)^2=\frac{8}{\lambda} \tag{4.22}$$

其中，V 是管截面上的平均速度，它可以表示为积分式

$$V=\frac{Q}{\pi R^2}=\frac{1}{\pi R^2}\int_0^R u2\pi r\mathrm{d}r$$

因为黏性底层和过渡区都很薄，在计算流量的积分中可以不考虑它们的贡献。把对数律区域的速度分布式(4.21)代入，积分后有

$$\frac{V}{u_*}=2.5\ln\frac{u_*R}{\nu}+1.75=2.5\ln\left(Re\frac{u_*}{2V}\right)+1.75$$

再由式(4.22)用 λ 取代 V/u_*，并且将对数换底，最后整理得到

$$\frac{1}{\sqrt{\lambda}}=2.035\lg(Re\sqrt{\lambda})-0.9129$$

因为在推导过程中没有考虑黏性底层的影响，因此该式的计算值与实验测量值仍有一定的差别。有人根据尼古拉兹等人的实验数据对式中的系数进行了调整，修正后的公式为

$$\frac{1}{\sqrt{\lambda}}=2.0\lg(Re\sqrt{\lambda})-0.8 \tag{4.23}$$

或者

$$\frac{1}{\sqrt{\lambda}}=-2.0\lg\left(\frac{2.51}{Re\sqrt{\lambda}}\right)$$

该式称为普朗特-施里希廷(Prandtl-Schlichting)公式。

普朗特-施里希廷公式的计算结果与实验测量结果吻合得较好，但它是 λ 的隐式公式，要用迭代方法解代数方程才能由 Re 计算 λ，使用起来很不方便。布拉修斯(H. Blasius)在1911年用解析方法证明了水力光滑管的沿程损失系数仅是雷诺数的函数，并且以 $Re=4000\sim10^5$ 范围内的实验测量数据为基础，运用量纲分析方法导出

了下面的计算公式

$$\lambda=\frac{0.3164}{Re^{1/4}} \tag{4.24}$$

它又称为布拉修斯公式。布拉修斯公式的计算结果与普朗特-施里希廷公式的计算结果相近，但前者是 λ 的显式公式，使用更方便。布拉修斯公式的缺点是适用的雷诺数范围较小，仅为 $Re=4000\sim10^5$。相比较，普朗特-施里希廷公式在 $Re=3000\sim4\times10^6$ 都适用。

4）水力光滑到水力粗糙的过渡 $\left(80\dfrac{d}{\Delta}<Re<4160\left(\dfrac{d}{2\Delta}\right)^{0.85}\right)$

对应尼古拉兹曲线的区域Ⅳ。

科尔布鲁克(C. Colebrook)将水力光滑管的计算公式与水力粗糙管的计算公式相结合，得到

$$\frac{1}{\sqrt{\lambda}}=-2\lg\left(\frac{2.51}{Re\sqrt{\lambda}}+\frac{\Delta}{3.7d}\right) \tag{4.25}$$

它称为科尔布鲁克公式。当 $\Delta/d=0$ 时，该式与水力光滑管的计算公式一致；当 $Re\to\infty$ 时，该式与水力粗糙管的计算公式一致。

5）湍流水力粗糙管 $\left(Re>4160\left(\dfrac{d}{2\Delta}\right)^{0.85}\right)$

对应尼古拉兹曲线的区域Ⅴ。

冯·卡门根据湍流脉动的相似性假设并结合尼古拉兹的实验数据，得到湍流水力粗糙管沿程损失系数的计算公式

$$\lambda=\frac{1}{\left[1.74+2\lg\left(\dfrac{d}{2\Delta}\right)\right]^2} \tag{4.26}$$

或者

$$\frac{1}{\sqrt{\lambda}}=-2\lg\left(\frac{\Delta}{3.7d}\right)$$

该公式称为尼古拉兹公式或者冯·卡门公式。式(4.26)也表明，当流动处于水力粗糙区时，λ 与 Re 无关，只与 Δ/d 有关，与尼古拉兹曲线所表现出来的特征相一致。

把水力光滑管的普朗特-施里希廷公式(式(4.23))与水力粗糙管的尼古拉兹公式(式(4.26))相合并就得到由水力光滑到水力粗糙的过渡的科尔布鲁克公式(式(4.25))。在工程计算中也可以不区分是水力光滑管还是水力粗糙管，直接运用科尔布鲁克公式，因为对于水力光滑管 Re 和 $\dfrac{\Delta}{d}$ 都比较小，方程中的 $\dfrac{2.51}{Re\sqrt{\lambda}}$ 远大于 $\dfrac{\Delta}{3.7d}$，方程与光滑管的普朗特-施里希廷公式接近，对于水力粗糙管 Re 和 $\dfrac{\Delta}{d}$ 都比较

大，$\dfrac{2.51}{Re\sqrt{\lambda}}$远小于$\dfrac{\Delta}{3.7d}$，方程与粗糙管的尼古拉兹公式接近。

例 4-4　水管流量 $Q=0.2\ \mathrm{m^3/s}$，管直径 $d=0.2\ \mathrm{m}$，流体密度 $\rho=1000\ \mathrm{kg/m^3}$，运动黏度 $\nu=1.306\times10^{-6}\ \mathrm{m^2/s}$，测得轴线处速度 $u_{\max}=1.2\ \mathrm{m/s}$。假设流动处于水力光滑区，试求管壁切应力 τ_{w}。

解　在轴线处 $y=R$，$u=u_{\max}$，由水力光滑管速度计算公式(4.21)知

$$\frac{u_{\max}}{u_*}=2.5\ln\frac{u_* R}{\nu}+5.5$$

代入 $R=d/2=0.1\ \mathrm{m}$、$\nu=1.306\times10^{-6}\ \mathrm{m^2/s}$ 和 $u_{\max}=1.2\ \mathrm{m/s}$，并设 $x=u_{\max}/u_*$，则上式可整理为

$$x+2.5\ln x-34.07=0$$

设 $f(x)=x+2.5\ln x-34.07$，现在需要求代数方程 $f(x)=0$ 的根。运用牛顿迭代法，其迭代公式为

$$x=x_0-\frac{f(x_0)}{f'(x_0)}$$

设初值 $x_0=20$，三次迭代后得 $x=25.93$。于是有

$$u_*=\frac{u_{\max}}{x}=\frac{1.2}{25.93}\ \mathrm{m/s}=0.04628\ \mathrm{m/s}$$

管壁切应力

$$\tau_{\mathrm{w}}=\rho u_*^2=1000\times0.04628^2\ \mathrm{Pa}=2.14\ \mathrm{Pa}$$

例 4-5　用直径 $d=200\ \mathrm{mm}$，长 $l=3000\ \mathrm{m}$，管壁粗糙度 $\Delta=0.2\ \mathrm{mm}$ 的管道输送密度 $\rho=900\ \mathrm{kg/m^3}$ 的石油，冬季油的运动黏度 $\nu=1.092\times10^{-4}\ \mathrm{m^2/s}$，夏季油的运动黏度 $\nu=0.355\times10^{-4}\ \mathrm{m^2/s}$。如果要求管道流量 $Q=27.8\times10^{-3}\ \mathrm{m^3/s}$，试求其沿程损失水头 h_{f}。

解　首先要计算雷诺数，以判断管流的状态。平均速度

$$V=\frac{4Q}{\pi d^2}=\frac{4\times27.8\times10^{-3}}{0.2^2\pi}\ \mathrm{m/s}=0.885\ \mathrm{m/s}$$

在冬季时，雷诺数

$$Re=\frac{Vd}{\nu}=\frac{0.885\times0.2}{1.092\times10^{-4}}=1621$$

管流为层流状态。应用层流的沿程损失系数计算公式(4.14)，得沿程损失水头

$$h_{\mathrm{f}}=\lambda\frac{l}{d}\frac{V^2}{2g}=\frac{64}{Re}\frac{l}{d}\frac{V^2}{2g}=\frac{64}{1621}\times\frac{3000}{0.2}\times\frac{0.885^2}{2\times9.8}\ \mathrm{m}=23.67\ \mathrm{m}\quad（油柱）$$

在夏季时，雷诺数

$$Re=\frac{Vd}{\nu}=\frac{0.885\times0.2}{0.355\times10^{-4}}=4986$$

管流为湍流状态。运用式(4.19)，得黏性底层的厚度

$$\delta=\frac{34.2d}{Re^{0.875}}=\frac{34.2\times200}{4986^{0.875}}\ \text{mm}=4\ \text{mm}$$

$\delta>\Delta=0.2$ mm，是水力光滑管，并且雷诺数处于 $4000<Re<10^5$ 的范围。运用布拉修斯公式（式（4.24））计算沿程损失系数，即

$$\lambda=\frac{0.3164}{Re^{0.25}}=\frac{0.3164}{4986^{0.25}}=0.0378$$

最后得到沿程损失水头

$$h_f=\lambda\frac{l}{d}\frac{V^2}{2g}=0.0378\times\frac{3000}{0.2}\times\frac{0.885^2}{2\times9.8}\ \text{m}=22.66\ \text{m}\quad（油柱）$$

4. 工业管道的等效粗糙度及莫迪图

前面的经验或者半经验公式都是以人工粗糙管的实验数据为基础得到的。实际工业管道的壁面粗糙物不规则，与人工粗糙管有一定的区别。为了确定其粗糙度，人们测量了各种工业管道的沿程损失，并将测量结果与人工粗糙管的沿程损失相对比，把具有同一沿程损失系数的人工粗糙管的壁面粗糙度作为工业管道的粗糙度，并称为等效粗糙度。一般如果没有特别说明，对工业管道所说的粗糙度均指的是等效粗糙度。表 4-1 列出了部分工业管道的等效粗糙度 Δ 值，相关的工程手册能提供更多、更详细的 Δ 值。

表 4-1 工业管道的等效粗糙度

管道材料	Δ/mm
玻璃管	0.001
新无缝钢管	0.014
旧无缝钢管	0.20
新焊接钢管	0.06
旧焊接钢管	1.0
新镀锌钢管	0.15
旧镀锌钢管	0.5
新铸铁管	0.3
旧铸铁管	1.0～1.2
水泥管	0.5

由于工业管道的壁面粗糙物不规则，其沿程损失系数的变化规律与人工粗糙管道的不完全相同。例如，当流动由水力光滑区向水力粗糙区过渡时，工业管道沿程损失系数的变化比较平缓，而人工粗糙管沿程损失系数的变化则相对比较突然。因为工业管道的壁面粗糙物高低不齐，粗糙物随着黏性底层变薄逐次露出，因此过渡是一个平缓的过程；而人工粗糙管的壁面粗糙物一样高，一起露出黏性底层，因此没有平缓的过渡过程。美国工程师莫迪（L. Moody）把大量工业管道实验数据作了整理，并在 1944 年绘制了图 4-10 所示的 λ-Re 曲线图，即莫迪图。莫迪图的总体精度在 10%左右，而且使用方便，因此在工业管道的计算中得到了广泛的应用。莫迪图不仅适用于圆截面管道，也能用于非圆截面管道和明渠流动。

对照莫迪图和尼古拉兹图，莫迪图没有层流到湍流的过渡阶段的实验点，λ 值也没有出现与尼古拉兹曲线在区域Ⅳ中同样的上升趋势。

管道的沿程损失计算大体可分为三种：

（1）已知流量 Q、管直径 d 和壁面粗糙度 Δ，求沿程损失水头 h_f；

（2）已知沿程损失水头 h_f、管直径 d 和壁面粗糙度 Δ，求流量 Q；

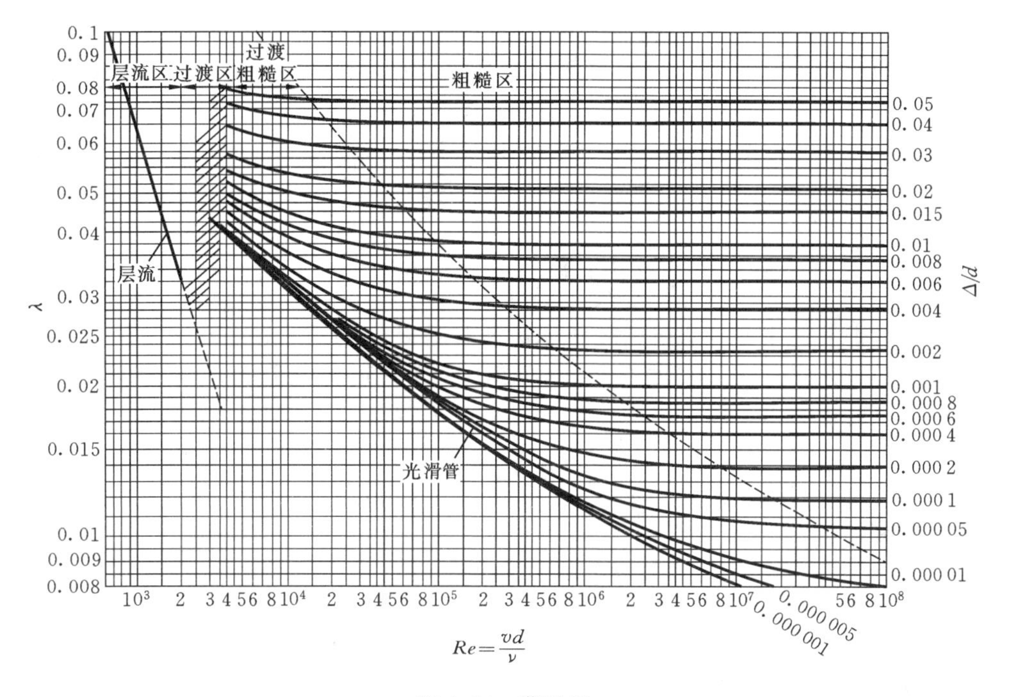

图 4-10 莫迪图

(3) 已知流量 Q、沿程损失水头 h_f 和壁面粗糙度 Δ,求管直径 d。

对于第一种问题,可以先计算雷诺数和相对粗糙度,然后运用相应公式或者运用莫迪图确定沿程损失系数 λ,最后计算沿程损失水头 h_f。

对于后两种问题,无法先计算雷诺数,此时一般需要经由迭代过程求解。

例 4-6 用直径 $d=0.25$ m,长 $l=100$ m 的新铸铁管输送水,流量 $Q=0.05$ m^3/s,水运动黏度 $\nu=1.007\times10^{-6}$ m^2/s。试求沿程损失水头 h_f。

解 平均速度

$$V=\frac{4Q}{\pi d^2}=\frac{4\times0.05}{0.25^2\pi}\ \text{m/s}=1.019\ \text{m/s}$$

雷诺数

$$Re=\frac{Vd}{\nu}=\frac{1.019\times0.25}{1.007\times10^{-6}}=2.53\times10^5$$

查表 4-1 得 $\Delta=0.3$ mm,因此

$$\frac{\Delta}{d}=\frac{0.0003}{0.25}=1.2\times10^{-3}$$

查莫迪图得到 $\lambda=0.021$,于是沿程损失水头

$$h_f=\lambda\frac{l}{d}\frac{V^2}{2g}=0.021\times\frac{100}{0.25}\times\frac{1.019^2}{2\times9.8}\ \text{mH}_2\text{O}=0.445\ \text{mH}_2\text{O}$$

例 4-7　用直径 $d=10$ cm，长 $l=400$ m 的旧无缝钢管输送相对密度为 0.9，运动黏度 $\nu=10^{-5}$ m^2/s 的油。测得管流全程压降 $\Delta p=800$ kPa，试求管道流量 Q。

解　沿程损失水头

$$h_f=\frac{\Delta p}{\rho g}=\frac{800\times10^3}{0.9\times1000\times9.8}\text{ m}=90.70\text{ m}$$

查表 4-1 得 $\Delta=0.2$ mm，因此

$$\frac{\Delta}{d}=\frac{0.0002}{0.1}=0.002$$

现在雷诺数还未知。当流动处于水力粗糙区时，λ 与 Re 无关。先假设流动处于水力粗糙区，由 $\Delta/d=0.002$ 查莫迪图，得到 $\lambda=0.025$。

由达西公式解出

$$V=\sqrt{2g\frac{h_f}{\lambda}\frac{d}{l}}=\sqrt{2\times9.8\times\frac{90.61}{0.025}\times\frac{0.1}{400}}\text{ m/s}=4.21\text{ m/s}$$

由此计算雷诺数

$$Re=\frac{Vd}{\nu}=\frac{4.21\times0.1}{10^{-5}}=4.21\times10^4$$

再由 $Re=4.22\times10^4$ 和 $\Delta/d=0.002$ 查莫迪图，得到 $\lambda=0.027$。重新计算速度和雷诺数，又得到

$$V=4.06\text{ m/s},\quad Re=4.06\times10^4$$

再查莫迪图得到 $\lambda=0.027$。可见，$V=4.06$ m/s 已足够精确。

最后计算管道流量，得

$$Q=V\frac{\pi d^2}{4}=4.06\times\frac{0.1^2\pi}{4}\text{ m}^3/\text{s}=0.0319\text{ m}^3/\text{s}$$

例 4-8　选用壁面粗糙度 $\Delta=1$ mm 的铸铁管输水，管长 $l=5000$ m，水运动黏度 $\nu=10^{-6}$ m^2/s。如果要求输送流量达到 $Q=0.015$ m^3/s 时沿程损失水头不超过 $h_f=25$ mH$_2$O，试求管道最小直径 d。

解　把所给数据代入达西公式 $h_f=\lambda\dfrac{l}{d}\dfrac{V^2}{2g}=\lambda\dfrac{l}{d}\dfrac{1}{2g}\left(\dfrac{4Q}{\pi d^2}\right)^2$，得

$$25=\lambda\frac{5000}{d}\times\frac{1}{2\times9.8}\times\left(\frac{4\times0.015}{\pi d^2}\right)^2$$

整理后可得

$$\lambda=269d^5$$

雷诺数

$$Re=\frac{Vd}{\nu}=\frac{4Q}{\pi d\nu}=\frac{4\times0.015}{\pi d}\times10^6=\frac{19099}{d}$$

把以上两式中的 λ 和 Re 代入科尔布鲁克公式(式(4.25))

$$\frac{1}{\sqrt{\lambda}}=-2\lg\left(\frac{2.51}{Re\sqrt{\lambda}}+\frac{\Delta}{3.7d}\right)$$

再代入 Δ 的数值后得到

$$\frac{1}{d^{2.5}}=-32.79\lg\left(\frac{8.015\times10^{-6}}{d^{1.5}}+\frac{2.703\times10^{-4}}{d}\right)$$

令 $x=1/d$，则上式改写为

$$f(x)=x^{2.5}+32.79\lg(8.015\times10^{-6}x^{1.5}+2.703\times10^{-4}x)=0$$

方程 $f(x)=0$ 可以用牛顿迭代法求解。以 $d_0=0.15$ m，$x_0=1/d_0=6.7\ \text{m}^{-1}$ 作为初值，经迭代计算后得到方程的根 $x=6.0584002\ \text{m}^{-1}$。因此

$$d=1/6.0584002\ \text{m}=0.1651\ \text{m}$$

在相同条件下，管道直径越小沿程损失越大。$d=0.1651$ m 就是满足要求的管道最小直径。

不难验证，本题的管道流动处于水力粗糙区。如果用粗糙管的尼古拉兹公式进行迭代计算，结果是 $d=0.1644$ m，两者差别不大。

4.5　局部水头损失

管道截面的突然扩大或者缩小、分叉管及弯管都会改变管道流动的速度方向和压强分布，从而在管道壁面产生流动分离，在主流和边壁之间形成旋涡区，如图 4-11 所示。流体通过弯道时，离心力把流体质点从凸边挤向凹边，在近壁处又从凹边回流至凸边，形成环状的二次流。二次流也是一种旋涡运动。旋涡运动引起流体运动机械能的耗损。这种在局部区域内被耗散的运动机械能就是局部损失。

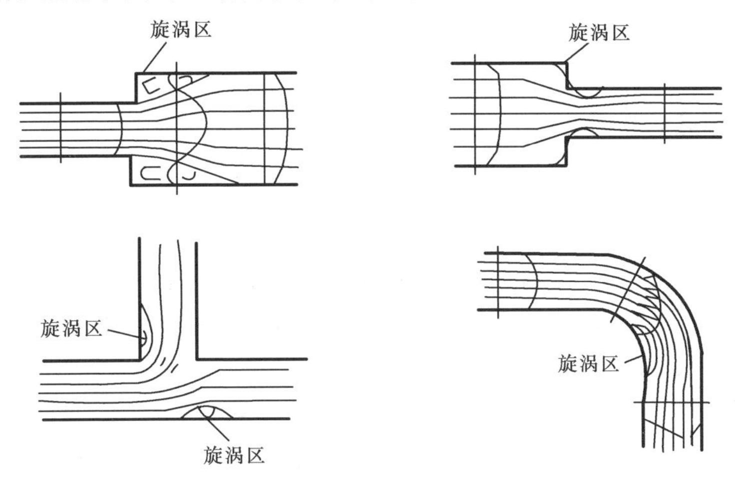

图 4-11　管道流动中的旋涡区

通常把局部损失水头用速度水头表示成式(4.4)的形式

$$h_j=\zeta\frac{V^2}{2g}$$

于是，计算局部损失水头就必须先确定损失系数 ζ。由于流动分离和二次流现象，以

及由此所产生的旋涡运动都十分复杂，因此除个别情况（如计算管道截面突然扩大的局部损失），一般很难用理论分析的方法求解局部损失系数。对于绝大多数形式的局部损失，需要用实验手段测定损失系数。

1. 截面突然扩大的局部损失系数

图 4-12 的圆截面管道发生截面突然扩大，其截面积由 A_1 变为 A_2，直径由 d_1 变为 d_2。在截面突然扩大处，流线发生弯曲，并在拐角处形成旋涡区。由于旋涡的激烈运动，旋涡区内的压强分布比较均匀。在距截面突然扩大处 $5d_2 \sim 8d_2$ 的下游，旋涡消失，流线接近平直，可以认为是缓变流。取相距 l 的两缓变流截面 1—1 和截面 2—2之间的管道体积为控制体，由伯努利方程、连续性方程和动量方程计算局部损失。

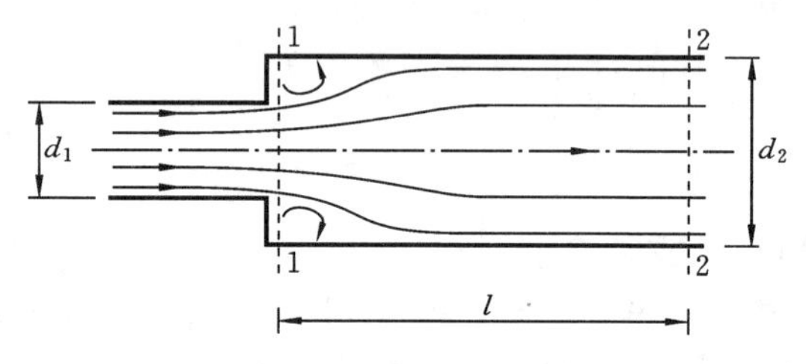

图 4-12　截面突然扩大的管道

对截面 1—1 和截面 2—2 运用伯努利方程，设动量修正系数 $\alpha=1$。由于两截面相距很近，它们之间的沿程损失很小，可以略去，因此

$$z_1+\frac{p_1}{\rho g}+\frac{V_1^2}{2g}=z_2+\frac{p_2}{\rho g}+\frac{V_2^2}{2g}+h_j$$

由于 $z_1=z_2$，因此局部损失水头

$$h_j=\frac{p_1-p_2}{\rho g}+\frac{V_1^2-V_2^2}{2g}$$

对控制体运用动量方程

$$p_1A_1-p_2A_2+p(A_2-A_1)=\rho Q(V_2-V_1)$$

其中，$p(A_2-A_1)$是作用在流束凸肩旋涡区上的总压力，实验证明，$p=p_1$。由于

$$Q=V_2A_2$$

因此动量方程改写为

$$\frac{p_1-p_2}{\rho g}=\frac{V_2(V_2-V_1)}{g}$$

把它代入 h_j 的表达式并整理后得到

$$h_j=\frac{(V_1-V_2)^2}{2g}$$

再由连续性方程 $V_1A_1=V_2A_2$ 消去上式中的速度 V_2，于是就把局部损失水头表示为上游速度水头的倍数，即

$$h_j=\left(1-\frac{A_1}{A_2}\right)^2\frac{V_1^2}{2g}=\zeta_1\frac{V_1^2}{2g}$$

这样得到局部损失系数

$$\zeta_1=\left(1-\frac{A_1}{A_2}\right)^2 \tag{4.27}$$

如果用 $V_1A_1=V_2A_2$ 消去速度 V_1，也可以把局部损失水头表示为下游速度水头的倍数，即

$$h_j=\left(\frac{A_2}{A_1}-1\right)^2\frac{V_2^2}{2g}=\zeta_2\frac{V_2^2}{2g}$$

于是又得到另外一个局部损失系数

$$\zeta_2=\left(\frac{A_2}{A_1}-1\right)^2 \tag{4.28}$$

一般都是用下游的速度水头来计算局部损失水头 h_j。但是，当考虑进入一个水池或者大容器的管道流动时，下游截面可以近似地取为无穷大，此时下游的速度水头为零。在这种情况下，就只能用上游的速度水头表示局部损失水头，而且此时$\zeta_1=1$。

2. 常用的局部损失系数

确定局部损失系数最常用的方法是，用实验手段测定上、下游的水头差，然后由此计算局部损失系数。

例 4-9　用图 4-13 所示的测压管测量细管与粗管接头的局部损失系数。已知细、粗管直径 $d_1=0.2\ \text{m}$，$d_2=0.3\ \text{m}$，管段长度 $l_1=1.2\ \text{m}$，$l_2=3\ \text{m}$。如果已测出水流量 $Q=0.06\ \text{m}^3/\text{s}$ 和三根测压管的液面高度 $h_1=85\ \text{mm}$、$h_2=162\ \text{mm}$、$h_3=152\ \text{mm}$，试计算接头的局部损失系数 ζ。

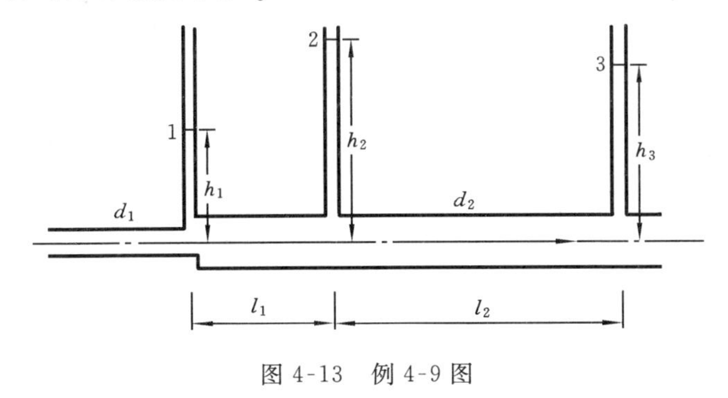

图 4-13　例 4-9 图

解　两段管的平均速度

$$V_1=\frac{4Q}{\pi d_1^2}=\frac{4\times0.06}{0.2^2\pi}\ \text{m/s}=1.910\ \text{m/s}$$

$$V_2=\frac{4Q}{\pi d_2^2}=\frac{4\times0.06}{0.3^2\pi}\ \text{m/s}=0.849\ \text{m/s}$$

先求粗管的沿程损失系数。对于测压管 2 和管 3 之间的管段列伯努利方程，有

$$\frac{p_2}{\rho g}+\frac{V_2^2}{2g}=\frac{p_3}{\rho g}+\frac{V_2^2}{2g}+\lambda\frac{l_2}{d_2}\frac{V_2^2}{2g}$$

压差与测压管液面高度之间的关系为 $p_2-p_3=\rho g(h_2-h_3)$，把此关系式代入上式，解出沿程损失系数

$$\lambda=(h_2-h_3)\frac{d_2}{l_2}\frac{2g}{V_2^2}=(0.162-0.152)\times\frac{0.3}{3}\times\frac{2\times 9.8}{0.849^2}=0.0272$$

对于测压管 1 和管 2 之间的管段列伯努利方程，有

$$\frac{p_1}{\rho g}+\frac{V_1^2}{2g}=\frac{p_2}{\rho g}+\frac{V_2^2}{2g}+\left(\lambda\frac{l_1}{d_2}+\zeta\right)\frac{V_2^2}{2g}$$

代入 $p_1-p_2=\rho g(h_1-h_2)$，解出

$$\left(\lambda\frac{l_1}{d_2}+\zeta\right)\frac{V_2^2}{2g}=\frac{V_1^2-V_2^2}{2g}-(h_2-h_1)=\left[\frac{1.91^2-0.849^2}{2\times 9.8}-(0.162-0.085)\right]\text{ m}$$
$$=0.07235\text{ m}$$

进而再解出

$$\zeta=0.07235\frac{2g}{V_2^2}-\lambda\frac{l_1}{d_2}=0.07235\times\frac{2\times 9.8}{0.849^2}-0.0272\times\frac{1.2}{0.3}=1.859$$

在多数情况下，测压管 1 和测压管 2 相距很近，两管之间的沿程损失比局部损失小得多，可以忽略。这样，不需要测压管 3 就可以确定局部损失系数。

已经有人做了大量的水力学实验，测出了各种形式局部损失的系数，在机械工程手册或者水力学手册中可以查到这些系数的值或者简易计算公式。作为示例，表 4-2列出了其中最常用的一些。

表 4-2　局部损失系数

形　式	简　　图	局部损失系数	局部损失水头
突然扩大	A_1 V_1 A_2 V_2	$\zeta_1=\left(1-\frac{A_1}{A_2}\right)^2$ 或 $\zeta_2=\left(\frac{A_2}{A_1}-1\right)^2$ 当管道接大容器时，$\zeta_1=1$	$h_j=\zeta_1\frac{V_1^2}{2g}$ $h_j=\zeta_2\frac{V_2^2}{2g}$
突然缩小	A_1 V_1 A_2 V_2	$\zeta=\frac{1}{2}\left(1-\frac{A_2}{A_1}\right)$	$h_j=\zeta\frac{V_2^2}{2g}$
渐扩圆管	V_1 A_1 θ A_2 V_2	$\zeta=k\left(\frac{A_2}{A_1}-1\right)$ θ: 8° | 10° | 12° | 15° | 20° | 25° k: 0.14 | 0.16 | 0.22 | 0.30 | 0.42 | 0.62	$h_j=\zeta\frac{V_2^2}{2g}$

续表

<table>
<tr><th>形　式</th><th>简　　图</th><th>局部损失系数</th><th>局部损失水头</th></tr>
<tr><td>渐缩圆管</td><td></td><td>$\zeta=k\left(\frac{1}{\varepsilon}-1\right)^2+\frac{\lambda}{8\tan(\theta/2)}\left(1-\frac{A_2^2}{A_1^2}\right)$
$\varepsilon=0.57+\frac{0.043}{1.1-(A_2/A_1)}$<table><tr><td>$\theta$</td><td>10°</td><td>20°</td><td>40°</td><td>80°</td><td>100°</td><td>140°</td></tr><tr><td>k</td><td>0.40</td><td>0.25</td><td>0.20</td><td>0.30</td><td>0.40</td><td>0.60</td></tr></table></td><td>$h_j=\zeta\frac{V_2^2}{2g}$</td></tr>
<tr><td>圆管进口</td><td></td><td>直角进口：$\zeta=0.5$
平滑进口：$\zeta\approx0.2$
喇叭进口：$\zeta\approx0.1$</td><td>$h_j=\zeta\frac{V_2^2}{2g}$</td></tr>
<tr><td>圆形折管</td><td></td><td>$\zeta=0.946\sin^2\frac{\theta}{2}+2.05\sin^4\frac{\theta}{2}$</td><td>$h_j=\zeta\frac{V^2}{2g}$</td></tr>
<tr><td>圆管弯头</td><td></td><td>$\zeta=\left[0.131+0.163\left(\frac{d}{R}\right)^{7/2}\right]\left(\frac{\theta}{90}\right)^{1/2}$</td><td>$h_j=\zeta\frac{V^2}{2g}$</td></tr>
<tr><td>三通管</td><td></td><td></td><td>$h_{j1-2}=\frac{V_1^2-V_2^2}{2g}$
$h_{j1-3}=2\frac{V_3^2}{2g}$</td></tr>
<tr><td>闸阀</td><td></td><td><table><tr><td>h/d</td><td>0.125</td><td>0.2</td><td>0.3</td><td>0.4</td><td>0.5</td></tr><tr><td>ζ</td><td>97.3</td><td>35.0</td><td>10.0</td><td>4.6</td><td>2.06</td></tr><tr><td>h/d</td><td>0.6</td><td>0.7</td><td>0.8</td><td>0.9</td><td>1.0</td></tr><tr><td>ζ</td><td>0.98</td><td>0.44</td><td>0.17</td><td>0.06</td><td>0.01</td></tr></table></td><td>$h_j=\zeta\frac{V^2}{2g}$</td></tr>
</table>

4.6　有压管流的水力计算

管道流动是工程中最常见的流动现象，例如机械、动力、化工设备中的各种管道流动，供水管道、管网中的流动及石油输送管道中的流动等。一般当管道处于工作状态时，管内充满液体，管壁受到液体压力的作用。因此，工程中的多数管道都是有压管道。

计算管道流动需要用到连续性方程和黏性流体总流的伯努利方程(式(4.2))，最为重要的是确定损失水头。

1. 淹没出流管道

上游水池中的水通过管道引入下游水池，如图 4-14 所示，两池自由水面高度差为 H，管直径为 d，管道总长为 l，管出口均淹没在水中。这样的管道称为淹没出流管道。

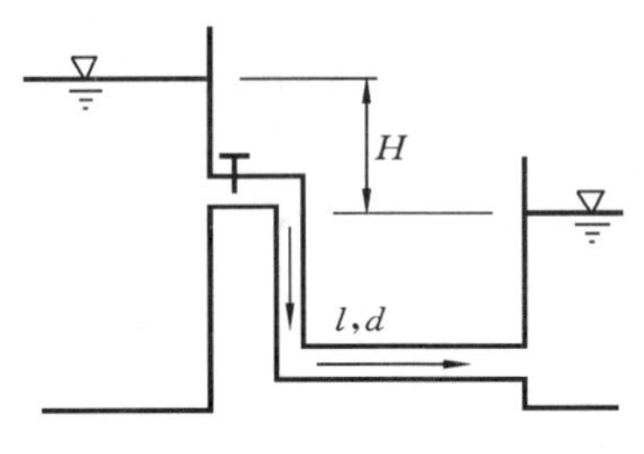

图 4-14　淹没出流管道

取两池自由水面作为总流的两个缓变截面，在两截面上压强均为大气压，速度可取为零。对两截面运用伯努利方程，得到

$$H+\frac{p_a}{\rho g}+0=0+\frac{p_a}{\rho g}+0+\left(\lambda\frac{l}{d}+\sum\zeta\right)\frac{V^2}{2g}$$

整理后成为

$$H=\left(\lambda\frac{l}{d}+\sum\zeta\right)\frac{V^2}{2g}$$

上式说明，在自由淹没出流时总损失水头就等于上、下游自由液面高度差。由上式解出速度

$$V=\mu\sqrt{2gH}$$

并给出流量

$$Q=\mu\frac{\pi d^2}{4}\sqrt{2gH} \tag{4.29}$$

其中流量系数

$$\mu=\frac{1}{\sqrt{\lambda\frac{l}{d}+\sum\zeta}} \tag{4.30}$$

例 4-10　图 4-14 所示两池水面高度差 $H=4$ m，管总长 $l=20$ m，沿程损失系数 $\lambda=0.037$，管道中装有弯头、阀门、拦污栅等，其局部损失系数之和 $\sum\zeta=4.28$。(1) 若管直径 $d=150$ mm，试求管道的输水量 Q；(2) 若要求供水量为 $Q=0.1\ \mathrm{m^3/s}$，试求所需管直径 d。

解　(1) 首先把所给数据带入式(4.30)计算流量系数

$$\mu=\frac{1}{\sqrt{\lambda\frac{l}{d}+\sum\zeta}}=\frac{1}{\sqrt{0.037\times\frac{20}{0.15}+4.28}}=0.329$$

然后由式(4.29)计算流量

$$Q=\mu\frac{\pi d^2}{4}\sqrt{2gH}=0.329\times\frac{0.15^2\pi}{4}\sqrt{2\times9.8\times4}\ \mathrm{m^3/s}=0.0515\ \mathrm{m^3/s}$$

(2) 把数据带入上、下游水面高度差的表达式

$$H=\left(\lambda\frac{l}{d}+\sum\zeta\right)\frac{V^2}{2g}=\left(\lambda\frac{l}{d}+\sum\zeta\right)\frac{1}{2g}\left(\frac{4Q}{\pi d^2}\right)^2$$

于是得

$$4=\left(0.037\times\frac{20}{0.15}+4.28\right)\times\frac{1}{2\times9.8}\times\left(\frac{4\times0.1}{\pi d^2}\right)^2$$

该式化简后成为

$$4\times10^3d^5=0.611+3.536d$$

由牛顿迭代法求解代数方程后得

$$d=0.201\ \mathrm{m}=201\ \mathrm{mm}$$

例 4-11 如图 4-15 所示，用直径 $d=100$ mm 的虹吸管将水由高水池引入低水池，两池自由水面高度差 $H=5$ m，虹吸管顶点 C 相对于高水池水面的高度 $h=4$ m，由进口到点 C 管段长 $l_1=8$ m，由点 C 到出口管段长 $l_2=12$ m，全管的沿程损失系数 $\lambda=0.04$，局部损失系数 $\zeta_1=0.8$，$\zeta_2=\zeta_3=0.9$，$\zeta_4=1.0$，试求管流量 Q。若要求管道中真空压强不超过 68 kPa，试校核点 C 的压强是否满足要求。

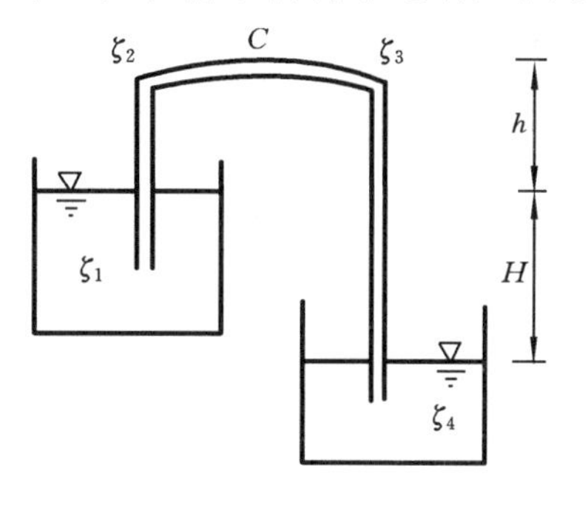

图 4-15　例 4-11 图

解　这也是一个管道淹没出流问题。首先计算流量系数，得

$$\mu=\frac{1}{\sqrt{\lambda\dfrac{l_1+l_2}{d}+\zeta_1+\zeta_2+\zeta_3+\zeta_4}}=\frac{1}{\sqrt{0.04\times\dfrac{8+12}{0.1}+0.8+0.9+0.9+1}}=0.2936$$

然后计算速度和流量

$$V=\mu\sqrt{2gH}=0.2936\times\sqrt{2\times9.8\times5}\ \mathrm{m/s}=2.91\ \mathrm{m/s}$$

$$Q=\frac{\pi d^2}{4}V=\frac{0.1^2\pi}{4}\times2.91\ \mathrm{m^3/s}=0.0229\ \mathrm{m^3/s}$$

在虹吸管的顶点压强小于自由水面的大气压，负压作用使水顺管道向上流。顶点越高，该点压强越小，顶点高度应使该点真空压强不超过 68 kPa，否则虹吸管中的水开始汽化，从而不能保持连续流动。

设点 C 压强为 p，对左边高水池自由水面和管道的截面 C 运用伯努利方程

$$\frac{p_a}{\rho g}=h+\frac{p}{\rho g}+\frac{V^2}{2g}+\left(\lambda\frac{l_1}{d}+\zeta_1+\zeta_2\right)\frac{V^2}{2g}$$

由此解出点 C 的真空压强

$$p_a - p = \rho g h + \left(1 + \lambda \frac{l_1}{d} + \zeta_1 + \zeta_2\right)\frac{\rho V^2}{2}$$

$$= 1000 \times 9.8 \times 4 + \left(1 + 0.04 \times \frac{8}{0.1} + 0.8 + 0.9\right) \times \frac{1000 \times 2.91^2}{2}\ \text{Pa}$$

$$= 64181\ \text{Pa} \approx 64\ \text{kPa}$$

虹吸管最高点的真空压强不超过 68 kPa，满足工作要求。

2. 串联管路

作为例子，考虑图 4-16 中由三段不同直径的管道串联而成的管路，液体由一开口的大水箱经管路自由流出，水箱自由面相对于出口截面形心点的高度为 H。在串联的各段管道中，流速各不相同，但通过的流量相等。假设三段管的长度分别为 l_1、l_2 和 l_3，直径分别为 d_1、d_2 和 d_3，速度分别为 V_1、V_2 和 V_3，于是有

$$Q = \frac{\pi d_1^2}{4} V_1 = \frac{\pi d_2^2}{4} V_2 = \frac{\pi d_3^2}{4} V_3$$

这也就是连续性方程。

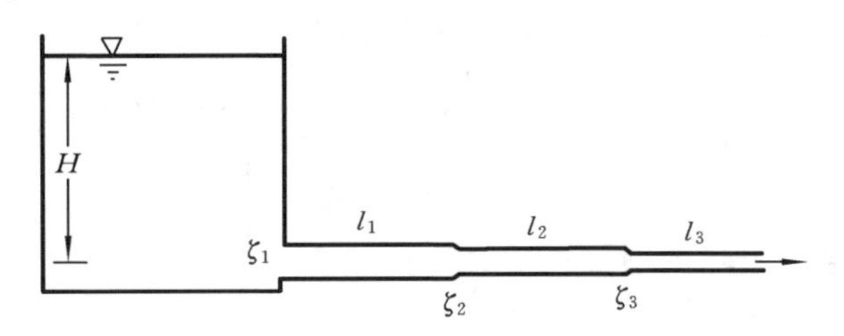

图 4-16　串联管路

由于是自由出流，管道出口截面的压强为大气压；又对于开口的大水箱，在水箱自由面上压强为大气压，速度为零。对水箱自由面和管道出口截面运用伯努利方程

$$H + \frac{p_a}{\rho g} + 0 = 0 + \frac{p_a}{\rho g} + \frac{V_3^2}{2g} + h_w$$

其中 h_w 是整个流程的总损失水头，它可以表示为

$$h_w = \sum_{i=1}^{3} \left(\lambda_i \frac{l_i}{d_i} + \zeta_i\right) \frac{V_i^2}{2g}$$

由连续性方程，其中 $V_i = \frac{d_3^2}{d_i^2} V_3$，于是伯努利方程改写为

$$H = \frac{V_3^2}{2g} + \sum_{i=1}^{3} \left(\lambda_i \frac{l_i}{d_i} + \zeta_i\right) \frac{V_i^2}{2g} = \frac{V_3^2}{2g}\left[1 + \sum_{i=1}^{3} \lambda_i \frac{l_i}{d_i}\left(\frac{d_3}{d_i}\right)^4 + \sum_{i=1}^{3} \zeta_i \left(\frac{d_3}{d_i}\right)^4\right]$$

可见，自由出流时总损失水头与出口截面速度水头之和等于上游液面高度。设出口速度 $V_3 = V$，出口截面直径 $d_3 = d$，则上式整理后变为

$$V = \mu \sqrt{2gH}$$

管道的流量为

$$Q=\mu\frac{\pi d^2}{4}\sqrt{2gH} \tag{4.31}$$

其中

$$\mu=\frac{1}{\sqrt{1+\sum_{i=1}^{3}\lambda_i\frac{l_i}{d_i}\left(\frac{d}{d_i}\right)^4+\sum_{i=1}^{3}\zeta_i\left(\frac{d}{d_i}\right)^4}} \tag{4.32}$$

是管路流量系数。

例4-12　设图4-16中的串联管路各管段的长度 $l_1=12$ m，$l_2=15$ m，$l_3=10$ m，直径 $d_1=0.3$ m，$d_2=0.25$ m，$d_3=0.2$ m，各管段管壁粗糙度 $\Delta=0.5$ mm，并知道三段管中的流动均处于湍流水力粗糙区。如果上游液面高 $H=5$ m，试求通过管道的流量 Q。

解　由表4-2可知，粗管与细管接头的局部损失系数计算公式为

$$\zeta=\frac{1}{2}\left(1-\frac{A_2}{A_1}\right)$$

其中，A_1 是上游粗管截面积，A_2 是下游细管截面积。

在运用上式计算管道与水箱接进口处的局部损失系数时，可以认为上游粗管截面积为无穷大，因此

$$\zeta_1=0.5$$

另两处管接头局部损失系数为

$$\zeta_2=\frac{1}{2}\left(1-\frac{d_2^2}{d_1^2}\right)=\frac{1}{2}\times\left(1-\frac{0.25^2}{0.3^2}\right)=0.153$$

$$\zeta_3=\frac{1}{2}\left(1-\frac{d_3^2}{d_2^2}\right)=\frac{1}{2}\times\left(1-\frac{0.2^2}{0.25^2}\right)=0.18$$

管流处于水力粗糙区，各管段的 λ 值只与其相对粗糙度 Δ/d 有关，与雷诺数无关。由各段的相对粗糙度

$$\frac{\Delta}{d_1}=\frac{0.5}{300}=0.00167,\quad \frac{\Delta}{d_2}=\frac{0.5}{250}=0.002,\quad \frac{\Delta}{d_3}=\frac{0.5}{200}=0.0025$$

可在莫迪图(图4-10)上查得

$$\lambda_1=0.0220,\quad \lambda_2=0.0234,\quad \lambda_3=0.0245$$

由式(4.32)计算流量系数，得

$$\mu=0.4991$$

最后得到流量

$$Q=\mu\frac{\pi d_3^2}{4}\sqrt{2gH}=0.4991\times\frac{0.2^2\pi}{4}\times\sqrt{2\times 9.8\times 5}\ \mathrm{m^3/s}=0.155\ \mathrm{m^3/s}$$

3. 装有水泵的管路

伯努利方程对于单位重量的流体给出了机械能的守恒关系。当管路中装有水

泵，水泵通过做功向水流提供机械能，在运用伯努利方程时需要把这部分能量考虑进去。设水泵的运转使水流增压 Δp，则 $H_p=\dfrac{\Delta p}{\rho g}$ 称为水泵扬程，它是水泵向单位重量流体所提供的机械能，也是水头的增加量。

考虑图 4-17 中装有水泵的管路，水泵把水由低池泵入高池，两池自由水面高度差为 H。对两池自由水面 1—1 和 3—3 应用伯努利方程，得

$$\frac{p_a}{\rho g}+H_p=H+\frac{p_a}{\rho g}+h_w$$

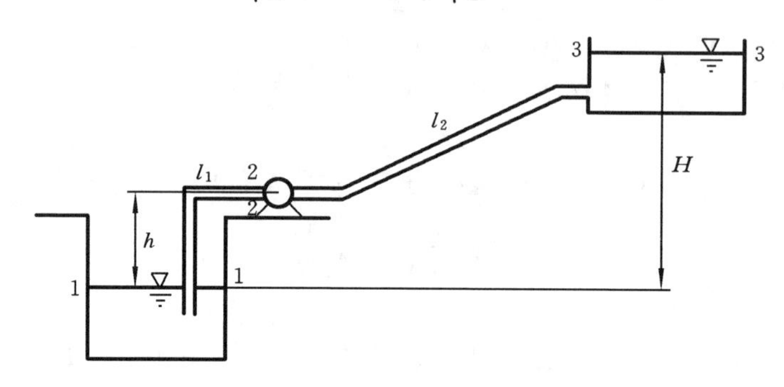

图 4-17　装有水泵的管路

由于在截面 1—1 和截面 3—3 之间水泵提供了机械能，因此在式中加入了相应的项 H_p。将上式整理得

$$H_p=H+h_w \tag{4.33}$$

可见，水由低池到高池所增加的水头与管路中损失的水头之和就等于水泵扬程。如果管路的流量为 Q，则水泵功率为

$$P=\frac{\rho g Q H_p}{\eta}=\frac{\rho g Q}{\eta}(H+h_w) \tag{4.34}$$

其中 η 是水泵的效率。

各种型号的水泵均在一定的压强范围内才能正常工作，通常还需要根据此要求来决定水泵的适当安装高度。

例 4-13　图 4-17 中水泵把水由低池泵至高池，两池水面高度差 $H=10\ \text{m}$，吸水管长 $l_1=20\ \text{m}$，压水管长 $l_2=100\ \text{m}$，两管直径 $d=500\ \text{mm}$，沿程损失系数 $\lambda=0.03$，不计局部损失。如果设计流量 $Q=0.2\ \text{m}^3/\text{s}$，水泵效率 $\eta=0.95$，试求水泵的功率 P；如果要求水泵进口截面 2—2 的真空压强不超过 44 kPa，试求水泵的最大安装高度 h。

解　按设计流量，管道中的流速为

$$V=\frac{4Q}{\pi d^2}=\frac{4\times 0.2}{0.5^2\pi}\ \text{m/s}=1.02\ \text{m/s}$$

不计局部损失，则水泵扬程

$$H_{\mathrm{p}}=H+\lambda\frac{(l_1+l_2)}{d}\frac{V^2}{2g}=\left[10+0.03\times\frac{(20+100)}{0.5}\times\frac{1.02^2}{2\times9.8}\right]\ \mathrm{m}=10.38\ \mathrm{m}$$

水泵功率

$$P=\frac{\rho gQH_{\mathrm{p}}}{\eta}=\frac{1000\times9.8\times0.2\times10.38}{0.95}\ \mathrm{W}=21416\ \mathrm{W}=21.416\ \mathrm{kW}$$

下面根据水泵进口截面的压强要求计算最大安装高度。对低池自由水面 1—1 和水泵进口截面 2—2 运用伯努利方程，得

$$\frac{p_{\mathrm{a}}}{\rho g}=h+\frac{p}{\rho g}+\frac{V^2}{2g}+\lambda\frac{l_1}{d}\frac{V^2}{2g}$$

由此解出

$$h=\frac{p_{\mathrm{a}}-p}{\rho g}-\left(1+\lambda\frac{l_1}{d}\right)\frac{V^2}{2g}$$

根据要求，有

$$\frac{p_{\mathrm{a}}-p}{\rho g}=\frac{44\times10^3}{1000\times9.8}\ \mathrm{m}=4.49\ \mathrm{m}$$

把数据代入上式得到水泵的最大安装高度

$$h=\left[4.49-\left(1+0.03\times\frac{20}{0.5}\right)\times\frac{1.02^2}{2\times9.8}\right]\ \mathrm{m}=4.37\ \mathrm{m}$$

4. 并联管路

并联管路由不同直径、不同长度的管道并列连接而成。图 4-18 所示是由三段支管所组成的并联支管，流量为 Q 的主干流在点 A 处分为流量为 Q_1、Q_2 和 Q_3 的三支分流，在点 B 处三支分流汇合，其流量为 Q。由于在点 A 和点 B 两处水头是确定的，因此流体经不同支管由点 A 流向点 B 的过程中损失的水头都相同。假设三段支管的长度分别为 l_1、l_2 和 l_3，直径分别为 d_1、d_2 和 d_3，沿程损失系数分别为 λ_1、λ_2 和 λ_3，如果不计局部损失，则有

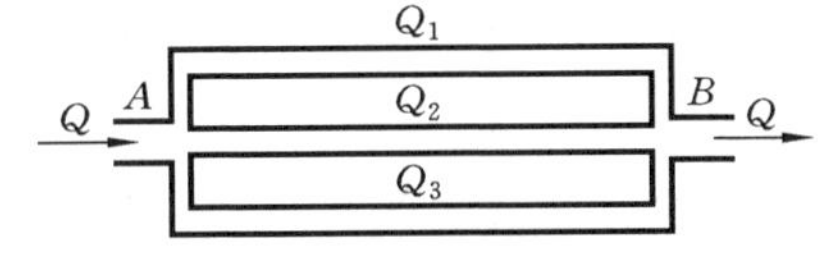

图 4-18　并联管路

$$\lambda_1\frac{l_1}{d_1}\frac{V_1^2}{2g}=\lambda_2\frac{l_2}{d_2}\frac{V_2}{2g}=\lambda_3\frac{l_3}{d_3}\frac{V_3^2}{2g}\tag{4.35}$$

此外，流动还应该满足连续性条件

$$Q=Q_1+Q_2+Q_3=\frac{\pi}{4}(V_1d_1^2+V_2d_2^2+V_3d_3^2)\tag{4.36}$$

例 4-14　在图 4-18 所示的并联管路中，三段支管的长度 $l_1=500\ \mathrm{m}$、$l_2=800\ \mathrm{m}$ 和 $l_3=1000\ \mathrm{m}$，直径 $d_1=0.3\ \mathrm{m}$、$d_2=0.25\ \mathrm{m}$ 和 $d_3=0.2\ \mathrm{m}$，沿程损失系数 $\lambda_1=0.028$、$\lambda_2=0.030$ 和 $\lambda_3=0.032$。设总流量 $Q=0.28\ \mathrm{m^3/s}$，试求三个分支管的流量 Q_1、Q_2 和 Q_3。

解　式(4.35)可化为

$$\lambda_1 \frac{l_1}{d_1}\left(\frac{Q_1}{d_1^2}\right)^2=\lambda_2 \frac{l_2}{d_2}\left(\frac{Q_2}{d_2^2}\right)^2=\lambda_3 \frac{l_3}{d_3}\left(\frac{Q_3}{d_3^2}\right)^2$$

由此解出

$$\frac{Q_2}{Q_1}=\sqrt{\frac{\lambda_1 l_1}{\lambda_2 l_2}\left(\frac{d_2}{d_1}\right)^5}=\sqrt{\frac{0.028\times500}{0.03\times800}\times\left(\frac{0.25}{0.3}\right)^5}=0.4842$$

$$\frac{Q_3}{Q_1}=\sqrt{\frac{\lambda_1 l_1}{\lambda_3 l_3}\left(\frac{d_3}{d_1}\right)^5}=\sqrt{\frac{0.028\times500}{0.032\times1000}\times\left(\frac{0.2}{0.3}\right)^5}=0.2400$$

再把上两式代入式(4.36)中，得

$$Q=Q_1+Q_2+Q_3=Q_1\left(1+\frac{Q_2}{Q_1}+\frac{Q_3}{Q_1}\right)=Q_1(1+0.4842+0.24)=1.7242Q_1$$

最后得到

$$Q_1=Q/1.7242=0.28/1.7242\ \mathrm{m^3/s}=0.1624\ \mathrm{m^3/s}$$

$$Q_2=0.4842Q_1=0.4842\times0.1624\ \mathrm{m^3/s}=0.0786\ \mathrm{m^3/s}$$

$$Q_3=0.24Q_1=0.24\times0.1624\ \mathrm{m^3/s}=0.0390\ \mathrm{m^3/s}$$

4.7　管道系统中的水击

在管道流动中，由于流动条件变化引起的流速突然改变可能导致管内的压强发生急剧变化，这种现象称为水击。例如，管道阀门的突然关闭会使管内的水流停止运动，从而使水流的动量在短时间内降为零，于是，阀门上游的压强明显上升，阀门下游的压强明显下降。水击引起的压强变化量也称为水击压强。水击压强的大小与水流的动量变化率成正比。假如管道内水流的速度足够大，阀门又关闭得非常迅速，水击压强可以大到足以对管道系统造成致命危害的程度。此外，水击压力波还会在管道内来回传播，形成压力震荡，严重影响管道系统的正常工作，降低其运行效率。除了阀门突然开启或关闭之外，管道系统中负荷的突然改变、泵突然停止工作等也可能引发水击。

1. 水击过程

水击是非定常流动过程。由于压强变化很大，在研究水击现象时还必须考虑流体的压缩性和管壁的弹性变形。下面以水池出水管中的水流由于下游阀门突然关闭所引起的水击为例，定性地分析水击的形成过程和压力波的传播过程。

考虑图4-19所示与大水池相接的水平管道，管道长为l，截面积为A，其出口处装有一阀门。当管道正常工作时，水流速度为V_0，在忽略流体黏性影响的情况下总水头线是一条与水池内自由水面重合的水平线。假设在时刻$t=0$阀门突然关闭，于是管道内水流的状态发生改变。下面分四个阶段详细讨论管内水流的变化过程。

(1) 在时刻$t=0$阀门突然关闭，靠近阀门的流体速度由V_0突然变为零，压强由

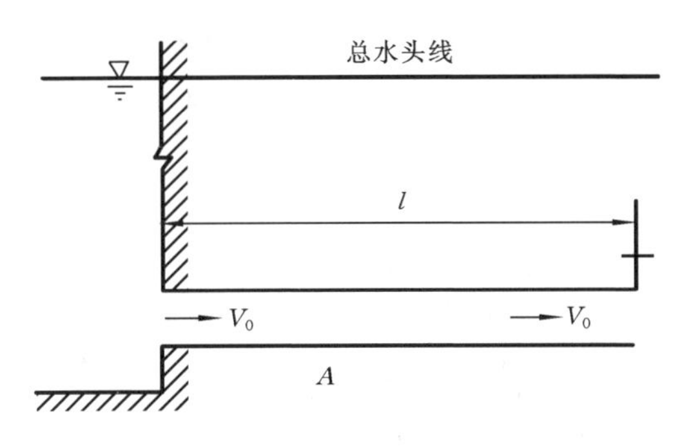

图 4-19　与大水池相接的水平管道

p 增至 $p+\Delta p$，水的密度则由 ρ 增至 $\rho+\Delta\rho$。由于管壁有弹性，在压强 Δp 的作用下其截面积产生 $\Delta A>0$ 的变化。随着时间的推移，高压区由阀门所在截面逐渐向左边扩大。高压区和低压区的分界面称为水击波面，此波面以速度 c 向上游传播，如图 4-20(a)所示。压强变化量 Δp 就是水击压强，它所对应的总水头增量为 $\dfrac{\Delta p}{\rho g}$，水击波波面的传播速度 c 称为水击波波速。

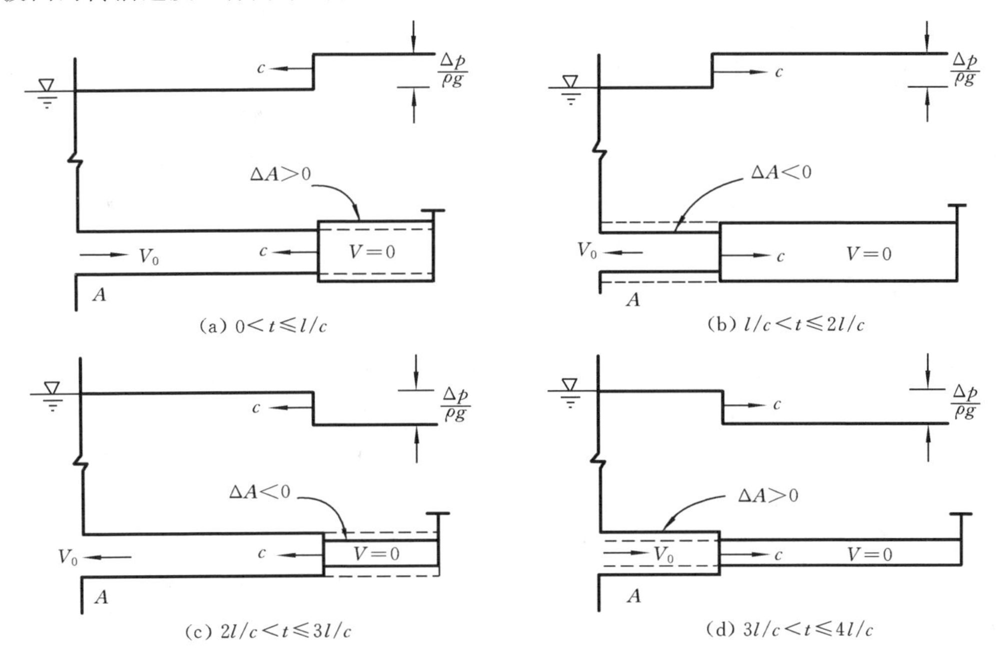

图 4-20　水击波的传播过程

(2) 在时刻 $t=l/c$，水击波到达管道的入口截面，此时整个管道中的流速都为零，压强均为 $p+\Delta p$。在管道的入口截面，水击波面右侧的压强 $p+\Delta p$ 高于左侧的压强 p，在压强差 Δp 的作用下，流体从入口截面开始产生一个速度为 V_0 的反向流，致使管内流体压强又从 $p+\Delta p$ 恢复至 p，而流体的密度和管道的截面积则分别从原来的 $\rho+\Delta\rho$ 和 $A+\Delta A$ 恢复至 ρ 和 A。随着时间的推移，反向流的区域从入口截面开始以速度 c 逐渐向右边扩大，如图 4-20(b)所示。也可以说，现在水击波以波速 c 向下游反射。

(3) 在时刻 $t=2\ l/c$，反射水击波到达出口阀门处。此时整个管道的流速都为 V_0，但其方向却与初始时刻的流动方向相反，而管内压强、流体密度和管道截面积则都已恢复为初始值。由于此时阀门是关闭的，右边没有流体补充，这就使阀门附近的流体被迫停止倒流，速度成为零，而压强则从 p 进一步降至 $p-\Delta p$，流体密度减小至 $\rho-\Delta\rho$，管道截面积则减小，产生 $\Delta A<0$ 的变化。随着时间的推移，减压区从阀门处开始以速度 c 逐渐向左扩大，如图 4-20(c)所示。减压波向上游传播。

(4) 在时刻 $t=3\ l/c$，减压波又到达管道入口处。此时整个管道的流速均为零，入口截面左侧的压强 p 高于右侧的压强 $p-\Delta p$，压强差 Δp 又使流体产生一个正向的速度 V_0。由于管道得到来自水池的流体补充，管内压强又恢复至 p，流体的密度恢复至 ρ，而管道截面积则恢复至 A。随着时间的推移，压强恢复区从入口截面开始以速度 c 向右扩大，如图 4-20(d)所示。水击波又向下游传播。

到了时刻 $t=4\ l/c$，流体和管道全部恢复到 $t=0$ 时的初始状态，但由于此时管内全部流体的速度都为 V_0，而阀门则是关闭的，因此阀门处的压强又会上升，于是又开始第二个完全相同的变化周期。以后每经 $4l/c$ 时间，就会重复上述过程一次。然而，由于真实流体都具有黏性，它的运动会造成能量损失，而且管壁也不可能是纯弹性的，其变形会耗损能量，因此，水击压强会逐渐降低，水击过程将逐渐衰减，并最终趋于消失。

2. 水击压强

考虑 $0<t<l/c$ 中的任意时刻，水击波以速度 c 向左传播。取一固定在水击波波面上的坐标系，如图 4-21 所示。相对于这个坐标系，水击波不动，流体以定常的速度 V_0+c 沿图中正 x 轴方向流动，穿过水击波后流体被压缩，其速度成为 c，压强、密度和管道截面积分别由 p、ρ 和 A 变为 $p+\Delta p$、$\rho+\Delta\rho$ 和 $A+\Delta A$。这是一个定常流动问题。在这个坐标系下取一控制体，其左、右侧的控制面分别位于水击波波面的两边。

对控制体内的流体列动量方程，有

$$p(A+\Delta A)-(p+\Delta p)(A+\Delta A)=\rho Q[c-(c+V_0)]$$

其中，ρQ 是穿过控制体的质量流量，它可以写成

$$\rho Q=\rho(c+V_0)A$$

把 ρQ 代入动量方程并略去二阶小量后整理就得到

$$\Delta p=\rho c V_0+\rho V_0^2$$

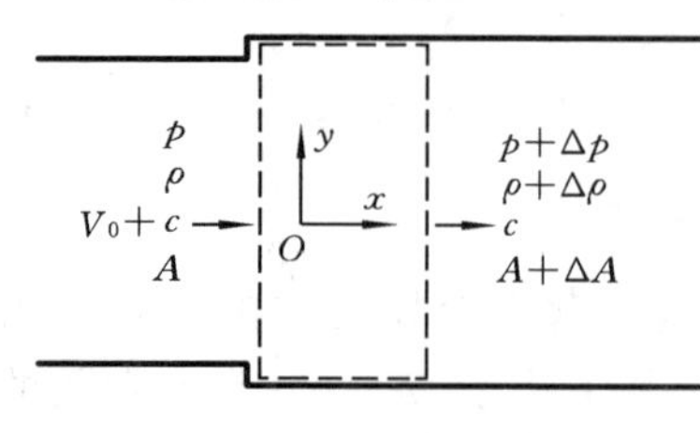

图 4-21　在水击波上取的控制体

由于管道内流速 V_0 远小于水击波波速 c，因此式

中的 ρV_0^2 可以忽略，于是上式又简化为

$$\Delta p=\rho c V_0 \tag{4.37}$$

可见，水击波压强是流体密度、管内初始流速和水击波波速三者的乘积。

3. 水击波波速

再对图 4-21 中的控制体建立连续性方程

$$\rho(c+V_0)A=(\rho+\Delta\rho)c(A+\Delta A)$$

略去二阶小量后方程整理成

$$\frac{V_0}{c}=\frac{\Delta\rho}{\rho}+\frac{\Delta A}{A} \tag{4.38}$$

流体中的压强增加会使密度变大。定义流体的体积模量

$$K=\frac{\Delta p}{\Delta\rho/\rho}$$

它是使流体密度产生单位相对变化所需要的压强增量，其单位与压强相同。采用体积模量，可以用压强增量来表示流体密度的相对变化，即

$$\frac{\Delta\rho}{\rho}=\frac{\Delta p}{K}$$

管道里流体压强的增大会使管道膨胀，管壁受到拉伸。现在取单位长的管道来进行受力分析。设圆管直径为 d，管壁厚度为 δ，管内压强为 Δp，管壁内的拉应力为 σ，如图 4-22 所示。考虑管壁的力平衡就得到

$$\sigma=\frac{d}{2\delta}\Delta p$$

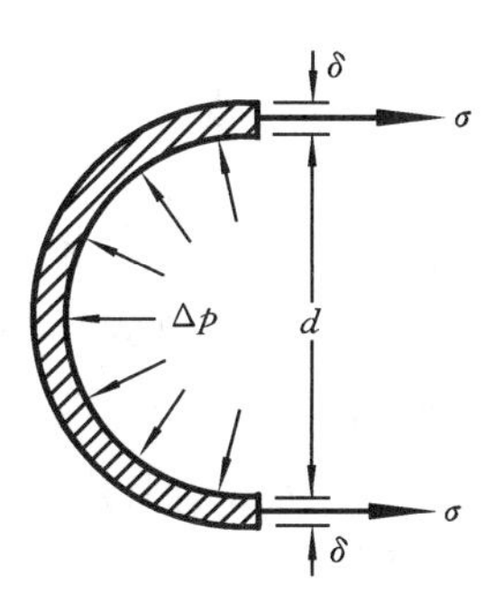

图 4-22　管壁的受力

假设在管内压强 Δp 的作用下管道直径由 d 变化为 $d+\Delta d$，管道截面积则相应地由 A 变化为 $A+\Delta A$，由于截面积与直径之间具有等式 $A=\pi d^2/4$，因此管直径的相对变化与其截面积的相对变化具有以下关系：

$$\varepsilon=\frac{\Delta d}{d}=\frac{\Delta A}{2A}$$

管直径的相对变化 ε 就是管壁材料的应变。把以上两式中的应力 σ 和应变 ε 代入胡克定律 $\sigma=E\varepsilon$，得

$$\frac{\Delta A}{A}=\frac{d}{E\delta}\Delta p$$

其中，E 是管壁材料的弹性模量，它是材料产生单位应变所需要的应力。再把上式中的 $A/\Delta A$ 代入连续性方程式(4.38)，然后运用式(4.37)消去其中的 Δp，于是有

$$\frac{V_0}{c}=\left(\frac{1}{K}+\frac{d}{E\delta}\right)\Delta p=\left(\frac{1}{K}+\frac{d}{E\delta}\right)\rho c V_0$$

由此就解出水击波波速

$$c=\sqrt{\frac{K/\rho}{1+\frac{Kd}{E\delta}}} \tag{4.39}$$

式(4.39)是由儒可夫斯基(N. Joukowsky)最先导出的。式中 $\sqrt{K/\rho}$ 是无界水域中的声速。该式表明,管道中水击波的波速比无界水域中的声速小,这是因为管壁在水击过程中有弹性变形。如果管壁是完全刚性的,则 $E\rightarrow\infty$,此时水击波波速等于声速。

例 4-15 一输水钢管的直径 $d=0.4$ m,壁厚 $\delta=0.01$ m,管壁材料的弹性模量 $E=2\times10^{11}$ Pa,水密度 $\rho=1000$ kg/m^3,其体积模量 $K=2\times10^{9}$ Pa,管内初始流速 $V_0=2$ m/s。假设阀门在瞬间突然关闭,试求由此产生的水击压强 Δp。

解 由式(4.39),水击波波速

$$c=\sqrt{\frac{K/\rho}{1+\frac{Kd}{E\delta}}}=\sqrt{\frac{2\times10^{9}/1000}{1+\frac{2\times10^{9}\times0.4}{2\times10^{11}\times0.01}}}\ \text{m/s}=1195\ \text{m/s}$$

由式(4.37),水击压强

$$\Delta p=\rho cV_0=1000\times1195\times2\ \text{Pa}=2.39\times10^{6}\ \text{Pa}$$

管内水击压强达到约 24 个标准大气压,是非常高的。

产生水击现象的直接原因是流体的动量发生了改变,水击压强 Δp 与流体的动量变化率成正比。因此,阀门关闭得越快,所产生的水击压强也越大。

以上分析都是基于阀门在瞬间达到完全闭合的假设。实际上,任何阀门都不可能在瞬间完成闭合过程,管道系统中负荷的改变、泵的停转等过程也不可能在瞬间全部完成,因此由以上公式计算所得到的水击压强只是理论上的最大值。但无论如何,例 4-15 还是可以说明,水击压强有可能达到很高的水平,以至于对管道系统造成灾难性的破坏,因此在管道工程设计中不可忽视水击现象。

在实际工程中,一般可以采取降低阀门的开、闭速度,安装缓冲安全阀门,安装调压塔和安装空气蓄能器等措施来减小水击压强。

4.8 孔口和管嘴出流

按照孔口的厚度 l 与其直径 d 的相对大小把孔口分类为薄壁孔口和厚壁孔口。满足 $l\leqslant d/2$ 的孔口为薄壁孔口,满足 $2d<l\leqslant4d$ 的孔口为厚壁孔口。由于厚壁孔口的出流性质与管嘴相同,因此一般也把它归入管嘴来进行讨论,而薄壁孔口则简称为孔口。

当流体通过孔口或管嘴流出时,由于惯性的作用,其流线不会突然折转,水舌截面逐渐发生收缩,一般在距离入口大约 $d/2$ 处其截面积达到最小值(见图 4-23 中 C—C 截面),随后水舌截面又逐渐扩大。在孔口出流中,由于水舌扩散段在孔口以

外，因此孔口壁面不会对出流产生影响，只有水舌收缩所造成的局部损失。在管嘴出流中，水舌扩散后与管嘴壁面相接触，流体和壁面之间产生黏性摩擦，因此出流中既有局部损失也有沿程损失。

出流水舌的收缩与孔口和容器边壁之间的距离有关。当孔口距离容器边壁较远时（见图 4-24 中的孔口 A），出流的收缩不受边壁的影响，因此发生完全收缩；当孔口与边壁距离为零时，由于入流受到边壁的影响，其流动方向与孔口壁面平行，所以出流在边壁一边不会发生收缩；当孔口距离边壁比较近时（见图 4-24 中的孔口 B 和孔口 C），出流在边壁一边收缩较小，边壁的影响使孔口出流发生不完全收缩。

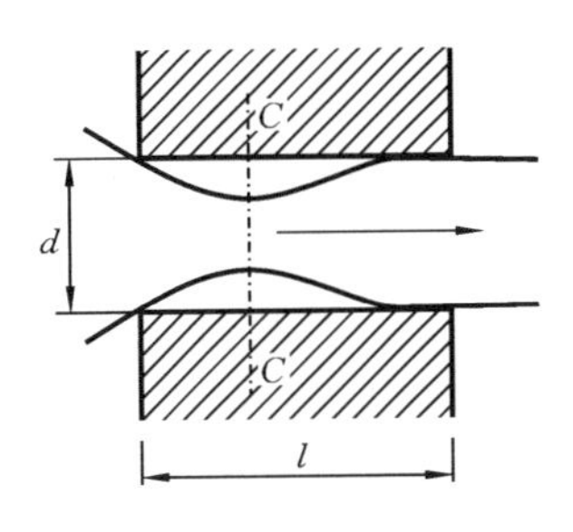

图 4-23　孔口出流

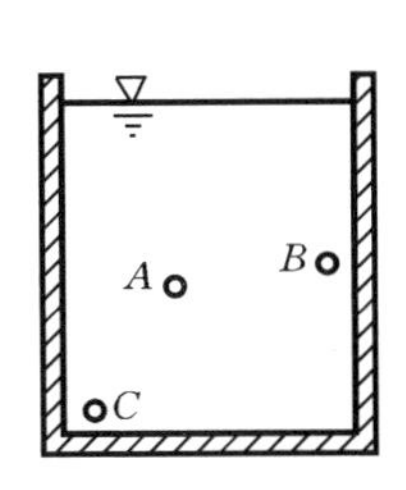

图 4-24　与边壁距离不同的孔口

直径小于液面高度 1/10 的孔口又称为小孔口，否则称为大孔口。对于小孔口的出流，在计算中可以忽略水舌截面上速度和压强的变化。本节只讨论小孔口。

当液体由孔口或管嘴出流到大气中时，称其为自由出流；当液体通过孔口或管嘴出流到液体中时，则称其为淹没出流。气体出流一般都是淹没出流。

1. 孔口出流

1）孔口自由出流

图 4-25 所示为开口容器壁上的小孔口自由出流。设小孔淹深为 H，孔口截面积为 A，出流水舌从孔入口处开始收缩，其截面积在截面 $C—C$ 处达到最小值 A_C。定义孔口截面收缩系数

$$\varepsilon=\frac{A_C}{A} \tag{4.40}$$

在截面 $C—C$ 上流线近似平行，它可以作为缓变流截面。把孔口中心所在的水平面作为基准面，对容器中的自由面和出流水舌中的截面 $C—C$ 列伯努利方程，有

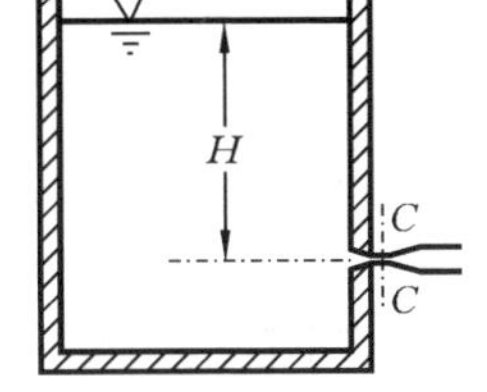

图 4-25　孔口自由出流

$$H+0+\frac{p_a}{\rho g}=0+\frac{V_C^2}{2g}+\frac{p_C}{\rho g}+h_w$$

由于容器截面积远大于孔口截面积，容器内自由液面上的速度取为 0；又由于考虑的是小孔口，可以认为截面 $C—C$ 上的速度均匀分布，故动能修正系数取为 1。式中 h_w 是上游自由面与截面 $C—C$ 之间的损失水头，p_a 是大气压强，p_C 和 V_C 分别是截面

$C—C$ 上的压强和平均速度，对于自由出流 $p_C=p_a$。于是，上面的伯努利方程可以整理成

$$H=\frac{V_C^2}{2g}+h_w \tag{4.41}$$

对于孔口出流，只有水舌截面收缩所产生的局部损失，因此损失水头 $h_w=\zeta_1\frac{V_C^2}{2g}$，其中 ζ_1 是局部损失系数。把 h_w 代入式(4.41)后就成为

$$H=(1+\zeta_1)\frac{V_C^2}{2g}$$

由此解出截面 $C—C$ 的平均速度

$$V_C=\frac{1}{\sqrt{1+\zeta_1}}\sqrt{2gH} \tag{4.42}$$

进而得到孔口出流的流量

$$Q=A_CV_C=\frac{\varepsilon}{\sqrt{1+\zeta_1}}A\sqrt{2gH}=\mu A\sqrt{2gH} \tag{4.43}$$

其中，$\mu=\varepsilon/\sqrt{1+\zeta_1}$ 是孔口出流的流量系数。

流量系数与孔口的几何形状（如圆形、方形等）及出流雷诺数 $Re=V_Cd/\nu$ 有关，也与是否发生完全收缩有关。通常由实验测定孔口的局部损失系数和截面收缩系数，然后由此计算流量系数。例如，实验表明，对于圆形的完全收缩孔口，当 $Re\geqslant10^5$ 时，$\zeta_1=0.06$，$\varepsilon=0.64$，于是流量系数

$$\mu=\frac{\varepsilon}{\sqrt{1+\zeta_1}}=\frac{0.64}{\sqrt{1+0.06}}=0.62$$

已经有人将各种形式孔口出流的局部损失系数、截面收缩系数和流量系数汇集整理成了图表和经验公式，在工程计算中需要用到时可以查阅有关的手册。

2）孔口淹没出流

图 4-26 所示为孔口淹没出流，其上游自由液面相对孔口的高度为 h_1，下游自由液面相对于孔口的高度为 h_2。对上、下游自由液面列伯努利方程，有

$$h_1+0+\frac{p_a}{\rho g}=h_2+0+\frac{p_a}{\rho g}+h_w$$

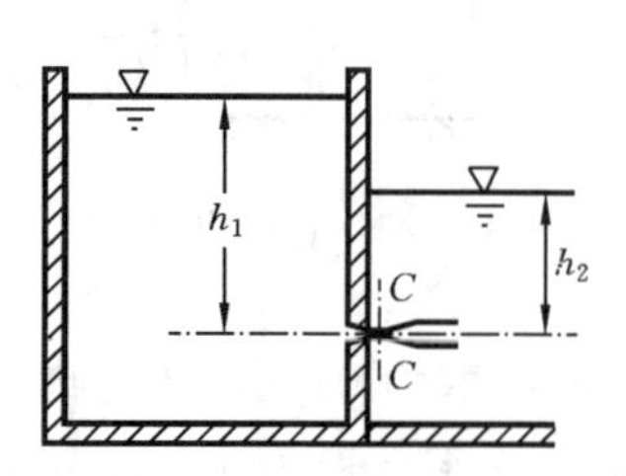

图 4-26　孔口淹没出流

上式还可以表示为

$$H=h_1-h_2=h_w \tag{4.44}$$

由此可见，在淹没出流情况下，损失水头就等于上、下游液面高度差 H。

出流水舌进入孔口后发生收缩，到了孔出口水舌截面又突然扩大。水舌截面的收缩和扩大都会产生局部损失，因此总损失水头为

$$h_w=(\zeta_1+\zeta_2)\frac{V_C^2}{2g}$$

水舌截面收缩和扩大所对应的局部损失系数分别为 ζ_1 和 ζ_2，式中的 V_C 是水舌最小截面 $C—C$ 上的平均速度。根据上节的讨论，管道截面突然扩大的局部损失系数

$$\zeta_2=\left(1-\frac{A_1}{A_2}\right)^2$$

在该式中，A_1 就是截面 $C—C$ 的面积 A_C，A_2 是下游自由液面的面积，由于一般 $A_2\gg A_C$，因此 $\zeta_2\approx1$。于是式(4.44)可化为

$$H=(1+\zeta_1)\frac{V_C^2}{2g}$$

解出 V_C 并运用式(4.40)把 A_C 转换为孔口截面积 A，得到出流流量的计算公式

$$Q=A_CV_C\sqrt{2gH}=\frac{\varepsilon}{\sqrt{1+\zeta_1}}A\sqrt{2gH}=\mu A\sqrt{2gH} \tag{4.45}$$

由此可见，淹没出流的流量系数 μ 与自由出流的流量系数相同。两种出流的不同点是：对于自由出流，式(4.43)中的 H 是上游液面高度；对于淹没出流，式(4.45)中的 H 是上、下游液面高度差。

也可以把式(4.44)中的液面高度差 H 用孔口内外的压差来表示。在孔入口处压强为 $p_1=\rho gh_1$，在出口处压强为 $p_2=\rho gh_2$，因此上、下游液面高度差

$$H=h_1-h_2=\frac{p_1-p_2}{\rho g}=\frac{\Delta p}{\rho g}$$

其中，$\Delta p=p_1-p_2$ 就是孔口内、外的压差。再把上式代入式(4.45)中，就得到用压差表示的出流流量计算公式

$$Q=\mu A\sqrt{\frac{2\Delta p}{\rho}} \tag{4.46}$$

气体的孔口出流一般为淹没出流。在计算气体的孔口出流时通常给定的是容器内、外的压差，因此需要用式(4.46)计算。

例 4-16　在图 4-27 所示油管中安装一小孔阻尼器以降低油的流速，阻尼器小孔直径 $d=5\ \mathrm{mm}$，局部损失系数 $\zeta_1=0.2$，截面收缩系数 $\varepsilon=0.74$，油的密度 $\rho=860\ \mathrm{kg/m^3}$，阻尼器上、下游压差 $\Delta p=p_1-p_2=11\ \mathrm{kPa}$，试求油管的流量 Q。

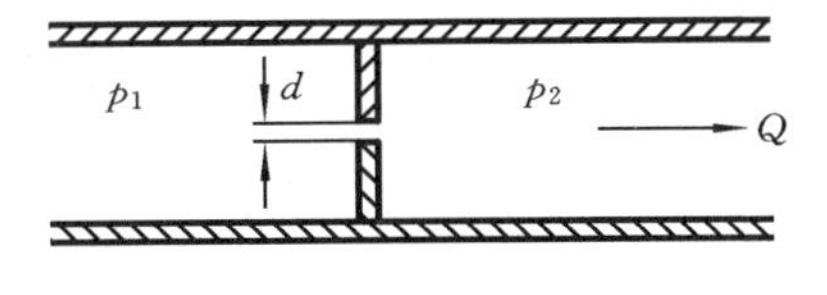

图 4-27　例 4-16 图

解　孔口出流流量系数

$$\mu=\frac{\varepsilon}{\sqrt{1+\zeta_1}}=\frac{0.74}{\sqrt{1+0.2}}=0.68$$

运用式(4.46)计算流量

$$Q=\mu \frac{\pi}{4}d^2\sqrt{\frac{2\Delta p}{\rho}}=0.68\times\frac{\pi}{4}\times0.005^2\sqrt{\frac{2\times11\times10^3}{860}}\ \mathrm{m^3/s}=6.75\times10^{-5}\ \mathrm{m^3/s}$$

2. 管嘴自由出流

按照不同的安装形式，管嘴可分为外伸管嘴（厚壁上的孔口与外伸管嘴相同）和内伸管嘴；按照其形状，管嘴又分为柱形管嘴、收缩管嘴、扩张管嘴和流线型管嘴等。不同形式的管嘴具有各不相同的出流性能。

现考虑管嘴自由出流的流量。对上游自由液面和管嘴出口截面建立伯努利方程，得到与式(4.41)类似的表达式

$$H=\frac{V_1^2}{2g}+h_w \tag{4.47}$$

其中，H 是上游液面高度；V_1 是管嘴出口截面的平均速度；h_w 是总损失水头。

流体进入管嘴后，水舌首先收缩然后扩散。水舌扩散后充满整个管嘴，与壁面产生黏性摩擦，因此总损失包括三个部分：水舌收缩的局部损失、水舌扩大的局部损失和与管壁摩擦引起的沿程损失。设管嘴长为 l，直径为 d，水舌最小截面上的平均速度为 V_C，则总损失水头可以表示为

$$h_w=\zeta_1\frac{V_C^2}{2g}+\zeta_2\frac{V_1^2}{2g}+\lambda\frac{l}{d}\frac{V_1^2}{2g}$$

其中，ζ_1 和 ζ_2 分别是水舌截面收缩和扩大的局部损失系数，λ 是沿程损失系数。运用收缩系数 ε，式中的 V_C^2 又可以写成

$$V_C^2=\frac{A^2}{A_C^2}V_1^2=\frac{1}{\varepsilon^2}V_1^2$$

因此总损失水头又表示为

$$h_w=\left(\frac{\zeta_1}{\varepsilon^2}+\zeta_2+\lambda\frac{l}{d}\right)\frac{V_1^2}{2g}$$

把它代入式(4.47)后得到

$$H=\left(1+\frac{\zeta_1}{\varepsilon^2}+\zeta_2+\lambda\frac{l}{d}\right)\frac{V_1^2}{2g}$$

解出速度 V_1 后就得到流量计算表达式

$$Q=AV_1=\frac{A}{\sqrt{1+\frac{\zeta_1}{\varepsilon^2}+\zeta_2+\lambda\frac{l}{d}}}\sqrt{2gH}=\mu A\sqrt{2gH} \tag{4.48}$$

其中，$\mu=1/\sqrt{1+\frac{\zeta_1}{\varepsilon^2}+\zeta_2+\lambda\frac{l}{d}}$ 是管嘴出流的流量系数，其值与管嘴的形式、管嘴的几何参数和出流雷诺数都有关。许多工程设计手册提供由实验测量数据整理出的管嘴流量系数。

当管嘴的参数选取适当时，它的流量系数比孔口的流量系数大，也就是说，管嘴

可以比孔口有更高的出流效率。例如，根据对圆柱形管嘴的实验测量，当 $Re \geqslant 10^5$ 时，水舌收缩的局部损失系数 $\zeta_1=0.06$，截面收缩系数 $\varepsilon=0.64$，于是水舌扩大的局部损失系数

$$\zeta_2=\left(\frac{A}{A_C}-1\right)^2=\left(\frac{1}{\varepsilon}-1\right)^2=\left(\frac{1}{0.64}-1\right)^2=0.316$$

假设管嘴的长度与直径之比为 $l/d=2$，管壁的沿程损失系数为 $\lambda=0.02$，则它的流量系数

$$\mu=\frac{1}{\sqrt{1+\frac{\zeta_1}{\varepsilon^2}+\zeta_2+\lambda\frac{l}{d}}}=\frac{1}{\sqrt{1+\frac{0.06}{0.64^2}+0.316+0.02\times 2}}=0.82$$

比孔口在 $Re \geqslant 10^5$ 时的流量系数 $\mu=0.62$ 大。当流体通过管嘴时，收缩截面处于管嘴内部，此处的压强小于出口压强，形成所谓的负压区，负压对上游流体具有“抽吸”作用，使流量增大。只有当管嘴具有一定的长度才能在其内部形成负压区，但管嘴过长又会增加摩擦阻力，通常取 $l/d=2\sim4$ 可以得到较高的出流效率。当管嘴上、下游压差过大时，管内流速很高，有时也会使负压区的压强过小，从而形成气穴。管嘴内形成气穴后就不能保持连续的出流，因此出流效率反而又会降低。

内伸管嘴的流量系数一般比同样的外伸管嘴低 15%左右，但有时受容器外形设计的限制，只能安装内伸管嘴。

圆锥形收缩管嘴的出流速度和流量与收缩角度有关。采用 30°左右的收缩角不仅可以得到很大的出口流速，也可以得到较大的流量。收缩管嘴适用于需要高流速的地方，如用于消防水枪和水力采煤的喷枪等。

圆锥形扩张管嘴的出流速度和流量与扩张角度有关。此类管嘴的出流流量大，但出口流速低。它适用于需要大流量、低流速的地方。扩张管嘴的扩张角在 $\theta=13^\circ\sim14^\circ$时可以达到最佳的出流效果。

流线型管嘴的流量系数最大，而且也不易产生气穴，但是加工成本较高，因此一般只用于有特殊要求的地方。

小　　结

黏性流体的运动有层流和湍流两种状态。在层流中，黏性应力只包括分子黏性应力；在湍流中，流体质点的随机脉动产生强烈的质量、动量和能量传输，流体的应力包括分子黏性应力和湍流应力两个部分。当雷诺数小于临界值时流动处于层流状态，当雷诺数大于临界值时流动处于湍流状态。

黏性应力阻滞流体的运动，使运动机械能产生耗散，因此，在黏性流体的运动过程中，机械能沿着流线逐渐减小。单位重量流体的运动机械能损失也称为水头损失，一般情况下，总损失水头又包括沿程损失水头和局部损失水头两个部分。

在层流状态下，沿管道截面的速度分布为旋转抛物面，沿程损失水头与平均速度的一次方成正比。在湍流状态下，沿管道截面的速度分布远比层流均匀。根据黏性底层与管壁粗糙度的相对大小，又可以把管道中的湍流分为水力光滑管和水力粗糙管。在水力粗糙管中，沿程损失水头与平均速度的二次方成正比。

管道截面的突然扩大或者缩小，管道系统中的半开阀门、分叉管及弯管等都会在局部形成流动分离和二次流，从而引起流体运动机械能的耗损。这种在局部区域内耗散的运动机械能就是局部损失。局部损失系数一般需要通过实验来确定。

有压管道流动是工程中最常见的流动之一。在对有压管流进行水力计算时需要正确掌握管路中水头变化的基本规律及相应的原理；需要根据雷诺数和管壁相对粗糙度正确地运用经验公式或者莫迪图来确定沿程损失系数。

阀门突然开闭、负荷突然改变、泵突然停止工作等会在管道系统中引起水击。水击压强的大小与水流的动量变化率成正比，它可以大到足以对管道系统造成致命危害的程度。

在孔口出流中，由于水舌扩散段在孔口以外，水舌基本上不与孔口壁面相接触，因此只有水舌收缩所造成的局部损失。在管嘴出流中，水舌扩散后与管嘴壁面相接触，流体和壁面之间产生黏性摩擦，因此出流中既有局部损失也有沿程损失。计算孔口和管嘴出流的关键是确定其流量系数。

思　考　题

4-1　沿程损失水头具有______的量纲。

(A) 质量　(B) 力　(C) 应力　(D) 长度

4-2　损失水头等于______所耗损的运动机械能。

(A) 单位时间通过管道的流体　(B) 单位质量流体　(C) 单位重量流体

4-3　临界雷诺数与管道流动的流量、流体黏度、管道直径等参数______。

(A)均相关　(B) 均不相关　(C) 有的相关，有的不相关

4-4　当管道直径不变而流量逐渐增大时，雷诺数______。

(A) 不变　(B) 增大　(C) 减小

4-5　在速度梯度不为零的湍流中______分子黏性应力。

(A)存在　(B) 不存在　(C) 无法确定是否一定存在

4-6　湍流切应力是由于______的作用而产生的。

(A) 分子的内聚力　(B) 分子间的动量交换

(C) 重力　(D) 流体质点脉动引起的动量交换

4-7　在层流状态的管道流动中，沿程损失水头 h_f 与速度 V 的一次方成正比，沿程损失系数 λ 与速度 V 的______次方成正比。

(A) −2　(B) −1　(C) 0　(D) 1　(E) 2

4-8　在湍流水力光滑管中，沿程损失系数 λ 与管壁粗糙度 Δ ______。

(A) 有关　(B) 无关

4-9　在湍流水力粗糙管中，沿程损失水头 h_f ______。

(A) 与流速的二次方成正比　(B) 随雷诺数的增大而减小

(C) 与黏度成正比　(D) 与管道直径成正比

4-10　当管道中流速增高时，黏性底层的厚度 δ ______。

(A) 增大　(B) 不变　(C) 减小

4-11　在总流的伯努利方程中，湍流的动能修正系数总是______层流的动能修正系数。这说明在______流动中，沿管截面的速度分布更均匀。

(A_1) 大于　(B_1) 不小于　(C_1) 等于　(D_1) 小于

(A_2) 层流　(B_2) 湍流

4-12　产生局部损失的主要原因是______。

(A) 有壁面切应力　(B) 流动状态发生了变化

(C) 速度发生了变化　(D) 出现了流动分离和二次流

4-13　有 A、B 两根直径、长度和管壁粗糙度都完全相同的管道，管 A 输送水，管 B 输送油，油的黏度大于水的黏度。当两管道流量相等时，其沿程损失水头______。当两管道流动的雷诺数相等时，其沿程损失水头______。

(A) 管 A 大于管 B　(B) 相同　(C) 管 B 大于管 A　(D) 无法判断

4-14　用虹吸管在两个开口水池之间输送水，虹吸管最高处的压强______大气压。

(A) 大于　(B) 等于　(C) 小于

4-15　水击是______。

(A) 水流对管壁所作用的切应力　(B) 水压强发生急剧高低波动的现象

(C) 水射流对阀门的冲击

4-16　分析水击现象时，必须考虑______的影响。

(A) 水深　(B) 水的黏性

(C) 流体的压缩性和管壁的弹性　(D) 雷诺数

4-17　管嘴与孔口相比，______。

(A) 管嘴可能具有更高的出流效率　(B) 管嘴一定具有较低的出流效率

(C) 两者具有相同的出流效率

4-18　当管道流动的雷诺数超过临界值时，流动由层流逐渐转变为湍流。试从流动稳定性的角度解释这种现象，同时也解释雷诺数的意义。

习　题

4-1　假设有四种流体在直径 d=50 mm 的圆管中流动，已知四种流体的运动黏度分别为:润滑油 $\nu=10^{-4}\ m^2/s$,汽油 $\nu=0.884\times10^{-6}\ m^2/s$,水 $\nu=10^{-6}\ m^2/s$,空气 $\nu=1.5\times10^{-5}\ m^2/s$。试求保证使流动为层流的最大流量 Q。

4-2 在直径 $d=100$ mm 的圆管中,测得管截面中心点水流流速为 $u_{max}=0.02$ m/s。水的动力黏度 $\mu=1.14\times10^{-3}$ Pa·s。试求管流量 Q、单位长度管段的沿程损失水头 h_f 及管壁切应力 τ_w。

4-3 圆管直径 $d=80$ mm,当流动处于水力光滑管状态时测得 1 m 距离上的压降为 0.3 m H_2O,水运动黏度 $\nu=10^{-6}\ m^2/s$。试计算:

(1) 壁面切应力;

(2) 最大流速;

(3) 平均流速;

(4) 雷诺数;

(5) 流量。

4-4 运动黏度为 $\nu=10^{-6}\ m^2/s$ 的水在直径 $d=200$ mm,长 $l=20$ m 的圆管内流动,流量为 $Q=24\times10^{-3}\ m^3/s$。如果管壁粗糙度 $\Delta=0.2$ mm,试求沿程损失水头 h_f。

4-5 圆管直径 $d=80$ mm,当流量很大时测得沿程损失系数是一个常数,其值为 $\lambda=0.025$。试计算管壁粗糙度 Δ。

4-6 一条管道,在新使用时相对粗糙度 $\Delta/d=10^{-4}$,使用多年后,发现在水头损失相同的情况下,流量减少了 25%。假设流动处于平方阻力区,试估算此旧管道的相对粗糙度 Δ/d。

4-7 一段水管,长 $l=250$ m,水流量 $Q=0.12\ m^3/s$,该管段内局部损失系数之和为 $\sum\zeta=5$,沿程损失系数可按 $\lambda=0.02/d^{0.3}$ 计算。如果要求损失水头不大于 $h_w=5$ mH_2O,试求最小管直径 d。

4-8 如题 4-8 图所示,串联管道由两段管组成,其长度分别为 $l_1=550$ m,$l_2=450$ m,直径分别为 $d_1=300$ mm,$d_2=250$ mm,管壁粗糙度均为 $\Delta=0.6$ mm,水池中水自由面高 $h=10$ m。假设流动处于湍流粗糙管状态,不计局部损失,试求流量 Q。

4-9 题 4-9 图所示一虹吸管,已知 $l_1=30$ m,$l_2=40$ m,$l_3=50$ m,$h=2.5$ m,$H=3$ m,沿程损失系数$\lambda=0.022$,局部损失系数 $\zeta_1=3$,$\zeta_2=\zeta_3=1.5$,$\zeta_4=2$,设计流量 $Q=0.16\ m^3/s$。试确定管道直径 d,并求虹吸管上横管中点处的真空压强。

4-10 如题 4-10 图所示,长 $l_0=30$ m 的自流管,将水由水库引至吸水井,然后用水泵送至水塔,泵的吸水管长 $l_1=6$ m,直径 $d=200$ mm,输水管长 $l_2=140$ m,直径 $d=200$ mm,泵的抽水量 $Q=0.044\ m^3/s$,局部损失系数 $\zeta_1=6$,$\zeta_2=4$,$\zeta_3=5$,$\zeta_4=1$,$\zeta_5=4$,沿程损失系数 $\lambda=0.03$。设计要求水库和吸水井的水面高差 $H_1=2$ m,泵的扬水高程 $H_2=20$ m,水泵进水口处的真空压强为 49 kPa。试求:

(1) 自流管的直径 d_0;

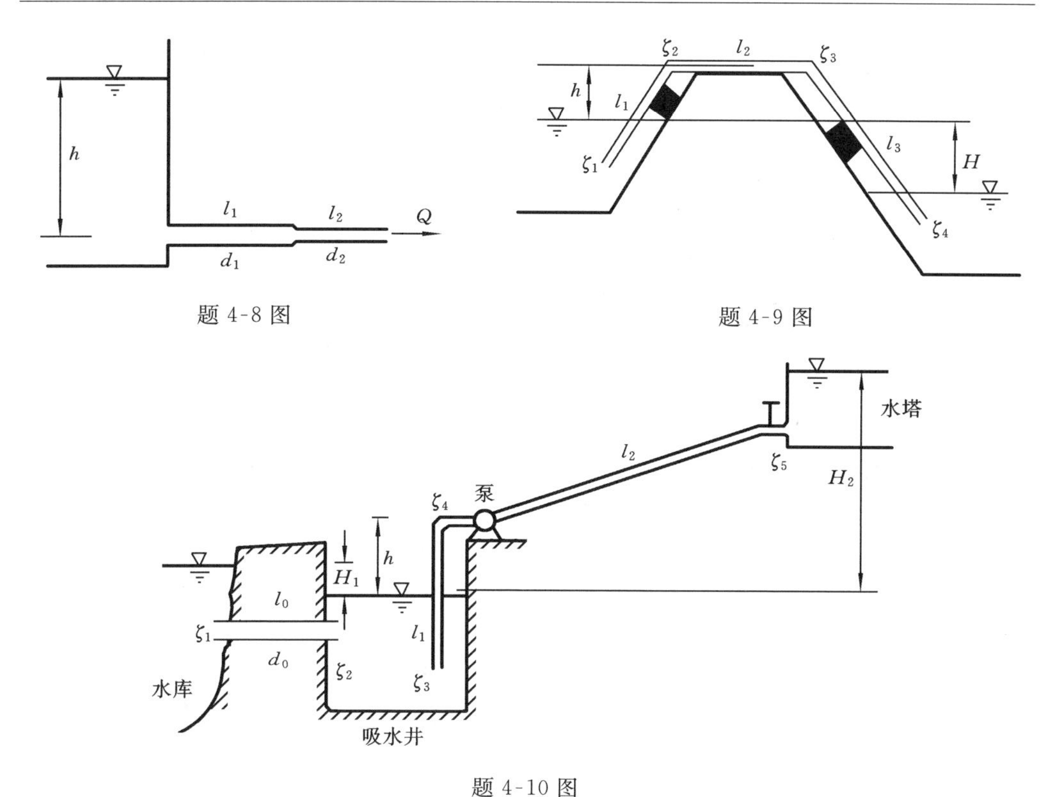

题 4-10 图

(2) 水泵的安装高度 h；

(3) 水泵的功率 P。

4-11　水自水池 A 沿水平设置的铸铁管流入水池 C，若水管直径 $d=200$ mm，水池 A 和水池 C 的水深分别为 $h_1=4$ m，$h_3=1$ m，两段水管长分别为 $l_1=30$ m，$l_2=50$ m，沿程损失系数 $\lambda=0.026$，不计局部损失，试求水池 B 中的水深 h_2。

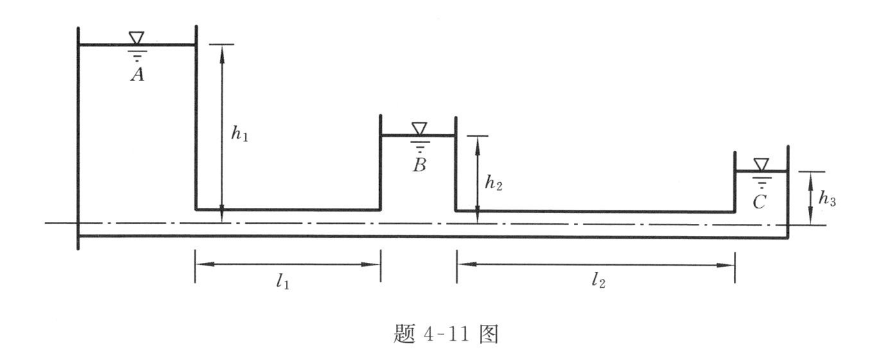

题 4-11 图

4-12　由两管组成的并联管路，其管直径 $d_1=d_2$，沿程损失系数 $\lambda_1=\lambda_2$，长度 $l_1=12$ m，$l_2=9$ m，总流量 $Q=0.02$ m^3/s，不计局部损失，试求各管道的流量。

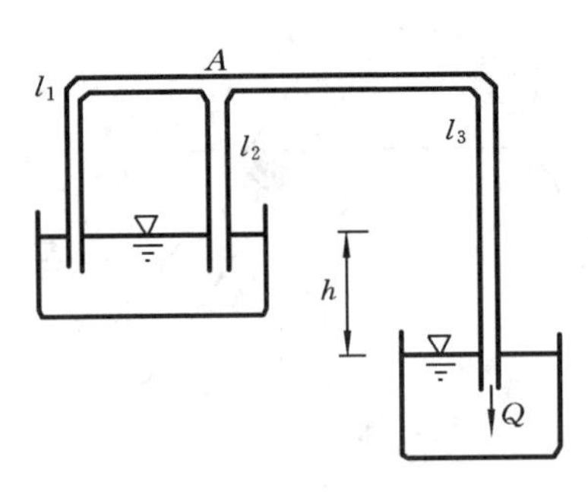

题 4-13 图

4-13　如题 4-13 图所示，管 1 和管 2 在点 A 与管 3 相接，形成并联管路的虹吸管，已知 $h=40$ m，$l_1=200$ m，$l_2=100$ m，$l_3=500$ m，$d_1=200$ mm，$d_2=100$ mm，$d_3=250$ mm，$\lambda_1=\lambda_2=0.02$，$\lambda_3=0.025$，不计局部损失，试求管路的总流量 Q。

4-14　一管道系统，当水流量 $Q_1=0.03\ m^3/s$ 时，损失水头 $h_{1w}=5\ mH_2O$，流动处于水力粗糙管状态。试求当水流量 $Q_2=0.05\ m^3/s$ 时的损失水头 h_{2w}。

4-15　机床液压传动系统供油钢管的直径 $d=500$ mm，管壁厚 $\delta=9$ mm，管壁材料的弹性模量 $E=2\times10^{11}$ Pa，油的相对密度为 0.9，体积模量 $K=1.5\times10^9$ Pa，管内初始流速 $V_0=1.74$ m/s。假设控制阀在瞬间突然关闭，试求由此产生的水击波波速 c 和水击压强 Δp。

4-16　开口容器侧壁有一直径 $d=10$ mm 的薄壁小圆孔，其中心位于液面下 $h=3$ m 处，试求出流流量。

4-17　开口容器侧壁有一直径 $d=10$ mm，长 $l=0.4$ m 的圆形外伸管嘴，其中心位于液面下 $h=3$ m 处，试求出流流量。

4-18　如题 4-18 图所示，水从水箱 A 通过直径为 $d=10$ cm 的孔口流入水箱 B，流量系数 $\mu=0.62$，上游水面高程 $h_1=3$ m。试求：

(1) 水箱 B 中无水时通过孔口的流量；

(2) 水箱 B 中水面高程 $h_2=2$ m 时通过孔口的流量。

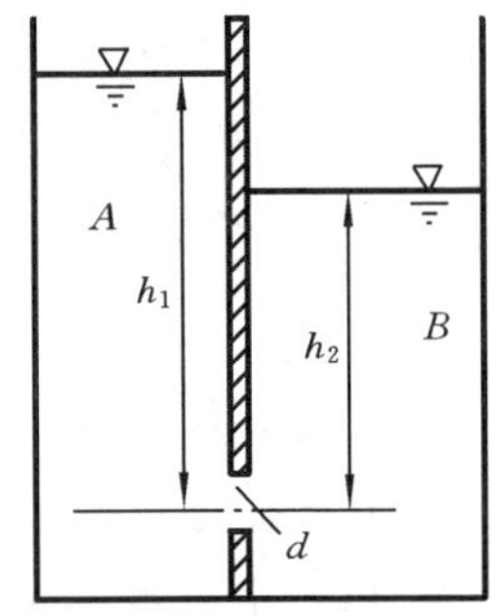

题 4-18 图

第 5 章　可压缩流体的一元流动

自然界中存在的流体都具有一定程度的可压缩性。在许多实际问题中，"不可压缩"假设可以相当准确地描述流动现象，而在另一些问题中，流体压缩性的影响则不可忽略。气体的可压缩程度比液体要大得多，当气体流动的速度或者物体在气体中的运动速度接近或者超过声速时，流动的物理特征会有本质改变，而气体的压缩性质则在其中起着关键性的作用。在这种情况下研究气体的流动时必须考虑其压缩性的影响，采用可压缩流动的模型。

气体动力学是研究可压缩流体运动规律及其工程应用的一门科学。气体动力学的研究对象包括各种喷管内的高速气流，飞机、导弹等飞行器在空气中高速飞行所引起的流动，蒸汽轮机或燃气轮机内流过叶轮的气流，强爆炸引起的气流，等等。

本章介绍气体动力学的基础知识，主要包括无黏性（理想）、可压缩气体定常管道流动的基本物理特性及参数变化规律。在讨论管道流动时，通常假设在管道的横截面上所有的流动参数（如压强、温度、速度等）均匀分布，因而流动可以认为是一元的。流动沿管道的参数变化可以是由管道截面积改变、加热和黏性摩擦等因素引起的。

5.1　可压缩气体一元定常流动的基本公式

可压缩气体的运动仍应该遵循质量守恒定律和动量定律，因此第 3 章中在这两个基本物理定律基础上所建立的连续性方程和运动方程在本章中仍然适用。由于在可压缩气体运动时，其压强、温度和密度等热力学参数同时发生变化，流体宏观运动的机械能与反映流体分子热运动水平的内能相互转换，但是其总能量却保持守恒，因此可压缩气体的运动还要遵循能量守恒（热力学第一）定律。在所有的热力学参数中（如压强、温度和密度，熵和焓等），只要确定了其中两个，就可以由反映热力学参数关系的状态方程确定所有其他参数。

下面给出无黏性可压缩气体定常一元流动的基本方程和基本的热力学关系式。

1. 状态方程

完全气体近似对于工程中常见的低密度或中等密度气体是有效的，这一近似使得气体的压强 p、密度 ρ 和热力学温度 T 满足下列状态方程

$$p=\rho RT \tag{5.1}$$

其中，R 是气体常数，热力学温度 T 的单位为 K。空气在一般情况下可以当做完全气体，其气体常数 $R=287\ \mathrm{J/(kg \cdot K)}$。各种常见气体的气体常数值如表 5-1 所示。

表 5-1 常见气体的物理性质(101 325 Pa,20 ℃)

气体名称	密度 ρ /(kg/m³)	动力黏度 μ /(10^{-6} Pa·s)	气体常数 R /(J/(kg·K))	定压热容 c_p /(J/(kg·K))	定容热容 c_V /(J/(kg·K))	绝热指数 γ
空气	1.205	18	287	1005	716	1.40
氧	1.330	20	260	909	649	1.40
氮	1.160	17.6	297	1040	743	1.40
氢	0.0839	9	4120	14420	10330	1.40
氦	0.166	19.7	2077	5220	3143	1.66
一氧化碳	1.160	18.2	297	1040	743	1.40
二氧化碳	1.840	14.8	188	858	670	1.28
甲烷	0.668	13.4	520	2250	1730	1.30
水蒸气	0.747	10.10	462	1862	1400	1.33

2. 连续性方程

对于一元定常流动,总流各截面通过的质量流量是常数,积分形式的连续性方程简化为 $\rho uA=C$。将该式求微分后并通除 ρuA,得到截面上 ρ、u、A 相对变化量之间的关系为

$$\frac{\mathrm{d}\rho}{\rho}+\frac{\mathrm{d}u}{u}+\frac{\mathrm{d}A}{A}=0 \tag{5.2}$$

3. 运动方程

质量力与流体的密度成正比。由于气体的密度很小,因此在一般的气体动力学问题中都可以不考虑质量力的影响。于是,对于一元定常流动,理想流体的运动微分方程(式(3.20))可以简化为

$$u\frac{\mathrm{d}u}{\mathrm{d}x}=-\frac{1}{\rho}\frac{\mathrm{d}p}{\mathrm{d}x}\quad 或\quad u\mathrm{d}u=-\frac{1}{\rho}\mathrm{d}p \tag{5.3}$$

4. 热力学常数

单位质量气体的温度升高 1 K 所需的热量称为(质量)比热容。在加热过程中,气体的体积和压强一般都会同时发生变化,对于不同的加热过程比热容是不同的。如果假设气体体积不变,在加热过程中仅压强发生变化,此时的比热容称为(质量)定容热容,简称定容热容,记为 c_V,按照热力学中的定义,其表达式为

$$c_V=\left(\frac{\partial q}{\partial T}\right)_V$$

其中,q 为热量。下标“V”表示加热过程中体积为常数。如果假设压强不变,加热过程中仅体积发生变化,此时的比热容称为(质量)定压热容,简称定压热容,记为 c_p,其表达式为

$$c_p = \left(\frac{\partial q}{\partial T}\right)_p$$

下标“p”表示加热过程中压强为常数。

对于完全气体，c_p 和 c_V 都是常数，两者之比

$$\gamma = \frac{c_p}{c_V}$$

称为(质量)热容比或者绝热指数。

定压热容 c_p 与定容热容 c_V 又有以下关系(可以由完全气体的状态方程式(5.1)和下面给出的热力学第一定律式(5.5)得到)，即

$$c_p = c_V + R$$

由此不难导出

$$c_V = \frac{R}{\gamma - 1} \tag{5.4(a)}$$

$$c_p = \frac{\gamma R}{\gamma - 1} \tag{5.4(b)}$$

常见气体的物理性质如表 5-1 所示。

5. 热力学第一定律

热力学第一定律也是能量守恒定律。该定律指出，当热能与其他形式的能量进行转换时，能量的总量保持恒定。对于平衡态的热力学系统(由特定质点组成的质量系统)，能量守恒关系要求：

加入系统的热能 ＝ 系统内能的增加 ＋ 系统对外界所做的功

用数学形式表达则成为

$$\delta q = \mathrm{d}e + p\mathrm{d}v \tag{5.5}$$

其中，δq 是单位质量气体所获得的热能；e 是单位质量气体的内能，称为质量内能(以下若不特别指明，所称内能均指质量内能)；v 是比体积，它表示单位质量气体所占有的体积，$v=1/\rho$；$p\mathrm{d}v$ 是单位质量气体在膨胀过程中对外界所做的功。

内能 e 可表示为

$$e = c_V T \tag{5.6}$$

单位质量气体的焓称为(质量)焓(以下若不特别指明，所称焓均指质量焓)，用 h 表示。定义 h 为内能 e 与压强势能 p/ρ 之和，即

$$h = e + \frac{p}{\rho} \tag{5.7}$$

焓的值描述了气体做功的能力。利用状态方程及内能的表达式，不难得到

$$h = (c_V + R)T = c_p T$$

将热力学第一定律式(5.5)写为

$$\delta q = \mathrm{d}e + \mathrm{d}\left(\frac{p}{\rho}\right) - \frac{\mathrm{d}p}{\rho}$$

将理想气体一元定常流动的运动方程式(5.3)代入上式，并用到焓的定义式(5.7)，热力学第一定律成为

$$\delta q = \mathrm{d}h + \mathrm{d}\left(\frac{u^2}{2}\right)$$

在绝热流动的条件下 $\delta q=0$，由上式积分得到能量方程的表达式为

$$h+\frac{u^2}{2}=C \quad 或 \quad c_p T+\frac{u^2}{2}=C \tag{5.8}$$

其中，C 为常数。这就是一元定常绝热流动的能量方程，它的物理意义是：在绝热流动中，单位质量气体的压强势能、内能和动能之和保持不变，或者焓与动能之和保持不变。这个结论对于有黏性摩擦和无黏性摩擦的绝热流动都是正确的。在有黏性摩擦的绝热流动中，边界上的速度为零，摩擦力不做功，虽然系统内部的摩擦力做功，但这种功将转化为热能，使气体的能量按不同的形式重新分配，并不会使系统的总能量发生变化。

运用式(5.4)和状态方程式(5.1)，还可以把能量方程式(5.8)表示为

$$\frac{u^2}{2}+\frac{\gamma R}{\gamma-1}T=C \tag{5.9}$$

$$\frac{u^2}{2}+\frac{\gamma}{\gamma-1}\frac{p}{\rho}=C \tag{5.10}$$

例 5-1 贮气罐内的空气温度为 $t_0=27$ ℃。罐内空气经一管道绝热地流出到温度为 $t=17$ ℃的大气中，试求管道出口的气流速度 u。

解 由于流动是绝热的，其参数变化满足绝热能量方程式(5.8)。罐内气体速度近似为零，因此对于管道的出口截面和进口截面，能量方程表示为

$$c_p T+\frac{u^2}{2}=c_p T_0$$

其中，T_0 是罐内气体的温度，$T_0=(273+27)$ K$=300$ K；T 是出口温度，$T=(273+17)$ K$=290$ K。对于空气

$$c_p=\frac{\gamma R}{\gamma-1}=\frac{1.4\times 287}{1.4-1}\ \mathrm{J/(kg\cdot K)}=1004.5\ \mathrm{J/(kg\cdot K)}$$

把有关数据代入能量方程后计算得到出口截面的速度

$$u=\sqrt{2c_p(T_0-T)}=\sqrt{2\times 1004.5\times(300-290)}\ \mathrm{m/s}=141.74\ \mathrm{m/s}$$

6. 等熵关系式

单位质量气体的熵称为(质量)熵(以下若不特别指明，所称熵均指质量熵)，用 s 表示。定义 s 的增量

$$\mathrm{d}s=\frac{\delta q}{T}$$

由热力学可知，q 不是状态函数，它与热力学过程有关，因此 δq 不是全微分。绝热过

程的熵变化不能简单地由 $\delta q/T$ 直接积分给出结果，而需要根据式(5.5)积分。将式(5.5)代入熵增量的表达式，对于完全气体，得到

$$\mathrm{d}s=\frac{\mathrm{d}e}{T}+\frac{p}{T}\mathrm{d}\left(\frac{1}{\rho}\right)=c_V\,\frac{\mathrm{d}T}{T}-R\,\frac{\mathrm{d}\rho}{\rho}$$

积分得到熵的一般形式为

$$\begin{aligned}s&=c_V\int\frac{\mathrm{d}T}{T}-R\int\frac{\mathrm{d}\rho}{\rho}=c_V\ln T-R\ln\rho+C\\&=c_V\ln T-\gamma c_V\ln\rho+c_V\ln\rho+c_V\ln R-c_V\ln R+C\\&=c_V\ln\frac{R\rho T}{\rho^{\gamma}}-c_V\ln R+C=c_V\ln\frac{p}{\rho^{\gamma}}+C\end{aligned}$$

熵值不发生变化的热力学过程称为等熵过程，此时

$$\frac{p}{\rho^{\gamma}}=C \tag{5.11}$$

由式(5.11)和状态方程式(5.1)，不难得到等熵过程中任意两个状态的关系式为

$$\frac{p_1}{p_2}=\left(\frac{\rho_1}{\rho_2}\right)^{\gamma} \tag{5.12(a)}$$

$$\frac{\rho_1}{\rho_2}=\left(\frac{T_1}{T_2}\right)^{\frac{1}{\gamma-1}} \tag{5.12(b)}$$

$$\frac{p_1}{p_2}=\left(\frac{T_1}{T_2}\right)^{\frac{\gamma}{\gamma-1}} \tag{5.12(c)}$$

气体在绝热的可逆过程中不发生熵的变化。例如，当管壁与管内气体之间通过热传导传递的热量不足以对流动造成显著影响时，可以认为流动是绝热的；又当气体的黏性效应可以忽略，没有运动机械能转换为热能时，则流动过程又是可逆的。同时满足绝热和可逆两个条件的流动就是等熵流动。

5.2　微弱扰动波的传播及声速

5.1 节已经得出了理想可压缩流体流动的基本方程，在对这些方程作进一步讨论之前，先分析小扰动在可压缩流体中的传播，并引进两个在可压缩流体流动问题中非常重要的物理参数：声速和马赫数。

1. 声波及声速

用槌敲击鼓时，会引起鼓膜的振动。当鼓膜外凸时，扰动邻近的空气，从而使邻近空气的压强和密度稍微升高，而邻近的这层空气又会挤压它外层的空气，从而使外面一层空气的压强和密度升高，这样一层层向外挤压，使压强扰动以波的形式向周围传播。相反，当鼓膜内凹时，又会使邻近空气的压强和密度稍微减小，这种扰动也会以同样的方式向外传播。就这样，鼓膜扰动空气，扰动波在空气中传播，当扰动波传到人的耳朵里时，耳膜振动使人听到了鼓声。所以说，声音实际上就是发声器的振动

在空气中所引起的微弱扰动，声音的传播就是微弱扰动以波的形式在空气中的传播。这种微弱扰动波也就是我们通常所说的声波，而微弱扰动（或者小扰动）波的传播速度也就是声速。在静止流体中，扰动波向各个方向的传播速度相同，从而形成圆球形的波面。

由于扰动波在一元管道中的传播与三维空间的传播过程完全一样，为了数学表达的简洁，下面以一元管道中的小扰动波传播过程为例来计算声速，由此所得结果对于在空间中传播的扰动波也是正确的。

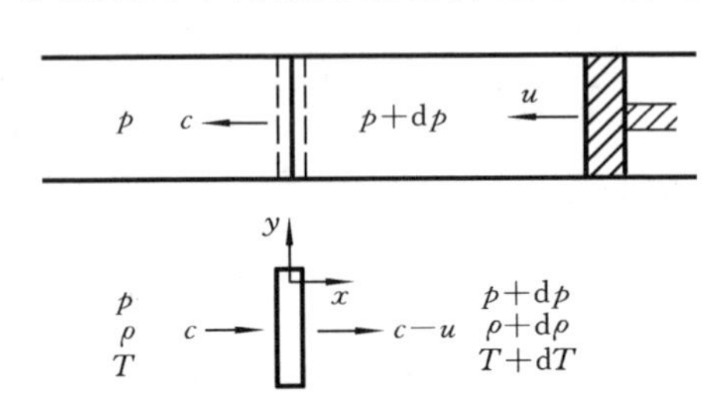

图 5-1　微弱扰动波及控制体

假设在无限长的等截面管道中充满静止的可压缩气体，其压强、密度和温度分别为 p、ρ、T。管右端有一个活塞，此活塞突然以一个微小速度 u 向左运动，如图 5-1 所示。

当活塞启动时，紧贴活塞的气体也随之以速度 u 向左运动，同时受到压缩，使压强、密度、温度都有所增加，分别变为 $p+\mathrm{d}p$、$\rho+\mathrm{d}\rho$、$T+\mathrm{d}T$。而远方的气体尚未受到干扰，速度仍为零，压强、密度、温度仍分别为 p、ρ、T。受扰动和未受扰动气体的分界面就是波面。随着时间的推移，扰动区逐渐扩大，波面向左传播，其传播速度 c 就是声速。

在固定坐标系中，管内气体的运动是非定常的。为了把它转换为定常流动问题，可将运动坐标系 Oxy 固结于波面上，在此运动坐标系中活塞扰动所引起的流动是定常的。沿管壁取包含波面在内的薄控制体，如图 5-1 所示，控制体左面的流体速度、压强、密度和温度分别是 c、p、ρ、T，而在控制体的右面，这些流体量则分别是 $c-u$，$p+\mathrm{d}p$，$\rho+\mathrm{d}\rho$，$T+\mathrm{d}T$，左、右两控制面的面积为管截面面积 A。控制体侧面无质量交换。对此控制体，定常运动的连续性方程是

$$\rho cA=(\rho+\mathrm{d}\rho)(c-u)A$$

或

$$u=\frac{\mathrm{d}\rho}{\rho+\mathrm{d}\rho}c$$

由于波面控制体很薄，管壁摩擦力可忽略不计。在不计质量力的情况下，作用于控制体内气体的外力只是压强。由定常运动的动量方程式(3.35)可知，作用于控制体内气体的合外力等于单位时间内流出和流入控制面的动量之差。于是有

$$pA-(p+\mathrm{d}p)A=(\rho+\mathrm{d}\rho)(c-u)^2A-\rho c^2A$$

运用连续性方程，上式可简化为

$$\mathrm{d}p=\rho cu\quad 或\quad u=\frac{\mathrm{d}p}{\rho c}$$

再把 u 代入连续性方程则得到

$$\frac{\mathrm{d}\rho}{\rho+\mathrm{d}\rho}c=\frac{\mathrm{d}p}{\rho c}\quad 或\quad c^2=\left(1+\frac{\mathrm{d}\rho}{\rho}\right)\frac{\mathrm{d}p}{\mathrm{d}\rho}$$

对于微弱扰动，密度相对变化 $\mathrm{d}\rho/\rho$ 是小量。略去小量后就得到

$$c=\sqrt{\frac{\mathrm{d}p}{\mathrm{d}\rho}} \tag{5.13}$$

式(5.13)与物理学中计算声音在弹性介质中传播速度(即声速)的拉普拉斯公式完全相同。可见气体中微弱扰动波的传播速度就是声速。对于不可压缩流体，$\mathrm{d}p/\mathrm{d}\rho\to\infty$，此时声速趋于无穷大。这说明，在研究声波的传播时是不能忽略流体的压缩性的。

声速是一个十分重要的物理量，人们很早就开始尝试推导声速的计算公式。牛顿在1687年对声音在空气中的传播过程进行了初步研究，他认为声音在空气中的传播是个等温过程。如果温度 T 不变化，由状态方程式(5.1)微分就得到 $\mathrm{d}p/\mathrm{d}\rho=RT$，于是声速 $c=\sqrt{RT}$。对于15 ℃的空气，由此式计算得到的声速约为287 m/s，而牛顿所测得的声速则为340 m/s，两者有一定的偏差。实际上，如果声音传播过程等温，则受压缩的空气微团就需要通过与周围空气之间的热传导来维持自身的温度不变，而这就需要空气有非常好的导热性能。但是，空气的导热性能实际上并不好。一百多年以后的1816年，拉普拉斯提出，声音的传播是等熵过程，并由此导出了正确的声速计算公式。运用等熵关系式(5.11)求微分就得到

$$\frac{\mathrm{d}p}{\mathrm{d}\rho}=\gamma\frac{p}{\rho}$$

再代入状态方程 $p=\rho RT$，可得到完全气体中声速 c 的计算公式为

$$c=\sqrt{\gamma\frac{p}{\rho}}=\sqrt{\gamma RT} \tag{5.14}$$

对于空气，$\gamma=1.4$，$R=287\ \mathrm{J/(kg\cdot K)}$，于是 $c=20.1\sqrt{T}$ m/s。声速与温度直接相相，例如，声速在15 ℃的空气中为340 m/s，在30 ℃的空气中为349 m/s。

如果流场中的温度分布不均匀，则各点的声速也不相同，因此也经常用到"当地声速"的说法。需要注意的是，声波速度只是压强扰动波或者密度扰动波的传播速度，并不是流体质点本身的运动速度。

把声速的表达式(5.14)代入能量方程式(5.9)中，就得到能量方程的另一种表达形式

$$\frac{u^2}{2}+\frac{c^2}{\gamma-1}=C \tag{5.15}$$

2. 马赫数

定义气体质点的速度 u 与当地声速 c 的比值为马赫(Mach)数，记作 Ma，根据定义得

$$Ma=\frac{u}{c} \tag{5.16}$$

“马赫数”是为纪念奥地利物理学家马赫(E. Mach)而得名，它是一个无量纲的参数，它的值是判断流体压缩性对流动影响大小的重要指标，因此它在气体动力学中是一个非常重要的参数。根据马赫数的大小，可压缩流动可以被分为三种类型：$Ma<1$，亚声速流动；$Ma\approx 1$，跨声速流动；$Ma>1$，超声速流动。

点扰动产生的扰动波在无界静止的可压缩流体中传播时，其波面是球面。可以分四种情况讨论以速度 u 行进的点扰动源的影响区域。图 5-2 中的小圆圈分别表示四个不同时刻(间隔时间 Δt)扰动源到达的位置。扰动源在每一个位置都会发出一个球面波，之前各个时刻发出的球面波半径分别为 $3c\Delta t$、$2c\Delta t$、$c\Delta t$。

(1) $u=0$，扰动源不动。这时，点扰动所发出的扰动波的波面是一族同心的球面，如图 5-2(a)所示。扰动可以传遍整个流场空间。

(2) $u<c$，扰动源以亚声速向右移动。此时波面是一族不同心的球面，如图 5-2(b)所示。只要时间足够长，扰动仍然可以传遍整个流场空间，而且扰动源始终在受扰区域内运动。

(3) $u=c$，扰动源以声速向右移动。此时所有的波面相切于与扰动源移动方向垂直的一个平面，如图 5-2(c)所示。扰动只能传播到扰动源的下游，不能向上游传播。

(4) $u>c$，扰动源以超声速向右移动。此时受扰区限制在一个圆锥面内，扰动波只在此圆锥内传播，如图 5-2(d)所示。这个圆锥称为马赫锥。

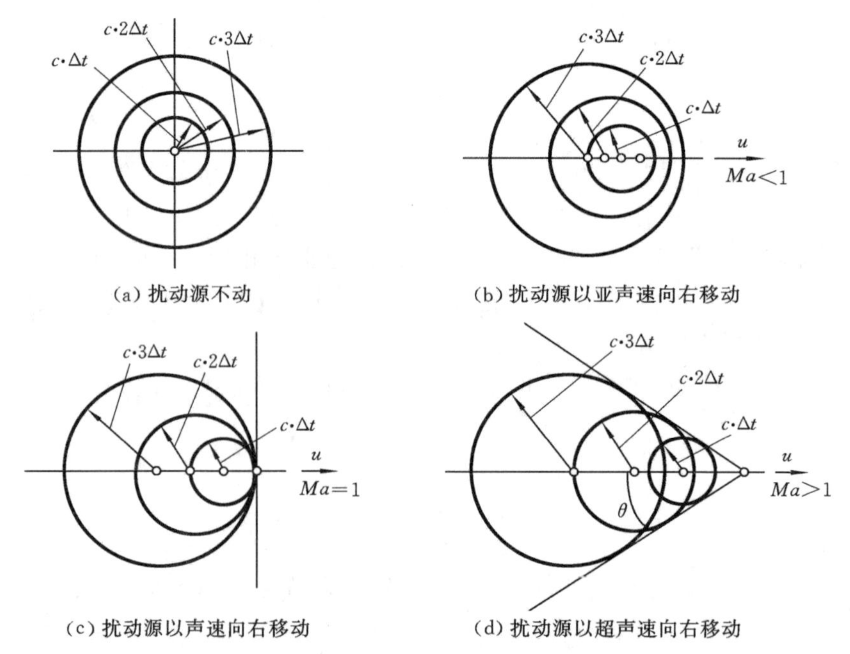

(a) 扰动源不动　　(b) 扰动源以亚声速向右移动

(c) 扰动源以声速向右移动　　(d) 扰动源以超声速向右移动

图 5-2　微弱扰动波在气流中的传播

马赫锥的顶点就是扰动源的位置，它的母线称为马赫线或马赫波，它的半顶角又称为马赫角，记作 θ，由图可以看出

$$\sin\theta=\frac{c}{u}=\frac{1}{Ma} \tag{5.17}$$

马赫锥外面的气体不受扰动的影响，故马赫锥外部区域称为寂静区。飞机在大气中飞行时对静止大气造成扰动，当它作超声速飞行时扰动只在马赫锥内部的区域中传播，因此，在飞机掠过头顶之后人们才能听到由飞机传来的轰鸣声。

以上是静止气体中运动扰动源的传播状况。如果扰动源静止，气体以速度 u 向左运动，这时，扰动波在气流中的传播状况也可以用图 5-2 作同样的分析。图 5-2(b)、(c)、(d)分别描述微弱扰动在亚声速($Ma<1$)、声速($Ma=1$)和超声速($MA>1$)气流中的传播状况。

综合上面的分析可以看到，亚声速气流和超声速气流的基本差别是：在亚声速气流中，微弱扰动可以传遍整个流场空间；在超声速气流中，扰动只能在马赫锥内部传播。

用一种光学方法可以根据气流密度的变化将气流中的受扰区域和未受扰区域区分开。在超声速风洞中的壁面沿流向间隔贴上薄胶纸，利用胶纸边缘形成微弱扰动源。当风洞某一部分出现超声速流时，从扰动源发出马赫波，用光学方法显示马赫波，即可观察到超声速流出现的情况，如图 5-3 所示。

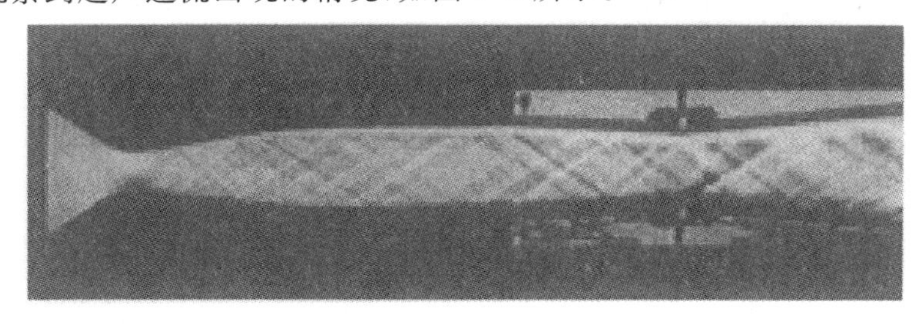

图 5-3　用光学方法显示超声速风洞中的气流马赫波
（图中有交叉条纹的部分气流达到超声速）

例 5-2　已知空气气流速度 $u=210$ m/s，温度 $t=30$ ℃，试求气流马赫数 Ma。

解　对于空气，$\gamma=1.4$，$R=287$ J/(kg·K)，把 $T=(273+30)$ K$=303$ K 代入式(5.16)后得到

$$Ma=\frac{u}{\sqrt{\gamma RT}}=\frac{210}{\sqrt{1.4\times 287\times 303}}=0.602$$

例 5-3　子弹在 $t=15$ ℃的大气中飞行，用光学方法显示其头部马赫锥的半顶角为 $\theta=40°$，试求子弹的飞行速度 u。

解　子弹飞行时，弹头附近的压强增高，这就是扰动源。马赫角 $\theta=40°$，由式(5.17)算得

$$Ma=\frac{1}{\sin\theta}=\frac{1}{\sin 40^\circ}=1.5557$$

热力学温度 $T=(273+15)\ \mathrm{K}=288\ \mathrm{K}$，因此

$$u=Ma\cdot c=Ma\sqrt{\gamma RT}=1.5557\times\sqrt{1.4\times 287\times 288}\ \mathrm{m/s}=529.2\ \mathrm{m/s}$$

5.3　一元等熵流动的基本关系

可压缩气体作一元等熵流动时，其能量方程(见式(5.8))描述了气流速度 u 与温度 T 之间的关系，当速度变大时，温度会随之变小。由式(5.10)可以看出，压强 p 和密度 ρ 也会随速度发生改变。这些参数变化都可以表示为无量纲参数(如马赫数)的函数，而这些函数称为一元等熵流动的基本关系式或者气体动力学函数。

能量方程中的常数表示绝热流动的总能量，它可以用某一个参考状态的函数值表示。一般选取滞止状态、临界状态和最大速度状态作为参考状态，下面分别予以介绍。

1. 滞止状态

滞止状态是流体速度为零的热力学状态。滞止状态的参数值用下标“0”表示，如滞止压强、滞止密度、滞止温度和滞止声速分别表示为 p_0、ρ_0、T_0 和 c_0。当气体由大容器通过管道流出时，容器内的气体速度近似为零，于是可以把容器内的气体状态看成是滞止状态。由式(5.8)得

$$c_pT+\frac{u^2}{2}=c_pT_0=\frac{\gamma}{\gamma-1}\frac{p_0}{\rho_0}\tag{5.18}$$

其中，T_0 是滞止温度，也称为总温；T 是静温(或当地温度)。

在式(5.18)两边同时除以 c_pT，得到

$$\frac{T_0}{T}=1+\frac{u^2}{2c_pT}$$

对比式(5.8)和式(5.15)可知，$c_pT=c^2/(\gamma-1)$，于是上式又整理成为

$$\frac{T_0}{T}=1+\frac{\gamma-1}{2}Ma^2\tag{5.19(a)}$$

如果流动等熵，由上式和等熵关系式(5.12)进一步得到

$$\frac{\rho_0}{\rho}=\left(1+\frac{\gamma-1}{2}Ma^2\right)^{\frac{1}{\gamma-1}}\tag{5.19(b)}$$

$$\frac{p_0}{p}=\left(1+\frac{\gamma-1}{2}Ma^2\right)^{\frac{\gamma}{\gamma-1}}\tag{5.19(c)}$$

由式(5.18)可以看出，绝热流动的总温不变，滞止压强与滞止密度之比不变，但是滞止压强和滞止密度是可以同时变化的。只有在等熵流动中，滞止压强和滞止密度才保持不变。

例 5-4　已知一元等熵空气气流某处的流动参数 $u=150\ \mathrm{m/s}$，$T=288\ \mathrm{K}$，$p=$

1.3×10^5 Pa，试求此气流的滞止参数 p_0、ρ_0、T_0 和 c_0。

解　对于空气，$\gamma=1.4$，$R=287$ J/(kg·K)，于是

$$Ma=\frac{u}{\sqrt{\gamma RT}}=\frac{150}{\sqrt{1.4\times287\times288}}=0.4410$$

$$\frac{T_0}{T}=1+\frac{\gamma-1}{2}Ma^2=1+\frac{1.4-1}{2}\times0.441^2=1.0389$$

$$T_0=1.0389T=1.0389\times288\ \text{K}=299.2\ \text{K}$$

$$c_0=\sqrt{\gamma RT_0}=\sqrt{1.4\times287\times299.2}\ \text{m/s}=346.73\ \text{m/s}$$

$$\frac{p_0}{p}=\left(\frac{T_0}{T}\right)^{\frac{\gamma}{\gamma-1}}=(1.0389)^{\frac{1.4}{1.4-1}}=1.1429$$

$$p_0=1.1429p=1.1429\times1.3\times10^5\ \text{Pa}=1.486\times10^5\ \text{Pa}$$

$$\rho_0=\frac{p_0}{RT_0}=\frac{1.486\times10^5}{287\times299.2}\ \text{kg/m}^3=1.7305\ \text{kg/m}^3$$

2. 临界状态

当气流速度 u 等于当地声速 c，即 $Ma=1$ 时，气流处于临界状态。临界状态下的参数又称为临界参数，以下标"*"号表示，如临界压强、临界密度、临界温度和临界声速分别表示为 p_*、ρ_*、T_* 和 c_*。以临界参数表示的能量方程是

$$\frac{u_*^2}{2}+\frac{c_*^2}{\gamma-1}=\frac{\gamma+1}{2(\gamma-1)}c_*^2=\frac{c_0^2}{\gamma-1}\tag{5.20}$$

因此

$$\frac{T_*}{T_0}=\frac{c_*^2}{c_0^2}=\frac{2}{\gamma+1}\tag{5.21(a)}$$

运用等熵关系则进一步得到

$$\frac{\rho_*}{\rho_0}=\left(\frac{2}{\gamma+1}\right)^{\frac{1}{\gamma-1}}\tag{5.21(b)}$$

$$\frac{p_*}{p_0}=\left(\frac{2}{\gamma+1}\right)^{\frac{\gamma}{\gamma-1}}\tag{5.21(c)}$$

绝热指数 γ 是个常数，临界参数与相应的滞止参数之间有确定的比值，例如，对于空气，$\gamma=1.4$，由式(5.21)算出，$T_*/T_0=0.8333$，$\rho_*/\rho_0=0.6339$，$p_*/p_0=0.5283$。流体的总能量不仅可以用滞止参数表示也可以用临界参数表示。

定义流体运动速度与临界声速之比为速度系数，记作 λ。由定义有

$$\lambda=\frac{u}{c_*}\tag{5.22}$$

马赫数 Ma 和速度系数 λ 都是无量纲数的参数，λ 是气流速度 u 与临界声速 c_* 的比值，而 Ma 是气流速度 u 与当地声速 c 的比值。速度系数 λ 与马赫数 Ma 之间的关系可以作如下推导：

$$\lambda^2=\frac{u^2}{c^2}\frac{c^2}{c_*^2}=Ma^2\ \frac{T}{T_*}=Ma^2\ \frac{T}{T_0}\frac{T_0}{T_*}$$

把式(5.19(a))和式(5.21(a))代入上式并整理后就可以得到

$$\lambda^2=\frac{(\gamma+1)Ma^2}{2+(\gamma-1)Ma^2}$$

或
$$Ma^2=\frac{2\lambda^2}{\gamma+1-(\gamma-1)\lambda^2} \tag{5.23}$$

图 5-4 中是根据式(5.23)绘出的 λ-Ma 关系曲线。从图中可以清楚地看出，速度系数 λ 随着马赫数 Ma 的增大而增大并且趋于极限值 $\sqrt{(\gamma+1)/(\gamma-1)}$。特别值得注意的是，曲线经过 $Ma=1,\lambda=1$ 的点。也就是说，对于亚声速流动，$Ma<1,\lambda<1$；对于声速流动，$Ma=1,\lambda=1$；对于超声速流动，$Ma>1,\lambda>1$。因此，不仅可以根据马赫数 Ma 的值是否大于 1，还可以根据速度系数 λ 的值是否大于 1 来判断气流是否超声速的。

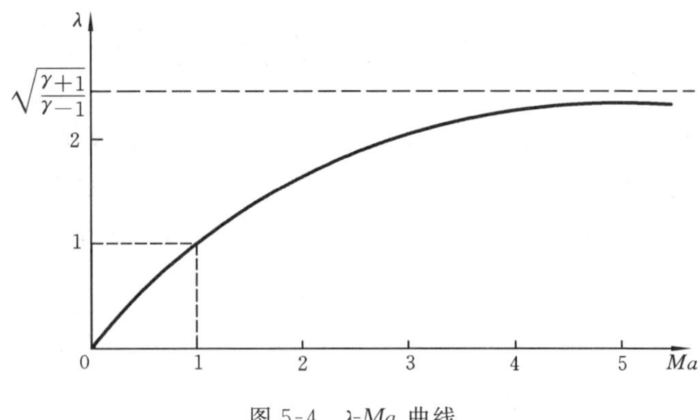

图 5-4　λ-Ma 曲线

3. 最大速度状态

最大速度状态是热力学温度降至零度，气流速度达到最大值时的一种极限状态。最大速度记为 $u_{\max}$。当气流达到这一极限状态时，气体的焓全部转化为动能。气体的真实流动不可能达到这种状态，因此它只是一种假设的理论状态。

用最大速度 $u_{\max}$ 作为参考量，能量方程式(5.18)又可写成

$$c_pT+\frac{u^2}{2}=c_pT_0=\frac{\gamma+1}{2(\gamma-1)}c_*^2=\frac{u_{\max}^2}{2} \tag{5.24}$$

两边分别除以 c_pT_0 得到

$$\frac{T}{T_0}+\frac{u^2}{2c_pT_0}=1$$

由于 $c_pT_0-u_{\max}^2/2$，因此有

$$\frac{T}{T_0}=1-\left(\frac{u}{u_{\max}}\right)^2 \tag{5.25(a)}$$

对于等熵流动，还有关系式

$$\frac{\rho}{\rho_0}=\left[1-\left(\frac{u}{u_{\max}}\right)^2\right]^{\frac{1}{\gamma-1}} \tag{5.25(b)}$$

$$\frac{p}{p_0}=\left[1-\left(\frac{u}{u_{\max}}\right)^2\right]^{\frac{\gamma}{\gamma-1}} \tag{5.25(c)}$$

在滞止状态、临界状态和最大速度状态这三个参考状态中，滞止状态最为重要，相对于其他两种状态它有着更多的实际应用。

例 5-5　绝热指数 $\gamma=1.33$，气体常数 $R=462\ \text{J/(kg·K)}$ 的过热蒸汽在汽轮机内流动，已知入口气流参数 $u=500\ \text{m/s}$，$p=5000\ \text{kPa}$，$T=673\ \text{K}$。蒸汽流过叶片时，在叶片前缘处有速度为零的点(也称为驻点)。试求驻点的温度和压强。

解　蒸汽气流可以作为等熵流，驻点上的参数就是滞止参数。计算气流马赫数后就可以运用式(5.19)计算滞止温度。有

$$Ma=\frac{u}{\sqrt{\gamma RT}}=\frac{500}{\sqrt{1.33\times462\times673}}=0.7775$$

$$\frac{T_0}{T}=1+\frac{\gamma-1}{2}Ma^2=1+\frac{1.33-1}{2}\times0.7775^2=1.0997$$

$$T_0=1.0997T=1.0997\times673\ \text{K}=740\ \text{K}$$

再运用等熵关系式计算滞止压强，即

$$\frac{p_0}{p}=\left(\frac{T_0}{T}\right)^{\frac{\gamma}{\gamma-1}}=(1.0997)^{\frac{1.33}{1.33-1}}=1.4667$$

$$p_0=1.4667p=1.4667\times5000\ \text{kPa}=7334\ \text{kPa}$$

例 5-6　空气在管道中作绝热无摩擦流动，已知某截面上的流动参数 $T=333\ \text{K}$，$p=207\ \text{kPa}$，$u=152\ \text{m/s}$。试求临界参数 T_*、p_*、ρ_*。

解　绝热、无摩擦流动就是等熵流动。先求马赫数 Ma，再求 T_*、p_*、ρ_*。对于空气，$\gamma=1.4$，$R=287\ \text{J/(kg·K)}$，所以

$$Ma=\frac{u}{\sqrt{\gamma RT}}=\frac{152}{\sqrt{1.4\times287\times333}}=0.4155$$

$$\frac{T_*}{T}=\frac{T_0/T}{T_0/T_*}=\frac{1+\frac{\gamma-1}{2}Ma^2}{1+\frac{\gamma-1}{2}}=\frac{1+\frac{1.4-1}{2}\times0.4155^2}{1+\frac{1.4-1}{2}}=0.8621$$

$$T_*=0.8621T=0.8621\times333\ \text{K}=287.08\ \text{K}$$

$$\frac{p_*}{p}=\left(\frac{T_*}{T}\right)^{\frac{\gamma}{\gamma-1}}=(0.8621)^{\frac{1.4}{1.4-1}}=0.5949$$

$$p_*=0.5949p=0.5949\times207\ \text{kPa}=123.14\ \text{kPa}$$

$$\rho_*=\frac{p_*}{RT_*}=\frac{123140}{287\times287.08}\ \text{kg/m}^3=1.4946\ \text{kg/m}^3$$

例 5-7　一元等熵空气气流，已知截面 1 的参数 $p_1=140\ \text{kPa}$，$T_1=290\ \text{K}$，$u_1=$

80 m/s,在截面 2 测得压强 $p_2=100$ kPa,试计算该截面上的速度 u_2。

解 先运用等熵关系式(5.12)求 T_2,再由能量方程式(5.9)求 u_2。

$$\frac{T_2}{T_1}=\left(\frac{p_2}{p_1}\right)^{\frac{\gamma-1}{\gamma}}=\left(\frac{100}{140}\right)^{\frac{1.4-1}{1.4}}=0.9083$$

$$T_2=0.9083T_1=0.9083\times 290\ \text{K}=263.41\ \text{K}$$

由能量方程

$$\frac{\gamma R}{\gamma-1}T_1+\frac{1}{2}u_1^2=\frac{\gamma R}{\gamma-1}T_2+\frac{1}{2}u_2^2$$

解出

$$\begin{aligned}u_2&=\sqrt{u_1^2+2\frac{\gamma R}{\gamma-1}(T_1-T_2)}=\sqrt{80^2+2\times\frac{1.4\times 287}{1.4-1}\times(290-263.41)}\ \text{m/s}\\&=244.58\ \text{m/s}\end{aligned}$$

例 5-8 将式(5.19(c))与不可压缩流体运动的伯努利方程相比较,分析不同马赫数情况下流体压缩性的影响。

解 不考虑重力的影响,由不可压缩流体运动的伯努利方程式(3.24)得到滞止压强

$$p_0=p+\frac{\rho u^2}{2}$$

若考虑流体压缩性,则由式(5.19(c))得

$$p_0=p\left(1+\frac{\gamma-1}{2}Ma^2\right)^{\frac{\gamma}{\gamma-1}}$$

在马赫数较小时,$\frac{\gamma-1}{2}Ma^2<1$,可以将上式展开为无穷级数

$$\begin{aligned}p_0&=p\left[1+\frac{\gamma}{2}Ma^2\left(1+\frac{1}{4}Ma^2+\frac{2-\gamma}{24}Ma^4+\cdots\right)\right]\\&=p\left[1+\frac{\rho u^2}{2p}\left(1+\frac{1}{4}Ma^2+\frac{2-\gamma}{24}Ma^4+\cdots\right)\right]\end{aligned}$$

对比两种情况下 p_0 的表达式可以发现,忽略流体的压缩性相当于忽略括号中的 $\frac{1}{4}Ma^2+\frac{2-\gamma}{24}Ma^4+\cdots$ 部分,当 $Ma<0.2$ 时,由此在 p_0 中所产生的相对误差大约为 1%。可见,马赫数可以作为判断气体压缩性大小的指标,对于低速气流,一般当 $Ma<0.2$ 时就可以忽略气体的压缩性,将气体流动看成是不可压缩流体的流动。

5.4 一元等熵气流在变截面管道中的流动

管道截面积的变化、管壁黏性摩擦及壁面的热交换都会对可压缩流动产生影响。首先考虑截面积变化的影响,忽略摩擦效应和热交换两个因素。下一节再分别考虑管壁摩擦效应和热交换对流动的影响。

1. 管道截面积变化对流动的影响

一元等熵气流在管道中作定常运动时，截面积的变化必然引起截面上平均速度的变化，同时截面上的压强、密度和温度也随之发生改变。下面研究它们之间的关系。

取 x 轴与管道中心轴线相重合，它的正方向与流动方向相同。管道截面积和速度、压强、密度、温度等气流参数都是 x 的函数。

1）管道截面积变化对速度的影响

连续性方程

$$\frac{d\rho}{\rho}+\frac{du}{u}+\frac{dA}{A}=0$$

给出了密度相对变化、速度相对变化和截面积相对变化三者之间的关系。为了研究速度随截面积的变化，首先需要消去式中的密度项 $d\rho/\rho$。运用声速计算公式(5.13)，密度的相对变化

$$\frac{d\rho}{\rho}=\frac{d\rho}{dp}\frac{dp}{\rho}=\frac{1}{c^2}\frac{dp}{\rho}$$

把运动方程式(5.3)

$$udu=-\frac{1}{\rho}dp$$

代入上式后又成为

$$\frac{d\rho}{\rho}=-\frac{u}{c^2}du=-Ma^2\ \frac{du}{u} \tag{5.26}$$

运用式(5.26)消去连续性方程中的 $d\rho/\rho$ 就得到

$$(Ma^2-1)\frac{du}{u}=\frac{dA}{A} \tag{5.27}$$

该式给出了速度变化与管道截面积变化之间的关系。下面分三种情况对相关变化规律进行详细讨论。

(1) 对于亚声速流动，$Ma<1$。由式(5.27)可以看出，du 与 dA 反号。因此，当 $dA<0$ 时有 $du>0$，即，当管道截面积 A 随 x（沿流动正方向）减小时速度 u 随 x 增大，反之，当 $dA>0$ 时有 $du<0$。这说明，亚声速气流在收缩管内沿流动正方向逐渐加速，在扩散管内沿流动正方向逐渐减速。

(2) 对于超声速流动，$Ma>1$。此时 du 与 dA 同号。于是，当 $dA<0$ 时有 $du<0$，当 $dA>0$ 时有 $du>0$。也就是说，超声速气流在收缩管内逐渐减速，在扩散管内逐渐加速。

综上所述，超声速气流与亚声速气流在物理上有着本质的区别，它们在变截面管道中的速度变化规律完全相反。表5-2总结了以上两种流动的速度变化规律与管道截面变化规律之间的关系。

表 5-2　速度变化与管道截面积变化的关系

流道形状	收缩管道	扩散管道
亚声速流动，$Ma<1$	$\frac{du}{dx}>0$，加速	$\frac{du}{dx}<0$，减速
超声速流动，$Ma>1$	$\frac{du}{dx}<0$，减速	$\frac{du}{dx}>0$，加速

(3) 当 $Ma=1$ 时有 $dA=0$。这又说明，$Ma=1$ 只能出现在截面积取极值处。当 $Ma=1$ 时气流处于临界状态，气流处于临界状态的截面又称为临界截面。结合表5-2可以判断，临界截面只可能出现在截面积为极小值处。

亚声速气流在收缩管道中是加速的，但是不可能加速为超声速，极端的情况就是在最小截面上达到声速。要把管道中的亚声速气流加速为超声速气流，必须采用缩放形截面的管道，亚声速气流在收缩段中加速，在极小截面(通常也称为管道喉部)上达到声速，以后在扩散段继续加速成为超声速气流。

2) 管道截面积变化对密度、压强和温度的影响

运用式(5.26)消去连续性方程中的 du/u 就得到

$$\frac{1-Ma^2}{Ma^2}\frac{d\rho}{\rho}=\frac{dA}{A} \tag{5.28}$$

由运动方程(式(5.3))，并运用声速计算公式(式(5.14))，又可以把压强相对变化表示为

$$\frac{dp}{p}=-\frac{\rho u}{p}du=-\frac{\gamma u}{c^2}du=-\gamma Ma^2\ \frac{du}{u}$$

再运用该式把式(5.27)中的 du/u 换成 dp/p，就得到

$$\frac{1-Ma^2}{\gamma Ma^2}\frac{dp}{p}=\frac{dA}{A} \tag{5.29}$$

将状态方程 $p=\rho RT$ 取对数再求微分，得

$$\frac{dT}{T}=\frac{dp}{p}-\frac{d\rho}{\rho}$$

将式(5.28)和式(5.29)代入上式后又得到温度相对变化和截面积相对变化的关系为

$$\frac{1-Ma^2}{(\gamma-1)Ma^2}\frac{dT}{T}=\frac{dA}{A} \tag{5.30}$$

将式(5.28)、式(5.29)、式(5.30)的左边与式(5.27)的左边相比较就知道，不管是对于亚声速流动还是对于超声速流动，密度、压强和温度随管道截面积变化而变化的规律均与速度变化的规律相反。

3) 管道截面积与气流马赫数之间的关系

对于变截面管道中的任意两个截面，连续性方程 $\rho_1u_1A_1=\rho_2u_2A_2$ 可以改写为

$$\frac{A_2}{A_1}=\frac{\rho_1 u_1}{\rho_2 u_2}$$

又由于

$$\frac{\rho_1}{\rho_2}=\left(\frac{T_1}{T_2}\right)^{\frac{1}{\gamma-1}}$$

$$\frac{u_1}{u_2}=\frac{Ma_1 c_1}{Ma_2 c_2}=\frac{Ma_1}{Ma_2}\left(\frac{T_1}{T_2}\right)^{\frac{1}{2}}$$

$$\frac{T_1}{T_2}=\frac{T_1}{T_0}\frac{T_0}{T_2}=\frac{1+\frac{\gamma-1}{2}Ma_2^2}{1+\frac{\gamma-1}{2}Ma_1^2}$$

因此

$$\frac{A_2}{A_1}=\frac{Ma_1}{Ma_2}\left[\frac{2+(\gamma-1)Ma_2^2}{2+(\gamma-1)Ma_1^2}\right]^{\frac{\gamma+1}{2(\gamma-1)}} \tag{5.31}$$

以上用下标“1”和“2”分别代表变截面管道流中(不同截面上)的任意两个状态。由于式(5.31)对两个任意状态给出了管道截面积与气流马赫数之间的关系,因此使用起来并不方便。通常在关系式中使用一个指定的参考状态,而另一个状态可以是任意的。现在把临界状态作为参考状态,设 $Ma_1=1$,于是 $A_1=A_*$;再设任意状态 $Ma_2=Ma$,$A_2=A$;于是式(5.31)可改写为

$$\frac{A}{A_*}=\frac{1}{Ma}\left[\frac{2+(\gamma-1)Ma^2}{\gamma+1}\right]^{\frac{\gamma+1}{2(\gamma-1)}} \tag{5.32}$$

临界状态只是这里使用的一个参考状态,因此不管在管道流动中是否实际存在临界状态都不会影响式(5.32)的运用。

图 5-5 是根据式(5.32)绘出的管道截面积比与马赫数关系曲线(取 $\gamma=1.4$)。由图看出,当 $Ma=1$ 时,$A=A_*$;当 $Ma<1$ 时,扩散管 Ma 随 A 的增大而减小,收缩管 Ma 随 A 的减小而增大;当 $Ma>1$ 时,扩散管 Ma 随 A 的增大而增大,收缩管 Ma 随 A 的减小而减小。对于任意一个面积比 A/A_*,有两个 Ma 与之对应,一个是亚声

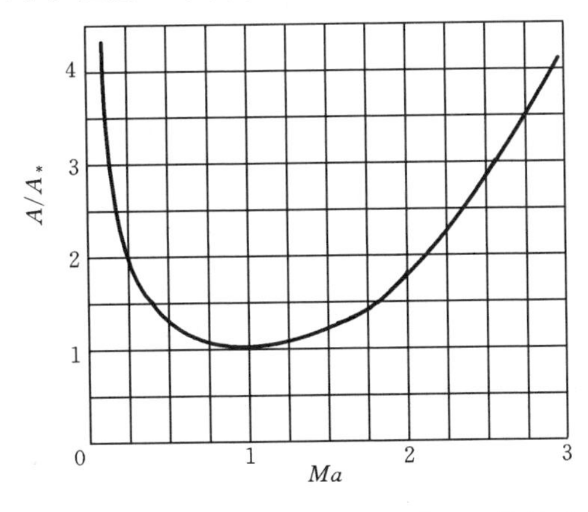

图 5-5　管道截面积比 A/A_* 与马赫数 Ma 的关系曲线

速，另一个是超声速。由图5-5还可以看出，对于任意的 Ma 总是有 $A/A_* \geqslant 1$。这也说明，如果管道流中存在着临界状态，它必然出现在管道截面积极小处。

2. 喷管的质量流量

考虑气体由高压容器经喷管的出流。通常容器的截面面积都远大于喷管截面面积，因此容器内气体的运动可以忽略，于是，容器内的气体处于滞止状态。

设 T_0 为容器内的气体温度，也就是滞止温度，u 和 T 为喷管任意一截面上的气流速度和压强，由能量方程(式(5.18))得

$$u=\sqrt{2c_pT_0\left(1-\frac{T}{T_0}\right)}$$

还可以把上式中的温度比换为压强比。把等熵关系式

$$\frac{T}{T_0}=\left(\frac{p}{p_0}\right)^{\frac{\gamma-1}{\gamma}}$$

代入上式后就成为

$$u=\sqrt{2c_pT_0\left[1-\left(\frac{p}{p_0}\right)^{\frac{\gamma-1}{\gamma}}\right]}$$

这就是喷管中速度 u 与压强比 p/p_0 的关系。再运用等熵关系式

$$\frac{\rho}{\rho_0}=\left(\frac{p}{p_0}\right)^{\frac{1}{\gamma}}$$

进一步把喷管的质量流量表示为压强和滞止参数的函数，即

$$Q_m=\rho uA=\rho_0A\left(\frac{p}{p_0}\right)^{\frac{1}{\gamma}}\sqrt{2c_pT_0\left[1-\left(\frac{p}{p_0}\right)^{\frac{\gamma-1}{\gamma}}\right]} \tag{5.33}$$

其中，A 是喷管的截面积。

3. 收缩喷管

设收缩喷管出口截面的面积和压强分别为 A_e 和 p_e，由式(5.33)可得，喷管的质量流量为

$$Q_m=\rho_0A_e\left(\frac{p_e}{p_0}\right)^{\frac{1}{\gamma}}\sqrt{2c_pT_0\left[1-\left(\frac{p_e}{p_0}\right)^{\frac{\gamma-1}{\gamma}}\right]}$$

滞止压强 p_0 不变，质量流量 Q_m 随着出口截面压强 p_e 的减小而增大，但是其增长是有限度的，在 $dQ_m/dp_e=0$ 时达到最大值，此时有

$$p_e=p_0\left(\frac{2}{\gamma+1}\right)^{\frac{\gamma}{\gamma-1}}=p_*$$

由式(5.21(c))可知，最大质量流量所对应的出口截面压强就是临界压强 p_*。

由前面的分析已经知道，收缩管中的亚声速气流沿流动方向速度逐渐增大，压强逐渐减小，因此速度和压强在出口截面(也就是最小截面)上分别达到最大值和最小值，速度的最大值就是声速，压强的最小值就是临界压强。

可以把喷管出口外的环境压强用 p_b 表示，p_b 也称为背压。对于不可压缩流体的流动，管道出口截面压强 p_e 总是等于 p_b。对于可压缩流体，当 $p_b>p_*$ 时出口截面上的流动不会达到临界状态，p_e 也等于 p_b，但如果 $p_b<p_*$，由于 p_e 的最小值就是临界压强 p_*，所以出口截面气流压强 p_e 就不可能等于背压 p_b，而只能达到最小值 p_*。在这种情况下，出口截面的压强大于背压，气流由喷管射出后还将经历一个膨胀过程，使压强最终下降为背压。

以上现象也可以从另一角度给予解释：在声速气流中扰动只会影响扰动源的下游，不会影响上游。当喷管出口达到临界状态时气流流速为声速，这时背压 p_b 再减小也不会影响到上游管道内的流动状态，所以流量也不会再增加了。

例 5-9　空气自大容器经收缩喷管流出，容器内的压强 $p_0=200\ \text{kPa}$，温度 $T_0=330\ \text{K}$，喷管出口截面积 $A_e=12\ \text{cm}^2$。求出口外背压 p_b 分别为 120 kPa 和 100 kPa 时喷管的质量流量 Q_m。

解　先判断背压 p_b 是否小于临界压强 p_*。

对于空气，$\gamma=1.4$，有

$$\frac{p_*}{p_0}=\left(\frac{2}{\gamma+1}\right)^{\frac{\gamma}{\gamma-1}}=\left(\frac{2}{1.4+1}\right)^{\frac{1.4}{1.4-1}}=0.5283$$

当 $p_b=120\ \text{kPa}$ 时，$p_b/p_0=0.6>p_*/p_0$。此时出口截面流动还未达到临界状态，因此流体压强等于背压，即

$$p_e=p_b=120\ \text{kPa}$$

对于空气，$R=287\ \text{J/(kg·K)}$，容器内气体密度

$$\rho_0=\frac{p_0}{RT_0}=\frac{200\times10^3}{287\times330}\ \text{kg/m}^3=2.1117\ \text{kg/m}^3$$

定压热容

$$c_p=\frac{\gamma R}{\gamma-1}=\frac{1.4\times287}{1.4-1}\ \text{J/(kg·K)}=1004.5\ \text{J/(kg·K)}$$

喷管的质量流量

$$\begin{aligned}Q_m&=\rho_0A_e\left(\frac{p_e}{p_0}\right)^{\frac{1}{\gamma}}\sqrt{2c_pT_0\left[1-\left(\frac{p_e}{p_0}\right)^{\frac{\gamma-1}{\gamma}}\right]}\\&=2.1117\times0.0012\times\left(\frac{120}{200}\right)^{\frac{1}{1.4}}\times\sqrt{2\times1004.5\times330\times\left[1-\left(\frac{120}{200}\right)^{\frac{1.4-1}{1.4}}\right]}\ \text{kg/s}\\&=0.5279\ \text{kg/s}\end{aligned}$$

当 $p_b=100\ \text{kPa}$ 时，$p_b/p_0=0.5<p_*/p_0$，因此出口截面压强等于临界压强 $p_e=p_*$，$p_e/p_0=p_*/p_0=0.5283$，喷管的质量流量为

$$Q_m=\rho_0A_e\left(\frac{p_e}{p_0}\right)^{\frac{1}{\gamma}}\sqrt{2c_pT_0\left[1-\left(\frac{p_e}{p_0}\right)^{\frac{\gamma-1}{\gamma}}\right]}$$

$$=2.1117\times 0.0012\times (0.5283)^{\frac{1}{1.4}}$$
$$\times\sqrt{2\times 1004.5\times 330\times\left[1-(0.5283)^{\frac{1.4-1}{1.4}}\right]}\ \text{kg/s}$$
$$=0.5340\ \text{kg/s}$$

例 5-10　空气在收缩喷管内作等熵流动，已知某截面流体压强、温度和马赫数分别为 $p_1=400\ \text{kPa}$，$T_1=280\ \text{K}$ 和 $Ma_1=0.52$，截面积为 $A_1=10\ \text{cm}^2$，出口背压为 $p_b=200\ \text{kPa}$。求喷管出口截面上的气流速度和马赫数，以及喷管的质量流量。

解　为判断背压是否小于临界压强 p_*，首先由截面 A_1 的流动参数求滞止参数，得

$$\frac{p_0}{p_1}=\left(1+\frac{\gamma-1}{2}Ma_1^2\right)^{\frac{\gamma}{\gamma-1}}=\left(1+\frac{1.4-1}{2}\times 0.52^2\right)^{\frac{1.4}{1.4-1}}=1.2024$$

$$p_0=1.2024p_1=1.2024\times 400\ \text{kPa}=481\ \text{kPa}$$

因此
$$\frac{p_b}{p_0}=\frac{200}{481}=0.4158<\frac{p_*}{p_0}=0.5283$$

出口截面上已达到了临界状态，于是，出口截面上的气流马赫数为

$$Ma_e=1$$

由式(5.19(a))得

$$\frac{T_0}{T_1}=1+\frac{\gamma-1}{2}Ma_1^2=1+\frac{1.4-1}{2}\times 0.52^2=1.0541$$

$$T_0=1.0541T_1=1.0541\times 280\ \text{K}=295.1\ \text{K}$$

再由式(5.21(a))得

$$\frac{T_*}{T_0}=\frac{2}{\gamma+1}=\frac{2}{1.4+1}=0.8333$$

$$T_*=0.8333T_0=0.8333\times 295.1\ \text{K}=245.9\ \text{K}$$

于是，出口截面速度

$$u_e=c_*=\sqrt{\gamma RT_*}=\sqrt{1.4\times 287\times 245.9}\ \text{m/s}=314.3\ \text{m/s}$$

由截面 A_1 的流动参数计算质量流量，有

$$\rho_1=\frac{p_1}{RT_1}=\frac{4\times 10^5}{287\times 280}\ \text{kg/m}^3=4.9776\ \text{kg/m}^3$$

$$u_1=Ma_1\sqrt{\gamma RT_1}=0.52\times\sqrt{1.4\times 287\times 280}\ \text{m/s}=174.4\ \text{m/s}$$

$$Q_m=\rho_1u_1A_1=4.9776\times 174.4\times 0.001\ \text{kg/s}=0.8681\ \text{kg/s}$$

4. 缩放喷管

缩放喷管又称为拉伐尔喷管，以纪念它的发明人瑞典工程师拉伐尔(C. Laval)。拉伐尔喷管用于将亚声速气流加速为超声速气流，它由收缩段、喉部及扩散段三部分组成，如图 5-6 所示。在设计工况下，气流在收缩部分加速，在最小截面(喉部)上达到临界状态，然后在扩散段继续加速成超声速气流。整个流动为等熵流动，出口截面

压强等于背压，不出现激波。下面分析不同背压下喷管内气流压强和马赫数的变化规律。

设入口截面压强为 p_0，当背压等于 p_0 时，管内没有流动，压强曲线为图 5-6 中的曲线 1。

稍微减小背压，管内出现亚声速流动，压强及马赫数沿图 5-6 中的曲线 2 变化。在收缩段，气流加速，马赫数增大，压强减小，在喷管喉部气流尚未达到临界状态。在扩散段，气流减速，马赫数减小，压强增大，在出口截面上气流压强刚好达到背压。这时，拉伐尔喷管中的气体流动与第 3 章中介绍的文丘里管内的流动基本一样。

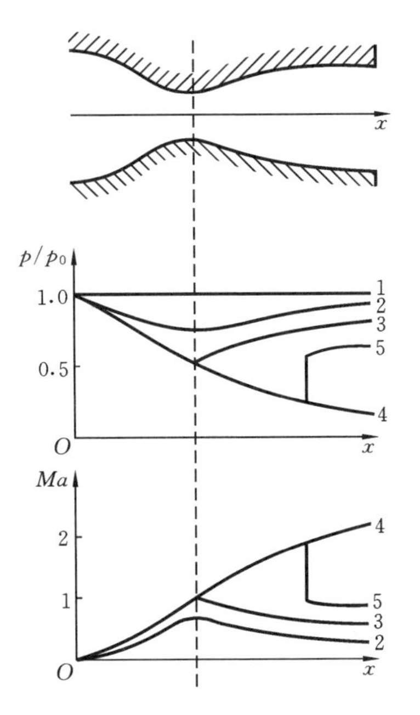

图 5-6　拉伐尔喷管中压强和马赫数的变化

再减小背压，管中气流速度增大，在喷管喉部流速达到声速。进入扩散段后气流仍然为亚声速，流动减速，而压强上升，在出口截面上压强上升为背压。此时，压强和马赫数沿图中曲线 3 变化。

继续减小背压，扩散段中出现超声速流动，但也出现强烈的压缩波（即激波）。此时压强和马赫数沿着图中的曲线 4 变化，气流通过激波时，压强和马赫数分别沿曲线 5 突然上升和下降，又成为亚声速流。气流压强在出口截面上达到背压。

随着背压继续减小，管内激波逐渐向管口移动，移出管口后，又在管口外形成斜激波，并且斜激波也最终消失。此时，在收缩段流动为亚声速，在扩散段流动为超声速，管内不出现激波，而且出口截面压强刚好等于背压，压强和马赫数沿图中曲线 4 变化。这是一种理想的流动状态，也称为设计工况。

如果进一步减小背压，管中的流动状态不会被改变，压强和马赫数仍然沿曲线 4 变化，但是出口截面压强却大于背压，气体流出管口后还要经历一个膨胀过程，使压强最终下降到背压。虽然喷管在这种工况下工作时也能达到将亚声速气流加速为超声速的目的，但气体喷出管口后的膨胀会产生噪声，所以也不是一种理想的工况。

当使用缩放喷管把亚声速气流加速为超声速气流时，如果已知出口的截面面积 A_e 和压强 p_e，质量流量可按式(5.33)计算；如果已知喉部面积，则可根据 $Q=\rho_* c_* A_*$ 计算。由连续性方程可知，通过这两个截面的质量流量是相等的。

例 5-11　空气在缩放喷管内流动，已知气流的滞止参数为 $p_0=10^6$ Pa，$T_0=350$ K，出口截面面积 $A_e=10\ \mathrm{cm}^2$，背压 $p_b=9.3\times10^5$ Pa。如果要求喷管喉部的马赫数达到 $Ma_1=0.6$，试求喉部截面面积 A_1。

解　因为喉部马赫数小于 1，因此全管内均为亚声速流，出口截面压强等于背压，$p_e = p_b = 9.3\times10^5$ Pa。可以运用喉部截面质量流量和出口截面质量流量相等的条件来确定喉部截面面积 A_1。首先计算出口截面的参数。

$$\frac{T_0}{T_e}=\left(\frac{p_0}{p_e}\right)^{\frac{\gamma-1}{\gamma}}=\left(\frac{10}{9.3}\right)^{\frac{1.4-1}{1.4}}=1.0210$$

$$T_e=\frac{T_0}{1.021}=\frac{350}{1.021}\ \text{K}=342.8\ \text{K}$$

由
$$\frac{T_0}{T_e}=1.021=1+\frac{\gamma-1}{2}Ma_e^2=1+\frac{1.4-1}{2}Ma_e^2$$

解出
$$Ma_e=\sqrt{\frac{1.021-1}{0.2}}=0.3240$$

于是
$$\rho_e=\frac{p_e}{RT_e}=\frac{9.3\times10^5}{287\times342.8}\ \text{kg/m}^3=9.4528\ \text{kg/m}^3$$

$$u_e=Ma_e c_e=Ma_e\sqrt{\gamma RT_e}=0.324\times\sqrt{1.4\times287\times342.8}\ \text{m/s}=120.2\ \text{m/s}$$

然后计算喉部截面参数，有

$$\frac{T_0}{T_1}=1+\frac{\gamma-1}{2}Ma_1^2=1+\frac{1.4-1}{2}\times0.6^2=1.072$$

$$T_1=\frac{T_0}{1.072}=\frac{350}{1.072}\ \text{K}=326.5\ \text{K}$$

$$\frac{p_0}{p_1}=\left(\frac{T_0}{T_1}\right)^{\frac{\gamma}{\gamma-1}}=1.072^{\frac{1.4}{1.4-1}}=1.2755$$

$$p_1=\frac{p_0}{1.2755}=\frac{10^6}{1.2755}\ \text{Pa}=0.784\times10^6\ \text{Pa}$$

$$\rho_1=\frac{p_1}{RT_1}=\frac{0.784\times10^6}{287\times326.5}\ \text{kg/m}^3=8.3666\ \text{kg/m}^3$$

$$u_1=Ma_1\sqrt{\gamma RT_1}=0.6\times\sqrt{1.4\times287\times326.5}\ \text{m/s}=217.3\ \text{m/s}$$

最后由两截面质量流量相等得到

$$A_1=A_e\frac{\rho_e u_e}{\rho_1 u_1}=10^{-3}\times\frac{9.4528\times120.2}{8.3666\times217.3}\ \text{m}^2=0.625\times10^{-3}\ \text{m}^2=6.25\ \text{cm}^2$$

例 5-12 过热蒸气在喷管中作等熵流动，气体的绝热指数 $\gamma=1.33$，气体常数 $R=462$ J/(kg·K)。已知气流滞止压强和滞止温度分别为 $p_0=28\times10^5$ Pa 和 $T_0=773$ K，出口背压为 $p_b=7\times10^5$ Pa。若要求喷管质量流量为 $Q_m=8.5$ kg/s，试确定喷管出口截面及喉部截面的气流参数和截面积。

解
$$\rho_0=\frac{p_0}{RT_0}=\frac{28\times10^5}{462\times773}\ \text{kg/m}^3=7.8404\ \text{kg/m}^3$$

首先求临界压强，有

$$\frac{p_*}{p_0}=\left(\frac{2}{\gamma+1}\right)^{\frac{\gamma}{\gamma-1}}=\left(\frac{2}{1.33+1}\right)^{\frac{1.33}{1.33-1}}=0.54$$

$$\frac{p_b}{p_0}=\frac{7}{28}=0.25<\frac{p_*}{p_0}=0.54$$

由于出口背压压强低于临界压强，因此喷管内某处必定已达到临界状态，此时质量流量为最大值。求临界状态参数，有

$$\frac{T_*}{T_0}=\frac{2}{\gamma+1}=\frac{2}{1.33+1}=0.8584$$

$$T_*=0.8584T_0=0.8584\times773\ \text{K}=663.5\ \text{K}$$

$$\frac{\rho_*}{\rho_0}=\left(\frac{T_*}{T_0}\right)^{\frac{1}{\gamma-1}}=(0.8584)^{\frac{1}{1.33-1}}=0.6296$$

$$\rho_*=0.6296\rho_0=0.6296\times7.8404\ \text{kg/m}^3=4.9363\ \text{kg/m}^3$$

$$c_*=\sqrt{\gamma RT_*}=\sqrt{1.33\times462\times663.5}\ \text{m/s}=638.5\ \text{m/s}$$

$$A_*=\frac{Q_m}{\rho_*c_*}=\frac{8.5}{4.9363\times638.5}\ \text{m}^2=2.697\times10^{-3}\ \text{m}^2=26.97\ \text{cm}^2$$

采用出口截面积为 26.97 cm^2 的收缩喷管即可得到所需流量，此时出口压强等于临界压强。如果需要将气流加速为超声速，并使出口压强等于背压，则需要采用缩放喷管。在设计工况下，亚声速气流在缩放喷管的喉部达到临界状态，在扩散段继续被加速为超声速。喉部的气流参数及喉部截面积就是以上求出的临界状态参数。下面确定缩放喷管出口截面的气流参数，然后根据质量流量确定出口截面积 A_e。

在设计工况下，有

$$p_e=p_b=7\times10^5\ \text{Pa}$$

于是

$$\frac{T_0}{T_e}=\left(\frac{p_0}{p_e}\right)^{\frac{\gamma-1}{\gamma}}=\left(\frac{28}{7}\right)^{\frac{1.33-1}{1.33}}=1.4105$$

$$T_e=\frac{T_0}{1.4105}=\frac{773}{1.4105}\ \text{K}=548\ \text{K}$$

由

$$\frac{T_0}{T_e}=1.4105=1+\frac{\gamma-1}{2}Ma_e^2=1+\frac{1.33-1}{2}Ma_e^2$$

解出

$$Ma_e=\sqrt{\frac{1.4105-1}{0.165}}=1.5773$$

于是

$$\rho_e=\frac{p_e}{RT_e}=\frac{7\times10^5}{462\times548}\ \text{kg/m}^3=2.7649\ \text{kg/m}^3$$

$$u_e=Ma_e\sqrt{\gamma RT_e}=1.5773\times\sqrt{1.33\times462\times548}\ \text{m/s}=915.3\ \text{m/s}$$

$$A_e=\frac{Q_m}{\rho_eu_e}=\frac{8.5}{2.7649\times915.3}=3.36\times10^{-3}\ \text{m}^2=33.6\ \text{cm}^2$$

5.5 有摩擦和热交换的一元流动

本节将针对一元管道流动讨论壁面摩擦和热交换对可压缩气流的影响。为此首

先推导可压缩气体有摩擦和热交换的一元定常运动的基本方程，然后分别讨论绝热有摩擦一元气流的特性和有热交换无摩擦一元气流的特性。

1. 有摩擦和热交换的一元定常运动基本方程

已知一元流动的连续性方程式(5.2)，下面分别推导有壁面摩擦力的动量方程和有热交换的能量方程。

在有摩擦一元定常管道流动中取图5-7所示控制体，设管道在该处的横截面面积为$A=\pi D^2/4$，D为管径，壁面摩擦切应力为τ_w，控制体的长度为dx。对于控制体，列出一元定常运动的动量方程，即

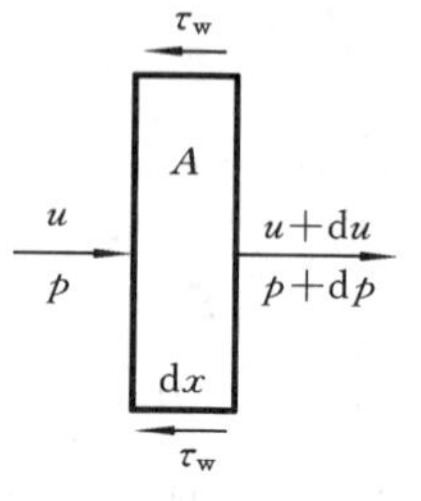

图5-7　有摩擦一元气流中的控制体

$$pA-(p+dp)A-\tau_w\pi D dx=\rho u(u+du)A-\rho u^2 A \tag{5.34}$$

方程等号左边是作用在控制体内气体上的合外力，包括两横截面上的压强和侧壁面的摩擦切应力；方程等号右边是通过控制面净流出的动量流量。

在4.4节中曾给出用沿程损失系数λ表示的壁面切应力τ_w，即

$$\tau_w=\frac{\lambda}{8}\rho u^2$$

将该式代入式(5.34)，整理得到

$$\frac{du}{u}+\frac{dp}{\rho u^2}+\lambda\frac{dx}{2D}=0 \tag{5.35}$$

这就是有壁面摩擦时的一元定常流动的动量方程，也称为运动方程。

如果流体在运动过程中与外界没有热交换，单位质量流体所具有的总能量是常数。由绝热流动的能量方程式(5.18)

$$c_p T+\frac{u^2}{2}=c_p T_0$$

可知，单位质量流体的总能量为$c_p T_0$。在绝热流动中，滞止温度T_0是常数；当流体与外界有热交换时，总能量会发生变化，滞止温度T_0不再是常数。设外界给单位质量流体加入的热量为δq，它使总能量发生等量的变化，因此有

$$\delta q=c_p dT_0 \tag{5.36}$$

或者表示为

$$q_2-q_1=c_p(T_{02}-T_{01})$$

由绝热流动的能量方程式(5.18)将式(5.36)中的$c_p dT_0$改写后，就得到有热交换的能量方程

$$\delta q=c_p dT+u du$$

当$\delta q>0$时为加热流动，当$\delta q<0$时为冷却流动。在方程两边除以声速的平方，有热交换的能量方程还可以改写为

$$\frac{\delta q}{c^2}=\frac{1}{\gamma-1}\frac{\mathrm{d}T}{T}+Ma^2\frac{\mathrm{d}u}{u} \tag{5.37}$$

将状态方程等号两边取对数后求微分得到

$$\frac{\mathrm{d}T}{T}=\frac{\mathrm{d}p}{p}-\frac{\mathrm{d}\rho}{\rho}$$

再由连续性方程式(5.2)和运动方程式(5.35)写出

$$-\frac{\mathrm{d}\rho}{\rho}=\frac{\mathrm{d}u}{u}+\frac{\mathrm{d}A}{A}$$

$$\frac{\mathrm{d}p}{p}=-\frac{\rho u^2}{p}\left(\frac{\mathrm{d}u}{u}+\lambda\frac{\mathrm{d}x}{2D}\right)=-\gamma Ma^2\left(\frac{\mathrm{d}u}{u}+\lambda\frac{\mathrm{d}x}{2D}\right)$$

将上面三式代入式(5.37)后得到

$$\frac{\delta q}{c^2}=\frac{1}{\gamma-1}\left[(1-Ma^2)\frac{\mathrm{d}u}{u}+\frac{\mathrm{d}A}{A}-\gamma Ma^2\lambda\frac{\mathrm{d}x}{2D}\right]$$

这就是可压缩流体在变截面管道中做有摩擦和热交换的一元定常流动的基本方程。三种较简单的特殊情况如下。

当 $\delta q=0,\lambda=0$ 时为绝热、无摩擦的一元等熵流动，即有式(5.27)

$$(Ma^2-1)\frac{\mathrm{d}u}{u}=\frac{\mathrm{d}A}{A}$$

当 $\delta q=0,\mathrm{d}A=0$ 时为等截面管道中有绝热、有摩擦的流动，即

$$\lambda\frac{\mathrm{d}x}{2D}=\frac{1-Ma^2}{\gamma Ma^2}\frac{\mathrm{d}u}{u} \tag{5.38}$$

当 $\mathrm{d}A=0,\lambda=0$ 时为等截面管道中有热交换、无摩擦的流动，即

$$\frac{\delta q}{c^2}=\frac{1-Ma^2}{\gamma-1}\frac{\mathrm{d}u}{u} \tag{5.39}$$

第一种流动已经在上节中讨论，现在讨论后两种流动。

2. 等截面管道中的绝热、有摩擦流动

在工程上也把等截面管道中绝热、有摩擦的流动称为范诺(Fanno)流动，式(5.38)就是范诺流动的控制微分方程。

为了对方程积分，需要推导速度 u 与马赫数 Ma 的微分关系。将 $u=Ma\sqrt{\gamma RT}$ 等号两边取对数后求微分，得

$$\frac{\mathrm{d}u}{u}=\frac{\mathrm{d}Ma}{Ma}+\frac{1}{2}\frac{\mathrm{d}T}{T}$$

再将绝热流动的能量方程式(5.19(a))两边取对数后求微分，又得

$$\frac{\mathrm{d}T}{T}=-\frac{(\gamma-1)Ma\mathrm{d}Ma}{1+\frac{\gamma-1}{2}Ma^2}$$

由这两个关系式可以把式(5.38)写成 x 与 Ma 的微分关系

$$\lambda\frac{\mathrm{d}x}{2D}=\frac{1-Ma^2}{\gamma Ma^3\left(1+\frac{\gamma-1}{2}Ma^2\right)}\mathrm{d}Ma$$

或

$$\lambda\frac{\mathrm{d}x}{D}=\frac{2\mathrm{d}Ma}{\gamma Ma^3}+\frac{\gamma+1}{2\gamma}\left[\frac{\mathrm{d}\left(1+\frac{\gamma-1}{2}Ma^2\right)}{1+\frac{\gamma-1}{2}Ma^2}-2\frac{\mathrm{d}Ma}{Ma}\right]$$

设管道入口 $x=0$ 处的马赫数为 Ma_1，$x=l$ 处的马赫数为 Ma_2，当沿程损失系数 λ 为常数时，将上式积分得

$$\lambda\frac{l}{D}=\frac{1}{\gamma}\left(\frac{1}{Ma_1^2}-\frac{1}{Ma_2^2}\right)+\frac{\gamma+1}{2\gamma}\ln\left[\left(\frac{Ma_1}{Ma_2}\right)^2\frac{2+(\gamma-1)Ma_2^2}{2+(\gamma-1)Ma_1^2}\right] \tag{5.40}$$

这就是等截面管道中，绝热、有摩擦的可压缩气流马赫数与管长 l 的关系。

式(5.38)给出了等截面绝热摩擦管的可压缩流特征。沿管轴方向，$\mathrm{d}x>0$。对于 $Ma<1$，有 $\mathrm{d}u>0$，即亚声速流作加速运动；对于 $Ma>1$，有 $\mathrm{d}u<0$，即超声速流作减速运动。因此，在等截面绝热摩擦管中，亚声速流只能加速至 $Ma=1$，超声速流只能减速至 $Ma=1$。在这两种极限情况下，管道出口的气流为临界状态。这时的管长称为最大长度，以 $l_{\max}$ 表示，有

$$\lambda\frac{l_{\max}}{D}=\frac{1}{\gamma}\left(\frac{1}{Ma^2}-1\right)+\frac{\gamma+1}{2\gamma}\ln\frac{(\gamma+1)Ma^2}{2+(\gamma-1)Ma^2} \tag{5.41}$$

对于入口的 Ma 值，有一个管长最大值 $l_{\max}$ 与之对应。如果管道实际长度 l 大于 $l_{\max}$，则对于亚声速流和超声速流分别有不同的情况发生：如果是亚声速气流，在管道入口发生拥塞，一部分流体溢出外面，一部分流体则以较小的马赫数进入管内，使出口的马赫数恰好为 1。这时，较小的入口马赫数对应的管长最大值恰好为实际长度 l；如果是超声速气流，则会在管道入口附近产生激波，气流经过激波后成为亚声速流，进入摩擦管加速，在出口处达到临界状态。

等截面绝热、有摩擦管流任意两个截面的参数关系推导如下。

由于绝热流动的滞止温度 T_0 不变，由式(5.19)得温度关系为

$$\frac{T_2}{T_1}=\frac{2+(\gamma-1)Ma_1^2}{2+(\gamma-1)Ma_2^2}$$

由式(5.16)和式(5.19)得速度关系为

$$\frac{u_2}{u_1}=\frac{Ma_2c_2}{Ma_1c_1}=\frac{Ma_2}{Ma_1}\sqrt{\frac{T_2}{T_1}}=\frac{Ma_2}{Ma_1}\sqrt{\frac{2+(\gamma-1)Ma_1^2}{2+(\gamma-1)Ma_2^2}}$$

又由连续性条件得密度关系为

$$\frac{\rho_2}{\rho_1}=\frac{u_1}{u_2}=\frac{Ma_1}{Ma_2}\sqrt{\frac{2+(\gamma-1)Ma_1^2}{2+(\gamma-1)Ma_2^2}}$$

最后由状态方程得压强关系为

$$\frac{p_2}{p_1}=\frac{\rho_2 T_2}{\rho_1 T_1}=\frac{Ma_1}{Ma_2}\sqrt{\frac{2+(\gamma-1)Ma_1^2}{2+(\gamma-1)Ma_2^2}}$$

例 5-13　空气流入直径 $D=0.03$ m 的圆管，已知进口压强 $p_1=2\times10^5$ Pa，温度 $T_1=280$ K，马赫数 $Ma_1=0.2$，沿程损失系数 $\lambda=0.02$，试求最大管长 $l_{\max}$ 及出口气流的参数 p_*、T_*。

解

$$\frac{T_*}{T_1}=\frac{2+(\gamma-1)Ma_1^2}{\gamma+1}=\frac{2+(1.4-1)\times0.2^2}{1.4+1}=0.84$$

$$T_*=0.84T_1=0.84\times280\ \text{K}=235.2\ \text{K}$$

$$\frac{u_*}{u_1}=\frac{1}{Ma_1}\frac{c_*}{c_1}=\frac{1}{Ma_1}\sqrt{\frac{T_*}{T_1}}=\frac{\sqrt{0.84}}{0.2}=4.5826$$

$$\frac{p_*}{p_1}=\frac{\rho_*}{\rho_1}\frac{T_*}{T_1}=\frac{u_1}{u_*}\frac{T_*}{T_1}=\frac{0.84}{4.5826}=0.1833$$

$$p_*=0.1833p_1=0.1833\times2\times10^5\ \text{Pa}=0.3666\times10^5\ \text{Pa}$$

由式(5.41)得

$$\lambda\frac{l_{\max}}{D}=\frac{1}{1.4}\times\left(\frac{1}{0.2^2}-1\right)+\frac{1.4+1}{2\times1.4}\ln\frac{(1.4+1)\times0.2^2}{2+(1.4-1)\times0.2^2}=14.5333$$

于是最大管长为

$$l_{\max}=14.5333\frac{D}{\lambda}=14.5333\times\frac{0.03}{0.02}\ \text{m}=21.8\ \text{m}$$

3. 等截面管道中的有热交换、无摩擦流动

在工程上把等截面管道中有热交换的流动称为瑞利(Rayleigh)流动。式(5.39)给出了等截面有热交换管道流动的可压缩流特征。

对于加热流动，$\delta q>0$：当气流为亚声速时 $Ma<1$，有 $du>0$，气流沿流动正方向加速；当气流为超声速时 $Ma>1$，有 $du<0$，气流减速。

对于冷却流动，$\delta q<0$：当气流为亚声速时 $Ma<1$，有 $du<0$，气流减速；当气流为超声速时 $Ma>1$，有 $du>0$，气流加速。

因此，在等截面加热管中，亚声速流只能加速至 $Ma=1$，超声速流只能减速至 $Ma=1$。在这两种极限情况下，进一步加热将减小质量流量。

有热交换的等截面无摩擦管流任意两个截面的参数关系推导如下。

将连续性方程 $\rho u=C$ 代入运动方程 $dp+\rho u du=0$，积分得

$$p+\rho u^2=p(1+\gamma Ma^2)=C$$

式中用到状态方程和声速公式。于是得等截面加热管两个状态的压强比

$$\frac{p_2}{p_1}=\frac{1+\gamma Ma_1^2}{1+\gamma Ma_2^2}\tag{5.42(a)}$$

利用声速公式将连续性方程改写为

$$\rho u=\rho Mac=\frac{p}{RT}Ma\sqrt{\gamma RT}=C$$

或
$$\frac{pMa}{\sqrt{T}}=C$$

于是又有温度比和密度比

$$\frac{T_2}{T_1}=\left(\frac{p_2 Ma_2}{p_1 Ma_1}\right)^2=\left(\frac{Ma_2}{Ma_1}\frac{1+\gamma Ma_1^2}{1+\gamma Ma_2^2}\right)^2 \tag{5.42(b)}$$

$$\frac{\rho_2}{\rho_1}=\frac{u_1}{u_2}=\frac{p_2 T_1}{p_1 T_2}=\left(\frac{Ma_1}{Ma_2}\right)^2\frac{1+\gamma Ma_2^2}{1+\gamma Ma_1^2} \tag{5.42(c)}$$

由于气流与外界有热交换，在任意两个不同的截面上总能量都不相同，因此滞止温度也不相同。任意两个截面上的滞止温度之比为

$$\frac{T_{02}}{T_{01}}=\frac{T_{02}}{T_2}\frac{T_2}{T_1}\frac{T_1}{T_{01}}$$

由式(5.19(a))，有

$$\frac{T_{01}}{T_1}=1+\frac{\gamma-1}{2}Ma_1^2,\quad \frac{T_{02}}{T_2}=1+\frac{\gamma-1}{2}Ma_2^2$$

再运用式(5.42(b))，则有

$$\frac{T_{02}}{T_{01}}=\left(\frac{Ma_2}{Ma_1}\frac{1+\gamma Ma_1^2}{1+\gamma Ma_2^2}\right)^2\frac{2+(\gamma-1)Ma_2^2}{2+(\gamma-1)Ma_1^2} \tag{5.43}$$

例 5-14　空气进入一直管，入口温度 $T_1=300$ K，压强 $p_1=2\times10^5$ Pa，马赫数 $Ma_1=0.2$，不计摩擦力，依靠加热使气流加速。试求：当出口马赫数 $Ma_2=1$ 时每千克气体所需要的热量，以及此时出口的(临界)压强 p_2 和滞止压强 p_{02}。

解　将入口参数代入式(5.19(a))求入口滞止温度，有

$$\frac{T_{01}}{T_1}=1+\frac{\gamma-1}{2}Ma_1^2=1+\frac{1.4-1}{2}\times0.2^2=1.008$$

$$T_{01}=1.008T_1=1.008\times300\ \text{K}=302.4\ \text{K}$$

由式(5.42)求出口压强和温度，以及滞止参数，即

$$\frac{p_2}{p_1}=\frac{1+\gamma Ma_1^2}{1+\gamma Ma_2^2}=\frac{1+1.4\times0.2^2}{1+1.4\times1^2}=0.44$$

$$p_2=0.44p_1=0.44\times2\times10^5\ \text{Pa}=0.88\times10^5\ \text{Pa}$$

$$\frac{T_2}{T_1}=\left(\frac{p_2 Ma_2}{p_1 Ma_1}\right)^2=\left(\frac{0.44}{0.2}\right)^2=4.84$$

$$T_2=0.484T_1=4.84\times300\ \text{K}=1452\ \text{K}$$

$$\frac{T_{02}}{T_2}=1+\frac{\gamma-1}{2}Ma_2^2=1+\frac{1.4-1}{2}\times1^2=1.2$$

$$T_{02}=1.2T_2=1.2\times1452\ \text{K}=1742.4\ \text{K}$$

$$\frac{p_{02}}{p_2}=\left(\frac{T_{02}}{T_2}\right)^{\frac{\gamma}{\gamma-1}}=1.2^{\frac{1.4}{1.4-1}}=1.8929$$

$$p_{02}=1.8929p_2=1.8929\times 0.88\times 10^5\ \text{Pa}=1.6658\times 10^5\ \text{Pa}$$

由式(4.36),外界通过热交换对每千克气体所加热量

$$q_2-q_1=c_p(T_{02}-T_{01})=1004.5\times(1742.4-302.4)\ \text{J/kg}=1.4465\times 10^6\ \text{J/kg}$$

小　结

本章在完全气体的假设下,针对无黏性气体作一元定常流动,讨论了可压缩气体流动的一些物理特性。一元定常绝热流动的能量方程对于有摩擦或无摩擦的绝热流动都是正确的。绝热流动的滞止温度(总温)不变,但只有在等熵流动中,滞止压强和滞止密度才保持不变。

声速是微弱扰动波的传播速度,声波的传播是等熵过程。在亚声速流动中,微弱扰动可以传播到空间任何一点;在超声速流动中,扰动只能在马赫锥内部传播。

当收缩喷管的背压大于临界压强时,其出口截面压强等于背压;如果背压等于或小于临界压强,其出口压强就是临界压强,且质量流量达到极大值。这时,再进一步降低出口外部的背压,收缩喷管内的流动状态不会改变。

超声速气流与亚声速气流在变截面管道中的流动有着本质的差别:亚声速气流在收缩管内作加速流动,密度、压强和温度沿流程减小,在扩散管中作减速流动,密度、压强和温度沿流程增加;超声速气流在收缩管内作减速流动,密度、压强和温度沿流程增大,在扩散管内作加速运动,密度、压强和温度沿流程减小。可见,亚声速气流在收缩管道中不可能加速为超声速气流。

只有使用缩放喷管才能把亚声速气流加速为超声速气流:亚声速气流首先在收缩管道中加速,在最小截面上达到声速,然后在扩散管道中继续加速成为超声速气流。

在绝热、有摩擦的可压缩一元气流中,对应一个进口马赫数有一个管长最大值。如果管道的实际长度大于这个值,则对于亚声速气流和超声速气流分别有不同的情况发生,使气体以较小的马赫数进入管内,在出口处达到临界状态。

在有热交换的可压缩一元气流中,滞止温度会发生变化。对于加热流动和冷却流动,亚声速气流与超声速气流有不同的流动特征。

思 考 题

5-1 能量方程式(5.8)表明,在______条件下气流中的焓与动能相互转换,而两者之和是恒定的。

(A) 绝热且无摩擦　(B) 绝热　(C) 等压　(D) 等温

5-2 当气体与外界的热交换及黏性摩擦都不会显著影响它的运动,这样的气体运动可以被当成是______过程。

(A) 绝热　(B) 等焓　(C) 等熵　(D) 等温

5-3 声波的传播是______过程。

(A) 等温　(B) 等压　(C) 等熵　(D) 等焓

5-4 如果空气气流速度 $u=100$ m/s,温度 $t=10$ ℃,则马赫数 $Ma=$______。

(A) 1.5776　(B) 0.2966　(C) 0.3509　(D) 0.1876

5-5 马赫线是超声速流动中______的分界线。

(A) 被扰动和未扰动区域　(B) 可压缩和不可压缩区域

(C) 静止和流动区域　(D) 超声速和亚声速区域

5-6 在绝热流动中滞止______处处相等。

(A) 温度　(B) 密度　(C) 压强　(D) 参数

5-7 氯气在管道中作等温流动,如果在气流中出现一个微压扰动,则这个扰动在气流中的传播是______过程。

(A) 等温　(B) 等压　(C) 等熵　(D) 等容

5-8 当马赫数 $Ma\to\infty$ 时,速度系数 $\lambda\to$______。

(A) ∞　(B) 1　(C) 0　(D) $\sqrt{\dfrac{\gamma+1}{\gamma-1}}$

5-9 空气气流临界声速与滞止声速之比 $c_*/c_0=$______。

(A) 0.9129　(B) 1.0954　(C) 1.1952　(D) 0.8367

5-10 超声速气流在收缩管中作______运动。

(A) 加速　(B) 减速　(C) 等速

5-11 亚声速气流在扩散管中作______运动。

(A) 加速　(B) 减速　(C) 等速

5-12 如果喷管出口截面压强小于临界压强,则此喷管应该是______管。

(A) 收缩　(B) 扩散　(C) 缩放　(D) 等截面

5-13 当收缩喷管的质量流量达到极大值时,出口截面马赫数 Ma ______。

(A) >1　(B) $=1$　(C) <1　(D) $\to\infty$

5-14 当收缩喷管出口截面的气流速度等于当地声速时,如果进一步降低出口外部的背压,喷管内的气流速度______。

(A) 会增加　(B) 不改变　(C) 会减小

5-15 超声速气流在等截面摩擦管内流动,沿流动方向,速度______。

(A) 减小　(B) 增大　(C) 先减小,后增大　(D) 先增大,后减小

5-16 亚声速气流在等截面摩擦管内流动,如果管道足够长,出口马赫数______。

(A) 可能大于1　(B) 可能小于1　(C) 大于1　(D) 小于1　(E) 等于1

5-17 等截面绝热有摩擦管的最大管长是指______所需的管长。

(A) 出口截面达到亚声速　(B) 出口截面达到声速

(C) 出口截面达到超声速　　(D) 出口截面压强低于临界压强

5-18　在加热流动中，滞止温度 T_0 是______的。

(A) 减小　　(B) 不变　　(C) 增加　　(D) 不变或增大

5-19　超声速气流在等截面加热管中流动，沿流向速度______。

(A) 增大　　(B) 不变　　(C)减小　　(D) 增大或不变

5-20　亚声速气流进入等截面无摩擦加热管，出口马赫数 Ma 的最大值______。

(A) >1　　(B) $=1$　　(C) <1　　(D)>1 或<1

习　题

(气体的物理参数见表 5-1)

5-1　试求压强 $p=1.013\times10^5$ Pa、温度 $t=15$ ℃下的空气密度。

5-2　某气体的绝热指数 $\gamma=1.6$，气体常数 $R=2060$ J/(kg · K)，试求该气体的定容热容 c_V 和定压热容 c_p。

5-3　已知空气流在两处的参数 $t_1=10$ ℃，$p_1=10^5$ Pa 和 $t_2=100$ ℃，$p_2=3\times10^5$ Pa，试求熵增 s_2-s_1。

5-4　在等熵空气流中，如果 $p_2/p_1=2$，试求 T_2/T_1。

5-5　空气作绝热流动，如果已知某处速度 $u_1=140$ m/s，温度 $t_1=75$ ℃，试求气流的滞止温度。

5-6　大气温度 T 随海拔高度 z 变化的关系式是 $T=T_0-0.0065z$，其中 $T_0=288$ K(T_0 是海平面标准大气温度)。一架飞机在 10 km 高空以 900 km/h 的速度飞行，试求其飞行马赫数。

5-7　空气在管道中作绝热流动，已知截面 1 的温度 $t_1=75$ ℃，速度 $u_1=30$ m/s，截面 2 的温度 $t_2=50$ ℃，试求截面 2 的速度 u_2。

5-8　过热水蒸气在管道中作等熵流动，已知截面 1 的参数 $t_1=50$ ℃，$p_1=10^5$ Pa，$u_1=50$ m/s，如果截面 2 的速度 $u_2=100$ m/s，试求该截面的压强 p_2。

5-9　已知等熵空气气流某处的参数 $T=300$ K，$p=2\times10^5$ Pa，$u=100$ m/s，试求气流的临界声速 c_* 及临界压强 p_*。

5-10　已知等熵空气气流某处 $Ma_1=0.9$，$p_1=4.15\times10^5$ Pa，另一处 $Ma_2=0.2$，试求 p_2。

5-11　空气在管道中作绝热非等熵流动，已知截面 1 的气流参数 $p_1=2\times10^5$ Pa，$T_1=333$ K，$u_1=146$ m/s，截面 2 的气流参数 $u_2=280$ m/s，$p_2=0.956\times10^5$ Pa，试求两截面的滞止压强之差 $p_{01}-p_{02}$。

5-12　试证明在绝热流动中有

$$s_2-s_1=R\ln\left(\frac{p_{01}}{p_{02}}\right)$$

5-13　试证明在绝热流动中有

$$Ma=\frac{\dfrac{u}{c_0}}{\sqrt{1-\dfrac{\gamma-1}{2}\left(\dfrac{u}{c_0}\right)^2}}$$

5-14　过热蒸汽在管道中作等熵流动，在某截面测得 $t_1=60$ ℃，$Ma_1=2$，在另一截面测得 $u_2=519$ m/s，试求该截面的气流马赫数 Ma_2。

5-15　空气从 $p_1=10^5$ Pa，$T_1=278$ K 绝热地压缩为 $p_2=2\times10^5$ Pa，$T_2=388$ K。试计算 p_{01}/p_{02}。

5-16　试证明在等熵流动中

$$Ma^2=\frac{2}{\gamma-1}\left[\left(\frac{p_0}{p}\right)^{\frac{\gamma-1}{\gamma}}-1\right],\quad u^2=\frac{2\gamma}{\gamma-1}RT_0\left[1-\left(\frac{p}{p_0}\right)^{\frac{\gamma-1}{\gamma}}\right]$$

5-17　空气由容器流入一个收缩喷管，已知容器内的气体参数 $p_0=3\times10^5$ Pa 和 $T_0=600$ K，喷管出口截面直径为 $d=200$ mm，出口外背压 $p_b=2\times10^5$ Pa，试求喷管的质量流量 Q_m。

5-18　已知收缩喷管中空气气流的滞止参数 $p_0=10.35\times10^5$ Pa、$T_0=350$ K，出口截面的直径 $d=15$ mm，试求出口外背压分别 $p_b=7\times10^5$ Pa、$p_b=5\times10^5$ Pa 时喷管的质量流量 Q_m。

5-19　空气气流在变截面管道中某截面上的参数 $Ma=0.6$，$p=0.5\times10^5$ Pa，$T=298$ K，该截面面积 $A=50$ cm^2，试计算：(1) 管流的质量流量 Q_m；(2) 截面面积应减小多少百分比才能使该处的马赫数从 0.6 增至 0.87?

5-20　空气气流在收缩喷管内的某一截面上的参数 $p_1=3\times10^5$ Pa，$T_1=340$ K，$u_1=150$ m/s，该截面直径 $d_1=46$ mm，出口截面的马赫数为 1。试求出口截面温度、压强和直径。

5-21　滞止压强 $p_0=1.5\times10^5$ Pa 和滞止温度 $T_0=280$ K 的空气流从收缩喷管流入 $p=10^5$ Pa 的大气中，如果喷管的质量流量 $Q_m=0.6$ kg/s，试求其出口截面直径。

5-22　封闭容器中氮气的滞止参数 $p_0=4\times10^5$ Pa，$t_0=25$ ℃，气流经收缩喷管流出，出口截面直径 $d=50$ mm，背压 $p_b=10^5$ Pa，试求氮气的质量流量 Q_m。

5-23　空气气流在缩放喷管内流动，进口截面上的压强 $p_1=1.25\times10^5$ Pa，温度 $T_1=290$ K，直径 $d_1=75$ mm，喉部截面压强 $p_2=1.04\times10^5$ Pa，直径 $d_2=25$ mm，试求喷管的质量流量 Q_m。

5-24　空气在缩放喷管内流动，进口截面面积 $A=20$ cm^2，压强 $p_1=3\times10^5$ Pa，温度 $T_1=400$ K，出口截面压强 $p_2=1.4\times10^5$ Pa，喷管设计质量流量 $Q_m=0.8$ kg/s，试求出口截面面积 A 和喉部截面面积 A_*。

5-25　滞止参数 $p_0=5\times10^5$ Pa 的空气流入一个缩放喷管，出口截面压强 $p_2=1.52\times10^5$ Pa，试求出口截面马赫数 Ma_2 及出口截面面积与喉部截面面积之比 A_2/A_*。

5-26　滞止压强 $p_0=300$ kPa，滞止温度 $T_0=330$ K 的空气进入一个缩放喷管，出口截面温度为 -13 ℃，试求出口截面马赫数 Ma。又若喉部截面面积 $A_*=10$ cm^2，试求喷管的质量流量 Q_m。

5-27　火箭发动机装有一个缩放喷管，其喉部直径 $d_*=2.5$ cm，腔室的滞止压强 $p_0=1$ MPa，滞止温度 $T_0=2000$ K，绝热指数 $\gamma=1.4$，气体常数 $R=540$ J/(kg·K)，出口外的背压 $p_b=101.3$ kPa，试求出口截面的马赫数和喷管的质量流量 Q_m。

5-28　过热蒸汽流入缩放喷管，气流滞止压强 $p_0=1180$ kPa，滞止温度 $T_0=300$ ℃，喷管出口外的背压 $p_b=294$ kPa。若要求通过的蒸汽质量流量 $Q_m=12$ kg/s，求出口截面直径 d_2 和喉部截面直径 d_*。

5-29　$Ma_1=3$ 的空气气流进入一条沿程损失系数 $\lambda=0.02$ 的绝热管道，管道直径 $d=200$ mm。如果要求出口截面马赫数 $Ma_2=2$，试求管道长度 l。

5-30　气流参数 $p_1=2\times10^5$ Pa，$T_1=323$ K，$u_1=200$ m/s 的空气在等截面管道中作绝热摩擦流动。已知管道直径 $d=100$ mm，沿程损失系数 $\lambda=0.025$，试求最大管长 l_{max} 及其出口截面的压强和温度。

5-31　试证明当可压缩流体作一元等温流动时有

$$\frac{\rho}{\rho_*}=\exp\left[\frac{\gamma}{2}(1-Ma^2)\right],\quad \frac{A}{A_*}=\frac{1}{Ma}\exp\left[\frac{\gamma}{2}(Ma^2-1)\right]$$

5-32　氢气在等截面加热管中流动，已知两个截面上的流动参数 $u_1=75$ m/s，$T_1=323$ K，$T_2=373$ K，两截面之间外界传入的热量 $q=7.5\times10^5$ J/(kg·K)。不计摩擦，试求速度 u_2。

5-33　空气流入一条散热管，进口截面速度 $u_1=300$ m/s，滞止温度 $T_{01}=360$ K。如果出口截面马赫数 $Ma_2=0.3$，试确定散热量 q。

5-34　马赫数 $Ma_1=2.5$，滞止压强 $p_{01}=1.2$ MPa，滞止温度 $T_{01}=600$ K 的空气进入一条等截面无摩擦加热管。如果出口截面马赫数 $Ma_2=1$，求加热量 q 及出口截面的滞止压强和滞止温度。

第 6 章　量纲分析与相似原理

实验是流体力学研究的主要方法之一。实验研究不仅是探索新的流动规律、发现新的流动现象的有效手段,也是发展流体力学理论研究和数值计算方法的起点,同时它也以其可靠性和真实性,在建立物理模型及检验理论分析和数值模拟结果等方面起着重要的作用。

在长期的科学研究和工程实践中,人们逐渐探索出了以量纲分析和相似原理为基础的模型实验研究方法。

一个流动现象通常都会与多个流动参数相关,模型实验的主要任务就是找出相关流动参数之间的依赖关系。如果相关参数的数目较大,模型实验就相当繁杂。运用量纲分析方法可以综合流动的多个影响因素,构建无量纲综合参数,并且建立反映流动基本特征的无量纲综合参数之间的相关关系,从而简化复杂的问题,而且也可以把由少数模型实验所得到的参数变化规律进行推广,用于同类的其他流动问题。运用相似原理则有助于解决如何设计实验模型,如何确定实验参数,如何将模型实验的结果换算到实物上去等问题。

量纲分析和相似原理不仅被用于指导模型实验的设计及实验数据的整理,也经常被用于理论分析;不仅被广泛地应用于流体力学问题,也被广泛地应用于传热、传质、燃烧、船舶设计、土木建筑、水工建筑等问题。

6.1　单位与量纲

为了描述物理参数的大小,需要制定单位制。在每种单位制中都规定了数个不同类别的基本物理量为基本单位,在度量物理参数的大小时,实际上就是将它们与那些被定义为单位的同类基本物理量相比较。例如,在国际单位制中采用“牛顿”作为力的单位,在度量力时就是将它与“牛顿”这个基本量相比较。在制定单位制时一般只规定几个相互独立的基本物理单位,所有其他的物理单位都可以由这些基本单位组合而得到。例如,规定“米”和“秒”为描述长度和时间的基本单位,而速度的单位是“米/秒”,它是上述两种基本单位的组合。由基本单位组合而成的物理单位也称为导出单位。

物理参数度量单位的类别称为量纲或者因次。例如,小时、分、秒是度量时间的不同单位,由于这些单位属于同一个类别,皆用于度量时间,因此都具有时间的量纲或者因次。用 T 表示时间的量纲,小时、分、秒都具有时间的量纲。类似地,用 L 表示长度的量纲,米、毫米和英尺等都用于度量长度,都具有长度的量纲。

基本单位的量纲称为基本量纲，导出单位的量纲则称为导出量纲。基本量纲的个数取决于问题所涉及的物理参数。一般的流体力学问题只涉及四个基本量纲。在国际单位制中，流体力学问题所涉及的基本量纲是长度 L、质量 M、时间 T 和温度 Θ。不可压缩流体的流动问题与温度变量无关，只涉及前三个基本量纲。力的量纲是 MLT^{-2}，它由质量、长度和时间量纲组合而成，是导出量纲；速度的量纲是 LT^{-1}，它由长度和时间量纲组合而成，也是导出量纲。在工程单位制中，流体力学问题所涉及的基本量纲为长度 L、力 F、时间 T 和温度 Θ，而质量 FT^2L^{-1} 则是导出量纲。我国法定的单位制是国际单位制。

有些物理参数具有基本量纲，另一些物理参数则具有导出量纲。表 6-1 给出了国际单位制中流体力学问题常用参数的量纲和单位。

表 6-1　国际单位制中流体力学问题常用参数的量纲和单位

参数名称		表示符号	量纲	单位
几何参数	长度	l	L	m
	面积	A	L^2	m^2
	体积	V	L^3	m^3
	惯性矩	J	L^4	m^4
运动学参数	时间	t	T	s
	速度	v	LT^{-1}	m/s
	速度势	φ	L^2T^{-1}	m^2/s
	流函数	ψ	L^2T^{-1}	m^2/s
	角速度	ω	T^{-1}	1/s
	环量	Γ	L^2T^{-1}	m^2/s
	加速度	a	LT^{-2}	m/s^2
	涡量	Ω	T^{-1}	1/s
	体积流量	Q	L^3T^{-1}	m^3/s
	运动黏度	ν	L^2T^{-1}	m^2/s
动力学参数	质量	m	M	kg
	力	F	MLT^{-2}	$m \cdot kg/s^2 = N$
	应力	τ_{ij}	$ML^{-1}T^{-2}$	$kg/(m \cdot s^2) = N/m^2 = Pa$
	密度	ρ	ML^{-3}	kg/m^3
	动力黏度	μ	$ML^{-1}T^{-1}$	$kg/(m \cdot s) = N \cdot s/m^2 = Pa \cdot s$
	能、功	W	ML^2T^{-2}	$m^2 \cdot kg/s^2 = N \cdot m$

续表

参数名称		表示符号	量　纲	单　位
热力学参数	温　度	T	Θ	K
	压　强	p	$ML^{-1}T^{-2}$	$kg/(m\cdot s^2)$
	气体常数	R	$L^2T^{-2}\Theta^{-1}$	$m^2/(s^2\cdot K)$
	(质量)内能	e	L^2T^{-2}	m^2/s^2
	(质量)热量	q	L^2T^{-2}	m^2/s^2
	(质量)定容热容	c_V	$L^2T^{-2}\Theta^{-1}$	$m^2/(s^2\cdot K)$
	(质量)定压热容	c_p	$L^2T^{-2}\Theta^{-1}$	$m^2/(s^2\cdot K)$
	传热系数	K	$MLT^{-3}\Theta^{-1}$	$m\cdot kg/(s^3\cdot K)$
	(质量)焓	h	L^2T^{-2}	m^2/s^2
	(质量)熵	s	$L^2T^{-2}\Theta^{-1}$	$m^2/(s^2\cdot K)$

只有同类别的参数才能够比较大小。由于任何方程描述的都是同类参数之间的数量关系,因此方程中每一项的量纲都必须是相同的。这也称为量纲的一致性原理。

例 6-1　牛顿内摩擦定律 $\tau=\mu\dfrac{du}{dy}$ 是一个物理方程,试运用这个方程确定流体动力黏度 μ 的量纲。

解　根据量纲一致性原理,牛顿内摩擦定律表达式中各项量纲相同,于是,动力黏度的量纲为 $[\mu]=[\tau]L/[V]$。

在国际单位制中,力的量纲[F]是 MLT^{-2},应力的量纲$[\tau]$是 $ML^{-1}T^{-2}$,而速度的量纲[V]是 LT^{-1},因此动力黏度的量纲

$$[\mu]=ML^{-1}T^{-2}L/LT^{-1}=ML^{-1}T^{-1}$$

有一些物理参数是无量纲的(或者说具有 1 的量纲)。例如,弧度是弧长与径长的比值,它就是一个无量纲(或者说具有 1 的量纲)参数。如果几个物理参数组合而成的综合参数无量纲,则称它为无量纲综合参数。如果数个物理参数中任意一个参数的量纲都不能由其他参数的量纲组合而得到,则这些物理参数是相互独立的。假设对相互独立的物理参数 $q_1,q_2,\cdots,q_k$ 进行量纲组合而得到另一物理参数 q 的量纲,即

$$[q]=[q_1]^{m_1}[q_2]^{m_2}\cdots[q_k]^{m_k} \tag{6.1}$$

其中,$m_1,m_2,\cdots,m_k$ 为有理数,则显然可以由下式组成一个无量纲综合参数

$$\Pi=\frac{q}{q_1^{m_1}q_2^{m_2}\cdots q_k^{m_k}} \tag{6.2}$$

6.2 量纲分析与Π定理

瑞利(L. Rayleigh)在1877年首先提出了将量纲分析作为一种综合物理现象影响因素的方法,而奠定量纲分析理论基础的则是布金汉(E. Buckingham),他在1914年提出了Π定理,因此Π定理也称为布金汉定理。

Π定理　设一物理现象与n个物理参数$q_1,q_2,\cdots,q_n$有关,并且可以由函数关系

$$f(q_1,q_2,\cdots,q_n)=0 \tag{6.3}$$

所描述,如果所有相关物理参数所涉及的基本量纲数为m,就可以将n个物理参数组合成$n-m$个独立的无量纲参数$\Pi_1,\Pi_2,\cdots,\Pi_{n-m}$,而同一物理现象则可以由无量纲参数的函数关系

$$F(\Pi_1,\Pi_2,\cdots,\Pi_{n-m})=0 \tag{6.4}$$

所描述。

由于无量纲参数的个数$n-m$少于原物理参数的个数n,因此函数关系式(6.4)所涉及的变量个数少于函数关系式(6.3),这样就使问题得到了简化。

运用Π定理简化问题通常可以分两步来做。

(1) 如果n个物理参数的基本量纲数为m,则在n个物理参数中选取m个作为循环量。循环量选取的一般原则是:选取一个与长度直接相关的变量以保证几何相似;选取一个与速度直接相关的变量以保证运动相似;选取一个与质量直接相关的物理量以保证动力相似。m个循环量应包含问题所涉及的所有m个基本量纲。

(2) 用这m个循环量与其他$n-m$个物理参数中的其他所有参数依次组合成无量纲综合参数。

下面通过例题说明Π定理的应用。

例6-2　流体作用在圆球上的阻力F与球的运动速度(或者流体的来流速度)V_∞、球的直径D、流体密度ρ和流体动力黏度μ有关,试运用Π定理求出与该物理现象有关的所有无量纲综合参数。

解　流动所涉及的物理参数共有五个,即F、V_∞、ρ、D、μ,因此$n=5$。五个物理参数的量纲分别是

$$[F]=\mathrm{MLT^{-2}},\quad [V_\infty]=\mathrm{LT^{-1}},\quad [\rho]=\mathrm{ML^{-3}},\quad [D]=\mathrm{L},\quad [\mu]=\mathrm{ML^{-1}T^{-1}}$$

涉及基本量纲M、L、T,因此$m=3$。由Π定理知道,可以组合得到$n-m=2$个独立的无量纲参数。

选ρ、V_∞、D作为循环量,三个变量分别与质量、速度和长度直接相关,并且它们包含问题所涉及的所有基本量纲M、L、T。用循环量与余下的F和μ依次组合成无量纲综合参数Π_1和Π_2。

$$\Pi_1=F\rho^a V_\infty^b D^c=\mathrm{MLT^{-2}}(\mathrm{ML^{-3}})^a(\mathrm{LT^{-1}})^b\mathrm{L}^c=\mathrm{M}^{1+a}\mathrm{L}^{1-3a+b+c}\mathrm{T}^{-2-b}$$

因为Π_1无量纲,因此应该有

$$\begin{cases}1+a=0\\1-3a+b+c=0\\-2-b=0\end{cases}$$

求解代数方程组得到

$$a=-1,\quad b=-2,\quad c=-2$$

于是第一个无量纲综合参数

$$\Pi_1=\frac{F}{\rho V_\infty^2 D^2}$$

$$\Pi_2=\mu\rho^a V_\infty^b D^c=\mathrm{ML^{-1}T^{-1}(ML^{-3})^a(LT^{-1})^b L^c=M^{1+a}L^{-1-3a+b+c}T^{-1-b}}$$

因为 Π_2 无量纲，因此有

$$\begin{cases}1+a=0\\-1-3a+b+c=0\\-1-b=0\end{cases}$$

解得

$$a=-1,\quad b=-1,\quad c=-1$$

于是第二个无量纲综合参数

$$\Pi_2=\frac{\mu}{\rho V_\infty D}$$

圆球在流体中的运动阻力问题与五个物理参数有关，通常需要由五个参数之间的函数关系

$$F=f_1(D,V_\infty,\rho,\mu)$$

来描述阻力 F 与 D、V_∞、ρ、μ 之间的依赖关系。由于目前还无法通过理论分析确定函数 f_1，因此只能由模型实验找出参数之间的相关规律，这样就需要对每个相关的参数取若干个值来进行实测。假如对 D、V_∞、ρ、μ 每个参数取十个值，就需要做 10^4 次实验，工作量十分浩大。现在运用量纲分析法构造了两个无量纲综合参数后，同一物理问题只与两个参数有关，因此有下列两个独立的无量纲参数之间的函数关系

$$\frac{F}{\rho V_\infty^2 D^2}=f\left(\frac{\rho V_\infty D}{\mu}\right)$$

工程中常用无量纲的阻力系数 $C_D=\dfrac{F}{\frac{1}{2}\rho V_\infty^2 A}$ 描述物体的阻力，其中 A 是物体的迎风面积。对于圆球，$A=\pi D^2/4$，显然，$C_D=\dfrac{8}{\pi}\Pi_1$。记 $Re=1/\Pi_2=\rho V_\infty D/\mu$，$Re$ 就是雷诺数。于是上式可改写为

$$C_D=f(Re)$$

这样就使实验大为简化。

例 6-3　黏性不可压缩流体在等截面直管中作定常运动，两个截面之间的压降 Δp 取决于截面之间的距离 l、截面平均速度 V、流体密度 ρ、流体动力黏度 μ、管道直径 d 和管壁粗糙度 Δ。试用 Π 定理确定有关无量纲参数之间的函数关系。

解　流动共涉及七个物理参数，即 Δp、l、V、ρ、μ、d 和 Δ，压降 Δp 与其他六个参数之间的一般关系式可以写为

$$\Delta p = f_1(l, V, \rho, \mu, d, \Delta)$$

现在运用量纲分析法来简化这个关系式。

七个物理参数的量纲为

$$[\Delta p] = \mathrm{ML^{-1}T^{-2}}, \quad [\rho] = \mathrm{ML^{-3}}, \quad [\mu] = \mathrm{ML^{-1}T^{-1}}, \quad [V] = \mathrm{LT^{-1}}$$

$$[l] = \mathrm{L}, \quad [d] = \mathrm{L}, \quad [\Delta] = \mathrm{L}$$

选 ρ、V、d 作为循环量，它们含有基本量纲 M、L、T，用它们依次与 Δp、μ、l、Δ 组合成四个无量纲综合参数。

$$\Pi_1 = \rho^a V^b d^c \Delta p = (\mathrm{ML^{-3}})^a (\mathrm{LT^{-1}})^b \mathrm{L}^c \mathrm{ML^{-1}T^{-2}} = \mathrm{M}^{a+1} \mathrm{L}^{-3a+b+c-1} \mathrm{T}^{-b-2}$$

要求 Π_1 无量纲，因此必须有

$$a = -1, \quad b = -2, \quad c = 0$$

于是得到

$$\Pi_1 = \frac{\Delta p}{\rho V^2}$$

$$\Pi_2 = \rho^a V^b d^c \mu = (\mathrm{ML^{-3}})^2 (\mathrm{LT^{-1}})^b \mathrm{L}^c \mathrm{ML^{-1}T^{-1}} = \mathrm{M}^{a+1} \mathrm{L}^{-3a+b+c-1} \mathrm{T}^{-b-1}$$

要求 Π_2 无量纲，这需要

$$a = -1, \quad b = -1, \quad c = -1$$

因此得到

$$\Pi_2 = \frac{\mu}{\rho V d}$$

根据雷诺数的定义，$Re = 1/\Pi_2 = \rho V d/\mu$。

另外两个无量纲综合参数

$$\Pi_3 = \frac{l}{d}, \quad \Pi_4 = \frac{\Delta}{d}$$

这样，无量纲参数之间的一般关系可以表示为

$$\frac{\Delta p}{\rho V^2} = f\left(Re, \frac{l}{d}, \frac{\Delta}{d}\right)$$

对于等截面管道中的定常流动，压降与两截面之间的距离成线性的正比关系，因此上式还可以进一步简化为

$$\frac{\Delta p}{\rho V^2} = \frac{l}{d} f\left(Re, \frac{\Delta}{d}\right)$$

于是就把原来函数关系中的六个自变量减少为两个，实验时只需要对这两个自变量

取值，找出 $\Delta p/(\rho V^2)$ 与它们之间的相关规律，而且实验结果对于不可压缩黏性流体的圆管流动是普遍适用的。

由式(4.12)和例 6-3 中 Δp 的表达式，沿程损失水头

$$h_f=\frac{\Delta p}{\rho g}=2f\left(Re,\frac{\Delta}{d}\right)\frac{l}{d}\frac{V^2}{2g}$$

再由达西公式可知沿程损失系数为

$$\lambda=2f\left(Re,\frac{\Delta}{d}\right)$$

可见，沿程损失系数 λ 只是雷诺数 Re 和相对粗糙度 Δ/d 的函数。这就是图 4-8 中的尼古拉兹曲线图和图 4-10 中的莫迪曲线图的理论依据。

例 6-4 水泵的输入功率 P 与叶轮直径 D、叶轮旋转角速度 ω、流体密度 ρ、流体动力黏度 μ 和流速 V 有关。试求本问题中的无量纲参数。

解 本问题共涉及六个物理参数，它们的量纲分别为

$$[P]=\mathrm{ML^2T^{-3}},\quad [D]=\mathrm{L},\quad [\rho]=\mathrm{ML^{-3}},\quad [\omega]=\mathrm{T^{-1}},$$
$$[V]=\mathrm{LT^{-1}},\quad [\mu]=\mathrm{ML^{-1}T^{-1}}$$

循环量选为 ρ、V、D，其中含有基本量纲 M、L、T。用它们依次与 P、ω、μ 组合成三个无量纲综合参数，故有

$$\Pi_1=P\rho^aV^bD^c=\mathrm{M}^{a+1}\mathrm{L}^{-3a+b+c+2}\mathrm{T}^{-b-3}$$

要求 Π_1 无量纲，因此

$$a=-1,\quad b=-3,\quad c=-2$$

于是得到

$$\Pi_1=\frac{P}{\rho V^3D^2}$$

$$\Pi_2=\omega\rho^aV^bD^c=\mathrm{M}^a\mathrm{L}^{-3+a+b+c}\mathrm{T}^{-b-1}$$

要求 Π_2 无量纲，于是

$$a=0,\quad b=-1,\quad c=1$$

因此

$$\Pi_2=\frac{\omega D}{V}$$

$$\Pi_3=\mu\rho^aV^bD^c=\mathrm{M}^{a+1}\mathrm{L}^{-3a+b+c-1}\mathrm{T}^{-b-1}$$

同样得到

$$a=-1,\quad b=-1,\quad c=-1$$

最后有

$$\Pi_3=\frac{\mu}{\rho VD}$$

6.3　流动相似原理

1. 相似性的概念

在做模型实验时,把模型做得与原型一样大往往是不经济的,而且有时候也是不现实的,通常都是按照一定比例把原型缩小或者放大制成实验模型。这样,就产生了两个问题。第一,为了使实验流场与原型流场具有一定的对应关系,或者说相似性,实验中的各物理参数应如何确定?举例来说,如果模型潜艇尺寸是原型潜艇尺寸的1/20,那么,模型实验中流体的密度和黏度是否也应该为海水密度和黏度的1/20?模型实验中的拖曳速度是否应该为原型潜艇航行速度的1/20?如果不是,应该如何确定这些实验参数?第二,模型实验中的各种测量值应如何换算为原型上的相应值?例如,模型潜艇的实测阻力是否一定是原型潜艇阻力的1/20?如果不是,又应该根据什么准则来进行换算?这些问题都可以运用相似性原理给出答案。

一般而言,当两个流动现象满足以下三个层次的相似性条件时,可以说它们是力学相似的:

(1) 几何相似　两流场中各对应长度成同一比例;

(2) 运动相似　两流场中各对应点上的速度方向一致,大小成同一比例;

(3) 动力相似　两流场中各对应点上各种类型的力方向一致,大小成同一比例。

几何相似要求模型与原型所有对应长度之比等于同一常数 C_L,即

$$\frac{l_{m1}}{l_{p1}}=\frac{l_{m2}}{l_{p2}}=\frac{l_{m3}}{l_{p3}}=\cdots=C_L \tag{6.5}$$

其中,l_{m1}、l_{m2}、l_{m3} 等表示模型流场中具有特征意义的长度,而 l_{p1}、l_{p2}、l_{p3} 等则表示原型流场中的对应长度。

实现运动相似要求模型流场与原型流场中对应点上的速度方向相同而速度的大小成同一比例。假设两流场的速度比为常数 C_V,则应该有

$$\frac{V_{m1}}{V_{p1}}=\frac{V_{m2}}{V_{p2}}=\frac{V_{m3}}{V_{p3}}=\cdots=C_V \tag{6.6}$$

这里的 V_{m1}、V_{m2}、V_{m3} 等表示模型流场中具有特征意义的速度,而 V_{p1}、V_{p2}、V_{p3} 等则表示原型流场中的对应速度。

实现运动相似还要求时间相似,即指对应的时间间隔成比例。设该比例为 C_T。因为 C_L 与 C_V 均为常数,故 $C_T=C_L/C_V$ 也等于常数。

除此以外,实现运动相似还要求模型流场与原型流场的流动状态相同。例如,两流场同处于层流状态或者同处于湍流状态,两流场中都出现或者都不出现空蚀现象等。

实现动力相似要求在模型流场和原型流场中的对应点上各种作用力(如惯性力、黏性力、质量力及压力等)方向相同,大小成同一比例。用 C_F 表示力的比例,则有

$$\frac{F_{m1}}{F_{p1}}=\frac{F_{m2}}{F_{p2}}=\frac{F_{m3}}{F_{p3}}=\cdots=C_F \tag{6.7}$$

其中，F_{m1}、F_{m2}、F_{m3} 等是模型流场中的力，F_{p1}、F_{p2}、F_{p3} 等则是原型流场中所对应的力。

两个流场满足几何相似并不能保证它们一定能实现动力相似。例如，若用同一翼型模型在不同黏度的流体中测量升力和阻力，由于升力与流体黏度无关，阻力与黏度相关，因此在两个流场中测出的升力可能相等而阻力却不相等。由此可见，尽管两个流场满足几何相似，但是却不满足动力相似。不过，只有在满足了几何相似的前提下，实现运动相似和动力相似才有可能。实现几何相似是实现运动相似和实现动力相似的必要条件，但并不是充分条件。

相对来说，实现几何相似比较容易做到，只要严格按照比例将原型缩小或者放大制作成模型就可以了，但要实现运动相似和动力相似还需合理选择实验参数。一般而言，满足动力相似是实现流动相似的主导因素，只有满足了动力相似才能保证实现运动相似，从而实现流动相似。

2. 物理特征量及力的量级

设流场的长度、时间、速度及压强的特征量分别为 l_0、t_0、v_0、p_0。这些物理特征量可以作为衡量相应物理参数变化的基本尺度，它们的具体定义需要根据实际流动的主要特征来确定。例如：研究翼型绕流问题时可以用翼型的弦长作为特征长度，因为在这个问题中，流动参数的主要变化大致发生在与弦长同量级的距离范围内；研究圆管流动时可以用管的直径或者半径作为特征长度；对于物体绕流问题，经常用无穷远处的速度和压强作为特征速度和特征压强；对于非定常流动，常用时间变化周期作为特征时间，有时也用(特征长度/特征速度)作为特征时间。在分析流动现象的特征时，只有选择适当的特征量才能够正确地反映出各种不同的因素对流动的影响作用。

利用物理特征量定义无量纲参数，即

$$\bar{x}=\frac{x}{l_0},\quad \bar{y}=\frac{y}{l_0},\quad \bar{z}=\frac{z}{l_0},\quad \bar{t}=\frac{t}{t_0},\quad \bar{\boldsymbol{v}}=\frac{\boldsymbol{v}}{v_0}$$

从前面的章节中已经知道，流体的加速度为$\partial\boldsymbol{v}/\partial t+(\boldsymbol{v}\cdot\nabla)\boldsymbol{v}$，其中第一项$\partial\boldsymbol{v}/\partial t$是局部加速度，第二项$(\boldsymbol{v}\cdot\nabla)\boldsymbol{v}$是对流加速度。它们也可代表单位质量流体的惯性力。把有量纲参数置换成无量纲参数，单位质量流体上的局部惯性力和对流惯性力分别表示为$\left(\frac{v_0}{t_0}\right)\frac{\partial\bar{\boldsymbol{v}}}{\partial\bar{t}}$和$\left(\frac{v_0^2}{l_0}\right)(\bar{\boldsymbol{v}}\cdot\bar{\nabla})\bar{\boldsymbol{v}}$，其中无量纲微分算子的定义是

$$\bar{\nabla}=\boldsymbol{i}\frac{\partial}{\partial\bar{x}}+\boldsymbol{j}\frac{\partial}{\partial\bar{y}}+\boldsymbol{k}\frac{\partial}{\partial\bar{z}}$$

如果无量纲化所采用的特征量确实代表了相应物理参数变化的基本尺度，那么$\partial\bar{\boldsymbol{v}}/\partial\bar{t}$和$(\bar{\boldsymbol{v}}\cdot\bar{\nabla})\bar{\boldsymbol{v}}$就都与“1”具有相同的量级，于是单位质量流体上的局部惯性力和对流惯性力的量级分别为 v_0/t_0 和 v_0^2/l_0，而两种惯性力的量级则分别为 $\rho v_0 l_0^3/t_0$ 和 $\rho v_0^2 l_0^2$。

由于代表压强变化基本尺度的特征量是 p_0，因此压力的量级是 $p_0 l_0^2$。

可以由牛顿内摩擦定律 $\tau = \mu \partial u / \partial y$ 确定黏性力的量级。黏性应力的量级是 $\mu v_0 / l_0$，因此黏性力的量级是 $\mu v_0 l_0$。

重力的量级是 $\rho g l_0^3$。

气体受压发生体积变形后会产生弹性力，弹性力与外界所施加的压力相平衡，因此两者具有相同的量级。由式(5.13)，声速 $c = \sqrt{\mathrm{d}p/\mathrm{d}\rho}$，其中 $\mathrm{d}p$ 是压强的增量，$\mathrm{d}\rho$ 是流体密度的增量。由此知道，弹性力的量级是 $\rho c^2 l_0^2$。

3. 动力相似准则

惯性力起着维持原有流动状态的作用；黏性力、压力、重力和弹性力等则起着改变流动状态的作用。又由于在定常流动中没有局部惯性力，因此在考虑流场中各种力的相对作用时，通常都把对流惯性力作为比较的基础。

当模型流场与原型流场满足动力相似时，在两个流场的对应点上惯性力、黏性力、压力、重力和弹性力具有相同的方向，并且大小成同一比例。要求各种类型的力成同一比例就得到各种不同的相似准则。

1）雷诺准则

雷诺准则要求两个流场上对流惯性力的比值与黏性力的比值相等。用下标“m”表示模型流场，用下标“p”表示原型流场，则有

$$\frac{(\text{对流惯性力})_{\mathrm{m}}}{(\text{对流惯性力})_{\mathrm{p}}} = \frac{(\text{黏性力})_{\mathrm{m}}}{(\text{黏性力})_{\mathrm{p}}} = C_F$$

这个关系等价于

$$\frac{(\text{对流惯性力})_{\mathrm{m}}}{(\text{黏性力})_{\mathrm{m}}} = \frac{(\text{对流惯性力})_{\mathrm{p}}}{(\text{黏性力})_{\mathrm{p}}}$$

由前面的分析知道，对流惯性力的量级是 $\rho v_0^2 l_0^2$，黏性力的量级是 $\mu v_0 l_0$。定义对流惯性力与黏性力的比值为 Re，则有

$$Re = \frac{\text{对流惯性力}}{\text{黏性力}} = \frac{\rho v_0^2 l_0^2}{\mu v_0 l_0} = \frac{\rho v_0 l_0}{\mu} = \frac{v_0 l_0}{\nu} \tag{6.8}$$

不难看出，两种力的比值 Re 就是在前面章节中已经定义过的雷诺数，也可以称它为相似性参数。在研究管道流动时，用管截面平均速度 V 作为特征速度，用管直径 d 作为特征长度，因此雷诺数 $Re = \rho V d / \mu = V d / \nu$；在研究圆柱体定常运动的阻力问题时，用圆柱体在静止流体中的运动速度（或者流体来流速度）V_∞ 作为特征速度，用圆柱直径 D 作为特征长度，因此雷诺数 $Re = \rho V_\infty D / \mu = V_\infty D / \nu$。

由上面的讨论可以看到，当模型流场和原型流场中的雷诺数相等时，即 $Re_{\mathrm{m}} = Re_{\mathrm{p}}$，两个流场上对流惯性力的比值与黏性力的比值相等。

2）欧拉准则

欧拉准则要求两个流场上对流惯性力的比值与压力的比值相同，它可以表示为

$$\frac{(\text{压力})_m}{(\text{对流惯性力})_m}=\frac{(\text{压力})_p}{(\text{对流惯性力})_p}$$

压力的量级是 $p_0 l_0^2$，因此压力与对流惯性力之比

$$Eu=\frac{\text{压力}}{\text{对流惯性力}}=\frac{p_0 l_0^2}{\rho v_0^2 l_0^2}=\frac{p_0}{\rho v_0^2} \tag{6.9}$$

比值 Eu 又称为欧拉数，它也是一个相似性参数。“欧拉数”是为纪念瑞士数学家欧拉而得名的。当模型流场和原型流场中的欧拉数相等时，即 $Eu_m=Eu_p$，两个流场上对流惯性力的比值与压力的比值相等。

3）弗劳德准则

弗劳德准则要求两个流场上对流惯性力的比值与重力的比值相同，也就是

$$\frac{(\text{对流惯性力})_m}{(\text{重力})_m}=\frac{(\text{对流惯性力})_p}{(\text{重力})_p}$$

重力的量级是 $\rho g l_0^3$，因此对流惯性力与重力之比

$$Fr^2=\frac{\text{对流惯性力}}{\text{重力}}=\frac{\rho v_0^2 l_0^2}{\rho g l_0^3}=\frac{v_0^2}{g l_0} \tag{6.10}$$

相似性参数 Fr 称为弗劳德数。“弗劳德数”是为纪念英国船舶工程师弗劳德（W. Froude）而得名的。当 $Fr_m=Fr_p$（或 $Fr_m^2=Fr_p^2$），模型流场和原型流场中对流惯性力的比值与重力的比值相同。

4）斯特罗哈准则

斯特罗哈准则要求两个流场中对流惯性力的比值与局部惯性力的比值相同，也就是

$$\frac{(\text{局部惯性力})_m}{(\text{对流惯性力})_m}=\frac{(\text{局部惯性力})_p}{(\text{对流惯性力})_p}$$

由于局部惯性力的量级为 $\rho v_0 l_0^3/t_0$，因此两种惯性力的比值

$$St=\frac{\text{局部惯性力}}{\text{对流惯性力}}=\frac{\rho v_0 l_0^3/t_0}{\rho v_0^2 l_0^2}=\frac{l_0}{v_0 t_0} \tag{6.11}$$

比值 St 又称为斯特罗哈数，它是另一个相似性参数。“斯特罗哈数”是为纪念捷克物理学家斯特罗哈（V. Strouhal）而得名的。当 $St_m=St_p$ 时，对流惯性力和局部惯性力成比例。

5）马赫准则

马赫准则要求两个流场中弹性力与对流惯性力成比例，它可以表示为

$$\frac{(\text{对流惯性力})_m}{(\text{弹性力})_m}=\frac{(\text{对流惯性力})_p}{(\text{弹性力})_p}$$

由于弹性力的量级为 $\rho c^2 l_0^2$，因此两种力的比值

$$Ma^2=\frac{\text{对流惯性力}}{\text{弹性力}}=\frac{\rho v_0^2 l_0^2}{\rho c^2 l_0^2}=\frac{v_0^2}{c^2} \tag{6.12}$$

比值 $Ma=v_0/c$ 就是第5章中所定义的马赫数，它也是一个相似性参数。由此可见，当 $Ma_m=Ma_p$ 时，两流场对流惯性力与弹性力的比值相同。

还有其他一些类型的力也可能会影响流体的运动，如地球旋转所引起的科氏力、液面的表面张力等，因此还可以相应地构造其他的一些相似性参数，提出更多的动力相似准则。

从理论上说，只有当两个流场上所有类型的力都成同一比例时，流动才严格地满足动力相似。这就要求所有的相似性参数都完全相等。但是，在多数的实际情况下，有些类型的力对具体流动的影响很小，可以被忽略，有些相似准则相互牵制，无法同时满足。下面的例题可以进一步说明这个问题。

例 6-5　为了确定在深水中航行的潜艇所受的阻力，用缩尺比例为 1∶20 的潜艇模型在水洞中做实验。假设原型潜艇速度 $V_p=2.572\ \mathrm{m/s}$，海水密度 $\rho_p=1010\ \mathrm{kg/m^3}$，运动黏度 $\nu_p=1.3\times10^{-6}\ \mathrm{m^2/s}$，实验用水密度 $\rho_m=988\ \mathrm{kg/m^3}$，运动黏度 $\nu_m=0.556\times10^{-6}\ \mathrm{m^2/s}$。试确定模型实验的拖拽速度及原型与模型的阻力比。

解　这是定常流动问题，并且流动与重力无关，因此不需要考虑相似性参数 St 和 Fr。设原型潜艇的特征长度为 l_p，对于原型流场可以定义雷诺数

$$Re_p=\frac{V_p l_p}{\nu_p}=\frac{2.572 l_p}{1.3\times10^{-6}}=1.978\times10^6 l_p$$

根据题意，模型的特征长度为 $l_m=l_p/20$，因此对于模型流场其雷诺数

$$Re_m=\frac{V_m l_m}{\nu_m}=\frac{V_m l_p}{20\times0.556\times10^{-6}}$$

由 $Re_p=Re_m$ 得到

$$1.978\times10^6 l_p=\frac{V_m l_p}{20\times0.556\times10^{-6}}$$

解出

$$V_m=22.0\ \mathrm{m/s}$$

这就是保证两流场动力相似的模型拖曳速度。

设原型潜艇在水中的行进阻力为 F_p，模型实验中测出的模型阻力为 F_m，并设两流场的特征压强分别为 $p_p=F_p/l_p^2$ 和 $p_m=F_m/l_m^2$，由 $Eu_p=Eu_m$ 得到

$$\frac{F_p}{\rho_p V_p^2 l_p^2}=\frac{F_m}{\rho_m V_m^2 l_m^2}$$

进而解出

$$\frac{F_p}{F_m}=\frac{\rho_p V_p^2 l_p^2}{\rho_m V_m^2 l_m^2}=\frac{1010\times2.572^2}{988\times22^2}\times20^2=5.59$$

原型与模型的阻力比为 5.59。

由计算结果看到，原型和模型的速度比、阻力比都不等于它们的缩尺比例。

如果用无量纲的阻力系数

$$C_D=\frac{F}{\frac{1}{2}\rho V^2 l^2}$$

来描述物体阻力的大小，令模型实验的阻力系数与原型潜艇的阻力系数相等，由此也可以把模型阻力换算为原型潜艇阻力。比较阻力系数 C_D 和欧拉数 Eu 的定义就可知道，阻力系数相等的要求与欧拉数相等的要求实际上是等价的。

例 6-6 为了估算水面上船舶的行驶阻力，用缩尺比例为 1∶20 的船体模型在拖曳水池中做实验。设原型船体长 $l_p=30$ m，速度 $V_p=5$ m/s，水密度 $\rho_p=1000$ kg/m^3，动力黏度 $\mu_p=0.001$ Pa·s。如何安排实验才能保证实验流场与真实流场动力相似？

解 这是定常流动问题，不需要考虑 St 的相等。根据问题的特点，船体上的兴波阻力与重力有关，黏性摩擦阻力与流体的黏度有关，因此反映重力效应的 Fr 和反映流体黏性效应的 Re 是最重要的相似性参数。现在要求两个流场上的 Fr 和 Re 相等。

对原型：

$$Fr_p^2=\frac{V_p^2}{gl_p}=\frac{5^2}{9.8\times30}=0.085$$

对模型：

$$Fr_m^2=\frac{V_m^2}{gl_m}=\frac{20V_m^2}{9.8\times30}$$

要求 $Fr_p^2=Fr_m^2$，于是有

$$\frac{20V_m^2}{9.8\times30}=0.085$$

由此得到

$$V_m=1.118\ \text{m/s}$$

又对原型：

$$Re_p=\frac{\rho_p V_p l_p}{\mu_p}=\frac{1000\times5\times30}{0.001}=1.50\times10^8$$

对模型：

$$Re_m=\frac{\rho_m V_m l_m}{\mu_m}=\frac{V_m l_m}{\nu_m}=\frac{1.118\times30}{20\nu_m}$$

要求 $Re_p=Re_m$，于是

$$\frac{1.118\times30}{20\nu_m}=1.50\times10^8$$

由此解得

$$\nu_m=1.118\times10^{-8}\ \text{m}^2/\text{s}$$

在例 6-6 的问题中，为了实现模型实验流场与原型流场的动力相似，必须在运动

黏度 $\nu_m = 1.118 \times 10^{-8}\ m^2/s$ 的液体表面上以 $V_m = 1.118\ m/s$ 的速度拖曳船体模型。要实现这样的拖曳速度并不困难，但是却无法找到所要求的低黏度液体。例如，在 20 ℃下，水的运动黏度 $\nu = 1.02 \times 10^{-6}\ m^2/s$，汽油的运动黏度 $\nu = 4.37 \times 10^{-7}\ m^2/s$，都比所要求的黏度高得多；就是运动黏度最低的水银也有 $\nu = 1.21 \times 10^{-7}\ m^2/s$，仍然比所需要的黏度高一个量级。把模型尺寸放大，可以提高所需要的 ν_m 值，但这又在很大程度上失去了模型实验的意义。

从这个例子可以看到，如果要求同时满足两个动力相似准则，往往会使模型实验中的模型尺寸或者流体介质的选择受到限制。不难想象，如果要求同时满足更多的动力相似准则，还会使模型实验的设计更为困难，甚至使实验不可能实现。为了解决这一矛盾，在设计模型实验时一般都是优先考虑对流动起着主导作用的动力相似准则，忽略对流动影响较小的相似准则。例如：在设计管道流动实验时，由于在流动中黏性力起着主导作用，重力起着相对次要的作用，因此应该优先考虑使 Re 相等，而不必考虑 Fr 是否相等；在设计高速水面舰船的阻力实验时，由于兴波阻力比黏性摩擦阻力更重要，因此应该优先考虑使 Fr 相等，而只要求 Re 尽可能接近，或者暂时不考虑 Re，以后通过其他途径测量或者计算出 Re 的偏差所带来的误差，再对实验结果予以修正。

4. 自模化

由第 4 章中的讨论知道，对于管道中的湍流流动，当雷诺数 Re 大于一定的数值时，管道成为水力粗糙管，流动进入平方阻力区，此时的沿程损失系数 λ 与 Re 无关；对于圆柱绕流，当雷诺数 Re 在 $10^3 \sim 3 \times 10^5$ 之内时，阻力系数 C_D 几乎不随 Re 变化。在实际工程中还可以遇到许多与此类似的现象。当流动处于这样的状态时，通常说它们处于自模化区。如果需要研究的流动处于自模化区，在设计模型实验时只要求流动处于同一自模化区，而不必要求两个流动的动力相似参数严格相等。

小　　结

本章主要介绍了量纲一致性原理、以 Π 定理为基础的量纲分析法和相似原理。量纲分析和相似原理不仅用于指导模型实验的设计及实验数据的整理，也可以用于理论分析。

一个流动现象通常都会与多个物理参数相关。运用 Π 定理可以综合若干个物理参数的影响，组成无量纲综合参数，使问题相关参数的数目减至最小，从而可揭示参数之间的内在联系，简化复杂问题，并且还可以把由少数模型实验所得到的参数变化规律推广用于同类的其他流动问题。

在设计模型实验时，需要使实验流场与真实流场具有一定的对应关系，这就要求两个流场满足几何、运动及动力等三个层次上的相似要求，其中满足动力相似是实现流动相似的主导因素。动力相似条件要求两个流场上各类力的比值相等，由此提出了不同的动力相似准则，并构造了不同的相似性参数。在流体力学中，最常用的无量纲相似性参数包括雷诺数、欧拉数、弗劳德数、斯特罗哈数和马赫数等。

任何流体力学实验方案的确定、实验数据的整理，都必须要在理论分析的基础上进行。从理论上说，只有当两个流场中的所有相似性参数都相等时，流动才严格地满足动力相似要求，但是在多数情况下，并不需要且经常也不可能同时满足所有的相似准则。因此在设计模型实验时就需要认真分析流动的各个影响因素，优先考虑起主导作用的动力相似准则。要正确地设计实验方案，不仅需要掌握必要的流体力学知识并且积累一定的实验研究经验，还需要对流动现象及其影响因素有着深入的认识。

思　考　题

6-1　如果流动不受温度的影响，一般最多会涉及______基本量纲。

(A) 一个　　(B) 两个　　(C) 三个　　(D) 四个

6-2　定常流动的相关物理参数______涉及时间量纲。

(A) 会　　(B) 不会

6-3　对于一般的流动现象通常都可以运用 Π 定理组成两个以上的无量纲参数。如果流动参数涉及三个基本量纲，流动现象一般与______的物理参数相关。

(A) 两个以上　(B) 三个以上　(C) 四个以上　(D) 五个以上

6-4　如果两个流场已经满足几何相似和运动相似，这______保证它们一定实现动力相似。

(A) 可以　　(B) 不能

试举例说明理由。

6-5　如果两个流场已经满足几何相似和动力相似，这______保证它们一定实现运动相似。

(A) 可以　　(B) 不能

6-6　流动从层流向湍流的转捩取决于雷诺数，这说明对转捩现象起主导作用的是______。

(A) 黏性力和惯性力　　(B) 压力和惯性力

(C) 重力和惯性力　　(D) 弹性力和惯性力

6-7　超声速气流与亚声速气流具有不同的流动特征，在这类问题中起主导作用的是______。

(A) 黏性力和惯性力　　(B) 压力和惯性力

(C) 重力和惯性力　　(D) 弹性力和惯性力

6-8　在黏性不可压缩流体的管道流动中，应该优先考虑______。

(A) 弗劳德数　(B) 雷诺数　(C) 斯特罗哈数　(D)欧拉数　(E) 马赫数

6-9　舰船在水面上航行时受到的阻力主要包括兴波阻力和黏性摩擦阻力，如果兴波阻力占优，应该优先考虑______。

(A) 弗劳德数　(B) 雷诺数　(C) 斯特罗哈数　(D)欧拉数　(E) 马赫数

6-10　流体绕圆柱流动时在绕过圆柱后形成卡门涡街，从而产生周期性变化的横向力。在研究横向力的变化周期时应该优先考虑______。

(A) 弗劳德数　(B) 雷诺数　(C) 斯特罗哈数　(D) 欧拉数　(E) 马赫数

6-11　对于可压缩气体的跨声速流动，应该优先考虑______。

(A) 弗劳德数　(B) 雷诺数　(C) 斯特罗哈数　(D) 欧拉数　(E) 马赫数

6-12　对于定常流动，不需要考虑______。

(A) 弗劳德数　(B) 雷诺数　(C) 斯特罗哈数　(D) 欧拉数　(E) 马赫数

6-13　如果忽略流体的黏性效应，不需要考虑______。

(A) 弗劳德数　(B) 雷诺数　(C) 斯特罗哈数　(D) 欧拉数　(E) 马赫数

6-14　对于不可压缩流体的流动，不需要考虑______。

(A) 弗劳德数　(B) 雷诺数　(C) 斯特罗哈数　(D) 欧拉数　(E) 马赫数

习　题

6-1　在题 6-1 图所示的圆管流动中，截面突然收缩引起的压强降 $\Delta p = p_1 - p_2 = f(\rho, \mu, V, d, D)$，其中 ρ 为流体密度，μ 为流体动力黏度，V 为收缩截面前的管道截面平均速度。选择 ρ、V、D 为循环量，试运用 Π 定理建立 Δp 与这些物理参数之间的函数关系。

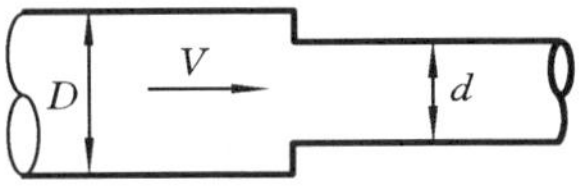

题 6-1 图

6-2　当球在流体中作定常运动时，其运动阻力 F 是流体密度 ρ、流体动力黏度 μ、球的半径 R 及球相对于流体的运动速度 V 的函数。选择 ρ、μ、R 为循环量，试运用量纲分析法证明阻力

$$F = \frac{\mu^2}{\rho} f\left(\frac{\rho V R}{\mu}\right)$$

6-3　实验表明，完全气体的气体常数 R 与压强 p、气体密度 ρ 和热力学温度 T 有关。试运用量纲分析法将 R 表示为 p、ρ、T 的函数。

6-4　实验表明，完全气体的焓 h 与压强 p、气体密度 ρ、定压热容 c_p 和定容热容 c_V 有关。试运用量纲分析法将焓 h 表示为 p、ρ、c_p、c_V 的函数。

6-5　实验表明，完全气体的内能 e 与压强 p、气体密度 ρ、定压热容 c_p 和定容热容 c_V 有关，试运用量纲分析法将内能 e 表示为 p、ρ、c_p、c_V 的函数。

6-6　直径为 d、密度为 ρ 的圆球在充满着密度为 ρ_1、动力黏度为 μ_1 的流体中沉降，其沉降速度 $V = f(d, \rho, \rho_1, \mu_1, g)$，其中 g 为重力加速度。选择 ρ_1、d、V 作为循环量，试运用量纲分析法证明球的沉降速度

$$V=\sqrt{dg\left(\frac{\rho}{\rho_1}-1\right)}f_1\left(\frac{V\rho_1 d}{\mu_1}\right)$$

6-7　直径为 D 的转盘浸没于密度为 ρ、动力黏度为 μ 的液体中，其转速为 n，维持匀速旋转所需要的功率为 P。试运用量纲分析法证明其功率

$$P=\rho n^3 D^5 f\left(\frac{\rho n D^2}{\mu}\right)$$

假设直径 $D_1=225$ mm 的转盘在密度 $\rho_1=1000$ kg/m^3、动力黏度 $\mu_1=1.01\times10^{-3}$ Pa·s 的水中以 $n=23$ r/s 的转速匀速旋转时所需要施加的转矩 $M=1.1$ N·m。试计算直径 $D_2=675$ mm 的转盘在密度 $\rho_2=1.2$ kg/m^3、动力黏度 $\mu_2=1.86\times10^{-5}$ Pa·s 的空气中匀速旋转时的转速及维持旋转所需要施加的转矩。

6-8　在 $t_m=10$ ℃的水中做模型实验，模拟烟气在热处理炉中的运动。已知炉中烟气速度 $V_p=8$ m/s，温度 $t_p=600$ ℃，运动黏度 $\nu_p=0.9\times10^{-4}$ m^2/s。设模型与实物的缩尺比例为 1∶10，试求模型实验中水的速度。

6-9　已知回热装置中烟气的运动黏度 $\nu=0.72$ cm^2/s，流速 $V=2$ m/s。如果在 20 ℃的空气中采用缩尺比例为 1∶5 的模型做实验，试确定实验流速。

6-10　用模型船在船池中做实验，当实验速度为 0.54 m/s 时测得模型的兴波阻力为 1.1 N。如果模型船与原型船的缩尺比例为 1∶40，模型实验的兴波阻力测量结果对以什么速度航行的原型船适用？此时原型船所受到的兴波阻力及维持航行所需要的功率为多少？

6-11　用飞机模型在风洞中做跨声速模型实验，风洞实验段风速 $V=360$ m/s，空气温度 $t=40$ ℃，压强 $p=125$ kPa。如果现在空气的温度上升至 60 ℃，应该将实验段的风速和压强调整为多大？

6-12　在风洞中做鱼雷阻力的模型实验，模型与原型的缩尺比例为 1∶3。已知原型流场中的参数 $V_p=6$ km/h，$\rho_p=1010$ kg/m^3，$\nu_p=1.145\times10^{-6}$ m^2/s，模型流场中的参数 $\rho_m=1.29$ kg/m^3，$\nu_m=1.45\times10^{-5}$ m^2/s。

(1) 求风洞实验的模拟速度 V_m；

(2) 如果在风洞实验中测出模型阻力 F_m，求原型鱼雷的阻力 F_p。

6-13　密度 $\rho_1=1.225$ kg/m^3，动力黏度 $\mu_1=1.8\times10^{-5}$ Pa·s 的空气，以 $v_1=21.5$ m/s 的截面平均速度流过直径 $d=40$ mm 的小管，其沿程损失系数为 λ。如果动力黏度 $\mu_2=1.12\times10^{-3}$ Pa·s 的水流过此管时，其沿程损失系数也为 λ，试计算水流经小管的体积流量，以及两种流动中单位管长的压降之比。

第7章　理想不可压缩流体的势流和旋涡运动

真实流体都是有黏性的，但是当黏性力对流体运动的影响较小时，一般就可以在分析中忽略黏性力。对于许多不能忽略黏性影响的流体运动问题，也经常先采用无黏性的流体模型来研究运动的一些基本规律，然后在此基础上研究流体黏性的影响。理想流体是忽略了流体黏性影响的一种简化的力学模型。

本章首先分析流体的运动，然后根据运动所具有的不同特点，将它们分为有旋流动和无旋流动。无旋流动又称为有势流动或者简称为势流。由于流体的黏性力是产生旋涡运动的重要原因之一，一般在理想流体中才存在着有势流动。对于真实的黏性流体，在物体壁面形成边界层流动的情况下，在边界层以外区域流体黏性的影响十分微弱，可以把边界层外部流动看做理想流体流动或者有势流动。

本章介绍不可压缩流体平面势流和轴对称势流问题的求解方法。

7.1　流体微团的运动分析

刚体的一般运动可以分解为相对于参考点的平移运动和绕瞬时转动轴的旋转运动。流体微团在运动过程中不仅有平移和转动，它还同时会变形。变形又可以分解为线变形和剪切变形两个部分。因此，流体微团的一般运动可以分解为四个部分，即：整体的平移运动、绕自身瞬时转动轴的旋转运动、线变形运动和剪切变形运动，下面通过速度的分解来证明这一点。

1. 速度的分解

取如图7-1所示直角坐标系，在运动流体中任意取一初始边长为Δx、Δy、Δz的直角平行六面体微团。假设微团上点$A(x,y,z)$的速度为(u,v,w)，点$G(x+\Delta x,y+\Delta y,z+\Delta z)$的速度为$(u_G,v_G,w_G)$。点$G$的三个速度分量可以用对点$A$的泰勒级数展开式表示为

$$u_G=u+\frac{\partial u}{\partial x}\Delta x+\frac{\partial u}{\partial y}\Delta y+\frac{\partial u}{\partial z}\Delta z$$

$$v_G=v+\frac{\partial v}{\partial x}\Delta x+\frac{\partial v}{\partial y}\Delta y+\frac{\partial v}{\partial z}\Delta z$$

$$w_G=w+\frac{\partial w}{\partial x}\Delta x+\frac{\partial w}{\partial y}\Delta y+\frac{\partial w}{\partial z}\Delta z$$

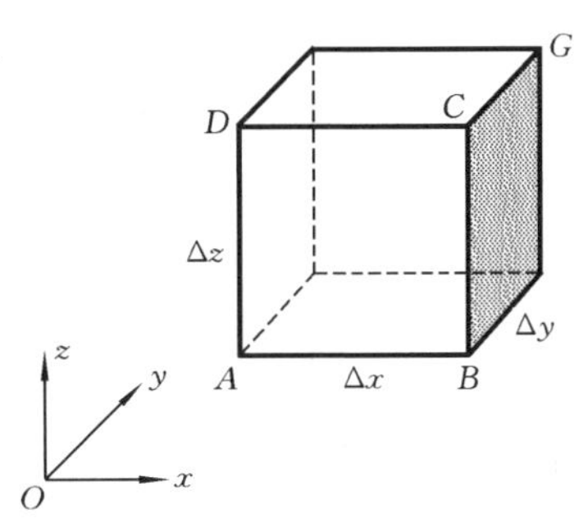

图7-1　平行六面体流体微团

把上面三个式子改写后，有

$$u_G=u+\frac{\partial u}{\partial x}\Delta x+\frac{1}{2}\left(\frac{\partial u}{\partial y}+\frac{\partial v}{\partial x}\right)\Delta y+\frac{1}{2}\left(\frac{\partial u}{\partial z}+\frac{\partial w}{\partial x}\right)\Delta z$$
$$+\frac{1}{2}\left(\frac{\partial u}{\partial z}-\frac{\partial w}{\partial x}\right)\Delta z-\frac{1}{2}\left(\frac{\partial v}{\partial x}-\frac{\partial u}{\partial y}\right)\Delta y$$
$$v_G=v+\frac{\partial v}{\partial y}\Delta y+\frac{1}{2}\left(\frac{\partial v}{\partial z}+\frac{\partial w}{\partial y}\right)\Delta z+\frac{1}{2}\left(\frac{\partial v}{\partial x}+\frac{\partial u}{\partial y}\right)\Delta x$$
$$+\frac{1}{2}\left(\frac{\partial v}{\partial x}-\frac{\partial u}{\partial y}\right)\Delta x-\frac{1}{2}\left(\frac{\partial w}{\partial y}-\frac{\partial v}{\partial z}\right)\Delta z$$
$$w_G=w+\frac{\partial w}{\partial z}\Delta z+\frac{1}{2}\left(\frac{\partial w}{\partial x}+\frac{\partial u}{\partial z}\right)\Delta x+\frac{1}{2}\left(\frac{\partial w}{\partial y}+\frac{\partial v}{\partial z}\right)\Delta y$$
$$+\frac{1}{2}\left(\frac{\partial w}{\partial y}-\frac{\partial v}{\partial z}\right)\Delta y-\frac{1}{2}\left(\frac{\partial u}{\partial z}-\frac{\partial w}{\partial x}\right)\Delta x$$

再引进下列符号定义

$$\varepsilon_x=\frac{\partial u}{\partial x} \tag{7.1(a)}$$
$$\varepsilon_y=\frac{\partial v}{\partial y} \tag{7.1(b)}$$
$$\varepsilon_z=\frac{\partial w}{\partial z} \tag{7.1(c)}$$
$$\gamma_x=\frac{1}{2}\left(\frac{\partial w}{\partial y}+\frac{\partial v}{\partial z}\right) \tag{7.2(a)}$$
$$\gamma_y=\frac{1}{2}\left(\frac{\partial u}{\partial z}+\frac{\partial w}{\partial x}\right) \tag{7.2(b)}$$
$$\gamma_z=\frac{1}{2}\left(\frac{\partial v}{\partial x}+\frac{\partial u}{\partial y}\right) \tag{7.2(c)}$$
$$\omega_x=\frac{1}{2}\left(\frac{\partial w}{\partial y}-\frac{\partial v}{\partial z}\right) \tag{7.3(a)}$$
$$\omega_y=\frac{1}{2}\left(\frac{\partial u}{\partial z}-\frac{\partial w}{\partial x}\right) \tag{7.3(b)}$$
$$\omega_z=\frac{1}{2}\left(\frac{\partial v}{\partial x}-\frac{\partial u}{\partial y}\right) \tag{7.3(c)}$$

点 G 的三个速度分量最后写为

$$u_G=u+\varepsilon_x\Delta x+(\gamma_y\Delta z+\gamma_z\Delta y)+(\omega_y\Delta z-\omega_z\Delta y) \tag{7.4(a)}$$
$$v_G=v+\varepsilon_y\Delta y+(\gamma_z\Delta x+\gamma_x\Delta z)+(\omega_z\Delta x-\omega_x\Delta z) \tag{7.4(b)}$$
$$w_G=w+\varepsilon_z\Delta z+(\gamma_x\Delta y+\gamma_y\Delta x)+(\omega_x\Delta y-\omega_y\Delta x) \tag{7.4(c)}$$

显而易见，式(7.4)三个表达式中等号右边的第一项 u、v、w 是流体微团整体平移运动时点 G 的三个速度分量。下面讨论后面三项的意义。

2. 线变形率

为了简化讨论，首先考虑微团在 Oxy 投影平面内的变形。在未考虑它在其他投影平面内的变形时，微团运动过程中点 G 的投影始终与点 C 重合。在 Oxy 投影平面内，微团的边长为 Δx 和 Δy，四个角点分别为点 A、B、C、D；微小的 Δt 时段后微团的形状和位置都发生了改变，四个角点运动到点 A'、B'、C'、D'，如图 7-2 所示。在点 D 和点 C 上，x 方向的速度分量分别为 $u+\dfrac{\partial u}{\partial y}\Delta y$ 和 $u+\dfrac{\partial u}{\partial x}\Delta x+\dfrac{\partial u}{\partial y}\Delta y$。由于点 D 和点 C 的速度不同，在流体运动过程中，线段 DC 在 x 方向的投影长度会发生变化。设 Δt 时段内其投影长度的变化为 Δl_x，它可以由点 D 和点 C 在 x 方向的速度表示为

$$\Delta l_x=\left(u+\frac{\partial u}{\partial x}\Delta x+\frac{\partial u}{\partial y}\Delta y\right)\Delta t-\left(u+\frac{\partial u}{\partial y}\Delta y\right)\Delta t=\frac{\partial u}{\partial x}\Delta x\Delta t$$

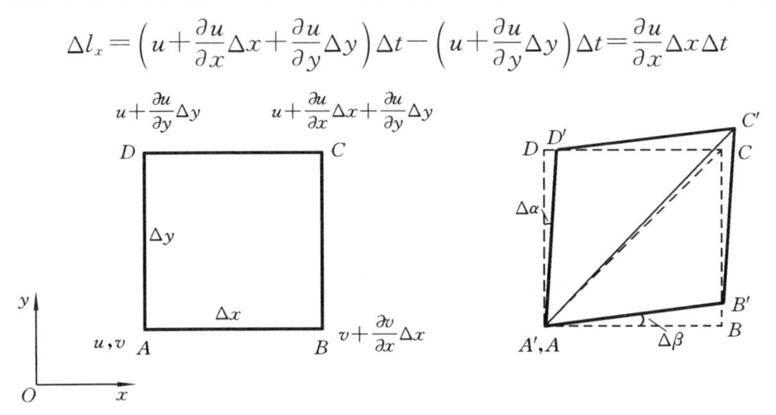

图 7-2　流体微团的运动和变形

由于线变形而在点 C 所产生的 x 方向的速度就是线段 DC 在单位时间内 x 方向投影长度的变化，它又表示为

$$\lim_{\Delta t\to 0}\frac{\Delta l_x}{\Delta t}=\frac{\partial u}{\partial x}\Delta x=\varepsilon_x\Delta x$$

这就是式(7.4(a))等号右边的第二项。在未考虑其他投影平面内的变形时，点 G 的投影始终与点 C 重合，因此 $\varepsilon_x\Delta x$ 就是微团在 x 方向的线变形在点 G 所产生的 x 方向的速度。用同样的方法可以说明，式(7.4(b))和式(7.4(c))中的 $\varepsilon_y\Delta y$ 和 $\varepsilon_z\Delta z$ 分别是流体微团在 y 和 z 方向上的线变形在 G 点所产生的 y、z 方向的速度。式(7.1)所定义的 ε_x、ε_y、ε_z 是单位时间内流体分别在 x、y、z 方向的长度相对变化，称为 x、y、z 方向的线变形率。

定义 $\varepsilon=\varepsilon_x+\varepsilon_y+\varepsilon_z$，由式(7.1)知

$$\varepsilon=\frac{\partial u}{\partial x}+\frac{\partial v}{\partial y}+\frac{\partial w}{\partial z}=\nabla\cdot\boldsymbol{v}$$

其中，ε 称为流体的体积变形率。对于不可压缩流体的运动，根据第 3 章中建立的连续性方程式(3.15)有

$$\varepsilon=\nabla\cdot\boldsymbol{v}=0$$

可见，要使不可压缩流体的运动满足质量守恒定律，任意流体微团的体积变形率必须

等于零。

3. 剪切变形率

仍然在 Oxy 平面上分析微团的运动。参照图 7-2，点 B 上 y 方向的速度分量为 $v+\frac{\partial v}{\partial x}\Delta x$，点 D 上 x 方向的速度分量为 $u+\frac{\partial u}{\partial y}\Delta y$，与点 A 上相应方向的速度分量 v 和 u 都不相同，因此微团上线段 AB 和线段 AD 的方向会发生改变。假设在微小的 Δt 时段内，线段 AB 逆时针方向旋转了 $\Delta\beta$，线段 AD 顺时针方向旋转了 $\Delta\alpha$。由于 Δt 很小，微团的变形角度也很小，因此

$$\Delta\beta=\tan\Delta\beta=\frac{\left(v+\frac{\partial v}{\partial x}\Delta x\right)\Delta t-v\Delta t}{\Delta x}=\frac{\partial v}{\partial x}\Delta t$$

$$\Delta\alpha=\tan\Delta\alpha=\frac{\left(u+\frac{\partial u}{\partial y}\Delta y\right)\Delta t-u\Delta t}{\Delta y}=\frac{\partial u}{\partial y}\Delta t$$

当 $\Delta\beta$ 和 $\Delta\alpha$ 的大小不一样时，微团不仅有剪切变形还有整体的旋转，于是可以把微团的变化分解为剪切变形和旋转运动两个部分，剪切变形使线段 AB 和线段 AD 分别沿逆时针方向和顺时针方向旋转角度$(\Delta\beta+\Delta\alpha)/2$；旋转运动使两线段同时沿逆时针方向旋转角度$(\Delta\beta-\Delta\alpha)/2$，如图 7-3 所示。

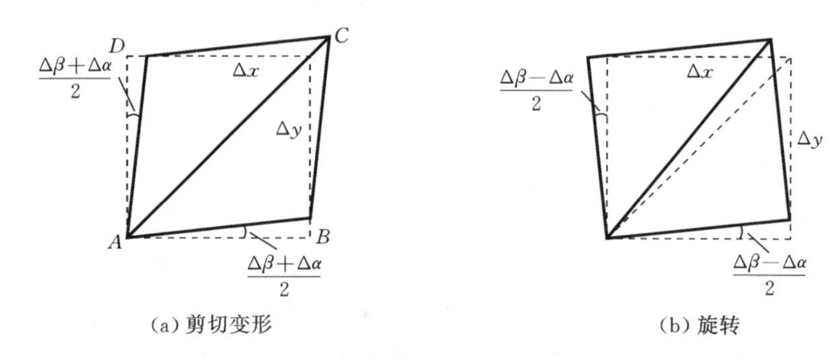

图 7-3　流体微团的剪切变形和旋转

由于剪切变形，线段 AD 在 Δt 时段内沿顺时针方向旋转了角度$(\Delta\beta+\Delta\alpha)/2$，这就使点 C 随点 D 一起沿 x 方向运动，运动速度

$$\frac{\Delta\beta+\Delta\alpha}{2\Delta t}\Delta y=\frac{1}{2}\left(\frac{\partial v}{\partial x}+\frac{\partial u}{\partial y}\right)\Delta y=\gamma_z\Delta y$$

由于现在只考虑 Oxy 投影平面内的变形，并未考虑其他投影平面内的变形，点 G 的投影始终与点 C 重合，因此 $\gamma_z\Delta y$ 就是剪切变形在点 G 所产生的 x 方向上的速度。

同理，微团在 Oxz 投影平面内的剪切变形也会在点 G 产生 x 方向的速度 $\gamma_y\Delta z$。因此，由于微团剪切变形，在点 G 所产生的 x 方向的速度为 $\gamma_y\Delta z+\gamma_z\Delta y$。

同样还可以证明，微团剪切变形在点 G 所产生的 y、z 方向的速度分别为 $\gamma_z\Delta x+\gamma_x\Delta z$ 和 $\gamma_x\Delta y+\gamma_y\Delta x$。

由于微团的剪切变形，在点 G 所产生的上述三个速度分量就是式(7.4)三个表达式中等号右边的第三项。

由上面的分析知道，式(7.2)所定义的 γ_x、γ_y、γ_z 描述了流体微团在单位时间内分别在 Oyz、Oxz、Oxy 投影平面内的剪切变形，通常称它们为剪切变形率或角变形率。

三个线变形率分量和三个剪切变形率分量完全描述了流体中任意微团的变形率(即单位时间内的变形)。在绝大多数流体中，黏性应力与变形率之间成线性正比关系，在第 8 章中将会建立它们之间的关系式。

4. 旋转角速度

由图 7-3 可以看出，整个流体微团 Δt 时段内在 Oxy 平面内沿逆时针方向旋转了角度$(\Delta\beta-\Delta\alpha)/2$，在点 G 上产生 x 方向的速度

$$-\frac{\Delta\beta-\Delta\alpha}{2\Delta t}\Delta y=-\frac{1}{2}\left(\frac{\partial v}{\partial x}-\frac{\partial u}{\partial y}\right)\Delta y=-\omega_z\Delta y$$

再加上微团在 Oxz 平面内的旋转所产生的 x 方向的速度 $\omega_y\Delta z$，由于微团旋转使点 G 上所产生的 x 方向的速度一共为 $\omega_y\Delta z-\omega_z\Delta y$。同理，微团旋转使点 G 所产生的 y、z 方向的速度分量分别为 $\omega_z\Delta x-\omega_x\Delta z$ 和 $\omega_x\Delta y-\omega_y\Delta x$。上述三个速度分量就是式(7.4)等号右边的第四项。

由上面的分析知道，ω_x、ω_y、ω_z 是流体微团单位时间内分别在 Oyz、Oxz、Oxy 投影平面内的旋转角速度。流体微团在空间中的任意旋转运动可以分解为三个投影平面内的旋转运动，其旋转角速度和旋转方向可以用三个投影平面内的旋转角速度所组成的矢量

$$\boldsymbol{\omega}=\omega_x\boldsymbol{i}+\omega_y\boldsymbol{j}+\omega_z\boldsymbol{k}$$

来描述。$\boldsymbol{\omega}$ 又称为旋转角速度矢量。根据式(7.3)的定义又可以把 $\boldsymbol{\omega}$ 表示成

$$\boldsymbol{\omega}=\frac{1}{2}\left(\frac{\partial w}{\partial y}-\frac{\partial v}{\partial z}\right)\boldsymbol{i}+\frac{1}{2}\left(\frac{\partial u}{\partial z}-\frac{\partial w}{\partial x}\right)\boldsymbol{j}+\frac{1}{2}\left(\frac{\partial v}{\partial x}-\frac{\partial u}{\partial y}\right)\boldsymbol{k}=\frac{1}{2}\nabla\times\boldsymbol{v} \tag{7.5}$$

其中，$\nabla\times\boldsymbol{v}$ 是速度矢量的旋度。旋转角速度矢量与微团的瞬时转动轴同线，其正方向由右手螺旋规则确定，如图 7-4 所示。

在柱坐标下，旋转角速度的三个分量分别为

$$\omega_r=\frac{1}{2}\left(\frac{1}{r}\frac{\partial v_z}{\partial\theta}-\frac{\partial v_\theta}{\partial z}\right) \tag{7.6(a)}$$

$$\omega_\theta=\frac{1}{2}\left(\frac{\partial v_r}{\partial z}-\frac{\partial v_z}{\partial r}\right) \tag{7.6(b)}$$

$$\omega_z=\frac{1}{2}\left(\frac{\partial v_\theta}{\partial r}+\frac{v_\theta}{r}-\frac{1}{r}\frac{\partial v_r}{\partial\theta}\right) \tag{7.6(c)}$$

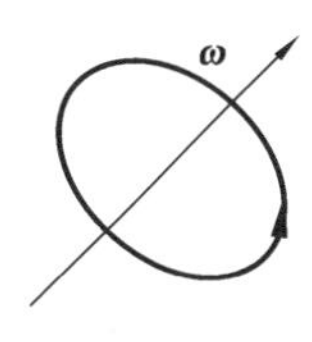

图 7-4　旋转角速度矢量的方向

至此，已经证明了流体微团的一般运动可以分解为平移运动、旋转运动、线变形运动和剪切变形运动。速度分解对于流体力学理论的发展具有重要的意义。把流体的旋转运动从一般运动中分离出来，才有可能把流体的运动分类为无旋运动和有旋运动，从而可以对它们分别进行研究；把流体的变形运动从一般运动中分离出来，才有可能将流体的变形率与流体中的黏性应力联系起来。

5. 有旋流动和无旋流动

所有流体微团都没有旋转运动的流动称为无旋流动。对于无旋流动，每一流体微团的旋转角速度都等于零，因此在流场中的每一点都有

$$\omega_x=\omega_y=\omega_z=0$$

根据式(7.3)对于 ω_x、ω_y 和 ω_z 的定义，无旋条件还可以表示为

$$\frac{\partial w}{\partial y}=\frac{\partial v}{\partial z} \tag{7.7(a)}$$

$$\frac{\partial u}{\partial z}=\frac{\partial w}{\partial x} \tag{7.7(b)}$$

$$\frac{\partial v}{\partial x}=\frac{\partial u}{\partial y} \tag{7.7(c)}$$

流动有旋时，流体的全部或部分微团（或者质点）有旋转运动，其旋转角速度不为零。需要注意的是，在有旋流动中，流体质点的运动轨迹并不一定是曲线；在无旋流动中，流体质点的运动轨迹也不一定是直线。流体微团是否有自身的旋转运动与它们的运动轨迹是直线还是曲线是两个不同的概念。下面两个例子能够很好地说明这一点。

例 7-1 给定速度表达式 $u=ky, v=0, w=0$，分析流体质点的运动轨迹，并判断该速度所定义的流动是有旋的还是无旋的。

解 只有 x 方向的速度分量不等于零，所有流体质点的运动轨迹都是与 x 轴平行的直线，这种流动也称为平行直线流动。由所给速度计算旋转角速度，有

$$\omega_x=\frac{1}{2}\left(\frac{\partial w}{\partial y}-\frac{\partial v}{\partial z}\right)=0$$

$$\omega_y=\frac{1}{2}\left(\frac{\partial u}{\partial z}-\frac{\partial w}{\partial x}\right)=0$$

$$\omega_z=\frac{1}{2}\left(\frac{\partial v}{\partial x}-\frac{\partial u}{\partial y}\right)=-\frac{k}{2}$$

由于 ω_z 不等于零，因此是有旋流动。所有的流体质点都沿着直线运动，在运动过程中质点还不断地以角速度 $k/2$ 顺时针自转。在流场中任取一矩形微团 $ABCD$，如图7-5所示，微团运动一段距离后成为 $A'B'C'D'$。由于 x 方向的速度由下至上逐步增加，因此微团 $A'B'C'D'$ 相对于原来的微团 $ABCD$ 不仅发生了剪切变形，还沿顺时针

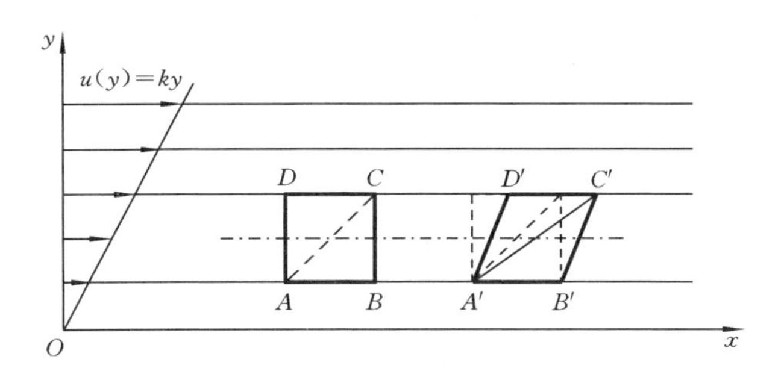

图 7-5　例 7-1 图

旋转了一定的角度，使对角线 AC 旋转后成为 $A'C'$。

例 7-2　给定速度表达式 $u=-\dfrac{y}{x^2+y^2}$，$v=\dfrac{x}{x^2+y^2}$，$w=0$，分析流体质点的运动轨迹并判断所定义的流动是有旋的还是无旋的。

解　为了分析流体微团（或质点）的运动轨迹，把直角坐标系中的速度分量（u，v，w）转换为柱坐标系中的速度分量（v_r，v_θ，v_z），即

$$v_r=u\cos\theta+v\sin\theta=0$$

$$v_\theta=-u\sin\theta+v\cos\theta=\frac{1}{r}$$

$$v_z=w=0$$

只有 θ 方向的速度分量不等于零。可见，流体质点的运动轨迹是一族以 z 轴为圆心的圆周。

计算旋转角速度，有

$$\omega_x=\frac{1}{2}\left(\frac{\partial w}{\partial y}-\frac{\partial v}{\partial z}\right)=0$$

$$\omega_y=\frac{1}{2}\left(\frac{\partial u}{\partial z}-\frac{\partial w}{\partial x}\right)=0$$

$$\omega_z=\frac{1}{2}\left(\frac{\partial v}{\partial x}-\frac{\partial u}{\partial y}\right)=0$$

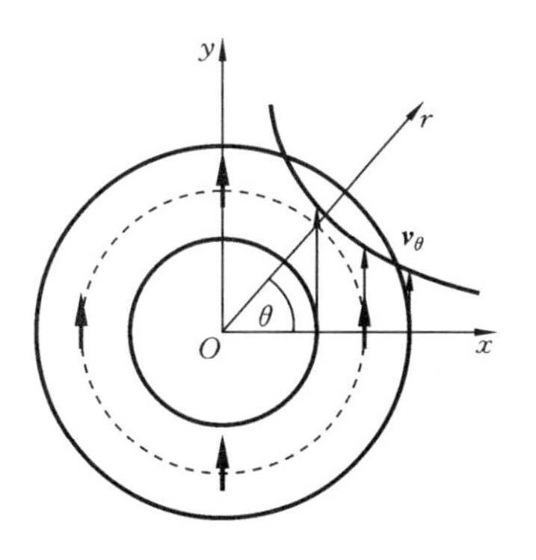

图 7-6　例 7-2 图

三个角速度分量都等于零，流动无旋。流体质点在沿着圆形轨迹运动的过程中并没有发生自转。图 7-6 中用箭头表示质点的方向，质点运动过程中箭头方向没有变化。流体质点的这种运动类似于游乐场摩天轮上乘客的运动。当摩天轮巨大的转轮绕水平轴旋转时，悬挂在轮周上的座椅都绕水平轴作旋转运动，座椅上的乘客头始终向上。乘客的运动轨迹是圆周，但并没有发生自转。

7.2　速度环量与旋涡强度

1. 速度环量

在流场中任取封闭曲线 L,如图 7-7 所示。设曲线上任意一点的速度矢量为 $\boldsymbol{v}$,沿曲线取微元矢量 $\mathrm{d}\boldsymbol{s}$,沿封闭曲线 L 的积分 $\oint_L \boldsymbol{v}\cdot\mathrm{d}\boldsymbol{s}$ 称为绕 L 的速度环量。速度矢量与微元矢量的点乘 $\boldsymbol{v}\cdot\mathrm{d}\boldsymbol{s}$ 是沿着曲线 L 的切向速度分量与微元弧长的乘积,因此速度环量是切向速度沿封闭曲线的积分。

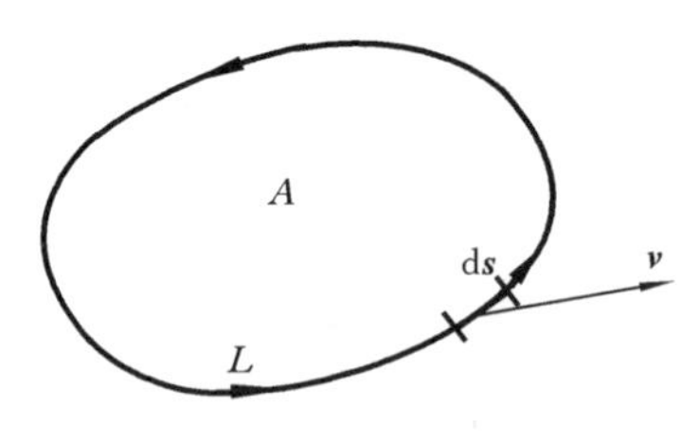

图 7-7　沿封闭曲线的速度环量

速度环量记为 Γ。矢量 $\boldsymbol{v}$ 和 $\mathrm{d}\boldsymbol{s}$ 可以分别表示为 $\boldsymbol{v}=u\boldsymbol{i}+v\boldsymbol{j}+w\boldsymbol{k}$ 和 $\mathrm{d}\boldsymbol{s}=\mathrm{d}x\boldsymbol{i}+\mathrm{d}y\boldsymbol{j}+\mathrm{d}z\boldsymbol{k}$,根据矢量点乘的运算法则,有

$$\boldsymbol{v}\cdot\mathrm{d}\boldsymbol{s}=u\mathrm{d}x+v\mathrm{d}y+w\mathrm{d}z$$

因此速度环量还可以表示为

$$\Gamma=\oint_L \boldsymbol{v}\cdot\mathrm{d}\boldsymbol{s}=\oint_L u\mathrm{d}x+v\mathrm{d}y+w\mathrm{d}z \tag{7.8}$$

按照惯例,规定逆时针方向的线积分为正。也就是说,沿着曲线正方向行进时,曲线所围区域总是在左手边。

例 7-3　不可压缩流体平面流动的速度分布为 $u=-6y, v=8x$,求绕圆周 $x^2+y^2=1$ 的速度环量 Γ。

解　速度环量　$\Gamma=\oint_L(u\mathrm{d}x+v\mathrm{d}y)=\oint_L(-6y\mathrm{d}x+8x\mathrm{d}y)$

积分路径在圆周上,由于圆周半径等于1,故沿着圆周 $x=\cos\theta, y=\sin\theta$。把它们代入上式后可以积分如下:

$$\begin{aligned}\Gamma&=\int_0^{2\pi}-6\sin\theta\mathrm{d}(\cos\theta)+\int_0^{2\pi}8\cos\theta\mathrm{d}(\sin\theta)=\int_0^{2\pi}6\sin^2\theta\mathrm{d}\theta+\int_0^{2\pi}8\cos^2\theta\mathrm{d}\theta\\&=6\left(\frac{\theta}{2}-\frac{1}{4}\sin2\theta\right)\Bigg|_0^{2\pi}+8\left(\frac{\theta}{2}+\frac{1}{4}\sin2\theta\right)\Bigg|_0^{2\pi}=6(\pi-0)+8(\pi-0)=14\pi\end{aligned}$$

2. 旋涡强度

速度矢量的旋度称为涡量。涡量是个矢量,记为 $\boldsymbol{\Omega}$。由式(7.5)知涡量可以表示为旋转角速度矢量的两倍,即

$$\boldsymbol{\Omega}=\nabla\times\boldsymbol{v}=2\boldsymbol{\omega} \tag{7.9}$$

在流场中取任意面积 A,设面积 A 上任意一点的涡量为 $\boldsymbol{\Omega}$,面积的法向单位矢量为 $\boldsymbol{n}$,积分 $\int_A \boldsymbol{\Omega}\cdot\boldsymbol{n}\mathrm{d}A$ 称为面积 A 的旋涡强度。旋涡强度类似于体积流量,体积流量表示单位时间内通过指定面积的流体体积量,旋涡强度则表示单位时间内通过指定面积的流体旋涡量。正因为如此,旋涡强度有时也称为涡通量。旋涡强度记作 I,

根据定义它可以表示为

$$I=\int_A \boldsymbol{\Omega}\cdot\boldsymbol{n}\mathrm{d}A=2\int_A \boldsymbol{\omega}\cdot\boldsymbol{n}\mathrm{d}A=\int_A(\nabla\times\boldsymbol{v})\cdot\boldsymbol{n}\mathrm{d}A \tag{7.10}$$

对于平面流动，取坐标系 Oxy。此时流体仅在 Oxy 平面内作旋转运动，故只有 ω_z 不等于零，对于 Oxy 平面上的任意面积 A，旋涡强度为

$$I=2\int_A \omega_z\mathrm{d}A \tag{7.11}$$

例 7-4　不可压缩流体平面流动的速度分布为 $u=-6y,v=8x$，求圆周 $x^2+y^2=1$ 所围面积 A 上的旋涡强度 I。

解　旋转角速度　$\omega_z=\frac{1}{2}\left(\frac{\partial v}{\partial x}-\frac{\partial u}{\partial y}\right)=\frac{1}{2}(8+6)=7$

在面积 A 上的旋涡强度为

$$I=2\int_A \omega_z\mathrm{d}A=2\times7\pi=14\pi$$

3. 斯托克斯(Stokes)定理

如果 A 是封闭曲线 L 所围的单连通区域，$\boldsymbol{n}$ 是面积 A 的法向单位矢量，$\boldsymbol{R}$ 是区域中的任意空间矢量，数学中的斯托克斯定理给出线积分与面积分的关系式如下：

$$\oint_L \boldsymbol{R}\cdot\mathrm{d}\boldsymbol{s}=\int_A(\nabla\times\boldsymbol{R})\cdot\boldsymbol{n}\mathrm{d}A$$

速度矢量 $\boldsymbol{v}$ 是空间矢量，由斯托克斯定理及速度环量和旋涡强度的定义可以得到以下关系式：

$$\Gamma=\oint_L \boldsymbol{v}\cdot\mathrm{d}\boldsymbol{s}=\int_A(\nabla\times\boldsymbol{v})\cdot\boldsymbol{n}\mathrm{d}A=\int_A \boldsymbol{\Omega}\cdot\boldsymbol{n}\mathrm{d}A=I \tag{7.12}$$

也就是说，沿封闭曲线 L 上的速度环量 Γ 与所围单连通区域 A 上的旋涡强度 I 之间具有等量关系。斯托克斯定理中的 A 可以是平面面积，也可以是空间曲面面积，如图 7-8 所示。

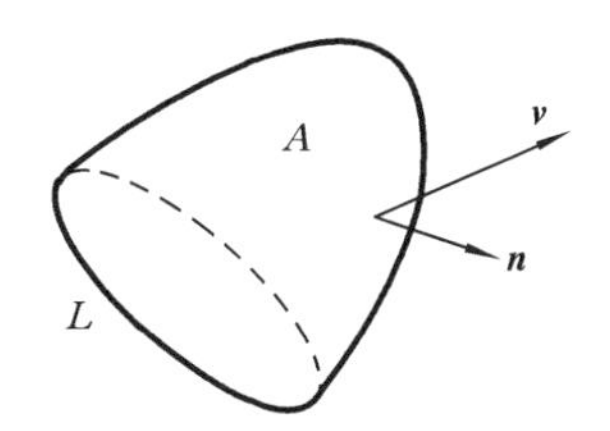

图 7-8　封闭曲线 L 所围的空间曲面 A

根据斯托克斯定理，可以通过计算速度环量来确定面积上的旋涡强度，在很多情况下这可以使相关计算更为方便。从数学角度看，速度环量是速度的线积分，旋涡强度是速度偏导数的面积分，相比之下，速度环量 Γ 更易于计算。在实际研究中，要计算速度环量 Γ 只需测量流场中曲线 L 上的速度分布，要计算旋涡强度 I 则必须测量整个面积 A 上的速度分布。

当流动无旋时，流场中所有点的旋转角速度矢量 $\boldsymbol{\omega}$ 都等于零，所以流场中任意面积上的旋涡强度等于零，由斯托克斯定理知道，此时绕单连通区域内任意封闭曲线的速度环量也等于零。

下面以龙卷风为例进一步说明速度环量和旋涡强度的物理意义。

龙卷风是大气热对流与地转运动结合而产生的强烈旋转气流。龙卷风的中心部分称为涡核区，涡核区内的气体像刚体一样绕着中心轴旋转。设龙卷风的旋转角速度为ω，采用柱坐标，涡核区内的圆周切向速度$v_\theta=r\omega$。涡核区外面的空气在旋转涡核的带动下一起旋转，涡核的带动作用随着与涡核距离的增大而衰减，因此涡核区外的圆周切向速度与r成反比，可以表示为$v_\theta=I/2\pi r$，其中I是涡核截面上的旋涡强度。

例 7-5 测出龙卷风旋转角速度$\omega=2.5$ rad/s，风区最大风速$v_{\max}=50$ m/s。求整个龙卷风区域的风速分布，并指出有旋流动区域和无旋流动区域。

解 设龙卷风涡核截面上的旋涡强度为I，涡核区半径为R，任意一点到涡核中心的距离为r。在涡核区内$r<R$，流体速度分布$v_\theta=r\omega$；在涡核区外$r>R$，速度分布$v_\theta=I/2\pi r$。由两个区域的速度表达式可以看出，最大速度发生在涡核区的外缘，即$r=R$处。由涡核区速度表达式得到

$$R=\frac{v_{\max}}{\omega}=\frac{50}{2.5}\ \text{m}=20\ \text{m}$$

根据斯托克斯定理，涡核截面上的旋涡强度I等于绕$r=R$圆周线的速度环量Γ，因此

$$I=\Gamma=2\pi R v_{\max}=2\pi\times20\times50\ \text{m}^2/\text{s}=2000\pi\ \text{m}^2/\text{s}$$

核外区域的流体速度

$$v_\theta=\frac{I}{2\pi r}=\frac{2000\pi}{2\pi r}\ \text{m/s}=\frac{1000}{r}\ \text{m/s}$$

整个风区的风速分布

$$v_\theta=\begin{cases}2.5r\ \text{m/s} & (r\leqslant20\ \text{m})\\ \dfrac{1000}{r}\ \text{m/s} & (r\geqslant20\ \text{m})\end{cases}$$

$$v_r=0$$

又由式(7.6(c))知道，在涡核区内$r<R$，有

$$\omega_z=\frac{1}{2}\left(\frac{\partial v_\theta}{\partial r}+\frac{v_\theta}{r}-\frac{1}{r}\frac{\partial v_r}{\partial\theta}\right)=\frac{1}{2}(2.5+2.5)\ \text{rad/s}=2.5\ \text{rad/s}$$

在涡核区外$r>R$，有

$$\omega_z=\frac{1}{2}\left(\frac{\partial v_\theta}{\partial r}+\frac{v_\theta}{r}-\frac{1}{r}\frac{\partial v_r}{\partial\theta}\right)=0\ \text{rad/s}$$

龙卷风涡核区$r<R$是有旋流动区域，涡核外区域$r>R$是无旋流动区域。

例 7-6 对于平面流动，设面积A'外的区域是无旋流动区，证明包围A'的任一条封闭曲线L上的速度环量等于区域A'的边界曲线L'上的速度环量。

解 设图 7-9 中ada'是区域A'的边界曲线L'。作割线如图所示，其两侧记为ab和$a'b'$。显然，封闭曲线$abcb'a'da$所围的区域是无旋流动区，其速度环量应为

零，即

$$\oint_{abcb'a'da} \boldsymbol{v} \cdot \mathrm{d}\boldsymbol{s} = 0$$

这个曲线积分可以分段计算如下：

$$\oint_{abcb'a'da} \boldsymbol{v} \cdot \mathrm{d}\boldsymbol{s} = \int_{ab} \boldsymbol{v} \cdot \mathrm{d}\boldsymbol{s} + \int_{bcb'} \boldsymbol{v} \cdot \mathrm{d}\boldsymbol{s} + \int_{b'a'} \boldsymbol{v} \cdot \mathrm{d}\boldsymbol{s} + \int_{a'da} \boldsymbol{v} \cdot \mathrm{d}\boldsymbol{s} = 0$$

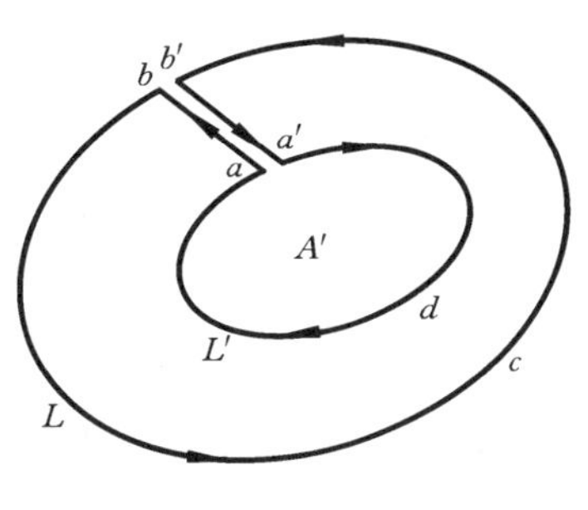

图 7-9　例 7-6 图

由于 ab 和 $b'a'$ 是同一割线的两侧，而且积分方向相反，因此

$$\int_{ab} \boldsymbol{v} \cdot \mathrm{d}\boldsymbol{s} + \int_{b'a'} \boldsymbol{v} \cdot \mathrm{d}\boldsymbol{s} = 0$$

曲线 bcb' 就是封闭曲线 L，曲线 $a'da$ 就是封闭曲线 L'。沿 $a'da$ 的积分是顺时针方向的，把它表示为沿 L' 的速度环量则应该改变符号。因此，上面的积分关系式最后可简化为

$$\oint_{L} \boldsymbol{v} \cdot \mathrm{d}\boldsymbol{s} = \oint_{L'} \boldsymbol{v} \cdot \mathrm{d}\boldsymbol{s}$$

这就是所要证明的结论。

在研究许多实际问题时，经常会用到这个例题所给的结论。A' 可以是流动区域，也可以是固体区域。

7.3　旋涡运动的基本概念

1. 涡线和涡管

有旋运动也称为旋涡运动。在研究旋涡运动时常引入涡线和涡管的概念。

处处与涡矢量 $\boldsymbol{\Omega}$ 相切的空间曲线称为涡线。由于涡矢量与流体质点的旋转角速度矢量之间具有关系 $\boldsymbol{\Omega}=2\boldsymbol{\omega}$，所以涡线也可以被看成是流体质点的瞬时转动轴。按照流线方程式(3.9)的推导方法，不难导出涡线微分方程

$$\frac{\mathrm{d}x}{\omega_x(x,y,z,t)} = \frac{\mathrm{d}y}{\omega_y(x,y,z,t)} = \frac{\mathrm{d}z}{\omega_z(x,y,z,t)} \tag{7.13}$$

在非定常流动中涡线具有瞬时性，其形状可能随时间而改变。除了在涡量为零或者为无穷大的空间点，涡线不能相交。

由涡线构成的管状曲面称为涡管。空气中龙卷风及水中旋涡的外边界面都可以近似地当做涡管。流管的“管壁”由流线构成，而涡管的“管壁”则由涡线构成。如果流线与涡线不重合，流体会穿过涡管流进或者流出。

涡管横截面上的旋涡强度也称为涡管强度。例 7-5 中龙卷风涡核横截面的旋涡强度就是涡管强度，它直接反映了龙卷风对周围影响的强弱程度。

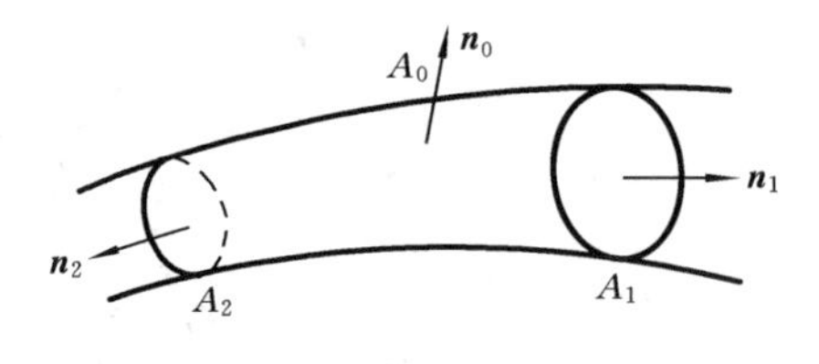

图 7-10　涡管

在任意瞬间，同一涡管上各截面的旋涡强度相等。这称为涡管强度守恒定理，也称为海姆霍茨（Helmholtz）定理。下面对定理给出简单的证明。

在图 7-10 所示涡管上任取面积分别为 A_1 和 A_2 的两个截面，其外法线分别为 $\boldsymbol{n}_1$ 和 $\boldsymbol{n}_2$，两截面之间的涡管体积为 V，涡管侧壁面面积为 A_0，其外法线为 $\boldsymbol{n}_0$。这一段涡管的表面积为 $A_0+A_1+A_2$。根据数学中积分运算的高斯定理，封闭曲面 $A_0+A_1+A_2$ 上的旋涡强度还可以用体积分表示，即

$$\oint_{A_0+A_1+A_2} \boldsymbol{\Omega}\cdot\boldsymbol{n}\mathrm{d}A=\int_V \nabla\cdot\boldsymbol{\Omega}\mathrm{d}V$$

由于涡管管壁是由涡线组成的，根据涡线的定义，在涡管管壁上有 $\boldsymbol{\Omega}\cdot\boldsymbol{n}_0=0$，因此上式左边在涡管侧壁 A_0 上的积分为零。又根据涡矢量的定义及矢量运算法则，$\nabla\cdot\boldsymbol{\Omega}=\nabla\cdot(\nabla\times\boldsymbol{v})=0$，等式右边的体积分为零，因此有

$$\int_{A_1} \boldsymbol{\Omega}\cdot\boldsymbol{n}_1\mathrm{d}A=-\int_{A_2} \boldsymbol{\Omega}\cdot\boldsymbol{n}_2\mathrm{d}A$$

等式左边表示截面 A_1 上的旋涡强度，等式右边表示截面 A_2 上的旋涡强度，两个截面上的旋涡强度相等。由于 A_1、A_2 是涡管上任取的两个截面，因此这一结论适用于同一涡管的任意截面。

由涡管强度守恒定理知道，在同一涡管上，截面积越小，流体微团的旋转角速度就越大，涡管的截面积不能收缩到零，否则旋转角速度就会达到无穷大。速度达到无穷大在物理上是不合理的。这说明，涡管不能终止于流场中，只能形成环形管，或始于、或终于边界。在自然界中经常可以看到这类例子：抽烟者吐出的烟圈是封闭的涡环；龙卷风一端始于水面，另一端升入云层；河水中的旋涡一端始于水底河床，另一端终于水面。

2. 开尔文(Kelvin)定理

为了讨论旋涡运动生成的原因，首先介绍有势质量力和正压流体的概念。

如果质量力矢量可以表示为某空间函数的梯度，即

$$\boldsymbol{f}=-\nabla\Pi \tag{7.14}$$

则该质量力为有势质量力，函数 Π 为力势函数。

最常见的有势质量力是重力。当所取坐标系的 z 轴指向地心反方向时，重力的矢量表达形式为 $\boldsymbol{f}=-g\boldsymbol{k}=-\nabla(gz)$。可见，重力所对应的力势函数是 $\Pi=gz$。

有势力也称为保守力。

如果流体密度只是当地压强的单值函数，即 $\rho=\rho(p)$，则该流体称为正压流体。

对于均质不可压缩流体，$\rho=C$，它显然满足正压的条件。密度是常数的均质不可压缩流体是最常见的正压流体。均质气体作等熵流动时压强与密度之间的关系是

$p/\rho^{\gamma}=C$，它也满足正压的条件。等熵流动的均质气体也是正压流体。

大气层中的空气不是正压流体，因为在大气层中空气的密度不仅随压强变化，还与温度、湿度有关。海水中温度和盐分的分布是不均匀的，如果考虑到温度和盐含量对海水密度的影响，那么海水也不是正压流体。

当流体密度是压强的单值函数时，可以定义一空间函数

$$P_{\mathrm{F}}=\int\frac{\mathrm{d}p}{\rho}$$

式中：P_{F} 称为压强函数。由于

$$P_{\mathrm{F}}=\int\mathrm{d}P_{\mathrm{F}}=\int\left(\frac{\partial P_{\mathrm{F}}}{\partial x}\mathrm{d}x+\frac{\partial P_{\mathrm{F}}}{\partial y}\mathrm{d}y+\frac{\partial P_{\mathrm{F}}}{\partial z}\mathrm{d}z\right)$$

$$\int\frac{\mathrm{d}p}{\rho}=\int\frac{1}{\rho}\left(\frac{\partial p}{\partial x}\mathrm{d}x+\frac{\partial p}{\partial y}\mathrm{d}y+\frac{\partial p}{\partial z}\mathrm{d}z\right)$$

因此，正压的条件还可以表示为等价的形式，即

$$\frac{\partial P_{\mathrm{F}}}{\partial x}=\frac{1}{\rho}\frac{\partial p}{\partial x},\quad\frac{\partial P_{\mathrm{F}}}{\partial y}=\frac{1}{\rho}\frac{\partial p}{\partial y},\quad\frac{\partial P_{\mathrm{F}}}{\partial z}=\frac{1}{\rho}\frac{\partial p}{\partial z}$$

或者写成矢量形式

$$\nabla P_{\mathrm{F}}=\frac{1}{\rho}\nabla p\tag{7.15}$$

对于均质不可压缩流体，由 $\rho=C$ 可以求出其压强函数为 $P_{\mathrm{F}}=p/\rho$；对于等熵流动的均质气体，由关系式 $p/\rho^{\gamma}=C$ 也可以求出其压强函数为 $P_{\mathrm{F}}=\frac{\gamma}{\gamma-1}\frac{p}{\rho}$。

根据斯托克斯定理，任意流体面积上的旋涡强度与围绕该面积的封闭曲线的速度环量具有等量关系，因此，可以通过研究速度环量来了解旋涡强度的变化规律。如果沿封闭流体线的速度环量对时间的变化率不为零，则在它所围的面积上，旋涡强度随时间变化。

考察一条封闭的流体线 L，其速度环量为

$$\Gamma=\oint_{L}\boldsymbol{v}\cdot\mathrm{d}\boldsymbol{s}$$

流体线是流体质点组成的曲线，当流体质点发生运动时，流体线 L 的位置、形状和长度都会产生变化。速度环量 Γ 对时间 t 的变化率可表示为

$$\frac{\mathrm{d}\Gamma}{\mathrm{d}t}=\frac{\mathrm{d}}{\mathrm{d}t}\oint_{L}\boldsymbol{v}\cdot\mathrm{d}\boldsymbol{s}=\oint_{L}\frac{\mathrm{d}\boldsymbol{v}}{\mathrm{d}t}\cdot\mathrm{d}\boldsymbol{s}+\oint_{L}\boldsymbol{v}\cdot\mathrm{d}\boldsymbol{v}=\oint_{L}\frac{\mathrm{d}\boldsymbol{v}}{\mathrm{d}t}\cdot\mathrm{d}\boldsymbol{s}$$

由于速度是空间点的单值函数，其全微分沿封闭曲线的积分等于零，因此上式右边第二项 $\oint_{L}\boldsymbol{v}\cdot\mathrm{d}\boldsymbol{v}=\oint_{L}\mathrm{d}\left(\frac{v^{2}}{2}\right)$ 为零。第一项中的 $\frac{\mathrm{d}\boldsymbol{v}}{\mathrm{d}t}=\frac{\partial\boldsymbol{v}}{\partial t}+(\boldsymbol{v}\cdot\nabla)\boldsymbol{v}$ 是加速度矢量，而积分 $\oint_{L}\frac{\mathrm{d}\boldsymbol{v}}{\mathrm{d}t}\cdot\mathrm{d}\boldsymbol{s}$ 则表示沿封闭流体线 L 的加速度环量。

运用理想流体运动方程式(3.21)

$$\frac{\partial \boldsymbol{v}}{\partial t}+(\boldsymbol{v}\cdot\nabla)\boldsymbol{v}=\boldsymbol{f}-\frac{1}{\rho}\nabla p$$

可把上面的关系式改写为

$$\frac{\mathrm{d}\Gamma}{\mathrm{d}t}=\oint_L\left(\boldsymbol{f}-\frac{1}{\rho}\nabla p\right)\cdot\mathrm{d}\boldsymbol{s}$$

如果质量力有势，则式中的单位质量力可以用式(7.14)表示，如果流体又是正压的，则上式中的$\nabla p/\rho$又可以用式(7.15)表示，于是速度环量Γ对时间t的变化率

$$\frac{\mathrm{d}\Gamma}{\mathrm{d}t}=\oint_L(-\nabla\Pi-\nabla P_{\mathrm{F}})\cdot\mathrm{d}\boldsymbol{s}=-\oint_L\mathrm{d}(\Pi+P_{\mathrm{F}})=0 \tag{7.16}$$

这是因为空间函数$\Pi+P_{\mathrm{F}}$的全微分沿封闭曲线积分等于零。式(7.16)指出，当理想、正压流体在有势质量力的作用下发生运动时，沿任意封闭流体线的速度环量在运动过程中不随时间变化。这个结论也称为开尔文定理。

由斯托克斯定理知道，沿任意封闭流体线的速度环量等于流体线所围面积上的旋涡强度。既然速度环量不随时间变化，那么所围面积上的旋涡强度也不随时间变化。由开尔文定理可以作出如下推论：

当理想、正压流体在有势质量力的作用下发生运动时，如果在某一时刻流体的运动无旋，则在此前和此后的所有时刻流体的运动也必定无旋。

如果在某一时刻流动无旋，则此时任意流体面上的旋涡强度都等于零。在推论条件下，旋涡强度不随时间变化，因此在此前和此后的所有时刻任意流体面上的旋涡强度必定都等于零，所以流体的运动是无旋的。由推论还可进一步知道，如果流动是由静止状态启动的，在推论条件下它将始终无旋。

3. 旋涡运动的生成

由开尔文定理和斯托克斯定理还可以得出另一推论：流体具有黏性，流体是非正压的及非有势质量力的作用是生成旋涡运动的原因。

流体的黏性作用会产生旋涡。当流体沿物体壁面流过时，如果流体没有黏性，它与壁面之间存在着相对滑移，没有摩擦切应力，也不会产生旋涡运动。实际流体具有黏性，流体与物体壁面之间存在着摩擦切应力，切应力使紧靠壁面的一层流体不运动，从而满足流体与壁面之间的无滑移条件。在壁面附近的流体速度平行于壁面，其值由近到远逐渐增加，这种流动称为剪切流，它是有旋流动。例7-1中给出的流动就是一种剪切流。剪切流中的旋涡运动是由黏性切应力所产生的。黏性切应力的作用就是通常所说的“搓”。可以形象地说，涡是“搓”出来的。

当理想流体流过有锐缘角点的物体时会在角点的后面形成速度间断面。在黏性流动中不会形成间断面，而是形成速度梯度很大的剪切层，在剪切层中，流体相互摩擦而“搓”出旋涡。例如，风吹过建筑物时，会在建筑物的背面形成旋涡，如图7-11所示，这种旋涡就是剪切层中的摩擦所产生的。

流体的非正压性会产生旋涡。夏季陆地的地表面温度比海面的海水温度高，冬季陆地的地表面温度比海水温度低，这样的温差会改变大气的密度分布，使大气成为非正压流体。由于大气的非正压性，在陆地和海洋的上空生成环流。这就是气象学中所说的季风。夏季的季风在低空由海洋吹向陆地，与高空的反方向气流一起形成环流；冬季季风的环流方向则正好相反。类似的例子还有：赤道上空的温度比极地上空的温度高，这使得北半球的高空气流由南向北运动，在极地下降，然后又在低空由北向南运动，并且在赤道附近上升，从而形成大尺度的环流，也就是气象学中所说的信风；白天陆地温度高，夜间海水温度高，其温差会在沿海地区形成昼、夜方向不同的海陆风，等等。季风、信风、海陆风等都是大气的非正压性所产生的旋涡运动。

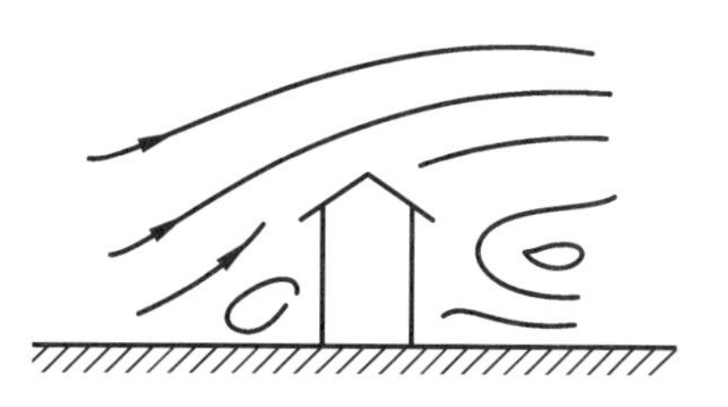

图 7-11　建筑物背后的旋涡

海水中的温度不均匀及盐含量不均匀都会使海水密度变化，由此产生海洋环流。例如，地中海海水的盐分比黑海海水的盐分大，由此会使地中海下层的海水流经达达尼尔海峡和波斯普鲁斯海峡进入黑海，而黑海上层的海水则反方向经由同样的路线流入地中海。这是海水非正压所产生的大尺度旋涡运动。

与地球自转有关的科里奥利(Coriolis)力是非有势质量力。打开浴缸的塞子，水在下漏的同时会发生旋转；大气中热气流上升会发生旋转从而生成台风。这些都是非有势质量力产生旋涡运动的例子。

在大量的实际工程问题中，流体可以当成是不可压缩的或者其流动过程可以当成是等熵的，因此满足流体正压的条件；除了大气层和海洋中的大尺度流动外，在大多数工程实际问题中也只需要考虑重力而不必考虑科里奥利力，因此质量力又是有势的；如果流体的黏性影响又能够被忽略，那么开尔文定理成立的三个条件就都得到了满足。绝大多数流动都可以认为是由静止状态启动的，也即初始无旋的，如果上述的三个条件又都能够得到满足，流动将始终无旋。无旋流动理论是经典流体力学中发展最充分、内容最丰富的部分之一，开尔文定理为无旋流动理论的应用提供了依据。

7.4　不可压缩流体势流的基本求解方法

1. 速度势函数及势流

在无旋流动中旋转角速度处处为零，在流场的每一点，速度分量满足式(7.7)给出的关系，即

$$\frac{\partial w}{\partial y}=\frac{\partial v}{\partial z},\quad \frac{\partial u}{\partial z}=\frac{\partial w}{\partial x},\quad \frac{\partial v}{\partial x}=\frac{\partial u}{\partial y}$$

由数学分析可知，当速度分量满足上面三个关系式时，必定可以将它们表示为某一空间函数的偏导数。记这个空间函数为 φ，三个速度分量分别表示为

$$u=\frac{\partial\varphi}{\partial x} \tag{7.17(a)}$$

$$v=\frac{\partial\varphi}{\partial y} \tag{7.17(b)}$$

$$w=\frac{\partial\varphi}{\partial z} \tag{7.17(c)}$$

其中，φ 称为速度势函数。还可以把式(7.17)的三个关系式表示成以下矢量形式，即

$$\boldsymbol{v}=u\boldsymbol{i}+v\boldsymbol{j}+w\boldsymbol{k}=\frac{\partial\varphi}{\partial x}\boldsymbol{i}+\frac{\partial\varphi}{\partial y}\boldsymbol{j}+\frac{\partial\varphi}{\partial z}\boldsymbol{k}=\nabla\varphi \tag{7.18}$$

当流动无旋时必定存在着满足关系式(7.18)的速度势函数 φ。反过来也容易证明，如果存在着满足式(7.18)的速度势函数，则由它所定义的速度一定满足无旋条件。存在速度势函数的流动称为有势流动，简称势流。有势流动和无旋流动这两种说法是等价的。

速度势函数由无旋条件引出，无论对于可压缩流体还是不可压缩流体，也无论对于定常流动还是非定常流动，只要流动满足无旋条件，就一定存在着速度势函数。

对于不可压缩流体的运动，速度满足连续性方程式(3.15)，即

$$\frac{\partial u}{\partial x}+\frac{\partial v}{\partial y}+\frac{\partial w}{\partial z}=0$$

将式(7.17)表示的速度代入连续性方程就得到

$$\nabla^2\varphi=\frac{\partial^2\varphi}{\partial x^2}+\frac{\partial^2\varphi}{\partial y^2}+\frac{\partial^2\varphi}{\partial z^2}=0 \tag{7.19}$$

这是拉普拉斯方程。满足拉普拉斯方程的函数在数学分析中称为调和函数。对于不可压缩流体的势流，其速度势函数 φ 是调和函数。

在圆柱坐标系(r,θ,z)中，三个速度分量为 v_r、v_θ、v_z，它们与速度势函数之间的关系式为

$$v_r=\frac{\partial\varphi}{\partial r} \tag{7.20(a)}$$

$$v_\theta=\frac{1}{r}\frac{\partial\varphi}{\partial\theta} \tag{7.20(b)}$$

$$v_z=\frac{\partial\varphi}{\partial z} \tag{7.20(c)}$$

速度势函数的拉普拉斯方程为

$$\nabla^2\varphi=\frac{\partial^2\varphi}{\partial r^2}+\frac{1}{r}\frac{\partial\varphi}{\partial r}+\frac{1}{r^2}\frac{\partial^2\varphi}{\partial\theta^2}+\frac{\partial^2\varphi}{\partial z^2} \tag{7.21}$$

2. 不可压缩流体的平面势流

流场中各点速度都平行于某一平面，而且所有物理参数在此平面的垂直方向不

发生变化，这种流动称为平面流动。所有的实际流动都发生在三维空间中，严格意义上的平面流动是不存在的。但是，当流动参数沿某一方向的变化相对较小，并且在该方向的速度分量也很小时，就可以把这样的流动简化为平面流动。例如，在研究展弦比较大的机翼的绕流问题时，在很多情况下忽略机翼两端头附近流动的"端部效应"，把机翼看成是无穷长等截面物体中的一段，如图7-12所示，这时，在与图示z坐标轴正交的各平面中，流动基本上相同，只需要研究其中任意一个平面(如Oxy平面)上的流动，这就是平面流动。类似地，流体绕桥墩、电缆、海上采油平台的立柱和高层建筑的流动等也都可以简化为平面流动。

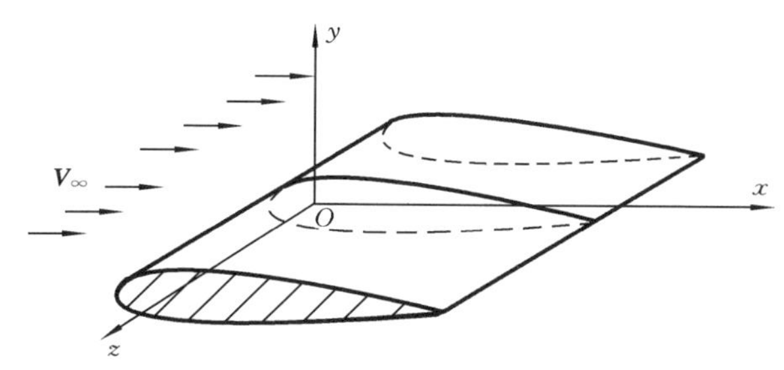

图7-12　平面流动示意图

对于不可压缩流体的平面势流，如果采用平面直角坐标系(x,y)，连续性方程式(3.15)和无旋条件式(7.7)可以分别表示为

$$\frac{\partial u}{\partial x}+\frac{\partial v}{\partial y}=0 \tag{7.22}$$

$$\frac{\partial v}{\partial x}-\frac{\partial u}{\partial y}=0 \tag{7.23}$$

如果在流场中存在物体壁面Σ，在壁面上应该满足法向速度为零的边界条件

$$\boldsymbol{v}\cdot\boldsymbol{n}|_{\Sigma}=0 \tag{7.24}$$

式中，$\boldsymbol{n}$是壁面边界的外法线单位矢量。如果流场延伸至无穷远，在无穷远处还应满足

$$\boldsymbol{v}|_{\infty}=\boldsymbol{V}_{\infty} \tag{7.25}$$

其中，$\boldsymbol{V}_{\infty}$是无穷远处的常速度矢量。

采用平面极坐标系(r,θ)时，不可压缩流体的连续性方程和无旋条件分别为

$$\frac{\partial(rv_r)}{\partial r}+\frac{\partial v_\theta}{\partial\theta}=0 \tag{7.26}$$

$$\frac{\partial(rv_\theta)}{\partial r}-\frac{\partial v_r}{\partial\theta}=0 \tag{7.27}$$

求解不可压缩流体的平面势流问题的任务就是寻求满足方程式(7.22)、式(7.23)及边界条件式(7.24)、式(7.25)的速度矢量。对于此类问题，有几种不同的数学求解途径。首先介绍以速度势函数为未知函数的求解途径。

对于不可压缩流体的平面势流，采用直角坐标系，由式(7.17)写出速度势函数 φ 与速度分量 u、v 之间的关系，即

$$u=\frac{\partial\varphi}{\partial x} \tag{7.28(a)}$$

$$v=\frac{\partial\varphi}{\partial y} \tag{7.28(b)}$$

把式(7.28)代入连续性方程式(7.22)中就得到

$$\nabla^2\varphi=\frac{\partial^2\varphi}{\partial x^2}+\frac{\partial^2\varphi}{\partial y^2}=0 \tag{7.29}$$

这是平面拉普拉斯方程。满足平面拉普拉斯方程的函数称为平面调和函数。边界条件式(7.24)和式(7.25)可以用 φ 分别表示为

$$\left(\frac{\partial\varphi}{\partial x}\boldsymbol{i}+\frac{\partial\varphi}{\partial y}\boldsymbol{j}\right)\cdot\boldsymbol{n}\bigg|_{\Sigma}=\frac{\partial\varphi}{\partial n}\bigg|_{\Sigma}=0 \tag{7.30}$$

$$\left[\frac{\partial\varphi}{\partial x}\boldsymbol{i}+\frac{\partial\varphi}{\partial y}\boldsymbol{j}\right]_{\infty}=\mathbf{V}_{\infty} \tag{7.31}$$

可见，求解式(7.22)至式(7.25)所定义的不可压缩流体平面势流问题可以归结为在式(7.30)和式(7.31)所定义的边界条件之下求解速度势函数 φ 的平面拉普拉斯方程式(7.29)。求出速度势函数后，可以由式(7.28)求出速度分量，然后再由伯努利方程求出流场中的压强。

在第 3 章中推导的伯努利方程式(3.24)或者式(3.25)一般情况下仅沿着流线成立，但是在流动无旋的条件下，它在整个流场上成立，可以用于流场中的任意两点。

采用平面极坐标系时，速度势函数 φ 与速度分量 v_r、v_θ 之间的关系为

$$v_r=\frac{\partial\varphi}{\partial r} \tag{7.32(a)}$$

$$v_\theta=\frac{1}{r}\frac{\partial\varphi}{\partial\theta} \tag{7.32(b)}$$

把式(7.32)代入连续性方程式(7.26)就得到极坐标系下的拉普拉斯方程，即

$$\nabla^2\varphi=\frac{\partial^2\varphi}{\partial r^2}+\frac{1}{r}\frac{\partial\varphi}{\partial\theta}+\frac{1}{r^2}\frac{\partial^2\varphi}{\partial\theta^2}=0 \tag{7.33}$$

3. 不可压缩流体平面运动的流函数

由数学分析知道，不可压缩流体平面流动的连续性方程式(7.22)是 $-v\mathrm{d}x+u\mathrm{d}y$ 成为某空间函数全微分的充分必要条件。设这个空间函数为 $\psi(x,y)$，它的全微分表示为

$$\mathrm{d}\psi=\frac{\partial\psi}{\partial x}\mathrm{d}x+\frac{\partial\psi}{\partial y}\mathrm{d}y=-v\mathrm{d}x+u\mathrm{d}y$$

于是有

$$u=\frac{\partial\psi}{\partial y} \tag{7.34(a)}$$

$$v=-\frac{\partial\psi}{\partial x} \tag{7.34(b)}$$

函数 ψ 称为流函数。把式(7.34)代入无旋条件式(7.23)后得到

$$\nabla^2\psi=\frac{\partial^2\psi}{\partial x^2}+\frac{\partial^2\psi}{\partial y^2}=0 \tag{7.35}$$

可见，不可压缩流体平面势流的流函数也满足平面拉普拉斯方程。

沿物体壁面取切向坐标轴 s，并沿 s 取一微元线段 $\mathrm{d}s$，如图 7-13 所示。在微元线段上，边界条件式(7.24)表示为

$$\boldsymbol{v}\cdot\boldsymbol{n}|_\Sigma=[u\cos(\boldsymbol{n},\hat{x})+v\cos(\boldsymbol{n},\hat{y})]_\Sigma=0$$

因为

$$\cos(\boldsymbol{n},\hat{x})=\frac{\mathrm{d}y}{\mathrm{d}s},\quad \cos(\boldsymbol{n},\hat{y})=-\frac{\mathrm{d}x}{\mathrm{d}s}$$

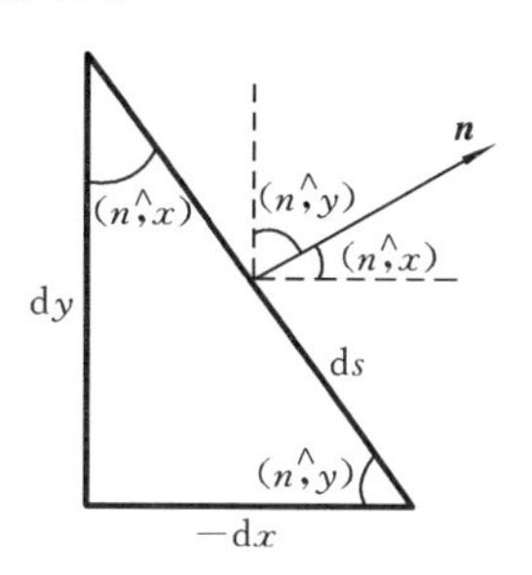

图 7-13　沿壁面的微元

再应用式(7.34)，边界条件成为

$$\left(\frac{\partial\psi}{\partial y}\frac{\mathrm{d}y}{\mathrm{d}s}+\frac{\partial\psi}{\partial x}\frac{\mathrm{d}x}{\mathrm{d}s}\right)\bigg|_\Sigma=\frac{\partial\psi}{\partial s}\bigg|_\Sigma=0$$

上式表明，流函数 ψ 沿物体壁面是常数。因此，边界条件式(7.24)还可以用流函数表达为

$$\psi|_\Sigma=C \tag{7.36}$$

在无穷远处，边界条件式(7.25)也可以用流函数表示为

$$\left[\frac{\partial\psi}{\partial y}\boldsymbol{i}-\frac{\partial\psi}{\partial x}\boldsymbol{j}\right]_\infty=\boldsymbol{V}_\infty \tag{7.37}$$

这样，求解不可压缩流体平面势流问题又归结为在式(7.36)和式(7.37)定义的边界条件下求解流函数 ψ 的平面拉普拉斯方程式(7.35)。求出流函数后，可以由式(7.34)求出速度分量，然后再由伯努利方程求出流场中的压强。这就是以流函数为未知变量的不可压缩流体平面势流的又一求解途径。

在物体壁面上流体运动的法向速度为零，在流线上法向速度同样为零，如果势流解的一条流线与壁面相重合，可以确定这个解所对应的是满足壁面边界条件的流动，于是又可以把流场中的任意一条流线看成是一个物体壁面。根据上述分析不难由式(7.36)知道，在流线上 $\psi=c$。

采用极坐标时，速度与流函数之间的关系式是

$$v_r=\frac{1}{r}\frac{\partial\psi}{\partial\theta} \tag{7.38(a)}$$

$$v_\theta=-\frac{\partial\psi}{\partial r} \tag{7.38(b)}$$

例 7-7　在不可压缩流体的平面流动中，流体速度 $u=x-4y$，$v=-y-4x$。证明该流动满足连续性方程，并求流函数的表达式。若流动无旋，求其速度势函数。

解　对于不可压缩流体的平面流动，连续性方程为

$$\frac{\partial u}{\partial x}+\frac{\partial v}{\partial y}=0$$

代入所给速度表达式，可知流动是满足连续性方程的。

现在求流函数的表达式。由

$$u=\frac{\partial \psi}{\partial y}=x-4y$$

将 x 作为参数对 y 积分，得到

$$\psi=\int(x-4y)\mathrm{d}y+f(x)=xy-2y^2+f(x)$$

为了确定 $f(x)$，再将 ψ 对 x 求偏导数。ψ 对 x 的偏导数等于 $-v$，所以

$$\frac{\partial \psi}{\partial x}=-v=y+f'(x)=y+4x$$

其中 $f'(x)$ 是函数 $f(x)$ 对 x 的一次导数。再由

$$f'(x)=4x$$

对 x 积分后得到

$$f(x)=2x^2+C$$

由于在流函数中加、减任意常数不会使它所对应的运动学参数产生改变，因此积分常数可以忽略。于是，最后所得到的流函数为

$$\psi=2x^2+xy-2y^2$$

将所给速度表达式代入无旋条件

$$\frac{\partial v}{\partial x}-\frac{\partial u}{\partial y}=0$$

速度满足这个方程，由此证明流动是无旋的。由

$$u=\frac{\partial \varphi}{\partial x}=x-4y$$

把 y 作为参数对 x 积分后得到

$$\varphi=\int(x-4y)\mathrm{d}x+g(y)=\frac{1}{2}x^2-4xy+g(y)$$

再由

$$\frac{\partial \varphi}{\partial y}=v=-4x+g'(y)=-y-4x$$

得到

$$g'(y)=-y$$

对 y 积分后，并略去积分常数，最后得到速度势函数

$$\varphi=\frac{1}{2}x^2-4xy-\frac{1}{2}y^2$$

4. 不可压缩流体平面势流的复势函数

比较式(7.28)和式(7.34)不难看出，速度势函数 φ 与流函数 ψ 之间有如下关系

$$\frac{\partial \varphi}{\partial x}=\frac{\partial \psi}{\partial y} \tag{7.39(a)}$$

$$\frac{\partial \varphi}{\partial y}=-\frac{\partial \psi}{\partial x} \tag{7.39(b)}$$

在复变函数理论中称这两个关系式为柯西-黎曼(Cauchy-Riemann)条件。当一个复函数的实部和虚部满足柯西-黎曼条件时，它是解析函数。因此，用 φ 和 ψ 以下列方式组成的复变函数

$$W(z)=\varphi(x,y)+\mathrm{i}\psi(x,y)$$

是复变量 $z=x+\mathrm{i}y$ 的解析函数，其中 i 是虚数符号。复变函数 W 称为复势。

由复变函数理论知道，解析函数的导数与求导方向无关。例如，将复势 W 对 x 和 $\mathrm{i}y$ 两个不同的方向求导，有

$$\frac{\partial W}{\partial x}=\frac{\partial \varphi}{\partial x}+\mathrm{i}\frac{\partial \psi}{\partial x}=u-\mathrm{i}v$$

$$\frac{\partial W}{\partial(\mathrm{i}y)}=-\mathrm{i}\frac{\partial \varphi}{\partial y}+\frac{\partial \psi}{\partial y}=-\mathrm{i}v+u$$

其结果相同。由此知道

$$\frac{\mathrm{d}W}{\mathrm{d}z}=u-\mathrm{i}v \tag{7.40}$$

其中，$u-\mathrm{i}v$ 称为复速度。

采用复势求解时，物面边界条件式(7.24)和无穷远处边界条件式(7.25)可分别表示为

$$\mathrm{Im}(W)|_{\Sigma}=C \tag{7.41}$$

$$\left.\frac{\mathrm{d}W}{\mathrm{d}z}\right|_{\infty}=u_{\infty}-\mathrm{i}v_{\infty} \tag{7.42}$$

其中，Im 表示复函数的虚部。

至此，又给出了求解不可压缩平面势流问题的第三条途径：在式(7.41)和式(7.42)定义的边界条件之下求解析函数 W，然后由式(7.40)计算出速度分量 u 和 v。

不可压缩势流问题的控制方程是线性齐次微分方程，其边界条件也是线性的。由微分方程理论可知，将任意个线性齐次微分方程的解进行线性组合，它依然是原方程的解。这样，就可以通过将若干个已知不可压缩流体的势流解进行线性组合(或者叠加)来寻求所需要的解。若干个不可压缩流体势流解的线性叠加依然是不可压缩流体势流解，只要这样的线性叠加满足所给定的边界条件，它就是所要寻求的解。

5. 不可压缩流体轴对称势流

流场中存在对称轴，流体沿以该轴为心的圆周切线方向没有运动，并且各物理参数沿圆周不变化，这种流动称为轴对称流动。在实际工程中存在着大量的轴对称流动问题，例如，圆管中的流动、回转体的绕流等都是轴对称流动。

由于在平面流动和轴对称流动中，物理参数的变化都只依赖于两个空间变量，因此它们都是二元流动。

研究轴对称流动可以采用柱坐标系或者球坐标系，这里的讨论采用柱坐标系。采用柱坐标系(r,θ,z)描述流场时，设z轴为轴对称轴，各物理参数不随θ变化，速度分量可以表示为

$$v_r=v_r(r,z,t),\quad v_z=v_z(r,z,t)$$

不可压缩流体轴对称势流的连续性方程及无旋条件分别表示为

$$\frac{\partial(rv_r)}{\partial r}+\frac{\partial(rv_z)}{\partial z}=0 \tag{7.43}$$

$$\frac{\partial v_r}{\partial z}-\frac{\partial v_z}{\partial r}=0 \tag{7.44}$$

由这两个关系式可以类似地定义速度势函数φ和流函数ψ，它们与速度分量之间的关系为

$$v_r=\frac{\partial\varphi}{\partial r} \tag{7.45(a)}$$

$$v_z=\frac{\partial\varphi}{\partial z} \tag{7.45(b)}$$

$$v_r=-\frac{1}{r}\frac{\partial\psi}{\partial z} \tag{7.46(a)}$$

$$v_z=\frac{1}{r}\frac{\partial\psi}{\partial r} \tag{7.46(b)}$$

把式(7.45)代入不可压缩流体的连续性方程式(7.43)得到速度势函数φ的控制方程

$$\nabla^2\varphi=\frac{\partial^2\varphi}{\partial r^2}+\frac{1}{r}\frac{\partial\varphi}{\partial r}+\frac{\partial^2\varphi}{\partial z^2}=0 \tag{7.47}$$

把式(7.46)代入无旋条件式(7.44)则得到流函数ψ的控制方程

$$\mathrm{D}^2\psi=\frac{\partial^2\psi}{\partial r^2}-\frac{1}{r}\frac{\partial\psi}{\partial r}+\frac{\partial^2\psi}{\partial z^2}=0 \tag{7.48}$$

比较式(7.47)和式(7.48)发现，两个方程中的第二大项相差一个负号。式(7.47)是拉普拉斯方程，而流函数ψ的控制方程式(7.48)不是拉普拉斯方程。在不可压缩流体轴对称势流中，速度势函数和流函数是不同类型的函数，速度势函数是调和函数，而流函数却不是调和函数，因此不能用它们构造具有解析性质的复势函数。通常把轴对称流动中的流函数称为斯托克斯流函数，式(7.48)中的D^2称为斯托克斯算子。

与平面问题一样，运用式(7.45)和式(7.46)把边界条件式(7.24)和式(7.25)用速度势函数和流函数表达，就分别得到以速度势函数和流函数为未知函数的运动学方程定解表达形式。不过，由于轴对称流动中流函数所满足的方程式(7.48)不是拉普拉斯方程，对其求解相对较困难，因此一般不采用流函数求解。

6. 速度势函数和流函数的主要性质

对于不可压缩流体的平面势流和轴对称势流，既可以定义速度势函数也可以定义流函数。它们具有以下主要性质。

(1) 速度势函数的等值线与流线正交，流函数的等值线与流线重合。

对于平面流动，令速度势函数等于常数

$$\varphi(x,y,t)=C$$

上式表示流动平面内速度势函数的一族等值曲线，称为等势线。由数学分析知道，速度势函数的梯度矢量$\nabla\varphi$与其等值线$\varphi=C$正交，由于$\boldsymbol{v}=\nabla\varphi$，因此速度矢量与等势线正交。由流线的定义，速度矢量与流线相切，因此等势线必定与流线正交。

以上性质不仅对于平面流动成立，对于轴对称和三元流动也同样成立。在三元流动中$\varphi(x,y,z,t)=C$表示流动空间内一族速度势函数的等值曲面，称为等势面。对于三元流动，尽管不能定义流函数，但仍然可以定义流线，此时，等势面与流线正交。

在另一方面，平面流动中流线微分方程$\mathrm{d}x/u=\mathrm{d}y/v$可以写成

$$-v\mathrm{d}x+u\mathrm{d}y=0$$

运用式(7.34)把速度分量用流函数的导数来代替，上式可写为

$$\frac{\partial\psi}{\partial x}\mathrm{d}x+\frac{\partial\psi}{\partial y}\mathrm{d}y=\mathrm{d}\psi=0$$

可见，在流线上有$\psi=C$。这也说明，流函数的等值线与流线重合。

在实际应用中，一般就把流函数的等值线($\psi=C$)称为流线，但实际上流函数的等值曲线并不等同于流线。流函数是由不可压缩流体二元流动的连续性方程引入和定义的，换句话说，对于特定的流动才能引入流函数，而流线则是针对所有速度不全为零的流场，由速度矢量的方向定义的。

在研究二元不可压缩流体的运动时，一般都是通过绘制流函数的等值线来给出流线的。由于在物体壁面边界上流函数的值是个常数，因此壁面边界也可以当做是流场中的一条流线。

图 7-14 是流体绕圆柱体无旋流动的部分等势线和流线。由于问题的对称性，图中只画出了流场的半边。由图可以看到，两族曲线是正交的。由速度势函数和流函数的性质不难判断，部分曲线与圆周正交的一族是等势线，而其中一条与圆柱面相重合的一族则是流线。

对于轴对称流动，尽管斯托克斯流函数不是调和函数，但是也可以用同样的方法证明，流函数的等值线与流线重合，等势线与流线正交的性质仍然成立。

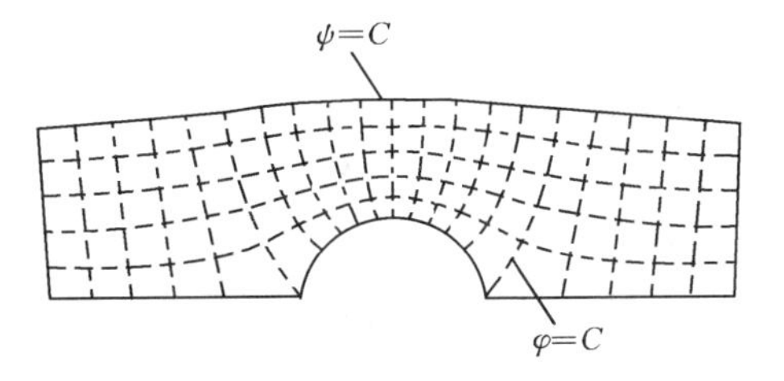

图 7-14　绕圆柱流动的流线和等势线

(2) 在单连通区域中，沿任意曲线的切向速度积分等于曲线两端点上速度势值之差，其积分值与路径无关。通过连接两条流线的任意曲线的体积流量等于这两条流线上流函数值之差。

沿封闭曲线的切向速度积分就是沿该曲线的速度环量。在单连通的无旋流动区域中沿任意封闭曲线 L 的速度环量 Γ 等于零，根据速度环量和速度势函数的定义

$$\Gamma=\oint_L \boldsymbol{v}\cdot \mathrm{d}\boldsymbol{s}=\oint_L (u\mathrm{d}x+v\mathrm{d}y)=\oint_L\left(\frac{\partial\varphi}{\partial x}\mathrm{d}x+\frac{\partial\varphi}{\partial y}\mathrm{d}y\right)=\oint_L \mathrm{d}\varphi=0$$

沿两端点分别为点 A 和点 B 的任意曲线的切向速度积分

$$\Gamma_{AB}=\int_A^B (u\mathrm{d}x+v\mathrm{d}y)=\int_A^B \mathrm{d}\varphi=\varphi_B-\varphi_A$$

既然全微分 $\mathrm{d}\varphi$ 沿任意封闭曲线的积分等于零，故积分 Γ_{AB} 与路径无关，它等于积分路径两端点上的速度势值之差 $\varphi_B-\varphi_A$。

需要注意的是，在单连通区域中速度势函数才具有这个性质。在多连通区域中 Γ_{AB} 与积分路径有关，速度势函数是多值的。

对于轴对称流动和三元流动，也一样可以证明速度势函数的这个性质。

由边界条件式(7.36)的推导已知，流场中任意曲线 s 上的法向速度为$\partial\psi/\partial s$，通过以点 A 和点 B 为端点的任意曲线的体积流量

$$Q_{AB}=\int_A^B \boldsymbol{v}\cdot\boldsymbol{n}\mathrm{d}s=\int_A^B\frac{\partial\psi}{\partial s}\mathrm{d}s=\int_A^B \mathrm{d}\psi=\psi_B-\psi_A$$

其中，$\boldsymbol{n}$ 是曲线的法向矢量。因为这里讨论的是平面问题，所谓通过某曲线的流量应该被理解为通过垂直方向为单位厚度的曲面的流量。由于在流线上流函数等于常数，在过点 A 和点 B 的流线上流函数的值分别恒等于 ψ_A 和 ψ_B，因此通过任意连接这两条流线的曲线的流量都相等，它等于两条流线上流函数值之差 $\psi_B-\psi_A$。

对于轴对称流动，相应的关系式是

$$Q_{AB}=2\pi(\psi_B-\psi_A)$$

也就是说，以点 A 和点 B 为端点的任意曲线作为母线，通过它所形成的旋转面的体积流量等于两端点上流函数值之差的 2π 倍。

7.5 基本的平面有势流动

本节研究几种简单的不可压缩流体的平面势流，也就是平面基本流动。基本流动的解也称为势流基本解。不可压缩流体势流的解是可以叠加的，通过把基本解进行线性叠加来寻求复杂流动的解是一种很常用的方法，由基本解叠加原理发展出来的有限基本解法和奇点分布法等也是工程中常用的数值求解方法。除此以外，基本流动本身也具有一定的物理意义，它们是自然界中某些真实流动现象的近似。

1. 均匀直线流

考虑速度为 V_∞ 的均匀直线流动，流动方向与 x 轴正方向成 α 夹角，如图 7-15 所

示，直角坐标系中的两个速度分量

$$u=V_{\infty}\cos\alpha,\quad v=V_{\infty}\sin\alpha$$

复速度

$$\frac{\mathrm{d}W}{\mathrm{d}z}=u-\mathrm{i}v=V_{\infty}(\cos\alpha-\mathrm{i}\sin\alpha)$$

由此积分得到复势

$$W(z)=V_{\infty}(\cos\alpha-\mathrm{i}\sin\alpha)(x+\mathrm{i}y)=V_{\infty}\mathrm{e}^{-\mathrm{i}\alpha}z \tag{7.49}$$

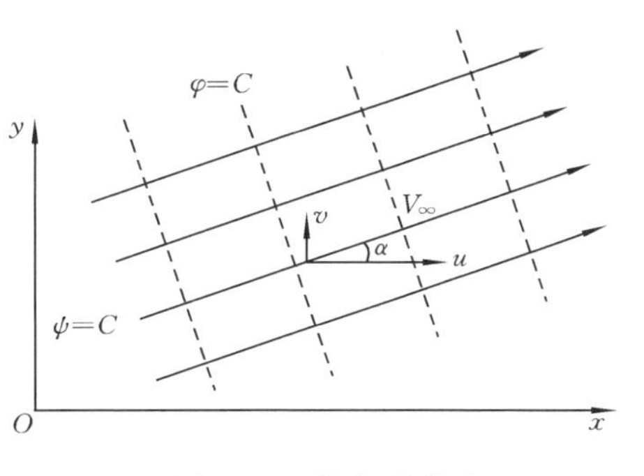

图 7-15　均匀直线流

复势的实部和虚部分别是速度势函数和流函数，由上式可以把它们写为

$$\varphi=V_{\infty}(x\cos\alpha+y\sin\alpha) \tag{7.50}$$

$$\psi=V_{\infty}(y\cos\alpha-x\sin\alpha) \tag{7.51}$$

分别令速度势函数 φ 和流函数 ψ 等于常数，得到等势线和流线，并画在图 7-15 中。图中实线表示流线，虚线表示等势线，两族线正交。

当 $\alpha=0$ 时，流动沿 x 轴正方向，此时的复势

$$W(z)=V_{\infty}z \tag{7.52}$$

速度势函数

$$\varphi=V_{\infty}x \tag{7.53}$$

流函数

$$\psi=V_{\infty}y \tag{7.54}$$

均匀直线流全流场的压强是一常数，它等于无穷远来流的压强 p_{∞}。

2. 平面点源流和点汇流

取极坐标系 (r,θ)，考虑自坐标原点均匀流向各方的流体运动。在流场中，$v_{\theta}=0$，单位时间内通过以坐标原点为圆心，任意 r 为半径的圆周的体积流量 Q 相等，则此圆周上的径向速度分量

$$v_r=\frac{Q}{2\pi r}$$

对于这种流动，通常说在坐标原点处有一点源，它所引起的平面流动称为点源流，而流量 Q 则称为点源强度。

如果水平面上有一泉眼，水从泉眼涌出后在水平面上均匀地流向四周，又如果泉眼的横截面积很小，它可以近似地看成是一个点，则平面上的流动就是上面所定义的点源流，而泉水的体积流量就是点源强度。

当 $Q<0$ 时，$v_r<0$，流体由外向内流向一点，这个点称为点汇。有时也把点汇称为强度为负值的点源。

如果水平面上有一小孔，水从四周均匀地流向小孔，并从小孔漏下，则平面上的

流动是点汇流。

由极坐标系中速度势函数与速度之间的关系式(7.32)及流函数与速度之间的关系式(7.38)得到

$$\frac{\partial\varphi}{\partial r}=\frac{\partial\psi}{r\partial\theta}=v_r=\frac{Q}{2\pi r}$$

再积分后得到

$$\varphi=\frac{Q}{2\pi}\ln r \tag{7.55}$$

$$\psi=\frac{Q}{2\pi}\theta \tag{7.56}$$

分别令速度势函数 φ 和流函数 ψ 等于常数，又得到等势线和流线。图 7-16 中的两个图分别给出了点源流和点汇流的等势线及流线。显而易见，以点源(或点汇)为圆心的同心圆是等势线，由点源(或点汇)引出的射线则是流线，流线上的箭头分别给出了两种流动的速度方向。

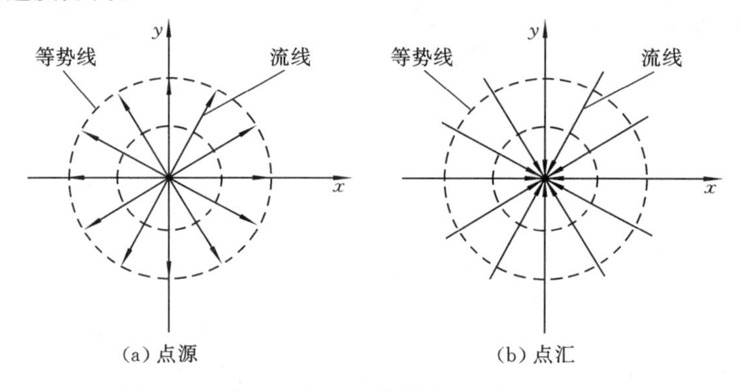

图 7-16　点源和点汇的等势线、流线及速度方向

由速度势函数和流函数组合得到复势

$$W(z)=\varphi+\mathrm{i}\psi=\frac{Q}{2\pi}(\ln r+\mathrm{i}\theta)=\frac{Q}{2\pi}\ln(r\mathrm{e}^{\mathrm{i}\theta})=\frac{Q}{2\pi}\ln z \tag{7.57}$$

如果点源不是位于坐标原点而是位于 z_0 点，通过坐标平移就得到相应的复势表达式

$$W(z)=\frac{Q}{2\pi}\ln(z-z_0) \tag{7.58}$$

当 $r\to0$ 时，$v_r\to\infty$，这说明源点和汇点都是奇点。由于在实际流动中不可能存在无穷大的速度，因此点源流和点汇流在除去了奇点的区域内才有意义。实际上，点源和点汇是有限半径的源和汇在其半径趋向于无穷小时的理论模型。

如果 Oxy 平面是无限大的水平面，p_∞ 是 $r\to\infty$处的压强，并且该处的速度为零，对流场中的任意点和无穷远点建立伯努利方程就得到

$$p+\frac{1}{2}\rho v_r^2=p_\infty$$

其中 p 和 v_r 是任意点的压强和速度。再把速度 v_r 的表达式代入上式又可得到

$$p=p_\infty-\frac{\rho Q^2}{8\pi^2 r^2}$$

由此式可知,压强随着半径的减小而减小,当 $r=r_0=\sqrt{\rho Q^2/(8\pi^2 p_\infty)}$ 时,$p=0$。图 7-17描述了点汇流中沿半径 r 的压强分布。

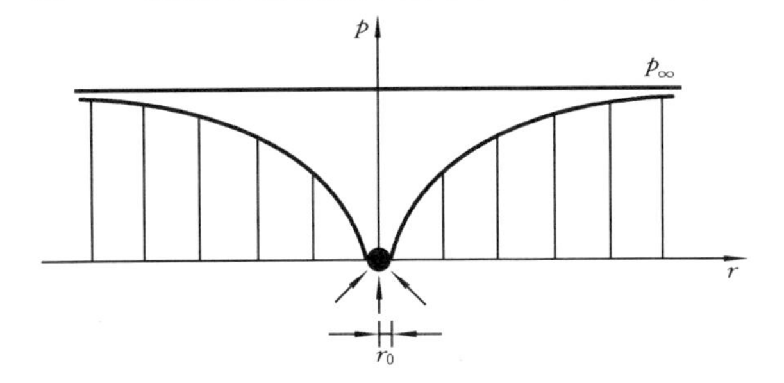

图 7-17　点汇流沿半径的压强分布

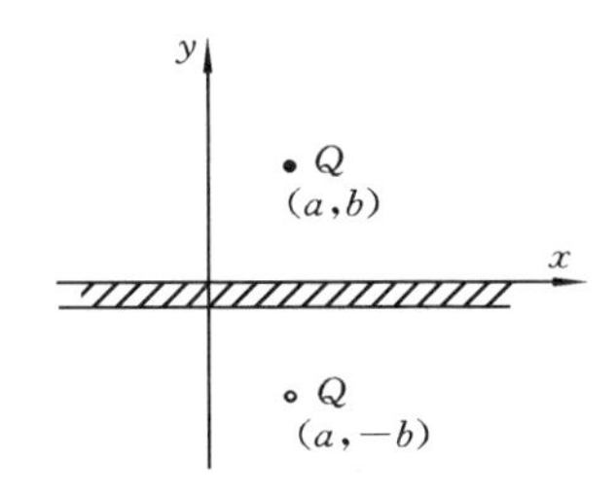

图 7-18　平板附近的点源及其镜像

例 7-8　设一无限大平板两侧是静止大气,压强为 p_a。现在图示点(a,b)置入一个强度为 Q 的点源,如图 7-18 所示,求平板两侧压强差所形成的合力。

解　在板上方置入点源后流场发生改变,板上、下侧的流场不对称,因而平板上、下两侧出现压强差。首先要求出板上方置入点源后的流场。采用复势求解。

取坐标系如图 7-18 所示,在流场中的点(a,b)有一强度为 Q 的点源,根据式(7.58),其复势函数

$$W(z)=\frac{Q}{2\pi}\ln[z-(a+\mathrm{i}b)]$$

但是它所对应的流动在平板上壁面 $y=0$ 处的法向速度不等于零,因此并不是问题所要求的解。

为了使平板壁面法向速度为零的边界条件得到满足,在关于平板上壁面的点源对称点$(a,-b)$再虚置一个强度为 Q 的点源,如图 7-18 所示。由两个点源共同产生的流动对称于 x 轴,因此在 x 轴(也就是平板上壁面)上法向速度为零,而无穷远处的边界条件(即速度为零)仍然能得到满足。两个点源叠加后其复势

$$W(z)=\frac{Q}{2\pi}\ln[z-(a+\mathrm{i}b)]+\frac{Q}{2\pi}\ln[z-(a-\mathrm{i}b)]$$

式中,z 的取值范围只限于上半平面。上式就是上半平面内满足所有边界条件的解。对复势函数求导,得到上半平面中的复速度

$$\frac{\mathrm{d}W}{\mathrm{d}z}=u-\mathrm{i}v=\frac{Q}{2\pi}\left[\frac{1}{z-(a+\mathrm{i}b)}+\frac{1}{z-(a-\mathrm{i}b)}\right]$$

在平板的上壁面 $y=0$,$z=x$,复速度

$$u-\mathrm{i}v=\frac{Q}{2\pi}\frac{2(x-a)}{(x-a)^2+b^2}$$

由此知板上壁面流体速度分量

$$u=\frac{Q}{\pi}\frac{x-a}{(x-a)^2+b^2},\quad v=0$$

无穷远处压强为大气压 p_a。对于无穷远一点及板上壁面任意一点运用伯努利方程，得到

$$p_a=p+\frac{1}{2}\rho u^2$$

代入板上壁面速度 u 的表达式，得到平板上侧的压强分布

$$p_a-p=\frac{1}{2}\rho\left[\frac{Q}{\pi}\frac{x-a}{(x-a)^2+b^2}\right]^2$$

平板下壁面处的压强为 p_a，因此板下侧和上侧之间的压强差对平板所形成的合力

$$F=\int_{-\infty}^{\infty}(p_a-p)\mathrm{d}x=\frac{\rho Q^2}{2\pi^2}\int_{-\infty}^{\infty}\left[\frac{x-a}{(x-a)^2+b^2}\right]^2\mathrm{d}x=\frac{\rho Q^2}{4\pi b}$$

在点$(a,-b)$虚置的点源也称为镜像源，本例题的求解方法通常称为镜像法。

3. 点涡流

考虑 $v_r=0$，环向速度分量

$$v_\theta=\frac{\Gamma}{2\pi r}$$

的流动，其中 $\Gamma=2\pi r v_\theta$ 是沿任意 r 为半径的圆周的速度环量。这种流动称为点涡流，速度环量 Γ 称为点涡强度。

可以把龙卷风的涡核简化为垂直于地面的圆柱；在较大区域观察风场时，又可以认为涡核横截面很小，于是把涡核简化为垂直于地面的旋转直线。旋转的龙卷风涡核具有一定的旋涡强度，在与此直线正交的任意一个截面上看，龙卷风的涡核是一个点涡，涡核的旋涡强度就是点涡强度。

由极坐标系中速度势函数与速度之间的关系式(7.32)及流函数与速度之间的关系式(7.38)得到

$$\frac{1}{r}\frac{\partial\varphi}{\partial\theta}=-\frac{\partial\psi}{\partial r}=v_\theta=\frac{\Gamma}{2\pi r}$$

积分后得到点涡流的速度势函数和流函数，

$$\varphi=\frac{\Gamma}{2\pi}\theta \tag{7.59}$$

$$\psi=-\frac{\Gamma}{2\pi}\ln r \tag{7.60}$$

图 7-19 给出了点涡流的部分等势线和部分流线，由点涡引出的射线是等势线，以点涡为圆心的同心圆则是流线。图 7-19 同时也描述了 v_θ 随着 r 的变化情况。

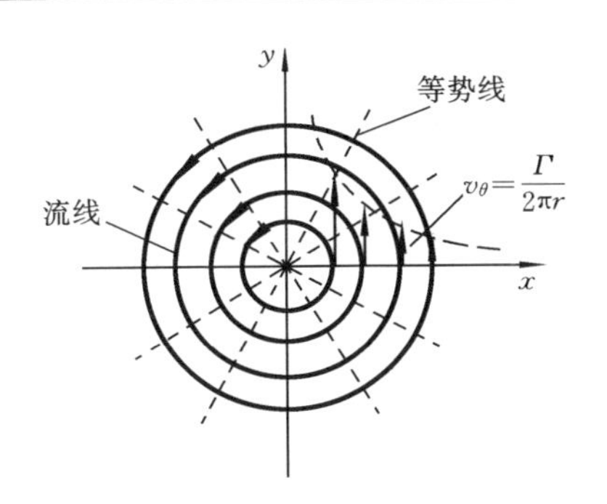

图 7-19　点涡流的等势线、流线及速度分布

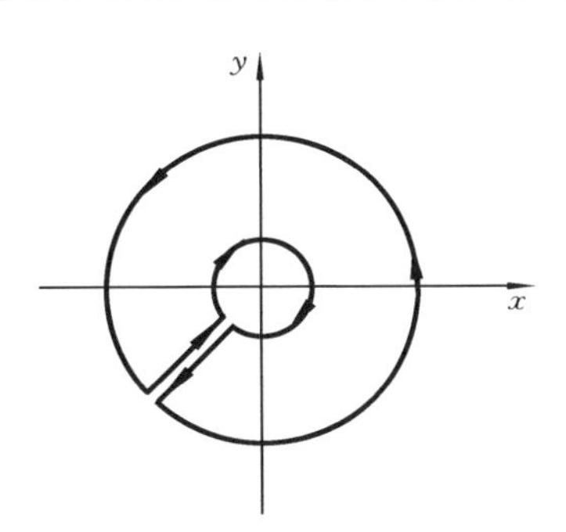

图 7-20　除去奇点后的积分路径

在点涡上 $r\rightarrow 0$，$v_\theta\rightarrow\infty$，因此点涡也是一个奇点。无旋流动中沿任意封闭曲线的速度环量等于零的结论只在单连通区域中（即任意封闭曲线可以在流体区域内无限收缩）才成立，因此，沿包围奇点的封闭圆周线的速度环量不等于零。如果把奇点挖去，沿图 7-20 所示的不包含奇点的单连通区域中的封闭曲线计算速度环量，由于外圆上的积分值为 Γ，内圆上的积分值为 $-\Gamma$，速度环量等于零。上述积分路径的内圆可以取得无穷小。这说明，在除去了奇点的区域上点涡流动确实是无旋的（参见例 7-6）。

由点涡流的速度势函数和流函数组合得到复势

$$W(z)=\varphi+\mathrm{i}\psi=\frac{\Gamma}{2\pi}(\theta-\mathrm{i}\ln r)=\frac{\Gamma}{2\pi\mathrm{i}}(\ln r+\mathrm{i}\theta)=\frac{\Gamma}{2\pi\mathrm{i}}\ln z \tag{7.61}$$

若点涡位于 z_0，则复势表达式为

$$W(z)=\frac{\Gamma}{2\pi\mathrm{i}}\ln(z-z_0) \tag{7.62}$$

对流场中任意点和无穷远点建立伯努利方程，得

$$p+\frac{1}{2}\rho v_\theta^2=p_\infty$$

把 v_θ 代入上式得到点涡流中任意点的压强为

$$p=p_\infty-\frac{\rho\Gamma^2}{8\pi^2 r^2}$$

由此式知道，压强随着半径的减小而减小，奇点处压强趋于负无穷大。实际流场涡核半径有限，不会出现这种情况。

例 7-9　分析复势 $W(z)=2z+(1+\mathrm{i})\ln(z^2+4)$ 由哪些基本势流叠加而成？

解　复势函数可分解为

$$W(z)=2z+(1+\mathrm{i})\ln(z^2+4)=2z+(1+\mathrm{i})[\ln(z+2\mathrm{i})+\ln(z-2\mathrm{i})]$$

由此式知道，该复势函数所给出的基本势流如下。

(1) 沿正 x 方向的直线均匀流，其速度为 $V_\infty=2$；

(2) 位于点 $(0,-2)$ 的点源和点涡，点源强度为 $Q=2\pi$，点涡强度为 $\Gamma=-2\pi$；

(3) 位于点(0, 2)的点源和点涡，点源强度为 $Q=2\pi$，点涡强度为 $\Gamma=-2\pi$。

例 7-10　设流场中有一强度为 Γ 的点涡，距点涡 h 处是一无限长的平壁，如图 7-21所示，求平壁上的速度分布。

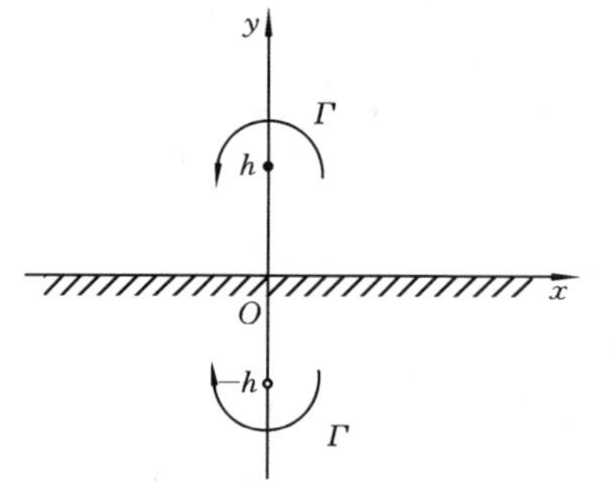

图 7-21　平壁附近的点涡及其镜像涡

解　取坐标如图 7-21 所示，在平壁上 $y=0$，在点涡处 $x=0, y=h$。

由式(7.62)，当强度为 Γ 的点涡位于$(0,h)$处时，对应的复势为

$$W(z)=\frac{\Gamma}{2\pi i}\ln(z-ih)$$

但它所对应的流动在平壁 $y=0$ 上的法向速度不等于零，于是需要在镜像点$(0,-h)$上再放置一个强度为 Γ 且旋转方向相反的镜像涡以满足平壁边界条件，如图 7-21 所示。把两个点涡叠加后其复势为

$$W(z)=\frac{\Gamma}{2\pi i}\ln(z-ih)-\frac{\Gamma}{2\pi i}\ln(z+ih)$$

它所对应的流动对称于平壁 $y=0$，满足平壁上法向速度为零的边界条件，也满足无穷远处速度为零的边界条件，因此这是本题要寻求的解。

将复势对 z 求导，得到复速度

$$u-iv=\frac{dW}{dz}=\frac{\Gamma}{2\pi i}\left(\frac{1}{z-ih}-\frac{1}{z+ih}\right)=\frac{\Gamma h}{\pi(z^2+h^2)}$$

令 $y=0$，得到平壁上的速度分布为

$$u=\frac{\Gamma h}{\pi(x^2+h^2)},\quad v=0$$

如果点涡 Γ 位于图 7-22(a)所示直角区域内的点 z_0 处，为了同时满足两个壁面上的边界条件，应该加入三个镜像涡，镜像涡的位置和旋转方向如图 7-22(b)所示，对应的复势为

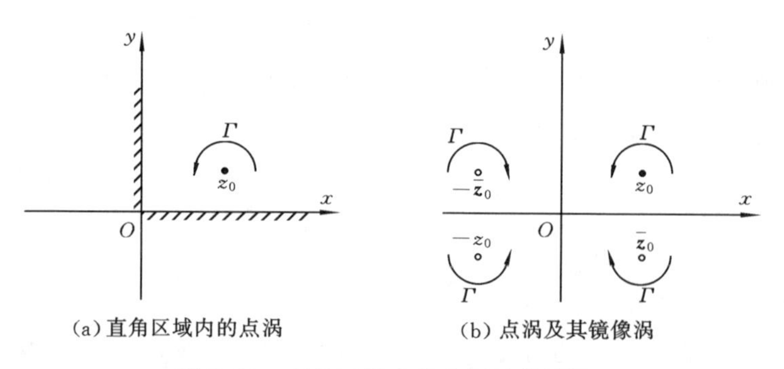

图 7-22　直角区域内的点涡及其镜像涡

$$W(z)=\frac{\Gamma}{2\pi i}\ln(z-z_0)-\frac{\Gamma}{2\pi i}\ln(z-\bar{z}_0)-\frac{\Gamma}{2\pi i}\ln(z+\bar{z}_0)+\frac{\Gamma}{2\pi i}\ln(z+z_0)=\frac{\Gamma}{2\pi i}\ln\frac{z^2-z_0^2}{z^2-\bar{z}_0^2}$$

由于点涡实际上也是由流体质点组成的，在某个点涡流场内的其他点涡，将按照这一点涡流场引起的速度场所规定的速度移动。例如，由两个反向旋转的等强度点涡形成的流场，点涡相互作用的结果是两个点涡发生平行移动；由两个同向旋转的等强度点涡形成的流场，点涡相互作用的结果是两个点涡沿同一圆周盘旋。

4. 平面偶极流

将一位于坐标原点，强度为 Q 的点汇与一位于 $z_0=\Delta z=\Delta r e^{i\beta}$ 点，强度为 Q 的点源叠加，如图 7-23 所示。叠加后其复势

$$W(z)=-\frac{Q}{2\pi}\ln z+\frac{Q}{2\pi}\ln(z-z_0)$$

令点源沿两点连线向点汇趋近，并且当两者距离 Δr 减小时其强度 Q 增加，距离与强度的乘积为正值常数 M，即 $\lim\limits_{\substack{\Delta r\to 0\\ Q\to\infty}}Q\Delta r=M>0$，在趋近过程中角度值 β 保持不变。这种流动称为平面偶极流，M 为偶极子强度。

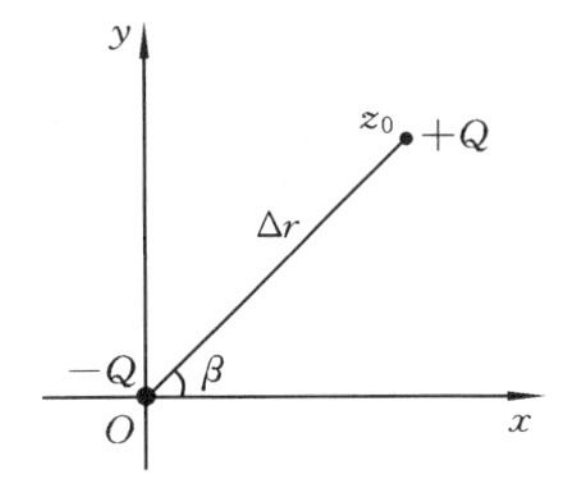

图 7-23　偶极子的形成

由以上对偶极流的定义可以求出它的复势，即

$$W(z)=\lim_{\substack{\Delta r\to 0\\ Q\to\infty}}\left[-\frac{Q}{2\pi}\ln z+\frac{Q}{2\pi}\ln(z-z_0)\right]=\lim_{\substack{\Delta r\to 0\\ Q\to\infty}}\left[-\frac{Q\Delta r}{2\pi}e^{i\beta}\frac{\ln z-\ln(z-\Delta z)}{\Delta z}\right]$$

$$=-\frac{M}{2\pi}e^{i\beta}\frac{d}{dz}\ln z=-\frac{M}{2\pi z}e^{i\beta}$$

偶极子是有方向的，式中 β 是偶极子的方向角，它是由点汇指向点源的矢量的方向角，如图 7-23 所示。为简单起见，只研究 $\beta=\pi$ 的情况，此时点源沿 x 轴的正方向由左至右向点汇无穷趋近，偶极子的复势成为

$$W(z)=\frac{M}{2\pi z}=\frac{M}{2\pi}\frac{x-iy}{x^2+y^2} \tag{7.63}$$

习惯上把由点汇至点源的方向称为偶极子的方向，当 $\beta=\pi$ 时，偶极子的方向与 x 轴的反方向相同。

将复势的实部和虚部分开，得到速度势函数和流函数

$$\varphi=\frac{M}{2\pi}\frac{x}{x^2+y^2} \tag{7.64}$$

$$\psi=-\frac{M}{2\pi}\frac{y}{x^2+y^2} \tag{7.65}$$

令 $\varphi=C_1$ 和 $\psi=C_2$ 分别得到等势线方程和流线方程

$$\left(x-\frac{M}{4\pi C_1}\right)^2+y^2=\left(\frac{M}{4\pi C_1}\right)^2$$

$$x^2+\left(y+\frac{M}{4\pi C_2}\right)^2=\left(\frac{M}{4\pi C_2}\right)^2$$

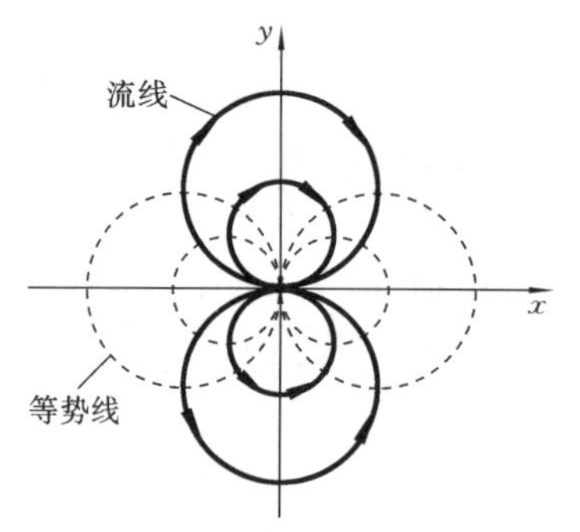

图 7-24　平面偶极流

图 7-24 是平面偶极流的等势线和流线，对称于 y 轴的左、右两族圆周线是等势线；对称于 x 轴的上、下两族圆周线是流线。所有的圆周线都相切于偶极子。由于偶极子是由两个具有奇点的基本解叠加组成的，因此偶极子同样也是一个奇点。

当偶极子位于 z_0 点时，复势

$$W(z)=\frac{M}{2\pi}\frac{1}{z-z_0} \tag{7.66}$$

在势流的求解过程中，经常把偶极子作为叠加解中的一个基本单元。

由于解析函数求导后仍然是解析函数，因此可以通过对基本解的复势函数求导数来构造新的基本解。这样的基本解又称为高阶基本解。事实上，对比式(7.57)和式(7.61)不难看出，偶极流的复势正是点源(汇)流复势的一阶导数，因此，偶极流也是由点源(汇)流所构造的高阶基本解。由于上述原因，尽管偶极流是由点源流和点汇流叠加而组成的，通常还是把它归类为基本解。

分析点源(汇)流、点涡流和偶极流还可以发现，它们在无穷远处的速度都趋向于零。将这几种基本流动与别的流场相叠加只会改变有限区域内的流动，并不会使原流场无穷远处的流动发生变化。因此，在运用它们的叠加来求解具有特定物体边界的流场时，只需要考虑叠加解是否满足物体壁面边界条件，而不必考虑它是否仍然满足原来的无穷远边界条件。另外，这三个基本解都具有奇异性，都会在奇点上出现无穷大的速度。由于真实流场中不应该出现无穷大的速度，因此一般要把奇点布置在流场之外(物体区域内)。

7.6　平面势流的叠加

对于一些简单的平面势流，可以求得它们的复势及速度势函数和流函数，对于较复杂的流动，直接求解往往很困难。通过把已知基本流动的解进行线性叠加来寻求复杂流动的解是一种很常用的方法。例 7-8 和例 7-10 都是运用叠加方法求解的例子。本节介绍几种典型基本流动的叠加组合，这几种叠加解都具有一定的实际应用背景。

1. 直线流与点源流的叠加

把沿 x 轴正方向，速度为 V_∞ 的均匀直线流与位于坐标原点，强度为 Q 的点源流叠加，其复势

$$W(z)=V_\infty z+\frac{Q}{2\pi}\ln z \tag{7.67}$$

相应的速度势函数和流函数为

$$\varphi=V_\infty r\cos\theta+\frac{Q}{2\pi}\ln r \tag{7.68}$$

$$\psi=V_\infty r\sin\theta+\frac{Q}{2\pi}\theta \tag{7.69}$$

令 $\psi=C$，得到流线方程。图 7-25 所示是均匀直线流的流线（平行于 x 轴的直线）、点源流的流线（自点 O 向外的射线）及两者叠加后的流线（曲线）。

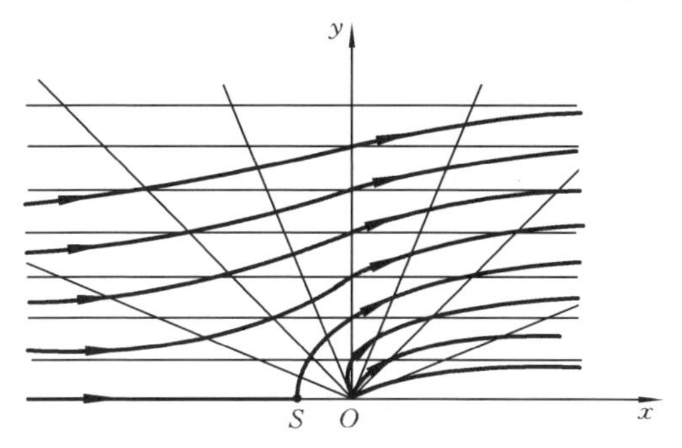

图 7-25　直线流与点源流和的叠加

流线方程中常数 C 取不同的值时，即得到不同的流线。从理论上说，由于流体的流动不会穿过流线，因此可以把流场中的任意一条流线看成是物体的壁面，但是当流体绕物体流过时在物体前端的壁面上会存在驻点（即速度等于零的点），把过驻点的那条流线当成物体壁面更具有实际意义。为了求出过驻点的流线，首先求驻点的位置。采用极坐标，由式(7.38)求出速度，有

$$v_r=\frac{\partial\psi}{r\partial\theta}=\frac{1}{r}\left(\frac{Q}{2\pi}+V_\infty r\cos\theta\right)$$

$$v_\theta=-\frac{\partial\psi}{\partial r}=-V_\infty\sin\theta$$

令 $v_r=0$，$v_\theta=0$，由上两式得到驻点位置，即

$$\theta=0,\quad r=-\frac{Q}{2\pi V_\infty}$$

或

$$\theta=\pi,\quad r=\frac{Q}{2\pi V_\infty}$$

驻点与坐标原点之间的距离 r 应该取正值，由此可知，驻点位于负 x 轴上（即 $\theta=\pi$），如图 7-25 中的点 S 所示。把驻点的 r 和 θ 值代入流线方程

$$\psi=V_\infty r\sin\theta+\frac{Q}{2\pi}\theta=C$$

得到对应的常数 $C=Q/2$。因此，过驻点的流线是

$$\frac{Q}{2\pi}\theta+V_\infty r\sin\theta=\frac{Q}{2}$$

或者写成
$$y=\frac{Q}{2\pi V_{\infty}}(\pi-\theta)$$

均匀直线流与点源流叠加后其流线分为两组，一组由坐标原点 O 引出，另一组来自上游，两组流线由过驻点 S 的流线分开。可以把过驻点的那条流线当做物体壁面，于是所讨论的叠加解对应于绕半无穷钝头物体的流动。过驻点流线的外侧是流场区域，上面求出的解在流场区域中才有意义。

2. 螺旋流

把位于原点、强度为 Q 的点汇与位于原点、强度为 Γ 的点涡叠加，其复势

$$W(z)=-\frac{Q}{2\pi}\ln z+\frac{\Gamma}{2\pi \mathrm{i}}\ln z \tag{7.70}$$

相应的流函数和速度势函数分别为

$$\varphi=-\frac{Q}{2\pi}\ln r+\frac{\Gamma}{2\pi}\theta \tag{7.71}$$

$$\psi=-\frac{Q}{2\pi}\theta-\frac{\Gamma}{2\pi}\ln r \tag{7.72}$$

令速度势函数等于常数，得到等势线方程，即

$$\Gamma\theta-Q\ln r=C,\quad \text{或}\quad r=C_1\mathrm{e}^{\Gamma\theta/Q}$$

令流函数等于常数，得到流线方程，即

$$\Gamma\ln r+Q\theta=C,\quad \text{或}\quad r=C_2\mathrm{e}^{-Q\theta/\Gamma}$$

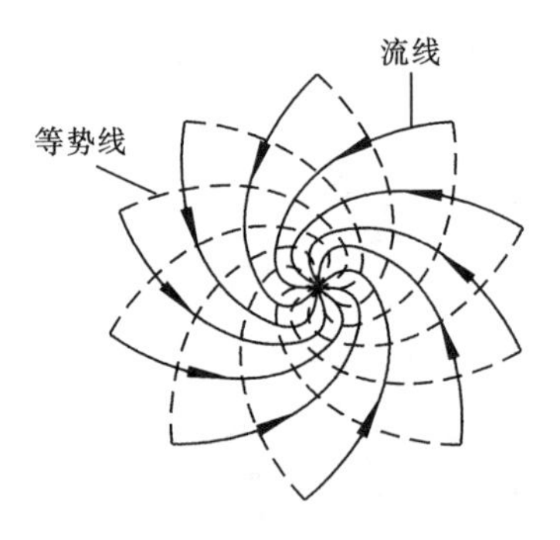

图 7-26 螺旋流

流场中的等势线和流线如图 7-26 所示，其中虚线代表等势线，实线代表流线，它们是互相正交的对数螺旋线。

径向速度和切向速度分别为

$$v_r=\frac{\partial\varphi}{\partial r}=-\frac{Q}{2\pi r},\quad v_\theta=\frac{1}{r}\frac{\partial\varphi}{\partial\theta}=\frac{\Gamma}{2\pi r}$$

并且

$$V^2=v_r^2+v_\theta^2=\frac{\Gamma^2+Q^2}{4\pi^2r^2}$$

对流场中的任意两点运用伯努利方程，得到

$$p_1=p_2-\frac{\rho}{8\pi^2}(\Gamma^2+Q^2)\left(\frac{1}{r_1^2}-\frac{1}{r_2^2}\right)$$

由此式看出，当 $r_2>r_1$ 时，$p_2>p_1$，压强由外向内逐步减小。

由流线的形式知道，流场中每一个流体质点都沿着螺旋线由外向内流向同一点，因此这种流动也称为螺旋流。水轮机引水室内的旋转水流、旋风燃烧室中的旋转热气流及除尘器中的旋转气流都可以简化为这种螺旋流。如果用点源流与点涡流相叠加，流体沿螺旋线由内向外流动，水泵压水室内的旋转水流就是这种螺旋流。由于流线是对数螺旋线，把水泵涡壳做成对数螺线形可以减小壳内流动的损失。

3. 均匀流绕圆柱体的无环量流动

把沿着 x 轴正方向、速度为 V_∞ 的均匀直线流与位于坐标原点、沿 x 轴反方向($\beta=\pi$)、强度为 M 的偶极子相叠加，叠加后的复势

$$W(z)=V_\infty z+\frac{M}{2\pi z}=V_\infty(x+\mathrm{i}y)+\frac{M}{2\pi}\frac{x-\mathrm{i}y}{x^2+y^2} \tag{7.73}$$

它的实部是速度势函数，虚部是流函数，因此

$$\varphi=V_\infty x+\frac{M}{2\pi}\frac{x}{x^2+y^2} \tag{7.74}$$

$$\psi=V_\infty y-\frac{M}{2\pi}\frac{y}{x^2+y^2} \tag{7.75}$$

令 $\psi=C$，得到流线方程，即

$$V_\infty y-\frac{M}{2\pi}\frac{y}{x^2+y^2}=C$$

它定义了一族流线。为了分析流场，首先找出过驻点的流线。令 $C=0$，它所对应的流线称为零流线，零流线的方程为

$$y\left(V_\infty-\frac{M}{2\pi}\frac{1}{x^2+y^2}\right)=0$$

于是有

$$y=0,\quad x^2+y^2=\frac{M}{2\pi V_\infty}$$

由此可知，存在着两条零流线，一条是以坐标原点为圆心，$R=\sqrt{\dfrac{M}{2\pi V_\infty}}$ 为半径的圆周线，另一条是沿着 x 轴的直线，两条流线相交于图 7-27 中的点 A 和点 B。流线只可能在驻点和奇点相交，点 A 和点 B 都是驻点。因此，上面所求出的零流线就是过驻点的流线。由于偶极流在无穷远处的速度趋向于零，因此速度为 V_∞ 的均匀直线流与偶极子叠加后无穷远处的速度仍然是 V_∞；又由于一条过驻点的流线是圆周，可以把它看做物体壁面，所以圆周以外的流动就是一个均匀直线来流绕圆柱体的流动。

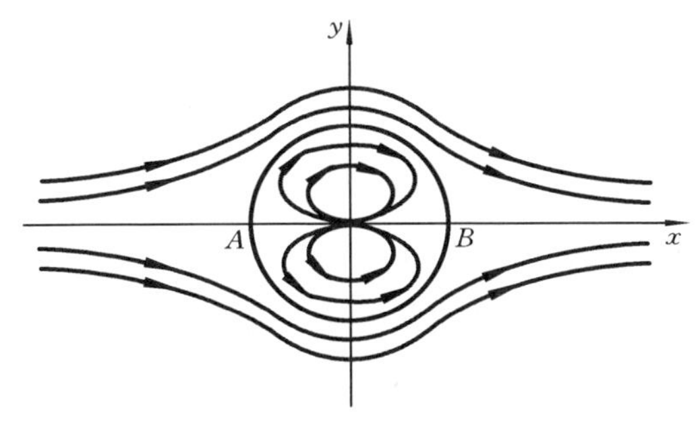

图 7-27　绕圆柱体的无环量流动

在圆周内也可以根据上面求出的流线方程画出流线，如图 7-27 所示，但由于已经把这个区域当成了物体区域，因此研究这个区域内的流动没有实际意义。偶极流中有一奇点，奇点位于流动区域之外(圆柱区域内)。

以上用沿 x 轴正方向的均匀直线流和沿 x 轴反方向的偶极子相叠加获得了圆柱绕流的解，若两者方向相同，则不可能形成通过驻点的封闭流线。

把 $M=2\pi V_\infty R^2$ 代入复势的表达式(7.73)就得到

$$W(z)=V_\infty\left(z+\frac{R^2}{z}\right) \tag{7.76}$$

代入速度势函数表达式(7.74)和流函数的表达式(7.75)则得到

$$\varphi=V_\infty x\left(1+\frac{R^2}{x^2+y^2}\right)=V_\infty\left(1+\frac{R^2}{r^2}\right)r\cos\theta \tag{7.77}$$

$$\psi=V_\infty y\left(1-\frac{R^2}{x^2+y^2}\right)=V_\infty\left(1-\frac{R^2}{r^2}\right)r\sin\theta \tag{7.78}$$

其中 $r>R$。在区域 $r<R$，所求解没有实际意义。

在极坐标中由速度势函数求出速度分量，即

$$v_r=\frac{\partial\varphi}{\partial r}=V_\infty\left(1-\frac{R^2}{r^2}\right)\cos\theta \tag{7.79(a)}$$

$$v_\theta=\frac{1}{r}\frac{\partial\varphi}{\partial\theta}=-V_\infty\left(1+\frac{R^2}{r^2}\right)\sin\theta \tag{7.79(b)}$$

现在分析圆表面的速度分布和压强分布，并计算流体对圆柱体的作用力。

在式(7.79)中令 $r=R$，得到圆表面的法向和切向速度分量，分别为

$$v_r=0 \tag{7.80(a)}$$

$$v_\theta=-2V_\infty\sin\theta \tag{7.80(b)}$$

在圆表面法向速度 v_r 为零，这说明所得到的解确实满足物体壁面边界条件。切向速度 v_θ 随 θ 角度按正弦规律变化，其大小与圆的半径无关。在图 7-27 中的点 $B(\theta=0)$ 和点 $A(\theta=\pi)$ 处，v_θ 等于零。可见，这两点确实是驻点，其中点 A 称为前驻点，点 B 称为后驻点。在 $\theta=\pi/2$ 和 $\theta=3\pi/2$ 的点(即圆周与 y 轴相交的两点)处，切向速度达到最大，其值是来流速度 V_∞ 的两倍。

沿包围圆柱体、半径为 r 的圆形封闭曲线的速度环量

$$\int_0^{2\pi}v_\theta r\,\mathrm{d}\theta=-V_\infty r\left(1+\frac{R^2}{r^2}\right)\int_0^{2\pi}\sin\theta\mathrm{d}\theta=0$$

速度环量等于零。这正是称它为无环量绕流的原因。

记无穷远处压强为 p_∞，对无穷远点和圆表面任意一点建立伯努利方程，有

$$p_\infty+\frac{\rho V_\infty^2}{2}=p+\frac{\rho v_\theta^2}{2}$$

由此得到圆表面压强

$$p=p_{\infty}+\frac{\rho V_{\infty}^{2}}{2}(1-4\sin^{2}\theta)$$

通常采用无量纲的压强系数来表示压强分布，压强系数的定义为

$$C_p=\frac{p-p_{\infty}}{\frac{1}{2}\rho V_{\infty}^{2}}$$

把圆表面的压强表达式代入上式，得到压强系数的表达式为

$$C_p=1-4\sin^{2}\theta \tag{7.81}$$

由式(7.81)计算得到的压强系数如图 7-28 所示。由于流场具有对称性，图中只给出了上半个圆表面的 C_p。又由于压强系数前、后对称，可以把前、后的 θ 角度对换，在作图时 $\theta=0°$的点一般对应前驻点，而 $\theta=180°$的点则对应后驻点。从图中可以看出，在前、后驻点上压强达到最大值，在 $\theta=90°$的点压强最小。前面已经知道，在此处速度达到最大值。

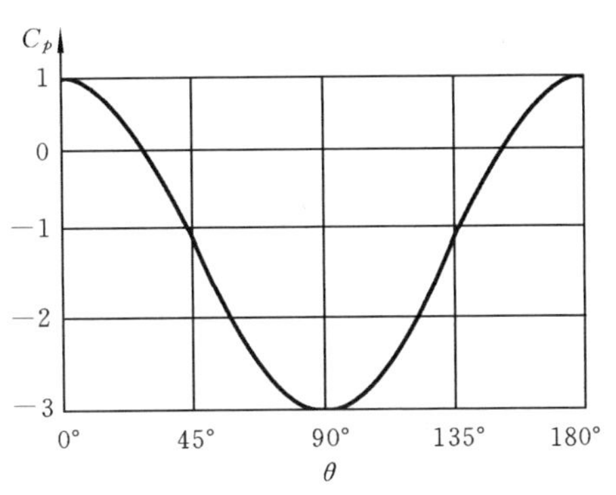

图 7-28　圆柱表面的压强系数分布

将压强在 x 和 y 方向的投影分量分别沿整个圆表面积分，就得到来流方向和垂直于来流方向的总压力。来流方向的总压力就是圆柱体在静止流体中运动时流体对它所作用的阻力，垂直于来流方向的总压力则称为升力。注意到流体在圆表面上的压强分布前后对称、左右对称，于是很容易得到以下结论：在均匀来流绕圆柱体无环量流动时，圆柱体上既没有流体所作用的阻力，也没有升力。由于是在忽略流体黏性影响的基础上假设流动无旋的，因此上述结论仅对于理想流体的绕流运动适用。基于常识我们知道，任何物体在流体中运动都会受到流体所作用的阻力，因为自然界中的真实流体都具有黏性，流体的黏性作用造成了对物体运动的阻力。有关物体运动阻力的问题还会在下一章中详细讨论。

虽然绕圆柱势流的阻力计算结果与实际现象不相符合，但是研究这种流动仍然具有重要的意义，因为它是研究黏性流体绕流现象的基础。

4. 均匀来流绕圆柱体的有环量流动

如果在圆柱无环量绕流流场上再叠加一个位于圆心的平面点涡，则所有的边界条件仍然可以得到满足。因为在点涡流中，无穷远处的速度为零，圆周上没有法向速度，叠加任意强度的平面点涡流后，得到的还是均匀来流绕圆柱体流动的势流。可见，圆柱绕流的势流解并不是唯一的。现在叠加一个强度为 Γ 的点涡，流动的复势可以写为

$$W(z)=V_{\infty}z+\frac{M}{2\pi z}-\frac{\mathrm{i}\Gamma}{2\pi}\ln z \tag{7.82}$$

由此求出速度分量

$$v_r=V_\infty\left(1-\frac{R^2}{r^2}\right)\cos\theta,\quad v_\theta=-V_\infty\left(1+\frac{R^2}{r^2}\right)\sin\theta+\frac{\Gamma}{2\pi r}$$

在上两式中令 $r=R$，得到圆柱表面的法向速度分量和切向速度分量，即

$$v_r=0 \tag{7.83(a)}$$

$$v_\theta=-2V_\infty\sin\theta+\frac{\Gamma}{2\pi R} \tag{7.83(b)}$$

由于圆柱表面切向速度分布改变了，所以驻点的位置也会相应地发生变化，新的驻点位置取决于点涡强度 Γ。

当 $-4\pi RV_\infty<\Gamma<0$ 时，速度环量沿顺时针方向。设驻点在圆柱表面 $\theta=\theta_0$ 处，在式(7.83(b))中令 $v_\theta=0$，得到

$$\sin\theta_0=\frac{\Gamma}{4\pi RV_\infty}$$

式中 θ_0 有两个解，所对应的两个驻点分别位于坐标平面内的第三象限和第四象限，如图 7-29(a)中的点 A 和点 B 所示。随着点涡强度 $|\Gamma|$ 增大，两个驻点沿着圆柱表面同时向下移动。当 $\Gamma=-4\pi RV_\infty$ 时，两个驻点在圆柱表面左方中央相遇，此时 θ_0 只有一个解(重根)。驻点位置如图 7-29(b)所示。随着点涡强度 $|\Gamma|$ 继续增大，当 $\Gamma<-4\pi RV_\infty$ 时，驻点离开圆柱表面继续向左移动，此时 θ_0 没有解，这说明驻点已经不在圆柱表面上了。由图 7-29(c)中的流线交叉点可知，流场中存在一个驻点，它位于圆柱表面的左方。

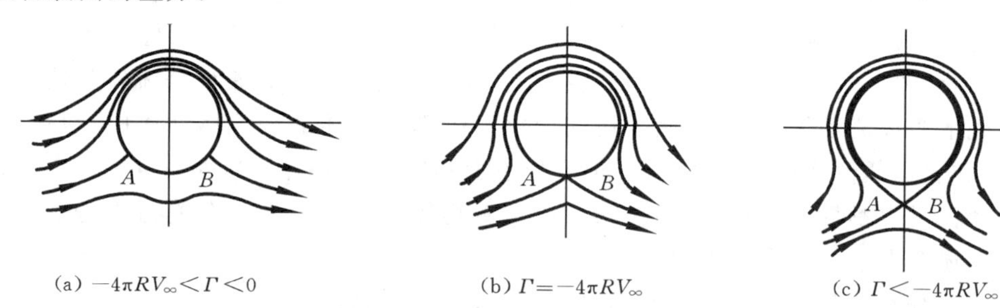

(a) $-4\pi RV_\infty<\Gamma<0$　　(b) $\Gamma=-4\pi RV_\infty$　　(c) $\Gamma<-4\pi RV_\infty$

图 7-29　绕圆柱体的有环量流动

沿包围圆柱体半径为 r 的圆形封闭曲线的速度环量

$$\int_0^{2\pi}v_\theta r\,\mathrm{d}\theta=-V_\infty r\left(1+\frac{R^2}{r^2}\right)\int_0^{2\pi}\sin\theta\mathrm{d}\theta+\frac{\Gamma}{2\pi}\int_0^{2\pi}\mathrm{d}\theta=\Gamma$$

速度环量不等于零，它等于点涡的强度。在这种流动中，沿包围圆柱体的任意封闭曲线的速度环量都不为零，因此称它为有环量绕流。

把式(7.83)中的圆表面速度代入伯努利方程，得到圆表面的压强分布

$$p=p_\infty+\frac{\rho}{2}\left[V_\infty^2-\left(2V_\infty\sin\theta-\frac{\Gamma}{2\pi R}\right)^2\right]$$

把压强投影到 x 方向，并沿圆表面积分就得到阻力，阻力的大小为

$$F_{\mathrm{D}}=-\int_{0}^{2\pi}pR\cos\theta\mathrm{d}\theta=-\int_{0}^{2\pi}\left\{p_{\infty}+\frac{\rho}{2}\left[V_{\infty}^{2}-\left(2V_{\infty}\sin\theta-\frac{\Gamma}{2\pi R}\right)^{2}\right]\right\}R\cos\theta\mathrm{d}\theta=0$$

实际上，由图 7-29 就可以看出，流动对称于 y 轴，所以阻力必然为零。把压强投影到 y 方向，积分后得到升力

$$F_{\mathrm{L}}=-\int_{0}^{2\pi}pR\sin\theta\mathrm{d}\theta=-\int_{0}^{2\pi}\left\{p_{\infty}+\frac{\rho}{2}\left[V_{\infty}^{2}-\left(2V_{\infty}\sin\theta-\frac{\Gamma}{2\pi R}\right)^{2}\right]\right\}R\sin\theta\mathrm{d}\theta$$
$$=-\rho V_{\infty}\Gamma$$

该式说明，升力的大小等于流体密度、来流速度和速度环量三者的乘积。这就是著名的库塔-儒柯夫斯基(Kutta-Joukowsky)定理。升力的方向为由来流方向逆环量方向旋转 90°，如图 7-30 所示。

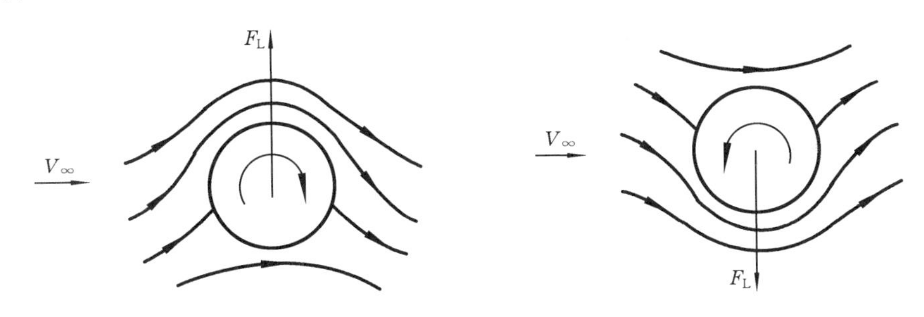

图 7-30　绕圆柱体有环量流动的升力

旋转的圆柱体在静止流体中运动时，圆柱体表面上的流体在黏性作用下随圆柱体一起旋转，如果流动不发生分离，它就相当于圆柱体的有环量绕流，因此，旋转圆柱体向前运动时会受到垂直于运动方向的横向力(即前面所说的升力)。德国物理学家马格努斯(G. Magnus)在 1852 年通过试验首先发现了这一现象，因此这种现象也称为马格努斯效应。库塔-儒柯夫斯基定理对马格努斯效应给予了理论上的证明。旋转的圆球形物体同样也会产生马格努斯效应，例如，旋转的排球、足球、乒乓球等会在横向力的作用下改变其飞行路线。

7.7　不可压缩流体基本轴对称势流及其叠加

对于不可压缩流体的轴对称势流，速度势函数是调和函数，而流函数不是调和函数。但是它们的控制方程都是线性的，因此仍然可以采用叠加法来求解。下面首先研究基本流动。

1. 基本的轴对称势流

1）均匀直线流

采用柱坐标(r,θ,z)，z 轴为轴对称轴，各物理参数不随 θ 变化。设均匀直线流流场中速度分量

$$v_r=0,\quad v_z=V_\infty$$

运用式(7.45)和式(7.46)，积分后得到速度势函数和流函数分别为

$$\varphi=V_\infty z \tag{7.84}$$

$$\psi=\frac{1}{2}V_\infty r^2 \tag{7.85}$$

2）空间点源(汇)流

流体由坐标原点沿径向均匀地流向无穷远，并且通过以该点为球心任意半径的圆球面的流量 Q 相等，这种流动称为空间点源流，通过圆球面的体积流量 Q 称为点源强度。当 Q 为负值时，流动称为空间点汇流。应该说，空间点源才是真正的点源，平面点源实质上是空间中的线源。

在任意以点源为球心，半径为 R 的圆球表面上，法向速度 v_R 与点源强度之间的关系为 $4\pi R^2 v_R=Q$。在柱坐标系中其关系为

$$v_R=\frac{Q}{4\pi(r^2+z^2)}$$

由式(7.45)，柱坐标系中速度分量 v_r 和 v_z 与速度势函数 φ 之间的关系为

$$\frac{\partial\varphi}{\partial r}=v_r=v_R\sin\theta=\frac{Q}{4\pi(r^2+z^2)}\frac{r}{\sqrt{r^2+z^2}}=\frac{rQ}{4\pi(r^2+z^2)^{3/2}}$$

$$\frac{\partial\varphi}{\partial z}=v_z=v_R\cos\theta=\frac{Q}{4\pi(r^2+z^2)}\frac{z}{\sqrt{r^2+z^2}}=\frac{zQ}{4\pi(r^2+z^2)^{3/2}}$$

其中，z 是轴对称轴，θ 是 v_R 与 z 轴之间的夹角。由上面两式积分后得到速度势函数

$$\varphi=-\frac{Q}{4\pi}\frac{1}{\sqrt{r^2+z^2}} \tag{7.86}$$

由流函数与速度分量之间的关系式(7.46)得到

$$\frac{\partial\psi}{\partial r}=rv_z=\frac{rzQ}{4\pi(r^2+z^2)^{3/2}}$$

$$\frac{\partial\psi}{\partial z}=-rv_r=-\frac{r^2Q}{4\pi(r^2+z^2)^{3/2}}$$

积分后得到流函数

$$\psi=-\frac{Q}{4\pi}\frac{z}{\sqrt{r^2+z^2}} \tag{7.87}$$

当点源位于 z 轴上点 $r=0,z=z_0$ 处时，速度势函数和流函数分别为

$$\varphi=-\frac{Q}{4\pi}\frac{1}{\sqrt{r^2+(z-z_0)^2}} \tag{7.88}$$

$$\psi=-\frac{Q}{4\pi}\frac{z-z_0}{\sqrt{r^2+(z-z_0)^2}} \tag{7.89}$$

注意比较平面点源和空间点源，它们的速度势函数和流函数是不一样的。

3）空间偶极子流

类似于平面问题中的偶极流，在空间流动中也可以将强度相等的空间点源流和空间点汇流叠加而构成一个空间偶极子流。为简单起见，设强度为 $-Q$ 的点汇位于坐标系原点，在正 z 轴上距点汇 Δz、强度为 Q 的点源沿 z 轴负方向以下列方式趋近于点汇

$$\lim_{\substack{\Delta z\to 0\\ Q\to\infty}} Q\Delta z = M > 0$$

从而形成一个沿 z 轴正方向的偶极子，其中 M 是偶极子强度。它的速度势函数

$$\varphi = \lim_{\substack{\Delta z\to 0\\ Q\to\infty}} \frac{Q\Delta z}{4\pi}\left[\frac{\dfrac{1}{\sqrt{r^2+z^2}}-\dfrac{1}{\sqrt{r^2+(z-\Delta z)^2}}}{\Delta z}\right] = \frac{M}{4\pi}\frac{\partial}{\partial z}\left(\frac{1}{\sqrt{r^2+z^2}}\right) = -\frac{M}{4\pi}\frac{z}{(r^2+z^2)^{3/2}} \tag{7.90}$$

用同样的方法也可以求出流函数

$$\psi = \frac{M}{4\pi}\frac{r^2}{(r^2+z^2)^{3/2}} \tag{7.91}$$

如果偶极子位于点 z_0 处，则相应的速度势函数和流函数分别可以写为

$$\varphi = -\frac{M}{4\pi}\frac{z-z_0}{[r^2+(z-z_0)^2]^{3/2}} \tag{7.92}$$

$$\psi = \frac{M}{4\pi}\frac{r^2}{[r^2+(z-z_0)^2]^{3/2}} \tag{7.93}$$

2. 均匀来流绕圆球体的流动

前面已经用一个平面均匀直线流与一个平面偶极子叠加构成了绕圆柱体的无环量流动，现在把一个均匀直线流与一个空间偶极子叠加。研究这种流动采用球坐标系更方便。取球坐标系 (R,θ,λ)，其中 λ 是以图 7-31 中的 z 轴为旋转轴的度量角度。在轴对称问题中取 z 为轴对称轴，所有参数不随 λ 变化。参照图 7-31，柱坐标系 (r,z) 与球坐标系 (R,θ) 之间的转换关系为

$$r = R\sin\theta, \quad z = R\cos\theta$$

将速度为 V_∞、沿 z 轴正方向的均匀直线流与沿 z 轴负方向、强度为 M 并位于坐标系原点的空间偶极子流叠加，由式(7.84)、式(7.85)和式(7.90)、式(7.91)得到速度势函数和流函数的表达式，即

$$\varphi = V_\infty R\cos\theta + \frac{M}{4\pi R^2}\cos\theta$$

$$\psi = \frac{1}{2}V_\infty R^2\sin^2\theta - \frac{M}{4\pi R}\sin^2\theta$$

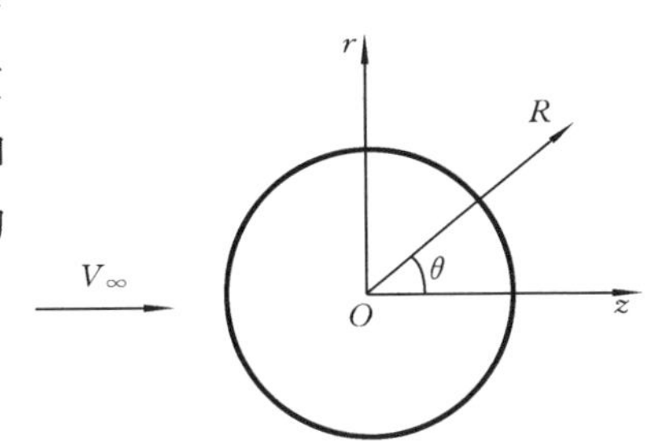

图 7-31　绕圆球体的流动

进而由速度势函数得到球坐标系中的速度分量

$$v_R=\frac{\partial\varphi}{\partial R}=\left(V_\infty-\frac{M}{2\pi}\frac{1}{R^3}\right)\cos\theta$$

$$v_\theta=\frac{1}{R}\frac{\partial\varphi}{\partial\theta}=-\left(V_\infty+\frac{M}{4\pi}\frac{1}{R^3}\right)\sin\theta$$

物体壁面边界条件要求，在圆球表面上速度分量 $v_R=0$，由 v_R 的表达式知道，当

$$R=R_0=\sqrt[3]{\frac{M}{2\pi V_\infty}}$$

时该条件可以得到满足。也就是说，若取偶极子强度 $M=2\pi R_0^3V_\infty$，则所得到的流动是一个半径为 R_0 的圆球绕流。用 V_∞ 和 R_0 取代 M 后，速度势函数、流函数及球坐标系中的速度分量分别为

$$\varphi=V_\infty\left(R+\frac{R_0^3}{2R^2}\right)\cos\theta \tag{7.94}$$

$$\psi=\frac{1}{2}V_\infty\left(R^2-\frac{R_0^3}{R}\right)\sin^2\theta \tag{7.95}$$

$$v_R=V_\infty\left(1-\frac{R_0^3}{R^3}\right)\cos\theta$$

$$v_\theta=-V_\infty\left(1+\frac{R_0^3}{2R^3}\right)\sin\theta$$

将 $R=R_0$ 代入速度表达式，得到球体表面的速度分布为

$$v_R=0 \tag{7.96(a)}$$

$$v_\theta=-\frac{3}{2}V_\infty\sin\theta \tag{7.96(b)}$$

当 $\theta=0$ 和 $\theta=\pi$ 时，$v_\theta=0$，它们分别对应后驻点和前驻点；当 $\theta=\pi/2$ 和 $\theta=3\pi/2$ 时，球体表面上的切向速度最大，由式(7.96)知道，最大速度是来流速度的 3/2 倍。在圆柱的无环量绕流中，柱体表面最大切向速度是来流速度的 2 倍。

设无穷远处压强为 p_∞，由伯努利方程还可以得到圆球表面的压强分布

$$p=p_\infty+\frac{\rho V_\infty^2}{2}\left(1-\frac{9}{4}\sin^2\theta\right)$$

以及压强系数分布

$$C_p=1-\frac{9}{4}\sin^2\theta \tag{7.97}$$

读者可以将它与描述圆柱体表面压强系数分布的公式(7.81)进行比较。

把分布压强投影到来流方向和垂直于来流的方向，并沿整个球体表面积分，同样会发现流体作用在球体上的阻力和升力均为零。

例 7-11 设在图 7-32 中的点 $z=l$ 有一强度为 $-Q$ 的点汇，在点 $z=-l$ 有一强度为 Q 的点源，将它们与速度为 V_∞ 且与 z 轴同方向的均匀直线流叠加。求叠加后

的流函数和绕流的物面形状。

解 叠加后的流函数

$$\psi=\frac{1}{2}V_{\infty}r^{2}-\frac{Q}{4\pi}\frac{z+l}{\sqrt{r^{2}+(z+l)^{2}}}+\frac{Q}{4\pi}\frac{z-l}{\sqrt{r^{2}+(z-l)^{2}}}$$

令 $\psi=0$,得到零流线方程为

$$\frac{1}{2}V_{\infty}r^{2}-\frac{Q}{4\pi}\frac{z+l}{\sqrt{r^{2}+(z+l)^{2}}}+\frac{Q}{4\pi}\frac{z-l}{\sqrt{r^{2}+(z-l)^{2}}}=0$$

这个代数方程给出了两条曲线,一条是与 z 轴重合的直线 $r=0$,另一条是图7-32所示的卵形封闭曲线。直线与卵形曲线有两个交点,也就是前、后驻点。可见,上面的流函数描述了绕卵形回转体的势流流动。这类回转体也称为兰金(Rankine)体。

当点源和点汇趋近于同一点,并且源、汇的强度同时趋向于无穷大时,点源和点汇叠加成为偶极子,上面的叠加解对应一个绕圆球的势流流动。

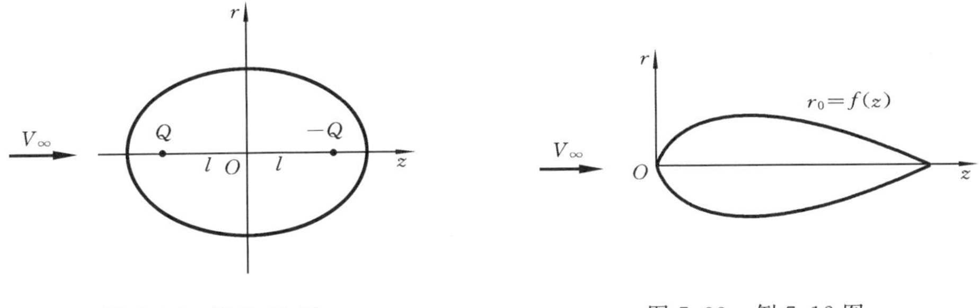

图7-32 例7-11图　　图7-33 例7-12图

例7-12 一回转体如图7-33所示,z 轴为其轴对称轴,物体轮廓曲线方程为 $r_0=f(z)$,流体以速度 V_{∞} 沿 z 方向绕物体流过,试用叠加法求解该流动的势流解。

解 均匀直线流与偶极子叠加得到圆球的绕流,点源、点汇与均匀直线流叠加得到卵形回转体的绕流。由此得到启示,采用适当分布的源(汇)与均匀直线流叠加可以得到绕任意形状回转体的流动。

取坐标系如图7-33所示。在回转体的轴对称轴线上布置 N 个点源(汇),设第 i 个源(汇)的强度为 Q_i,它与坐标原点的距离为 ξ_i,如图7-34所示。Q_i 可以为正值也可以为负值,为正值时是点源,为负值时是点汇。把均匀直线流与 N 个空间点源(汇)叠加,其流函数

$$\psi=\frac{1}{2}V_{\infty}r^{2}-\frac{1}{4\pi}\sum_{i=1}^{N}\frac{Q_{i}(z-\xi_{i})}{\sqrt{r^{2}+(z-\xi_{i})^{2}}}$$

点源(汇)的位置 ξ_i 是人为给定的,最简单的方式是将它们在轴线上等距离布置,源(汇)的强度 Q_i 需要根据物面的边界条件确定。回转体表面应该是一条零流线,所以当 $r=r_0=f(z)$ 时有 $\psi=0$。这样在回转体表面上就有

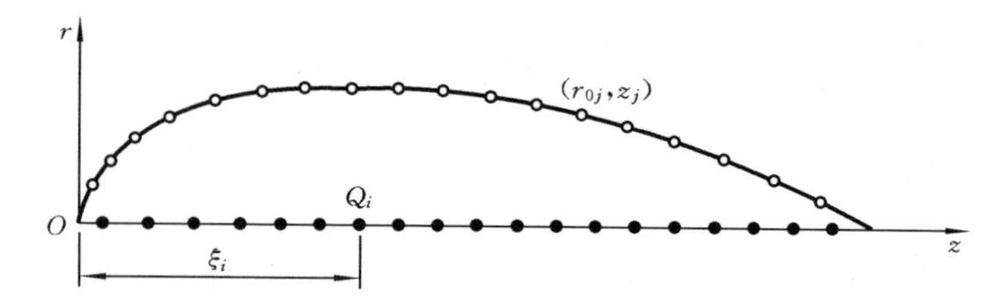

图 7-34　例 7-12 中的点源(汇)与控制点

$$\frac{1}{2}V_{\infty} r_0^2 = \frac{1}{4\pi}\sum_{i=1}^{N} \frac{Q_i(z-\xi_i)}{\sqrt{r_0^2+(z-\xi_i)^2}}$$

为了确定 N 个未知量 $Q_i(i=1,2,\cdots,N)$，现在令上式在物面上 $N-1$ 个点 $(r_{0j},z_j)(j=1,2,\cdots,N-1)$ 上成立，这样的点也称为控制点。于是就得到 $N-1$ 个代数方程，即

$$\frac{1}{2}V_{\infty} r_{0j}^2 = \frac{1}{4\pi}\sum_{i=1}^{N} \frac{Q_i(z_j-\xi_i)}{\sqrt{r_{0j}^2+(z_j-\xi_i)^2}} \quad (j=1,2,\cdots,N-1)$$

对于不可压缩流体的定常流动，要求通过回转体表面进入流体区域的净流量等于零，这就要求源(汇)的总量等于零。于是，又有下列关系式

$$\sum_{i=1}^{N} Q_i = 0$$

当物体外形给定时，r_{0j}、z_j 是已知的，这个代数方程式和前面的 $N-1$ 个代数方程式合起来是一个 N 阶的线性代数方程组，其中包含 N 个未知变量 Q_i。由数值方法求解线性方程组得到 Q_i 后，就可以由以下两式

$$v_r = \frac{1}{4\pi}\sum_{i=1}^{N} \frac{rQ_i}{[r^2+(z-\xi_i)^2]^{3/2}}$$

$$v_z = V_{\infty} + \frac{1}{4\pi}\sum_{i=1}^{N} \frac{(z-\xi_i)Q_i}{[r^2+(z-\xi_i)^2]^{3/2}}$$

计算流场中任意一点的速度，进而由伯努利方程计算任意一点的压强。

由以上过程求出的解仅在 $N-1$ 个控制点上精确地满足物面边界条件 $\psi=0$，因此它是近似解。增大点源(或汇)的数目 N，边界上控制点的数目也相应地增大，解的精度可以得到提高。

随着计算机的普及和发展，在求解流体力学问题时也越来越多地依靠数值求解方法。对于势流问题经常用到的数值求解方法有：基本解叠加法、奇点分布法、有限差分法和有限元方法等。在例 7-12 中所布置的点源(或汇)是奇点，其求解过程反映了奇点分布法的主要思想。实际上，在采用奇点分布法时不仅可以把奇点布置在物体的内部，也可以把奇点布置在物面边界上。不管在物体内部还是在物面上布置奇点都不会改变无穷远处的边界条件，只要布置奇点后流场中存在着与物体壁面相重合的流线，这个流动就满足壁面边界条件，因此它也就是所要寻求的解。基本解叠加法和奇点分布法都运用了不可压缩流体势流解可叠加的性质。

小　结

流体微团的一般运动可以分解为整体的平移运动、绕自身瞬时转动轴的旋转运动、线变形运动和剪切变形运动等四部分。所有的流体微团都没有旋转运动，旋转角速度矢量各分量处处为零的流动称为无旋流动。对于无旋流动可以运用速度势函数来描述其流场，因此无旋流动也称为有势流动，或者简称为势流。

开尔文定理指出，理想、正压流体在有势质量力的作用下发生运动时，沿任意封闭流体线的速度环量在运动过程中不随时间变化。由开尔文定理和斯托克斯定理可以得到推论：流体的黏性作用，流体的非正压效应和非有势质量力的作用是生成旋涡运动的原因。

二元流动包括平面流动和轴对称流动。对于不可压缩流体的二元势流，不仅可以引进速度势函数，还可以引进流函数。对于不可压缩流体的平面势流，其速度势函数和流函数都满足拉普拉斯方程，由两者组成的复势是解析函数；对于不可压缩流体的轴对称势流，其速度势函数满足拉普拉斯方程，而其流函数却不满足拉普拉斯方程。速度势函数的等值线与流线正交，流函数的等值线与流线重合。

由于不可压缩流体势流问题的控制方程和边界条件都是线性的，因此可以运用叠加法求解。通过把基本势流进行叠加来寻求复杂势流的解是一种很常用的方法。最常用的平面基本势流包括均匀直线流、点源（汇）流、点涡流和偶极流；最常用的空间基本势流包括均匀直线流、空间点源（汇）流和空间偶极流。点源（汇）、点涡和偶极子都是奇点，而且它们所产生的速度在无穷远处都趋向于零。

最重要的平面势流叠加解是均匀来流绕圆柱流动的解。当流体绕圆柱无环量流动时，柱体上既无阻力也无升力；当流体绕圆柱有环量流动时，柱体上没有阻力但却有升力，升力的大小等于流体密度、来流速度和速度环量三者的乘积。从有环量绕物体流动的表面压强分布特点可以判断升力方向。

最重要的轴对称势流叠加解是均匀来流绕圆球流动的解。

思 考 题

7-1　流体微团的变形速度包括______。

(A) 平移速度　(B) 线变形速度　(C) 剪切变形速度　(D) 旋转角速度

7-2　旋转角速度______。

(A) 是标量　(B) 是矢量　(C) 既不是标量也不是矢量

7-3　涡量与旋转角速度______。

(A) 相等　(B) 成两倍的关系　(C) 没有一定关系

7-4　流体作有旋运动的特征是______。

(A) 流体质点的运动轨迹是曲线　(B) 速度的旋度不等于零

(C) 流场中的流线是曲线　(D) 涡量的三个分量都不等于零

7-5　对于不可压缩流体的运动，______。

(A) 三个线变形率分量均等于零　(B) 三个线变形率分量均不等于零

(C) 三个线变形率分量之和等于零　(D) 线变形率没有规律

7-6　在正压流体中______。

(A) 只有压应力没有切应力　(B) 压强梯度与密度梯度方向相同

(C) 黏性的效应已被忽略　(D) 等压面一定是水平面

7-7　______不是开尔文定理成立的必要条件。

(A) 流体的黏性可以忽略　(B) 流动定常

(C) 流体正压　(D) 质量力有势

7-8　对于______，存在着速度势函数。

(A) 不可压缩流体的流动　(B) 理想流体的流动

(C) 无旋流动　(D) 平面流动或者轴对称流动

7-9　对于______，存在着流函数。

(A) 不可压缩流体的流动　(B) 理想流体的流动

(C) 无旋流动　(D) 不可压缩流体的二元流动

7-10　对于无旋流动，其速度势函数满足拉普拉斯方程的必要条件是______。

(A) 流体不可压缩　(B) 流体的黏性可以忽略

(C) 流动可以简化为二元流动　(D) 流动定常

7-11　对于不可压缩流体的平面流动，其流函数满足拉普拉斯方程的必要条件是______。

(A) 流动定常　(B) 流体的黏性可以忽略

(C) 流动无旋　(D) 流体正压

7-12　不可压缩流体轴对称无旋流动的流函数______。

(A) 满足拉普拉斯方程　(B) 不满足拉普拉斯方程

7-13　对于______流动可以定义复势，并且进行复势函数解析。

(A) 不可压缩流体的平面　(B) 不可压缩流体的轴对称无旋

(C) 不可压缩流体的平面无旋　(D) 平面无旋

7-14　求解不可压缩流体非定常的势流，______。

(A) 需要提出初始条件　(B) 不需要提出初始条件

7-15　偶极子是点源的高阶基本解，它可以由______叠加并取极限得到的。

(A) 点源与点涡　(B) 点汇与点涡

(C) 等强度点源与点汇　(D) 不等强度点源与点汇

7-16　均匀流绕圆柱体无环量流动是由直线均匀流和______叠加而成的。

(A) 与均匀流同方向的偶极子　(B) 与均匀流反方向的偶极子

(C) 点源　(D) 点涡

7-17　均匀流绕圆柱体有环量流动的驻点位置______。

(A) 在圆柱壁面　(B) 不在圆柱壁面

(C) 可能在圆柱壁面也可能不在圆柱壁面

7-18　库塔-儒柯夫斯基升力定理的适用条件是______。

(A) 理想不可压缩流体的平面流动　(B) 均匀来流绕物体的定常流动

(C) 不计质量力　(D) 特定形状的物体

(E) 理想不可压缩流体的平面定常无旋流动

习　题

7-1　已知流场的速度分布 $u=-2y-3z, v=2z+3x, w=3y-2x$，求线变形率、剪切变形率和旋转角速度。

7-2　已知流场的速度分布：

(a) $u=U, v=w=0$，其中 U 是常数；

(b) $u=-Cy, v=Cx, w=0$，其中 C 是常数；

(c) $u=\dfrac{Cx}{x^2+y^2}, v=\dfrac{Cy}{x^2+y^2}, w=0$，其中 C 是常数。

判断流场是否有旋，并给出流动图案(流线形状、速度方向和速度的大小分布等)。

7-3　已知平面流动的速度分布

(a) $u=x, v=-y$；　(b) $u=-y, v=x$；　(c) $u=x^2-y^2+x, v=-2xy-y$。

(1) 判断是否为不可压缩流体的流动；

(2) 判断流动是否无旋，如果流动无旋，求出速度势函数；

(3) 计算沿圆周 $x^2+y^2=a^2$ 的速度环量及通过此曲线的体积流量。

7-4　对于平面流动的速度分布 $u=x^2+2x-4y, v=-2xy-2y$：

(1) 判断流动是否满足不可压缩流体运动的连续性条件；

(2) 判断流动是否有旋；

(3) 求驻点位置；

(4) 如果流场中存在着速度势函数和流函数，求出这两个函数。

7-5　已知不可压缩流体平面流动的速度势函数

(a) $\varphi=\dfrac{Q}{2\pi}\ln r$；　(b) $\varphi=\dfrac{\Gamma}{2\pi}\arctan\dfrac{y}{x}$。

(1) 求速度分布；

(2) 求流函数并给出流动图案(流线形状、速度方向和速度的大小分布等)。

7-6　对于题 7-5 所给出的流场，求出平面上的压强分布，并画出压强分布曲线。

7-7　已知不可压缩流体平面流动的流函数

(a) $\psi=xy$；　(b) $\psi=x^2-y^2$。

(1) 绘出流线；

(2) 判断流场是否存在着速度势函数，如果存在着速度势函数，绘出等势线；

(3) 计算连接点 $A(2,3)$ 与点 $B(4,7)$ 任意曲线的体积流量和沿此曲线的切向速度积分。

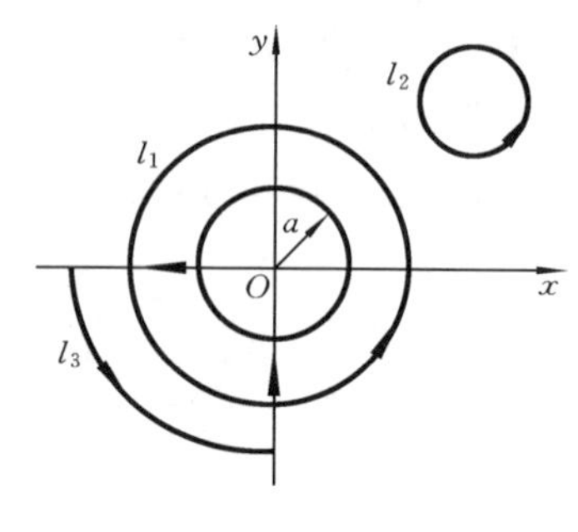

题 7-8 图

7-8　已知平面流动的速度

$$\begin{cases} u=\dfrac{-\omega a^2 y}{x^2+y^2}, & v=\dfrac{\omega a^2 x}{x^2+y^2} \quad (r>a) \\ u=-y\omega, & v=x\omega \quad (r\leqslant a) \end{cases}$$

其中 ω 和 a 是常数，计算沿题 7-8 图中三条封闭曲线 l_1、l_2 和 l_3 的速度环量 Γ_1、Γ_2 和 Γ_3。

7-9　求以下平面流动的涡量场。

(a) $u=-y,v=0$；　(b) $u=-x-y,v=y$；

(c) $u=-y,v=x$。

7-10　证明以下速度势函数和流函数对应同一流场：$\varphi=x^2-y^2+x$ 和 $\psi=2xy+y$。

7-11　已知不压缩流体平面流动的流函数 $\psi=xy+2x-3y+10$，证明流动无旋，并求出相应的速度势函数。

7-12　已知不压缩流体平面流动的速度势函数 $\varphi=x^2-y^2+x$，求出相应的流函数。

7-13　在点(1,0)和点(−1,0)处各有强度为 4π 的点源，求点(0,0)、点(0,1)、点(0,−1)和点(1,1)的速度。

7-14　已知不可压缩流体平面流动的速度 $u=-x-y,v=y$：

(1) 判断流场是否有旋；

(2) 计算沿题 7-14 图中封闭曲线 $ABCDA$ 的速度环量 Γ。

题 7-14 图

7-15　强度为 $\Gamma=10\ \mathrm{m^2/s}$，方向相反的两个点涡，分别位于(0,±3)(m)处，求点(0,0)(m)、点(4,0)(m)和点(6,5)(m)的速度 u、v，并求出流线方程。

7-16　已知平面流动的速度分布

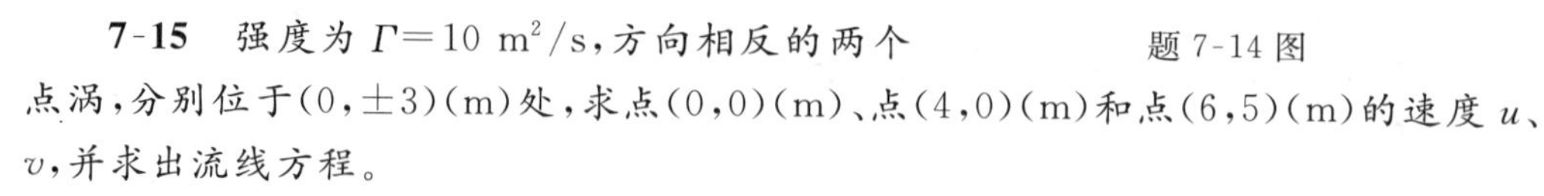

$$u=\frac{-ky}{(x-a)^2+y^2}+\frac{ky}{(x+a)^2+y^2},\quad v=\frac{k(x-a)}{(x-a)^2+y^2}-\frac{k(x+a)}{(x+a)^2+y^2}$$

(1) 判断流动是否有旋；

(2) 计算沿三个圆周$(x-a)^2+y^2=a^2/4$、$(x+a)^2+y^2=a^2/4$和$x^2+y^2=4a^2$的速度环量。

7-17　已知不可压缩流体平面流动的速度势函数$\varphi=x^2-y^2$，驻点压强$p_0=101$ kPa，流体密度$\rho=1000$ kg/m^3，求点(2,1.5)(m)处的压强。

7-18　在题7-18图所示点$(a,0)$处有一强度为Q的点源，沿y轴是一无穷大壁面。设壁面左侧和无穷远处压强为p_∞，求壁面所受总压力及壁面上最大速度所在的点。

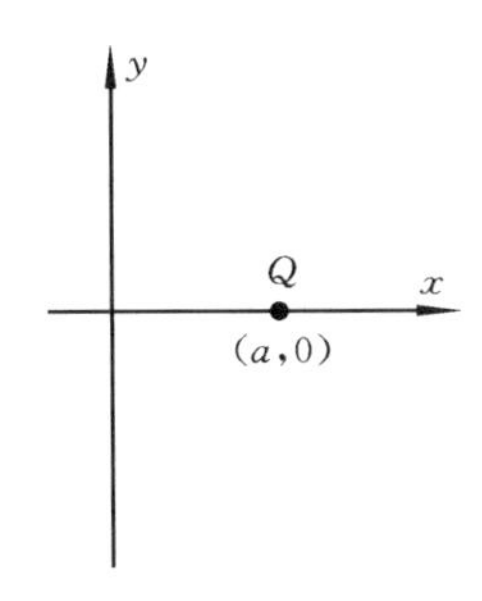

题7-18图

7-19　在x轴上的两点$(a,0)$、$(-a,0)$分别放置强度为Q的点汇和点源，证明流函数

$$\psi=\frac{Q}{2\pi}\arctan\frac{2ay}{x^2+y^2-a^2}$$

7-20　把沿x轴负方向速度为25 m/s的均匀直线流与位于点(1,0)和点(−1,0)，强度为10 m^2/s的平面点源和平面点汇相叠加，流体密度$\rho=1.2$ kg/m^3。求封闭流线所形成的兰金体，并求无穷远一点与点(1,1)之间的压差。

7-21　速度为V_∞的均匀直线流和强度为Q的平面点源流叠加，形成绕半无穷体的流动。求流函数和速度势函数，并证明半无穷体的外形方程$r=Q(\pi-\theta)/(2\pi V_\infty\sin\theta)$，其宽度为$Q/V_\infty$。

7-22　在点$(a,0)$和点$(-a,0)$处各放置一个强度为Q的平面点源，在点$(0,a)$和点$(0,-a)$处各放置一个强度为Q的平面点汇。求流函数，并证明通过这四点的圆周是一条流线。

7-23　半径$R=1$ m的圆柱体以速度$V_\infty=15$ m/s在静水中沿正x方向运动，同时绕圆柱有$\Gamma=94$ m^2/s顺时针方向的速度环量。

(1) 求驻点的位置，并绘制流动图形；

(2) 求水作用在单位长度圆柱体上力的大小和方向。

7-24　已知复势函数

(1) $W(z)=\ln z+z$；　(2) $W(z)=z^2+\mathrm{i}z$

求流场中的驻点。

7-25　已知复势函数$W(z)=(a+\mathrm{i}b)\ln z+z$，其中$a$、$b$是常数，求流线。

7-26　已知复势函数$W(z)=1/z$，求流线和等势线。

7-27　已知复势函数$W(z)=az^2$，其中a是常数，求流线和等势线，并画出流线图形。

7-28　已知复势函数

(a) $W(z)=1+\mathrm{i}z$；　(b) $W(z)=(1+\mathrm{i})\ln\dfrac{z+4}{z-4}$；　(c) $W(z)=6\mathrm{i}z+\dfrac{24\mathrm{i}}{z}$；

(1) 判断流动由哪几种基本流动组成；

(2) 如果流场中存在着奇点，指出奇点的坐标位置；

(3) 计算通过封闭曲线 $x^2+y^2=9$ 的流量及沿此曲线的速度环量。

7-29　已知复势函数 $W(z)=Q\ln\left(z-\dfrac{1}{z}\right)$，其中 $Q>0$，

(1) 判断在哪一点分布有点源或点汇；

(2) 求出极坐标系下的速度势函数和流函数；

(3) 求出直角坐标系下的流线方程，并找出零流线；

(4) 计算通过点 $z_1=\mathrm{i}$ 和点 $z_2=0.5\mathrm{i}$ 之间连线的体积流量。

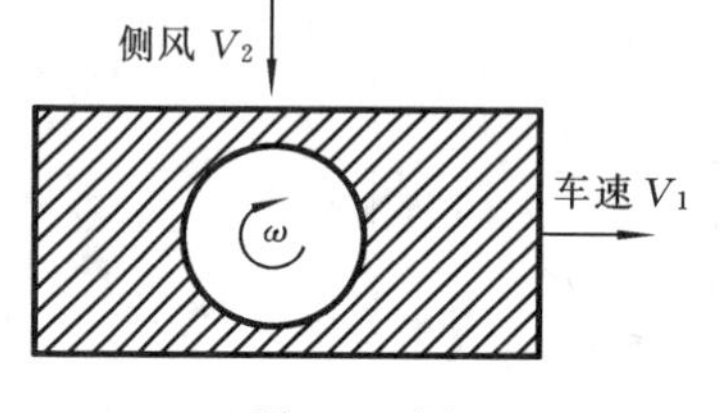

题 7-30 图

7-30　长 $l=5$ m，直径 $D=1$ m 的圆柱体垂直立于平板车上，平板车以 $V_1=20$ m/s 的速度前进，圆柱体以 $\omega=31.42$ rad/s 的角速度顺时针旋转，并受到垂直于平板车行驶方向的侧风作用，如题 7-30 图所示，侧风风速 $V_2=15$ m/s。已知空气密度 $\rho=1.2$ kg/m^3，求圆柱体所受空气作用力的大小和方向。

7-31　在与平壁面相距 a 的一点有一强度为 Q 的空间点源，设无穷远处压强为 p_∞，求壁面压强分布及壁面上最大速度所在的点。

7-32　沿 z 轴分布着单位长度强度为 Q 的线源，求经过原点并垂直于 z 轴的平面上的速度分布。

7-33　沿 z 轴分布着单位长度强度为 Γ 的涡丝，求经过原点并垂直于 z 轴的平面上的速度分布。

第 8 章　黏性不可压缩流体的运动

实际流体都具有黏性，在运动流体中都存在着黏性应力。黏性应力影响流体的运动，使流动形态更为复杂，也使问题的求解更为困难。在第 4 章中介绍了工程中最常见的管道流动和孔口、管嘴等流动的计算问题，其中考虑了流体黏性的影响，但这些流动主要是较为简单的一元流动。本章针对更为一般的流动介绍黏性流体动力学的基本理论和求解方法，并讨论相关的实际工程应用。

黏性流体的运动有两种状态，即层流和湍流。在层流状态下，流体质点的运动轨迹较为规则；在湍流状态下，流体质点都具有不规则的随机脉动，并由此产生动量输运以及与动量输运相伴随的湍流应力。流体的层流运动与湍流运动具有许多不同的性质和特征。本章主要介绍层流运动的基本理论和基本分析方法，最后简要介绍湍流边界层的近似求解方法。

8.1　黏性流体中的应力

1. 黏性流体中的应力

在理想流体的模型中没有切应力，对于黏性流体的运动则需要考虑切应力。切应力的存在是黏性流体运动有别于理想流体运动的主要特征。

在理想流体中，只有正应力，而且正应力的大小与其作用面的方向无关，因此只需要使用一个标量（也就是压强）就可以描述任意一点的应力状态。在黏性流体中，正应力和切应力同时存在，其合力的作用方向可以与作用面不垂直。一般而言，黏性流体中的应力方向是任意的，因此必须使用矢量才能完整地描述一个作用面上的应力。黏性流体中应力的大小不仅与它在流体中的作用点有关，还与作用面的方向有关。例如，通过图 8-1 中的点 M 取流体面 1—1 和流体面 2—2，作用在面 1—1 和面 2—2 上的应力矢量分别为 $\boldsymbol{p}_1$ 和 $\boldsymbol{p}_2$。虽然 $\boldsymbol{p}_1$ 和 $\boldsymbol{p}_2$ 都作用于点 M，但是它们的作用面不同，因此并不是同一矢量。要完整地描述点 M 的应力状态就必须指明通过点 M 的所有各个方向的作用面上的应力矢量。可以证明，用三个相互正交的作用面上所作用的应力矢量就可以确定任意方向作用面上的应力矢量。也就是说，一点的应力状态可以由通过这一点的三个相互正交的作用面上所作用的应力矢量唯一地确定。

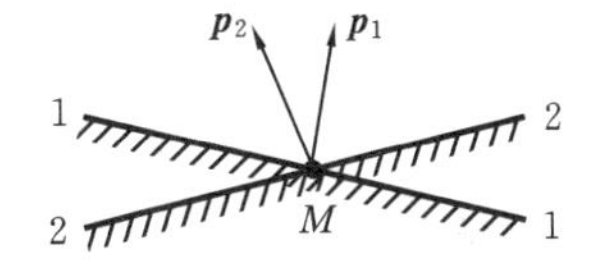

图 8-1　不同作用面上的应力矢量

由于每一个应力矢量都可以用三个分量表示，因此理论上需要运用九个应力分量才能够完整地描述黏性流体中任意一点的应力状态。九个应力分量中三个是正应力，在直角坐标系中分别记作 σ_{xx}、σ_{yy}、σ_{zz}；六个是切应力，在直角坐标系中分别记作 τ_{xy}、τ_{xz}、τ_{yx}、τ_{yz}、τ_{zx}、τ_{zy}，每个应力分量的第一个下标表示作用面的外法线方向，第二个下标指明力的作用方向。例如，应力分量 σ_{xx} 的两个下标都是 x，它表明 σ_{xx} 作用面的外法线与 x 轴平行，其作用方向也与 x 轴平行；τ_{xy} 的第一个下标是 x，第二个下标是 y，这表明 τ_{xy} 作用面的外法线与 x 轴平行，而其作用方向却与 y 轴平行。正应力指向作用面外法线方向时为正；当作用面外法线指向坐标轴正方向时，指向另一坐标轴正方向的切应力为正。各应力分量的正方向如图 8-2 所示。

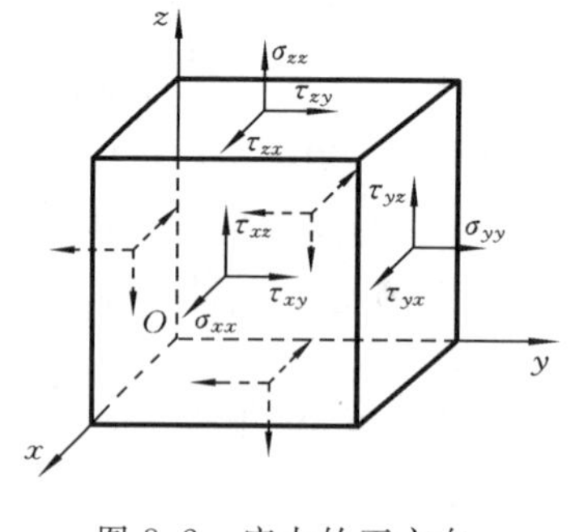

图 8-2　应力的正方向

通常把九个应力分量按下列形式组成一个二阶张量

$$\boldsymbol{P}=\begin{bmatrix}\sigma_{xx} & \tau_{xy} & \tau_{xz}\\ \tau_{yx} & \sigma_{yy} & \tau_{yz}\\ \tau_{zx} & \tau_{zy} & \sigma_{zz}\end{bmatrix} \tag{8.1}$$

这个二阶张量也称为应力张量。

描述一点应力状态的九个应力分量并不是相互独立的，切应力分量两两相等，也就是

$$\left.\begin{aligned}\tau_{xy}&=\tau_{yx}\\ \tau_{xz}&=\tau_{zx}\\ \tau_{yz}&=\tau_{zy}\end{aligned}\right\} \tag{8.2}$$

这三个关系式称为切应力互等定律。切应力互等定律在材料力学或者弹性力学中已经得到了证明，这里不再重复证明。

由于切应力分量两两相等，式(8.1)定义的二阶张量 $\boldsymbol{P}$ 是个对称张量，它只含有六个独立的分量。也就是说，实际上只用六个独立的应力分量就可以完整地描述黏性流体中一点的应力状态。

2. 广义牛顿内摩擦定律

在 1.3 节中针对较为简单的平面平行剪切流给出了牛顿内摩擦定律式(1.8)，它表明，流体中的切应力与剪切变形率成线性正比关系。式(1.8)中切应力 τ 采用本章所定义的应力符号就是 τ_{yx}，因此牛顿内摩擦定律还可以表示为

$$\tau_{yx}=\mu\frac{\partial u}{\partial y} \tag{8.3}$$

其中，μ 是流体的动力黏度，而$\dfrac{1}{2}\dfrac{\partial u}{\partial y}$则是牛顿平板实验中平行剪切流的剪切变形率。式(8.3)是最简单的应力与变形率之间的关系式，它只适用于平面平行剪切流。要得

到一般形式的应力-变形率关系式还必须运用理论推演的手段。

英国科学家斯托克斯在 1845 年把牛顿内摩擦定律推广到任意的空间流动。他认为,黏性应力与流体变形率之间的关系应该满足以下三个条件:

(1) 黏性应力与变形率之间成线性正比关系;

(2) 流体是各向同性的,应力与变形率之间的关系与方向无关;

(3) 当流体静止时,应力-变形率关系给出的切应力等于零,正应力等于流体的静压强。

这三个条件通常也称为斯托克斯假设。

由假设(1),应力分量与对应变形率分量之间的关系可以写为

$$\left.\begin{aligned}\sigma_{xx}&=a\varepsilon_x+b\\\sigma_{yy}&=a\varepsilon_y+b\\\sigma_{zz}&=a\varepsilon_z+b\\\tau_{xy}&=\tau_{yx}=a\gamma_z\\\tau_{yz}&=\tau_{zy}=a\gamma_x\\\tau_{zx}&=\tau_{xz}=a\gamma_y\end{aligned}\right\}\tag{8.4}$$

其中,ε_x、ε_y、ε_z 和 γ_x、γ_y、γ_z 是第 7 章中所定义的线变形率和剪切变形率,a 和 b 是待定常数。考虑到假设(2),式(8.4)与坐标的选取无关。再考虑到假设(3),当流体静止时其变形率等于零,而此时的切应力等于零,正应力等于静压强,且不等于零,因此在式(8.4)的前三个正应力的表达式中加入了常数 b。

根据式(8.4),切应力 τ_{yx} 应该表示为

$$\tau_{yx}=a\gamma_z=\frac{a}{2}\left(\frac{\partial v}{\partial x}+\frac{\partial u}{\partial y}\right)$$

将上式与牛顿内摩擦定律式(8.3)相比较,并考虑到在该定律适用的平面平行剪切流中$\partial v/\partial x=0$,就知道必须有

$$a=2\mu\tag{8.5}$$

运用式(8.5)所给出的 a,由式(8.4)中的前三个式子写出三个正应力分量为

$$\sigma_{xx}=2\mu\frac{\partial u}{\partial x}+b$$

$$\sigma_{yy}=2\mu\frac{\partial v}{\partial y}+b$$

$$\sigma_{zz}=2\mu\frac{\partial w}{\partial z}+b$$

再把三个正应力分量相加,就得到

$$\sigma_{xx}+\sigma_{yy}+\sigma_{zz}=2\mu\left(\frac{\partial u}{\partial x}+\frac{\partial v}{\partial y}+\frac{\partial w}{\partial z}\right)+3b\tag{8.6}$$

当流体静止时有

$$\sigma_{xx}=\sigma_{yy}=\sigma_{zz}=-p$$

在运动的黏性流体中，三个正交的正应力分量一般并不相等，考虑到假设(3)，要求

$$\sigma_{xx}+\sigma_{yy}+\sigma_{zz}=-3p \tag{8.7}$$

比较式(8.6)和式(8.7)就可以解出常数 b，即

$$b=-p-\frac{2}{3}\mu\left(\frac{\partial u}{\partial x}+\frac{\partial v}{\partial y}+\frac{\partial w}{\partial z}\right) \tag{8.8}$$

把式(8.5)和式(8.8)代入表达式(8.4)后就得到应力与变形率之间的关系，其中三个正应力分量为

$$\sigma_{xx}=-p+2\mu\frac{\partial u}{\partial x}-\frac{2}{3}\mu\left(\frac{\partial u}{\partial x}+\frac{\partial v}{\partial y}+\frac{\partial w}{\partial z}\right) \tag{8.9(a)}$$

$$\sigma_{yy}=-p+2\mu\frac{\partial v}{\partial y}-\frac{2}{3}\mu\left(\frac{\partial u}{\partial x}+\frac{\partial v}{\partial y}+\frac{\partial w}{\partial z}\right) \tag{8.9(b)}$$

$$\sigma_{zz}=-p+2\mu\frac{\partial w}{\partial z}-\frac{2}{3}\mu\left(\frac{\partial u}{\partial x}+\frac{\partial v}{\partial y}+\frac{\partial w}{\partial z}\right) \tag{8.9(c)}$$

三对切应力分量为

$$\tau_{xy}=\tau_{yx}=\mu\left(\frac{\partial v}{\partial x}+\frac{\partial u}{\partial y}\right) \tag{8.9(d)}$$

$$\tau_{yz}=\tau_{zy}=\mu\left(\frac{\partial w}{\partial y}+\frac{\partial v}{\partial z}\right) \tag{8.9(e)}$$

$$\tau_{zx}=\tau_{xz}=\mu\left(\frac{\partial u}{\partial z}+\frac{\partial w}{\partial x}\right) \tag{8.9(f)}$$

应力与变形率之间的关系式(8.9)称为广义牛顿内摩擦定律。

如果流体是不可压缩的，则

$$\frac{\partial u}{\partial x}+\frac{\partial v}{\partial y}+\frac{\partial w}{\partial z}=0$$

此时式(8.9)中的正应力又简化为

$$\sigma_{xx}=-p+2\mu\frac{\partial u}{\partial x} \tag{8.10(a)}$$

$$\sigma_{yy}=-p+2\mu\frac{\partial v}{\partial y} \tag{8.10(b)}$$

$$\sigma_{zz}=-p+2\mu\frac{\partial w}{\partial z} \tag{8.10(c)}$$

柱坐标系和球坐标系中广义牛顿内摩擦定律的表达式见附录。

实践证明，对于大多数流体的流动，广义牛顿内摩擦定律都能够较好地描述黏性应力与变形率之间的关系。自然界中也有一些流体不满足这个定律，满足这个定律的流体称为牛顿流体，不满足这个定律的流体称为非牛顿流体。

广义牛顿内摩擦定律式(8.9)也称为流体的本构方程。广义地说，反映介质物理性质的关系式都称为本构方程，在流体力学中它指的是应力与变形率关系的表达式；

在固体力学中它指的是应力与应变关系的表达式，也就是胡克定律或者广义胡克定律。可以说，流体介质与固体介质在物理性质上的不同是由本构方程的不同反映出来的。

例 8-1　已知黏性流体运动的速度

$$\boldsymbol{v}=5x^2yz\boldsymbol{i}+3xy^2z\boldsymbol{j}-8xyz^2\boldsymbol{k}$$

流体的动力黏度 $\mu=0.01\ \text{Pa}\cdot\text{s}$。试求点(2，4，6)(单位为 m)处的切应力 τ_{xy}、τ_{yz}、τ_{zx}。

解　由式(8.9)知，三个切应力分量分别为

$$\tau_{xy}=\mu\left(\frac{\partial v}{\partial x}+\frac{\partial u}{\partial y}\right)=\mu(3y^2z+5x^2z)=0.01\times(3\times4^2\times6+5\times2^2\times6)\ \text{Pa}=4.08\ \text{Pa}$$

$$\tau_{yz}=\mu\left(\frac{\partial w}{\partial y}+\frac{\partial v}{\partial z}\right)=\mu(-8xz^2+3xy^2)=0.01\times(-8\times2\times6^2+3\times2\times4^2)\ \text{Pa}=-4.8\ \text{Pa}$$

$$\tau_{zx}=\mu\left(\frac{\partial u}{\partial z}+\frac{\partial w}{\partial x}\right)=\mu(5x^2y-8yz^2)=0.01\times(5\times2^2\times4-8\times4\times6^2)\ \text{Pa}=-10.72\ \text{Pa}$$

8.2　不可压缩黏性流体运动的基本方程

1. 纳维-斯托克斯方程

在第 3 章中把动量定律用于理想流体的运动，从而建立了欧拉运动方程，也就是理想流体的运动微分方程。在建立欧拉运动方程的过程中没有考虑流体的黏性应力。下面对流体质量系统建立黏性流体的运动方程。

仍然考虑一边长为 Δx、Δy 和 Δz 的微小平行六面体流体质量系统，图 8-3 中所示是它在 Oxy 平面上的投影。作用在质量系统上的外力包括质量力和表面应力。设六面体形心点 M 上的单位质量力为 $\boldsymbol{f}=f_x\boldsymbol{i}+f_y\boldsymbol{j}+f_z\boldsymbol{k}$。由于考虑流体的黏性作用，表面应力不仅包括正应力，还包括切应力。

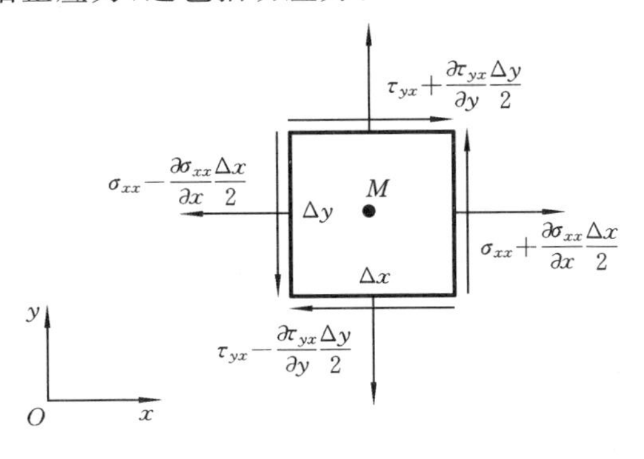

图 8-3　作用在微小流体质量系统上的应力

首先考虑微小质量系统沿 x 方向的运动和受力。在系统的六个表面上都有 x 方向的作用力，在图中左、右两个平面上 x 方向的作用力是正应力，在其余四个平面

(图中的上、下平面及前、后平面)上是切应力。设形心点上沿 x 方向的应力分量为 σ_{xx}、τ_{yx}和 τ_{zx},六面体表面上的应力可以用泰勒级数近似表示。图中标出了上、下、左、右四个表面上的应力,前、后两个表面上 x 方向的切应力是 $\tau_{zx}+\frac{\partial \tau_{zx}}{\partial z}\frac{\Delta z}{2}$和 $\tau_{zx}-\frac{\partial \tau_{zx}}{\partial z}\frac{\Delta z}{2}$。六个表面上 x 方向作用力的合力为

$$\left(\sigma_{xx}+\frac{\partial \sigma_{xx}}{\partial x}\frac{\Delta x}{2}\right)\Delta y\Delta z-\left(\sigma_{xx}-\frac{\partial \sigma_{xx}}{\partial x}\frac{\Delta x}{2}\right)\Delta y\Delta z+\left(\tau_{yx}+\frac{\partial \tau_{yx}}{\partial y}\frac{\Delta y}{2}\right)\Delta x\Delta z$$
$$-\left(\tau_{yx}-\frac{\partial \tau_{yx}}{\partial y}\frac{\Delta y}{2}\right)\Delta x\Delta z+\left(\tau_{zx}+\frac{\partial \tau_{zx}}{\partial z}\frac{\Delta z}{2}\right)\Delta x\Delta y-\left(\tau_{zx}-\frac{\partial \tau_{zx}}{\partial z}\frac{\Delta z}{2}\right)\Delta x\Delta y$$
$$=\left(\frac{\partial \sigma_{xx}}{\partial x}+\frac{\partial \tau_{yx}}{\partial y}+\frac{\partial \tau_{zx}}{\partial z}\right)\Delta x\Delta y\Delta z$$

根据动量定律,沿 x 方向的运动方程为

$$\rho\frac{\mathrm{d}u}{\mathrm{d}t}\Delta x\Delta y\Delta z=\rho f_x\Delta x\Delta y\Delta z+\left(\frac{\partial \sigma_{xx}}{\partial x}+\frac{\partial \tau_{yx}}{\partial y}+\frac{\partial \tau_{zx}}{\partial z}\right)\Delta x\Delta y\Delta z$$

其中 $\mathrm{d}u/\mathrm{d}t$ 是微小质量系统沿 x 方向的质点加速度。上式整理后成为

$$\frac{\mathrm{d}u}{\mathrm{d}t}=f_x+\frac{1}{\rho}\left(\frac{\partial \sigma_{xx}}{\partial x}+\frac{\partial \tau_{yx}}{\partial y}+\frac{\partial \tau_{zx}}{\partial z}\right)$$

运用式(3.6(a))把等式左边的质点加速度表示成局部加速度与对流加速度之和,则上式又可改写成

$$\frac{\partial u}{\partial t}+u\frac{\partial u}{\partial x}+v\frac{\partial u}{\partial y}+w\frac{\partial u}{\partial z}=f_x+\frac{1}{\rho}\left(\frac{\partial \sigma_{xx}}{\partial x}+\frac{\partial \tau_{yx}}{\partial y}+\frac{\partial \tau_{zx}}{\partial z}\right)\qquad(8.11(\mathrm{a}))$$

同理,在 y 和 z 方向运用动量定律则得到

$$\frac{\partial v}{\partial t}+u\frac{\partial v}{\partial x}+v\frac{\partial v}{\partial y}+w\frac{\partial v}{\partial z}=f_y+\frac{1}{\rho}\left(\frac{\partial \tau_{xy}}{\partial x}+\frac{\partial \sigma_{yy}}{\partial y}+\frac{\partial \tau_{zy}}{\partial z}\right)\qquad(8.11(\mathrm{b}))$$

$$\frac{\partial w}{\partial t}+u\frac{\partial w}{\partial x}+v\frac{\partial w}{\partial y}+w\frac{\partial w}{\partial z}=f_z+\frac{1}{\rho}\left(\frac{\partial \tau_{xz}}{\partial x}+\frac{\partial \tau_{yz}}{\partial y}+\frac{\partial \sigma_{zz}}{\partial z}\right)\qquad(8.11(\mathrm{c}))$$

式(8.11)给出了流体运动应该满足的动力学条件。由于方程中的速度分量和应力分量通常都是未知的,如果用这一组方程与连续性方程联立求解,在一般情况下,未知变量的数目大于方程的数目,因此方程组是不封闭的。对于理想流体,所有的切应力分量都等于零,三个正应力分量都等于压强负值,式(8.11)简化为第 3 章的欧拉运动方程式(3.20)。对于黏性流体,必须运用广义牛顿内摩擦定律消去式(8.11)各个方程中的应力后才能使方程组封闭。

首先处理式(8.11(a))。对于不可压缩流体的运动,把广义牛顿内摩擦定律式(8.10)中的正应力分量 σ_{xx} 和式(8.9)中的剪应力分量 τ_{yx} 及 τ_{zx} 代入式(8.11(a)),其右边项成为

$$f_x-\frac{1}{\rho}\frac{\partial p}{\partial x}+\frac{\mu}{\rho}\left(2\frac{\partial^2 u}{\partial x^2}+\frac{\partial^2 v}{\partial x\partial y}+\frac{\partial^2 u}{\partial y^2}+\frac{\partial^2 u}{\partial z^2}+\frac{\partial^2 w}{\partial x\partial z}\right)$$

$$=f_x-\frac{1}{\rho}\frac{\partial p}{\partial x}+\nu\left(\frac{\partial^2 u}{\partial x^2}+\frac{\partial^2 u}{\partial y^2}+\frac{\partial^2 u}{\partial z^2}\right)+\nu\frac{\partial}{\partial x}\left(\frac{\partial u}{\partial x}+\frac{\partial v}{\partial y}+\frac{\partial w}{\partial z}\right)$$

其中 $\nu=\mu/\rho$ 是流体的运动黏度。对于不可压缩流体的运动，最后一项等于零。于是，式(8.11(a))成为

$$\frac{\partial u}{\partial t}+u\frac{\partial u}{\partial x}+v\frac{\partial u}{\partial y}+w\frac{\partial u}{\partial z}=f_x-\frac{1}{\rho}\frac{\partial p}{\partial x}+\nu\left(\frac{\partial^2 u}{\partial x^2}+\frac{\partial^2 u}{\partial y^2}+\frac{\partial^2 u}{\partial z^2}\right) \tag{8.12(a)}$$

同样，把广义牛顿内摩擦定律式代入式(8.11(b)、(c))后又得到

$$\frac{\partial v}{\partial t}+u\frac{\partial v}{\partial x}+v\frac{\partial v}{\partial y}+w\frac{\partial v}{\partial z}=f_y-\frac{1}{\rho}\frac{\partial p}{\partial y}+\nu\left(\frac{\partial^2 v}{\partial x^2}+\frac{\partial^2 v}{\partial y^2}+\frac{\partial^2 v}{\partial z^2}\right) \tag{8.12(b)}$$

$$\frac{\partial w}{\partial t}+u\frac{\partial w}{\partial x}+v\frac{\partial w}{\partial y}+w\frac{\partial w}{\partial z}=f_z-\frac{1}{\rho}\frac{\partial p}{\partial z}+\nu\left(\frac{\partial^2 w}{\partial x^2}+\frac{\partial^2 w}{\partial y^2}+\frac{\partial^2 w}{\partial z^2}\right) \tag{8.12(c)}$$

把式(8.12)的三个微分方程合起来写成较为简洁的矢量形式就是

$$\frac{\partial \boldsymbol{v}}{\partial t}+(\boldsymbol{v}\cdot\nabla)\boldsymbol{v}=\boldsymbol{f}-\frac{1}{\rho}\nabla p+\nu\nabla^2\boldsymbol{v} \tag{8.13}$$

式(8.12)或者式(8.13)是不可压缩黏性流体运动的运动微分方程，这组方程是由法国科学家纳维在 1821 年和英国科学家斯托克斯在 1845 年分别建立的，因此也称为纳维-斯托克斯方程，简称为 N-S 方程。

采用柱坐标系(r,θ,z)，N-S 方程表示为

$$\frac{\partial v_r}{\partial t}+v_r\frac{\partial v_r}{\partial r}+\frac{v_\theta}{r}\frac{\partial v_r}{\partial \theta}+v_z\frac{\partial v_r}{\partial z}-\frac{v_\theta^2}{r}=f_r-\frac{1}{\rho}\frac{\partial p}{\partial r}+\nu\left(\nabla^2 v_r-\frac{v_r}{r^2}-\frac{2}{r^2}\frac{\partial v_\theta}{\partial \theta}\right) \tag{8.14(a)}$$

$$\frac{\partial v_\theta}{\partial t}+v_r\frac{\partial v_\theta}{\partial r}+\frac{v_\theta}{r}\frac{\partial v_\theta}{\partial \theta}+v_z\frac{\partial v_\theta}{\partial z}+\frac{v_r v_\theta}{r}=f_\theta-\frac{1}{\rho}\frac{\partial p}{r\partial \theta}+\nu\left(\nabla^2 v_\theta-\frac{v_\theta}{r^2}+\frac{2}{r^2}\frac{\partial v_r}{\partial \theta}\right) \tag{8.14(b)}$$

$$\frac{\partial v_z}{\partial t}+v_r\frac{\partial v_z}{\partial r}+\frac{v_\theta}{r}\frac{\partial v_z}{\partial \theta}+v_z\frac{\partial v_z}{\partial z}=f_z-\frac{1}{\rho}\frac{\partial p}{\partial z}+\nu\nabla^2 v_z \tag{8.14(c)}$$

其中拉普拉斯算子∇^2 在柱坐标下的表达式为

$$\nabla^2=\frac{\partial^2}{\partial r^2}+\frac{1}{r}\frac{\partial}{\partial r}+\frac{1}{r^2}\frac{\partial^2}{\partial \theta^2}+\frac{\partial^2}{\partial z^2}$$

球坐标系下的 N-S 方程列在附录中，以供查用。

将黏性流体运动的 N-S 方程式(8.13)与理想流体运动的欧拉方程式(3.21)相比较，可以发现，两者唯一的差别是，N-S 方程的右边多出了与黏性有关的二阶导数项 $\nu\nabla^2\boldsymbol{v}$。对于理想流体，运动黏度 $\nu=0$，N-S 方程退化为欧拉运动方程。

在第 3 章中已讨论过欧拉方程各项的意义。方程左边是单位质量流体的惯性力，其中$\partial\boldsymbol{v}/\partial t$ 是局部惯性力，$(\boldsymbol{v}\cdot\nabla)\boldsymbol{v}$ 是对流惯性力；方程右边是单位质量流体上所作用的力，其中 $\boldsymbol{f}$ 是质量力，$\nabla p/\rho$ 是压强差。N-S 方程中多出的一项 $\nu\nabla^2\boldsymbol{v}$ 则是黏性力。

在一般情况下，N-S 方程中有四个未知量，即 u、v、w 和 p；式(8.12)与不可压缩流体运动的连续性方程式(3.15)联立，共有四个方程，方程的数目与未知量数目相同，因此方程组是封闭的。根据数学物理方程理论，要使微分方程组有确定的解，还必须根据实际的流动现象提出足够的初始条件和边界条件，也就是所谓的定解条件。

2. 求解 N-S 方程的定解条件

求解 N-S 方程需要给出相应的边界条件，对于非定常流动还需要给出初始条件。边界条件要能够反映出实际问题的主要运动学和动力学特征，经常用到的边界条件如下。

1）流-固交界面上的无穿透条件和无滑移条件

在流体-固体交界面上流体的法向速度和切向速度都应该等于固壁的运动速度。当固体静止时，流体的法向速度和切向速度都应该等于零。这就是流-固交界面上的无穿透条件和无滑移条件。

对于理想流体，只要求流-固交界面上的法向速度与固壁速度相等，即只要求无穿透条件成立；而对于黏性流体，流体的运动不仅不能穿过固壁，当它们流经固体壁面时还会黏滞在固壁上，不能发生与固壁之间的相对滑移。

2）无穷远处的无扰动条件

与理想流体一样，对于黏性流体的运动，流场中的任何变化都不会将影响延伸至无穷远。这样就可以采用远处的已知流动参数作为无穷远处的边界条件。

3）流体交界面上的速度和应力连续条件

在不同流体的交界面上，界面两侧流体的速度和应力都应该相等。对于理想流体的流动，只要求界面两侧流体的法向速度和压强(即法向应力)相等，但对于黏性流体则要求法向、切向的速度和应力都相等。理想流体运动时可以在不同流体的交界面上发生相对滑移，对黏性流体的运动则不允许任何相对滑移。

对于非定常流动，还需要指定任意一个时刻流场中各速度分量和应力分量的分布作为求解的初始条件。

8.3　N-S 方程的解析解

文献中能够查到的 N-S 方程的解析解只有几十个。这些解虽然为数不多，却在相当程度上揭示了黏性流体运动的主要特征，而且这些解也大多具有重要的应用价值。在发展新的数值计算方法时，可以运用有解析解的算例来判断近似解的精确程度；在复杂的黏性流动问题中，可以用情况相近的解析解作为初步估算或者摄动法的求解基础；在研究某些新问题时，也常常从解析解出发，探讨在原有方程或者定解条件中加入描写新现象的数学项后会引起什么变化，等等。研究 N-S 方程的解析解在理论和实际应用上都具有重要意义。

对于非线性偏微分方程，目前还没有其求解的一般数学理论。求解 N-S 方程的主要困难是:方程中对流项$(\boldsymbol{v}\cdot\nabla)\boldsymbol{v}$是非线性的。对于某些几何形状简单的流场,当流体沿某一坐标轴单向流动时,刚好使对流项等于零,于是 N-S 方程简化为线性方程,从而有可能求出解析解。这类解析解有:两平行平壁之间的定常平行流动、沿斜平壁的定常流动、定常管道流动、同轴旋转圆柱面之间的环向流动、非定常滑移运动平板所诱导的流动和圆管中的非定常流动等。在另一类问题中,对流项并不等于零,但却变为较简单的形式,这就使 N-S 方程简化为常微分方程,因而也能求出解析解。这类解析解有:收缩或者扩张通道中的平面定常流动、驻点附近的流动和旋转圆盘引起的流动等。作为例子,下面介绍三个第一类解析解的求解。

1. 两平行平壁之间的定常平行流动

考虑两个平行的水平壁面之间的定常平行流动,壁面假设为无穷大。取坐标系如图 8-4 所示,x 轴与下壁面重合,y 轴垂直于壁面。设两壁之间的距离为 h,流体在两壁之间沿着 x 轴的正方向流动,y 方向的速度分量 v 可以忽略。所有的流动参数与空间变量 z 和时间变量 t 无关,质量力对流动没有影响。

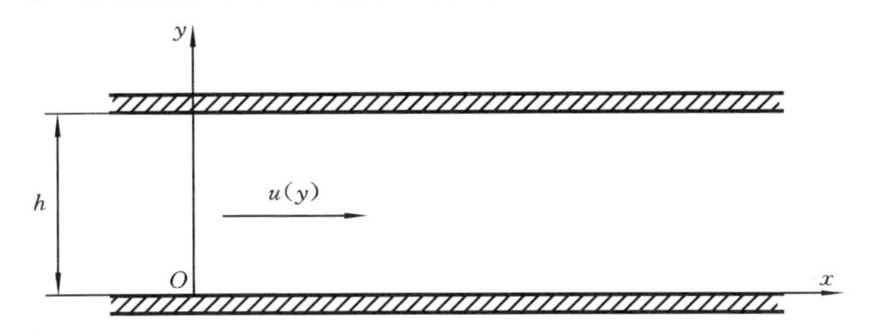

图 8-4　两平行平壁间的黏性流体流动

根据流动的以上特点,不可压缩流体的连续性方程式(3.15)和黏性流体的运动微分方程(8.12)可简化为

$$\frac{\partial u}{\partial x}=0 \tag{8.15(a)}$$

$$u\frac{\partial u}{\partial x}=-\frac{1}{\rho}\frac{\partial p}{\partial x}+\nu\left(\frac{\partial^2 u}{\partial x^2}+\frac{\partial^2 u}{\partial y^2}\right) \tag{8.15(b)}$$

$$0=-\frac{1}{\rho}\frac{\partial p}{\partial y} \tag{8.15(c)}$$

由于 z 方向的运动方程已经自动满足,因此没有列出。

由式(8.15(a))可知,式(8.15(b))中有两项为零,并且式中$\partial^2 u/\partial y^2$ 可以改写为 $\mathrm{d}^2 u/\mathrm{d}y^2$;由式(8.15(c))可知,式(8.15(b))中的$\partial p/\partial x$ 可以改写为 $\mathrm{d}p/\mathrm{d}x$。于是式(8.15(b))可简化为

$$\frac{\mathrm{d}^2 u}{\mathrm{d}y^2}=\frac{1}{\mu}\frac{\mathrm{d}p}{\mathrm{d}x} \tag{8.16}$$

式(8.16)的左边与 x 无关,右边与 y 无关,因此两边必须等于同一常数。把方程对 y

积分两次就得到

$$u=\frac{1}{2\mu}\frac{\mathrm{d}p}{\mathrm{d}x}y^2+C_1y+C_2 \tag{8.17}$$

积分常数 C_1 和 C_2 由边界条件确定。下面分三种情况确定积分常数。

1）在压差作用下固定平壁之间的平行流动

设上壁和下壁均固定不动，流体在上、下游压差的作用下运动，x 方向的压强梯度为 $\mathrm{d}p/\mathrm{d}x$。上壁面和下壁面上的边界条件为

$$y=0\text{ 时},u=0;\quad y=h\text{ 时},u=0$$

把边界条件代入式(8.17)可以解出

$$C_1=-\frac{1}{2\mu}\frac{\mathrm{d}p}{\mathrm{d}x}h,\quad C_2=0$$

于是两壁之间流体截面上的速度分布

$$u=\frac{1}{2\mu}\frac{\mathrm{d}p}{\mathrm{d}x}(y^2-hy) \tag{8.18}$$

式(8.18)表明，当流体在压强梯度 $\mathrm{d}p/\mathrm{d}x$ 的作用下运动，两固定平壁之间的流体速度为抛物线分布，如图 8-5 所示，这种流动也称为泊肃叶流动。

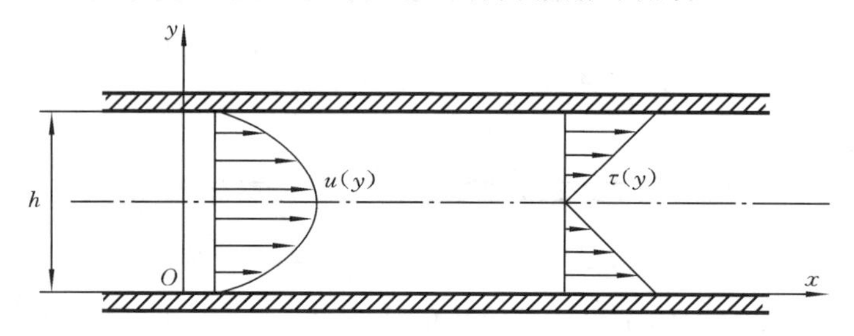

图 8-5　在压差作用下两固定平壁之间的平行流动

最大速度出现在两壁之间的中轴线上，在中轴线上 $y=h/2$，因此最大速度

$$u_{\max}=-\frac{h^2}{8\mu}\frac{\mathrm{d}p}{\mathrm{d}x} \tag{8.19}$$

最大速度表达式中出现负号，因为在顺压（上游压强大于下游压强）时，$\mathrm{d}p/\mathrm{d}x$ 为负值，最大速度为正值。单位宽度（沿 z 方向）壁面之间通过的流量

$$Q=\int_0^h u\mathrm{d}y=\int_0^h\frac{1}{2\mu}\frac{\mathrm{d}p}{\mathrm{d}x}(y^2-hy)\mathrm{d}y=-\frac{h^3}{12\mu}\frac{\mathrm{d}p}{\mathrm{d}x} \tag{8.20}$$

两壁之间的平均速度

$$V=\frac{Q}{h}=-\frac{h^2}{12\mu}\frac{\mathrm{d}p}{\mathrm{d}x}=\frac{2}{3}u_{\max} \tag{8.21}$$

此时流体中只存在一对切应力 $\tau=\tau_{xy}=\tau_{yx}$，它的分布

$$\tau=\mu\frac{\mathrm{d}u}{\mathrm{d}y}=\mu\frac{\mathrm{d}}{\mathrm{d}y}\left[\frac{1}{2\mu}\frac{\mathrm{d}p}{\mathrm{d}x}(y^2-hy)\right]=\left(y-\frac{h}{2}\right)\frac{\mathrm{d}p}{\mathrm{d}x} \tag{8.22}$$

切应力沿 y 方向线性分布，在中轴线上（$y=h/2$）其值为零。图 8-5 描述了切应力绝对值沿流体截面的变化。令 $y=0$ 和 $y=h$，就得到壁面切应力

$$\tau_w = \mp \frac{h}{2}\frac{dp}{dx} \tag{8.23}$$

2）无压差作用时上壁匀速运动所带动的平行流动

设沿 x 方向的压强梯度 $dp/dx=0$，上壁以速度 U 沿 x 正方向匀速运动，下壁固定不动。此时式(8.17)简化为

$$u=C_1y+C_2 \tag{8.24}$$

壁面边界条件为

$$y=0 \text{ 时}, u=0; \quad y=h \text{ 时}, u=U$$

由边界条件求出积分常数

$$C_1=\frac{U}{h}, \quad C_2=0$$

于是得到沿流体截面的速度分布

$$u=\frac{U}{h}y \tag{8.25}$$

该式表明，在没有压差时流体运动的速度分布是线性的。第 1 章中所介绍的牛顿平板实验就是这种流动。此时，单位宽度壁面之间的流量为

$$Q=\int_0^h u\,dy=\int_0^h \frac{U}{h}dy=\frac{Uh}{2} \tag{8.26}$$

仍然只存在一对切应力 $\tau=\tau_{xy}=\tau_{yx}$，它在流体中是常数，且

$$\tau=\mu\frac{du}{dy}=\mu\frac{U}{h} \tag{8.27}$$

速度和切应力分布如图 8-6 所示。

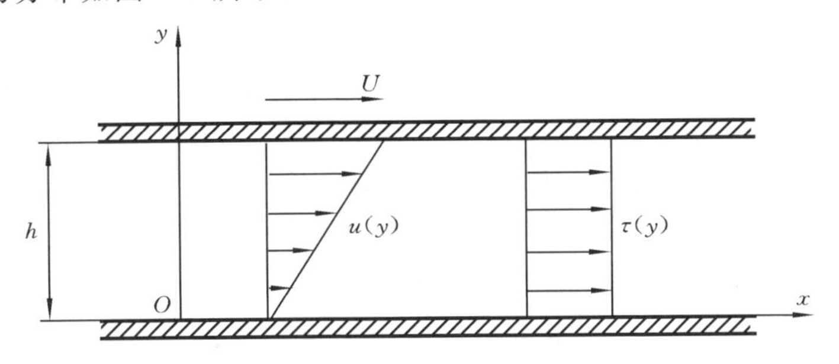

图 8-6　无压差时上壁运动所带动的平行流动

3）在压差和上壁运动共同作用下的平行流动

式(8.16)是线性微分方程，它的解是可以叠加的。上面两种流动的速度分布表达式(8.18)和式(8.25)都是微分方程的解，两者的叠加仍然是它的解，所对应的就是在压差和上壁运动共同作用下的平行流动。把上面两种流动的速度叠加后就得到

$$u=\frac{U}{h}y+\frac{1}{2\mu}\frac{\mathrm{d}p}{\mathrm{d}x}(y^2-hy) \tag{8.28}$$

压差和壁面运动共同作用下的平行流动的解是由库埃特(M. Couette)在1890年最早求出的,因此这种流动也称为库埃特流动。库埃特流动的速度分布如图8-7所示。

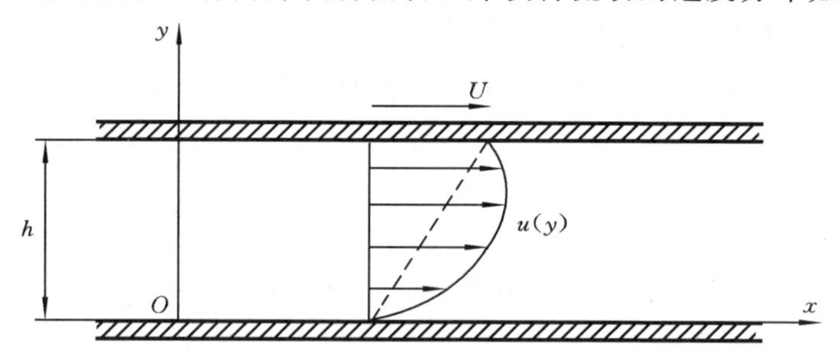

图8-7 在压差和上壁运动共同作用下的平行流动

对速度积分又得到库埃特流动的流量

$$Q=\int_0^h u\mathrm{d}y=\int_0^h\left[\frac{U}{h}y+\frac{1}{2\mu}\frac{\mathrm{d}p}{\mathrm{d}x}(y^2-hy)\right]\mathrm{d}y=\frac{Uh}{2}-\frac{h^3}{12\mu}\frac{\mathrm{d}p}{\mathrm{d}x} \tag{8.29}$$

它也是式(8.20)和式(8.26)中流量的叠加。把前两种流动的切应力叠加还可以得到库埃特流动的切应力

$$\tau=\left(y-\frac{h}{2}\right)\frac{\mathrm{d}p}{\mathrm{d}x}+\mu\frac{U}{h} \tag{8.30}$$

机械中有各式充满油液的缝隙,如滑板与导轨之间的缝隙、齿轮泵中齿顶与泵壳之间的缝隙、活塞与缸筒之间的缝隙、滑动轴承与轴体之间的缝隙等。在机械设计中常常需要考虑各式缝隙中的液体流动,计算缝隙的流体泄漏量及缝隙中液体与机械部件之间的摩擦阻力。最常见的缝隙流动是平面缝隙流动和环形缝隙流动,以上所讨论的两平壁之间的流动就是平面缝隙流动。

例8-2 齿轮泵壳体的曲率半径一般远大于齿顶与泵壳之间的缝隙宽度,可以把这种缝隙简化为平面缝隙。设齿顶宽为l,缝隙宽为h,齿顶厚为b(垂直于纸面的方向),齿顶的线速度为U,齿两侧的压差为$\Delta p=p_1-p_2$,如图8-8所示。当缝隙泄漏量最小时,该缝隙为齿轮泵的最佳齿顶缝隙。试求最佳齿顶缝隙宽度h_0和一个齿的最小泄漏量Q_0。

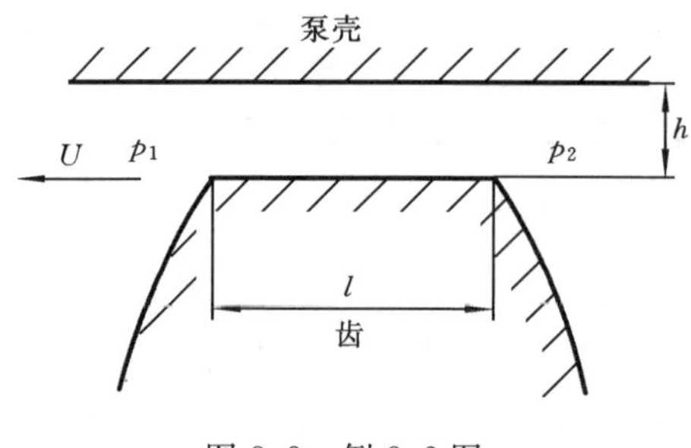

图8-8 例8-2图

解 取固定在齿上的坐标系,在这个坐标系中泵壳以速度U向右运动。这是压差和壁面运动共同作用下的库埃特流动,压强梯度为 $\mathrm{d}p/\mathrm{d}x=\Delta p/l$。根据式(8.29),一个齿的泄漏量

$$Q=\left(Uh-\frac{h^3}{6\mu}\frac{\Delta p}{l}\right)\frac{b}{2}$$

泄漏量 Q 是缝隙宽度 h 的函数，当泄漏量为最小值时 $\partial Q/\partial h=0$，此时 $h=h_0$，即

$$\left.\frac{\partial Q}{\partial h}\right|_{h=h_0}=U-\frac{h_0^2}{2\mu}\frac{\Delta p}{l}=0$$

最佳齿顶缝隙宽度

$$h_0=\sqrt{\frac{2\mu Ul}{\Delta p}}$$

把 Δp 解出并代入流量计算公式就得到最小泄漏量

$$Q_0=\frac{Uh_0b}{3}$$

例 8-3　如图 8-9 所示，动力黏度为 μ 的液体在重力的作用下沿无穷大的倾斜平壁向下流动，形成厚度为 h 的液膜，斜壁与水平面之间的夹角为 θ，液膜表面为大气压 p_a。假设流动不随时间变化，并且忽略液膜与空气的摩擦，试求液膜中的速度分布和压强分布。

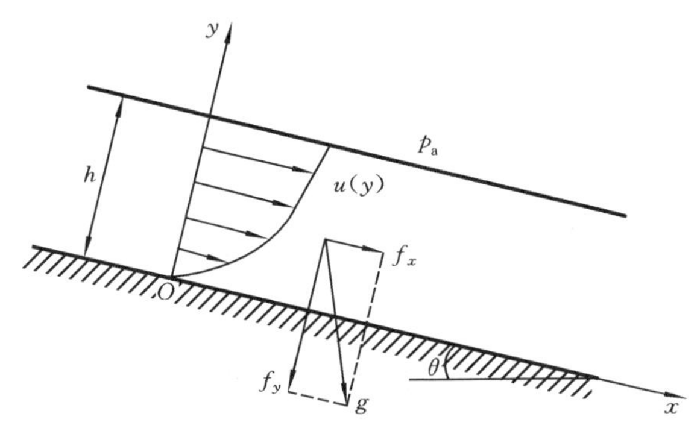

图 8-9　例 8-3 图

解　取坐标系如图 8-9 所示。在液膜表面压强是常数 p_a，液膜中沿 x 方向的压强梯度 $\mathrm{d}p/\mathrm{d}x=0$。重力对水平壁之间的缝隙流动没有影响，但对斜壁上的流体运动却有影响。在本例中，液膜在重力的作用下向下运动，因此现在需要考虑重力。单位质量力

$$f_x=g\sin\theta,\quad f_y=-g\cos\theta$$

不可压缩流体的连续性方程式(3.15)和黏性流体的运动微分方程式(8.12)可简化为

$$\left.\begin{aligned}\frac{\partial u}{\partial x}&=0\\ u\frac{\partial u}{\partial x}&=g\sin\theta+\nu\left(\frac{\partial^2 u}{\partial x^2}+\frac{\partial^2 u}{\partial y^2}\right)\\ 0&=-g\cos\theta-\frac{1}{\rho}\frac{\partial p}{\partial y}\end{aligned}\right\}$$

边界条件为

$$y=0 \text{ 时}, u=0$$

$$y=h \text{ 时}, \tau_{yx}=\mu \frac{\mathrm{d}u}{\mathrm{d}y}=0, p=p_{\mathrm{a}}$$

在 $y=0$ 边界上，给定的是无滑移条件；在 $y=h$ 边界上，给定的是切向应力和法向应力连续条件。

根据微分方程的第一式，可以把第二式进一步简化为

$$\frac{\mathrm{d}^2 u}{\mathrm{d}y^2}=-\frac{g}{\nu}\sin\theta$$

对 y 积分一次和积分两次后分别得到

$$\frac{\mathrm{d}u}{\mathrm{d}y}=-\frac{g}{\nu}y\sin\theta+C_1$$

$$u=-\frac{g}{2\nu}y^2\sin\theta+C_1 y+C_2$$

由边界条件

$$y=0 \text{ 时}, u=0$$

$$y=h \text{ 时}, \frac{\mathrm{d}u}{\mathrm{d}y}=0$$

解出积分常数

$$C_1=\frac{gh}{\nu}\sin\theta, \quad C_2=0$$

于是得到速度分布表达式

$$u=\frac{g}{2\nu}(2hy-y^2)\sin\theta$$

根据微分方程的第三式对 y 积分后得到

$$p=-\rho g y\cos\theta+C_3$$

由液膜表面的压强边界条件

$$y=h \text{ 时}, p=p_{\mathrm{a}}$$

解出积分常数

$$C_3=p_{\mathrm{a}}+\rho g h\cos\theta$$

由此知压强的表达式为

$$p=p_{\mathrm{a}}+\rho g(h-y)\cos\theta$$

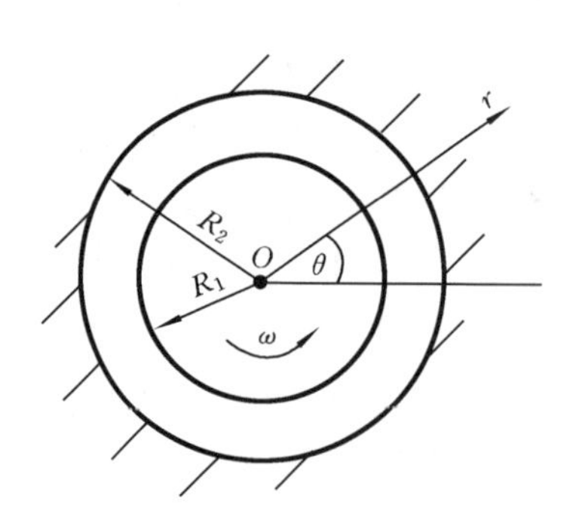

图 8-10 同心圆柱壁之间的流动

2. 无限长同心圆柱壁之间的定常流动

半径为 R_1 和 R_2 的无限长同心圆柱壁之间充满了不可压缩黏性流体，内柱以等角速度 ω 沿逆时针方向旋转，外柱固定，如图 8-10 所示。两圆柱壁之间的流体在内柱的带动下作定常运动。不考

虑重力的影响，下面对此流动求解 N-S 方程。

根据流场的几何特征，采用柱坐标系求解较为方便。柱坐标的 z 轴与圆柱轴线重合，r 和 θ 如图 8-11 所示。柱坐标系下的连续性方程为式(3.16)，运动微分方程为式(8.14)。

根据题意，$v_r=v_z=0$，$v_\theta=u(r)$，$\partial(\cdot)/\partial t=\partial(\cdot)/\partial\theta=\partial(\cdot)/\partial z=0$，重力对流体运动的影响可以忽略。于是，连续性方程和运动微分方程的第三式（z 方向的方程）自然满足，运动方程的前两式简化为

$$\frac{u^2}{r}=\frac{1}{\rho}\frac{\mathrm{d}p}{\mathrm{d}r} \tag{8.31(a)}$$

$$0=\frac{\mathrm{d}^2u}{\mathrm{d}r^2}+\frac{1}{r}\frac{\mathrm{d}u}{\mathrm{d}r}-\frac{u}{r^2} \tag{8.31(b)}$$

内、外柱壁面上的无滑移边界条件为

$$r=R_1\text{ 时},u=R_1\omega;\quad r=R_2\text{ 时},u=0$$

式(8.31)中的两个式子都已经简化成了常微分方程，第二式的通解是

$$u=C_1r+\frac{C_2}{r}$$

由边界条件求出积分常数

$$C_1=-\frac{R_1^2\omega}{R_2^2-R_1^2},\quad C_2=\frac{R_1^2R_2^2\omega}{R_2^2-R_1^2}$$

于是得到两个圆柱壁面之间的速度分布

$$u=\frac{R_1^2\omega}{R_2^2-R_1^2}\left(\frac{R_2^2-r^2}{r}\right) \tag{8.32}$$

如果外柱半径无穷大，即 $R_2\to\infty$，速度分布表达式(8.32)可简化为

$$u=\frac{R_1^2\omega}{r}$$

这就是第 7 章中讨论过的平面点涡流动。此时可以把旋转的内柱看成是一个点涡（在三维空间中是一个线涡），它带动周围的流体作无旋运动。

把速度表达式(8.32)代入式(8.31(a))后并对 r 积分就可以得到压强分布的表达式。不过，通常更关心的是圆柱壁面与流体之间的摩擦力。

由柱坐标下的广义牛顿内摩擦定律（见附录），可得到切应力

$$\tau_{r\theta}=\mu\left(\frac{\partial u}{\partial r}-\frac{u}{r}\right)=-2\mu\frac{R_1^2R_2^2\omega}{R_2^2-R_1^2}\frac{1}{r^2}$$

作用在内柱壁面上的流体摩擦力矩与内圆柱旋转方向相反。单位长度柱壁面上的力矩

$$M=\int_0^{2\pi}(\tau_{r\theta})_{r=R_1}R_1^2\mathrm{d}\theta=\frac{4\pi\mu R_1^2R_2^2\omega}{R_2^2-R_1^2} \tag{8.33}$$

例 8-4　圆柱环形轴承中轴的半径 $R=40$ mm，轴与轴承之间的间隙 $h=0.1$

mm，轴长 $l=30$ mm，轴转速 $n=3600$ r/min，间隙中润滑油的动力黏度 $\mu=0.12$ Pa·s。试求克服黏性摩擦所需要的转矩和功率。

解 根据题意，内圆柱半径 $R_1=R=40$ mm，外圆柱半径 $R_2=R+h=40.1$ mm，内圆柱旋转角速度

$$\omega=\frac{2\pi n}{60}=\frac{2\pi\times3600}{60}\ \text{rad/s}=377\ \text{rad/s}$$

把已知数据代入式(8.33)中得到长度 $l=30$ mm 轴上的转矩，

$$M=\frac{4\pi\mu R_1^2R_2^2l\omega}{R_2^2-R_1^2}=\frac{4\pi\times0.12\times40^2\times40.1^2\times10^{-6}\times0.03\times377}{40.1^2-40^2}\ \text{N·m}=5.478\ \text{N·m}$$

所需功率

$$P=M\omega=5.478\times377\ \text{W}=2065\ \text{W}$$

前面已经指出过，当环形缝隙的宽度远小于圆半径时也可以把它简化成平壁之间的缝隙来计算。把本题的环形缝隙流简化为平壁之间的缝隙流，此时，将轴承简化为固定的下壁，将轴简化为运动的上壁，上壁的运动速度为$U=R\omega=R_1\omega$，如图 8-11 所示，缝隙内压强梯度为零，速度分布是线性的，表示为

$$u=\frac{U}{h}y=\frac{R_1\omega}{h}y$$

作用在轴表面的切应力

$$\tau_w=\tau=\mu\frac{du}{dy}=\mu\frac{R_1\omega}{h}=\frac{\mu R_1\omega}{R_2-R_1}$$

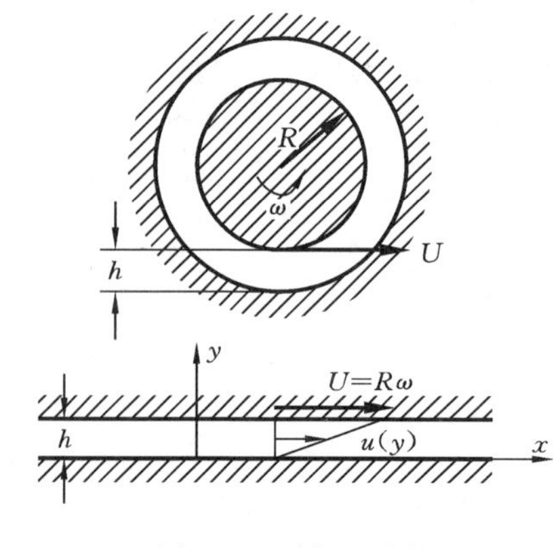

图 8-11 例 8-4 图

所需转矩为

$$M=\tau_w2\pi R_1^2l=\frac{2\pi\mu R_1^3l\omega}{R_2-R_1}=\frac{2\pi\times0.12\times40^3\times10^{-6}\times0.03\times377}{40.1-40}\ \text{N·m}=5.458\ \text{N·m}$$

所需功率为

$$P=M\omega=5.458\times377\ \text{W}=2058\ \text{W}$$

运用前一种方法得到的是准确解，运用后一种方法得到的是近似解。由准确解的速度表达式(8.32)知道，在环形缝隙内速度分布并不是线性的。由于本例中轴与轴承之间的缝隙宽度确实远比轴半径小，因此近似解的误差也不太大。

3. 无限大平壁启动所带动的流体运动

无限大平壁面以上的半空间充满黏性不可压缩流体。设平壁在 $t=0$ 时刻突然启动，以定常速度 U 在自身平面内沿 x 轴正方向运动，并带动流体由静止开始运动，如图 8-12 所示。现在由连续性方程和 N-S 方程求解 $t>0$ 时流体的运动。

这是一个非定常平面流动问题。根据问题的特点有，$v=w=0$，$u=u(y,t)$，$p=C$，$\partial(\cdot)/\partial x=\partial(\cdot)/\partial z=0$，重力对流体运动的影响可以忽略，因此，连续性方程自

动满足，运动方程式(8.12(a))可简化为

$$\frac{\partial u}{\partial t}=\nu\frac{\partial^2 u}{\partial y^2} \qquad (8.34)$$

式(8.12)的另外两式已自动满足。初始条件和边界条件为

$$t\leqslant 0 \text{ 时}, \quad y\geqslant 0, \quad u=0$$
$$t>0 \text{ 时}, \quad y=0, \quad u=U$$
$$y\to\infty, \quad u=0$$

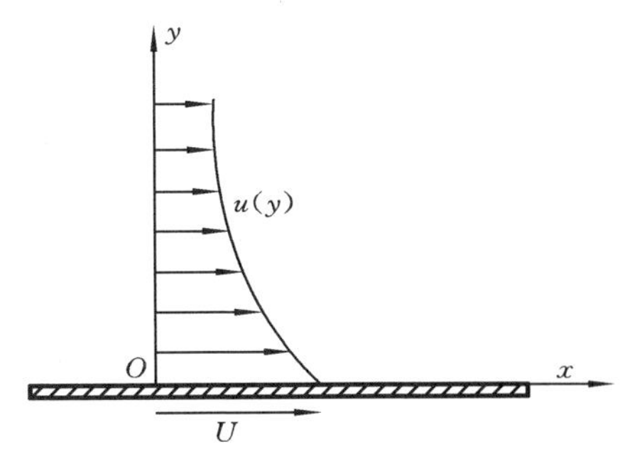

图 8-12　平壁启动所带动的流体运动

现在控制方程式(8.34)仍然是一个偏微分方程，未知变量 u 是 t 和 y 的函数。为了把这个偏微分方程简化为常微分方程从而求出方程的解析解，首先运用量纲分析原理来减小问题所涉及的变量数。

采用无量纲速度 u/U 作为描述运动的一个基本参数，而 u/U 与 ρ、μ、y、t 等四个流动参数相关，它们之间的一般函数关系可以写为

$$\frac{u}{U}=f(\rho,\mu,y,t)$$

四个流动参数 ρ、μ、y、t 涉及 M(质量)、L(长度)、T(时间)三个基本量纲，根据量纲分析原理，可以把四个流动参数组合成一个无量纲的综合参数。由 ρ、μ、y、t 组成的无量纲参数是 $y\sqrt{\frac{\rho}{\mu t}}=\frac{y}{\sqrt{\nu t}}$。现在用

$$\eta=\frac{y}{2\sqrt{\nu t}}$$

表示综合参数。之所以在 η 表达式中乘以 1/2 是为了使后面将要得到的常微分方程更简洁；如果不乘以 1/2，只会使常微分方程的各项带有常数系数，但并不会影响求解过程。由于无量纲速度 u/U 只是 η 的函数，它的一般函数表达式又可写为

$$\frac{u}{U}=f(\eta)$$

于是

$$\frac{\partial u}{\partial t}=U\frac{\partial \eta}{\partial t}f'=-\frac{U}{2t}\eta f'$$

$$\frac{\partial u}{\partial y}=U\frac{\partial \eta}{\partial y}f'=\frac{U}{2\sqrt{\nu t}}f'$$

$$\frac{\partial^2 u}{\partial y^2}=\frac{\partial}{\partial \eta}\left(\frac{\partial u}{\partial y}\right)\frac{\partial \eta}{\partial y}=\frac{U}{4\nu t}f''$$

其中 $f'=\mathrm{d}f/\mathrm{d}\eta$，$f''=\mathrm{d}^2 f/\mathrm{d}\eta^2$。运用这些关系式可以把运动方程式(8.34)及初始条件、边界条件分别改写为

$$f''+2\eta f'=0 \tag{8.35}$$

$$f(0)=1, \quad f(\infty)=0$$

这样,通过引进无量纲变量就把偏微分方程转换成了常微分方程。

对常微分方程式(8.35)求解,它的通解为

$$f(\eta)=C_1\int_0^\eta e^{-\eta^2}\,d\eta+C_2$$

再利用常微分方程的两个边界条件求出积分常数

$$C_1=\frac{-1}{\int_0^\infty e^{-\eta^2}\,d\eta}=-\frac{2}{\sqrt{\pi}}, \quad C_2=1$$

最后得到方程的解析解为

$$\frac{u}{U}=1-\frac{2}{\sqrt{\pi}}\int_0^\eta e^{-\eta^2}\,d\eta=1-\mathrm{erf}(\eta) \tag{8.36}$$

其中 erf 是误差函数。式(8.36)给出的速度分布也称为相似性解,其特征是:将不同时刻的无量纲速度 u/U 的分布曲线按一定的空间比例放大或者缩小后可以使之完全相同。在本例中空间变量为 y,放大比为 $2\sqrt{\nu t}$。$\eta=y/(2\sqrt{\nu t})$称为相似性变量。

当 $\eta=1.82$,也即 $y=3.64\sqrt{\nu t}$时,$u/U=0.01$。定义 $\delta=3.64\sqrt{\nu t}$为影响厚度,在影响厚度内 $y<\delta$,有 $u>0.01U$,可以认为流体已受到壁面运动的影响;在影响厚度以外 $y>\delta$,有 $u<0.01U$,可以认为流体还没有受到壁面运动的影响。随着时间 t 的增长,影响厚度 δ 逐渐增大。具体举例,对于运动黏度 $\nu=1.003\times10^{-6}\ \mathrm{m^2/s}$ 的水,平板启动后 1 s,影响厚度为 $\delta=3.65$ mm;启动后 5 s,影响厚度扩大为 $\delta=8.15$ mm;启动后 10 s,影响厚度进一步扩大为 $\delta=11.53$ mm。影响厚度 δ 还与黏度 ν 的 1/2 次方成正比,在同样长的时间内,流体黏度越大,其影响厚度也越大。

8.4 边界层的基本概念及基本方程

1. 边界层的基本概念

当物体在流体中运动时会受到阻力,阻力一直是工程中最关注的问题之一。18世纪,许多科学家运用理想流体模型计算圆柱体的阻力,所得到的结果是,不仅圆柱表面没有摩擦力,而且圆柱前后壁面上的压强分布对称,因此流体作用在圆柱上的总压力等于零。也就是说,圆柱体运动时周围流体对其根本没有阻力。这个结果显然与人们的已有经验不相符合。事实上,所有的实验都证明,无论流体的黏度多么小,物体运动时总是会遇到周围流体对它所施加的阻力。实验结果还进一步表明,物体运动阻力的大小与流体的黏度并不直接相关联,由此推断,运动阻力并不完全是流体与物体表面相摩擦造成的。阻力计算的问题曾经一度使流体力学界的学者们束手无策。

20 世纪初,著名德国力学家普朗特为了计算飞行器的阻力仔细地研究了这一问

题，并在 1904 年提出了边界层理论，从而为物体阻力的研究开辟了道路。

边界层理论最初是针对不可压缩流体的层流流动提出的，以后又经过进一步的完善和扩展。首先它被用于研究流体的湍流流动，从而产生了湍流边界层理论；随后，它又被应用于自由剪切流，如射流、尾流等。20 世纪 30 年代以后，它还被用于研究可压缩流体的流动，由此又发展出了可压缩流体的边界层理论。普朗特最初提出的边界层是速度边界层，后来这个概念又被扩展，从而形成了温度边界层理论和浓度边界层理论。经过一个世纪的发展，边界层理论日趋成熟，目前已经成为流体力学学科中最重要的理论之一。

当物体在静止流体中运动或者流体绕过静止物体流动（两者在物理上是等同的，只是参考坐标系不同）时，流体中既有黏性力又有惯性力，无量纲参数雷诺数 $Re=UL/\nu$（U 是流体的来流速度，L 是物体的特征长度，ν 是流体的运动黏度）表征惯性力与黏性力之比。空气和水是最常接触的两种流体，它们的黏度都比较小，这就意味着在空气和水的流动中黏性力相对于惯性力一般都很小，因此雷诺数往往很大。例如在模型实验中，当模型的特征长度 L 和流体来流速度 U 分别为 0.1 m 和 1 m/s 时，对于空气和水，其流动的雷诺数分别达到 6.67×10^3 和 10^5，这已经是两个很大的数值了，而对于更多的实际流动，雷诺数通常会比这两个数值更大。

在大雷诺数情况下，黏性力相对于惯性力很小，但完全忽略黏性力的影响，采用理想流体模型又无法求出物体运动的阻力。普朗特发现，当流体在大雷诺数条件下流过静止物体壁面时，与壁面相接触的流体会黏滞在壁面上，其运动速度为零；在与壁面相邻的一个薄层内，随着与壁面距离的增加流体速度迅速增大并很快达到与远处相近的值，因此，在薄层内流动具有很大的速度梯度，而且，雷诺数越大，薄层的厚度越小，速度梯度也越大。由于黏性切应力与速度梯度成正比，因此即便是在雷诺数很大的情况下，壁面附近的黏性切应力都不会很小。普朗特认为，在这个薄层内黏性力具有与惯性力相同的量级，不应该被忽略，正是因为在对整个流场运用理想流体模型时忽略了薄层内流体黏性的影响，才导致了阻力计算的失败。普朗特在此认识基础上提出，对于大雷诺数条件下流经物体壁面的流动，可以把它划分为两个区域来分别研究，一是壁面附近的薄层，在其内部流体的黏性作用不可忽略；二是薄层以外的区域，在这个区域内黏性力远小于惯性力，可以不考虑流体黏性的影响。壁面附近的薄层称为边界层，边界层以外的区域称为外流区。由于普朗特的这一理论主要是根据观察结果提出的，最初缺乏系统的论证支持，因此并未引起足够的重视。后来，许多学者从数学角度完善了他的理论，证明它是完整的流体动力学方程渐近展开解的一级近似。当然，更重要的是，大量应用实践证明他的理论不仅正确而且还非常有效。

在大雷诺数条件下，平壁面和曲壁面上都会形成边界层。当雷诺数小于一定的值，边界层中的流动处于层流状态，它称为层流边界层；当雷诺数大于一定的值，边界层中的流动处于湍流状态，它又称为湍流边界层。

经过一个多世纪的发展，边界层理论的内容已经十分丰富。后面主要介绍不可压缩流体边界层的基本理论和基本求解方法。

2. 边界层厚度、位移厚度和动量损失厚度

1）边界层厚度

考虑速度为 U 的均匀来流流过平板，如图 8-13 所示，边界层内流体速度为 u，流动方向与平板平行。取图 8-13 所示坐标系。当流体流过平板时，在壁面上的速度为零，随着与壁面距离的增加，速度 u 迅速增大，很快接近于来流速度 U，从而在壁面附近形成速度梯度 $\mathrm{d}u/\mathrm{d}y$ 很大的薄层，也就是边界层。边界层以外的区域是外流区。为了区分边界层和外流区，通常将速度 u 达到 $0.99U$ 处到壁面的距离作为边界层厚度。边界层厚度沿流动方向逐渐增大，可以表示为 x 的函数，记为 $\delta(x)$。边界层非常薄，它的最大厚度通常只是壁面长度的几百分之一。由于边界层很薄，一般可以忽略它对外流的影响，因此，对于平板边界层，外流区中的速度近似地等于来流速度 U；对于曲面边界层，外流速度就是理想流体流过曲面时壁面上的切向速度。对于二维曲面，取与曲面相重合的曲线坐标轴 x，外流速度是 x 的函数，可以表示为 $U(x)$。

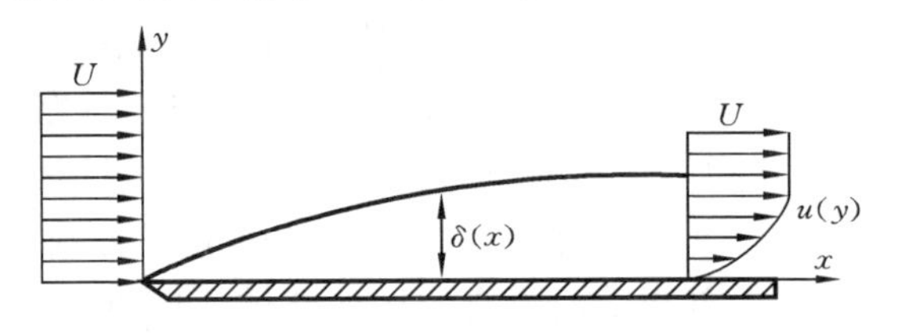

图 8-13　平板边界层

边界层的外边界线并不是流线，流线会穿越该边界线进入边界层内部。流体速度达到外部流动速度的过程是渐进的，而有关边界层厚度的规定也带有人为性质，因此边界层厚度的精确数值对于工程应用的实际目的来说并不重要，但是它也经常被使用作为求解过程中的一个参数，该参数的准确程度会影响到其他参数的准确程度。在边界层理论中通常还定义另外两种厚度，即位移厚度和动量损失厚度，它们都具有特定的物理意义。

2）位移厚度

对于二维流动，$u=u(x,y)$。位移厚度用 δ^* 表示，它的定义式为

$$\delta^* = \int_0^\infty \left(1-\frac{u}{U}\right)\mathrm{d}y \tag{8.37}$$

显然，δ^* 也是 x 的函数。下面讨论 δ^* 的物理意义。

如果没有流体的黏性影响，边界层所占区域的流体速度应该是 U，以此速度流动时，δ 厚度内通过的流量为 δU，而现在边界层内流体的速度是 u，实际流量是 $\int_0^\delta u\mathrm{d}y$，

两者的差值$\int_0^\delta (U-u)\mathrm{d}y$就是由于黏性影响使速度降低而减少的流量，它也就是图 8-14(b) 中右下方的阴影面积。现在把这块面积用图 8-14(a) 中的矩形面积 $\delta^* U$ 表示，则 δ^* 应该为

$$\delta^* = \int_0^\delta \left(1-\frac{u}{U}\right)\mathrm{d}y$$

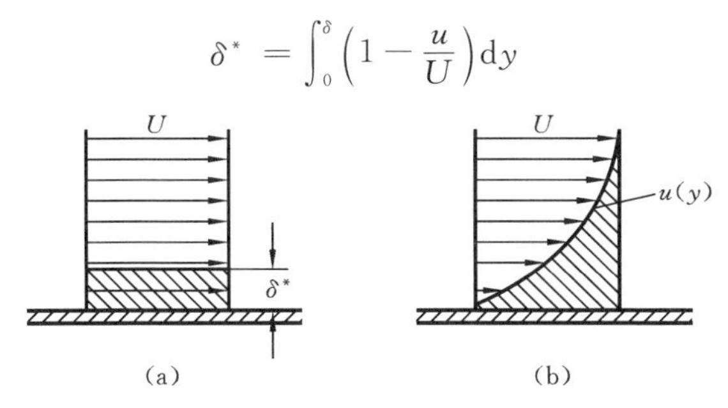

图 8-14　边界层位移厚度

它就是边界层的位移厚度。也就是说，由于流体黏性影响所减少的流量相当于在 δ^* 厚度内以 U 为速度通过的流量，换句话说，外流区在壁面附近的流线因为边界层的存在而向外推移了一个相当于位移厚度的距离。由于当 $y>\delta$ 时，$U-u\approx 0$，因此在上面的积分中积分上限 δ 和 ∞ 可以互换。

3）动量损失厚度

动量损失厚度用 δ^{**} 表示，它的定义式为

$$\delta^{**} = \int_0^\infty \frac{u}{U}\left(1-\frac{u}{U}\right)\mathrm{d}y \tag{8.38}$$

δ^{**} 也是 x 的函数。

如果没有流体黏性的影响，以实际流量$\int_0^\delta u\mathrm{d}y$通过边界层的流体所具有的动量是 $U\int_0^\delta \rho u\mathrm{d}y$；由于黏性影响，这部分流体的实际速度是 u 而不是 U，因此实际动量是$\int_0^\delta \rho u^2\mathrm{d}y$。把两个动量之差表示为

$$\rho U^2\delta^{**} = \int_0^\delta \rho u(U-u)\mathrm{d}y$$

其中 δ^{**} 就是式(8.38)定义的动量损失厚度。由于黏性影响，边界层内流体所损失的动量相当于通过厚度 δ^{**}，并且以速度 U 运动的流体所具有的动量。与前面的理由相同，也可以在积分中把上限 δ 与 ∞ 互换。

例 8-5　已知边界层流体速度分布

$$\frac{u}{U} = \sin\frac{\pi y}{2\delta}\quad (0\leqslant y\leqslant \delta)$$

其中 δ 是边界层的厚度，试求边界层的位移厚度和动量损失厚度。

解　在 $0 \leqslant y \leqslant \delta$ 区域上积分，

$$\delta^{*} = \int_{0}^{\delta}\left(1-\frac{u}{U}\right)\mathrm{d}y = \int_{0}^{\delta}\left(1-\sin\frac{\pi y}{2\delta}\right)\mathrm{d}y = \delta - \frac{2\delta}{\pi} = 0.363\delta$$

$$\delta^{**} = \int_{0}^{\delta}\frac{u}{U}\left(1-\frac{u}{U}\right)\mathrm{d}y = \int_{0}^{\delta}\sin\frac{\pi y}{2\delta}\left(1-\sin\frac{\pi y}{2\delta}\right)\mathrm{d}y = \frac{2\delta}{\pi} - \frac{2\delta}{\pi}\ \frac{\pi}{4} = 0.137\delta$$

例 8-6　假设平板边界层内流体速度分布

$$\frac{u}{U} = \left(\frac{y}{\delta}\right)^{1/7} \quad (0 \leqslant y \leqslant \delta)$$

试求边界层的位移厚度和动量损失厚度。

解　在 $0 \leqslant y \leqslant \delta$ 区域上积分，有

$$\delta^{*} = \int_{0}^{\delta}\left(1-\frac{u}{U}\right)\mathrm{d}y = \int_{0}^{\delta}\left[1-\left(\frac{y}{\delta}\right)^{1/7}\right]\mathrm{d}y = \delta\int_{0}^{1}\left[1-\left(\frac{y}{\delta}\right)^{1/7}\right]\mathrm{d}\left(\frac{y}{\delta}\right) = 0.125\delta$$

$$\begin{aligned}\delta^{**} &= \int_{0}^{\delta}\frac{u}{U}\left(1-\frac{u}{U}\right)\mathrm{d}y = \int_{0}^{\delta}\left(\frac{y}{\delta}\right)^{1/7}\left[1-\left(\frac{y}{\delta}\right)^{1/7}\right]\mathrm{d}y \\ &= \delta\int_{0}^{1}\left[\left(\frac{y}{\delta}\right)^{1/7} - \left(\frac{y}{\delta}\right)^{2/7}\right]\mathrm{d}\left(\frac{y}{\delta}\right) = 0.097\delta\end{aligned}$$

由这两个例子也可以看出，位移厚度 δ^{*} 和动量损失厚度 δ^{**} 与边界层厚度 δ 具有同样的变化规律，但是它们都比边界层厚度小。

3. 边界层流动的基本方程

把绕物体的流动划分为边界层和外流两个区域，在外流中不考虑流体黏性的影响，流动一般是无旋的，可以运用势流理论求解，剩下的问题就是如何求解边界层内黏性流体的流动。

在边界层内，黏性力与惯性力同量级，因此黏性力不能忽略。黏性流体运动的基本方程是 N-S 方程，首先需要根据边界层的特点把 N-S 方程简化。

只考虑定常平面流动的边界层，对于空间流动的边界层，处理方法基本相同。定常平面流动的 N-S 方程为

$$\left.\begin{aligned}&\frac{\partial u}{\partial x}+\frac{\partial v}{\partial y}=0\\&u\frac{\partial u}{\partial x}+v\frac{\partial u}{\partial y}=-\frac{1}{\rho}\ \frac{\partial p}{\partial x}+\nu\left(\frac{\partial^{2}u}{\partial x^{2}}+\frac{\partial^{2}u}{\partial y^{2}}\right)\\&u\frac{\partial v}{\partial x}+v\frac{\partial v}{\partial y}=-\frac{1}{\rho}\ \frac{\partial p}{\partial y}+\nu\left(\frac{\partial^{2}v}{\partial x^{2}}+\frac{\partial^{2}v}{\partial y^{2}}\right)\end{aligned}\right\}$$

在边界层流动问题中，一般都不考虑质量力的影响，因此方程中已经略去了质量力项。

下面根据边界层所具有的特点，比较方程中各项的相对大小，并略去次要的部分，由此简化方程。为了便于比较，首先选用适当的特征参数把方程中的各物理参数无量纲化。设壁面长为 l。在边界层内，x 的变化范围是 $0\sim l$，因此将 l 作为 x 方向的特征长度；y 的变化范围是 $0\sim\delta$，将 δ 作为 y 方向的特征长度；u 的变化范围是 $0\sim$

U,将 U 作为 x 方向的特征速度;假设 V 和 p_0 分别是边界层内的速度分量 v 和压强 p 的最大值,把 V 作为 y 方向的特征速度,把 p_0 作为特征压强。运用上述特征参数所构造的无量纲参数为

$$\bar{x}=\frac{x}{l},\quad \bar{y}=\frac{y}{\delta},\quad \bar{u}=\frac{u}{U},\quad \bar{v}=\frac{v}{V},\quad \bar{p}=\frac{p}{p_0}$$

在边界层内这些无量纲参数都在 0～1 之间变化,都与 1 具有相同的量级。用无量纲参数 $\bar{x}$、$\bar{y}$、$\bar{u}$、$\bar{v}$、$\bar{p}$ 替换基本方程组中的物理参数,方程组成为

$$\frac{\partial\bar{u}}{\partial\bar{x}}+\left(\frac{Vl}{U\delta}\right)\frac{\partial\bar{v}}{\partial\bar{y}}=0$$

$$1 \qquad \varepsilon\times\varepsilon^{-1}\times 1$$

$$\bar{u}\frac{\partial\bar{u}}{\partial\bar{x}}+\left(\frac{Vl}{U\delta}\right)\bar{v}\frac{\partial\bar{u}}{\partial\bar{y}}=-\left(\frac{p_0}{\rho U^2}\right)\frac{\partial\bar{p}}{\partial\bar{x}}+\frac{\nu}{Ul}\left[\frac{\partial^2\bar{u}}{\partial\bar{x}^2}+\left(\frac{l}{\delta}\right)^2\frac{\partial^2\bar{u}}{\partial\bar{y}^2}\right]$$

$$1 \qquad \varepsilon\times\varepsilon^{-1}\times 1 \qquad 1\times 1 \qquad \varepsilon^2 \qquad 1 \qquad \varepsilon^{-2}\times 1$$

$$\left(\frac{V}{U}\right)\bar{u}\frac{\partial\bar{v}}{\partial\bar{x}}+\left(\frac{V^2l}{U^2\delta}\right)\bar{v}\frac{\partial\bar{v}}{\partial\bar{y}}=-\left(\frac{p_0}{\rho U^2}\right)\left(\frac{l}{\delta}\right)\frac{\partial\bar{p}}{\partial\bar{y}}+\frac{\nu}{Ul}\left[\left(\frac{V}{U}\right)\frac{\partial^2\bar{v}}{\partial\bar{x}^2}+\left(\frac{Vl^2}{U\delta^2}\right)\frac{\partial^2\bar{v}}{\partial\bar{y}^2}\right]$$

$$\varepsilon\times 1 \qquad \varepsilon^2\times\varepsilon^{-1}\times 1 \qquad 1\times\varepsilon^{-1}\times 1 \qquad \varepsilon^2 \qquad \varepsilon\times 1 \qquad \varepsilon\times\varepsilon^{-2}\times 1$$

下面分析各项的量级。

由于边界层很薄,其厚度 δ 通常只是壁面长 l 的几百分之一,因此有

$$\frac{\delta}{l}=\varepsilon\ll 1$$

$\bar{u}$、$\bar{v}$、$\bar{p}$ 及它们对 $\bar{x}$、$\bar{y}$ 的导数都与 1 具有相同的量级。

连续性方程中的两项具有相同的量级,因此,V/U 与 ε 具有相同的量级。

在边界层中,黏性力与惯性力具有相同的量级,因此由 x 方向的运动方程知道,Ul/ν 与 ε^{-2} 具有相同的量级。在边界层问题中定义雷诺数 $Re_l=Ul/\nu$,由于 $\varepsilon\ll 1$,因此 Re_l 很大。可见,边界层流动是大雷诺数流动问题。

当惯性力与黏性力不平衡时,就会产生压强差。因此在 x 方向的运动方程中,压强差与惯性力、黏性力具有相同的量级,由此得知特征压强 p_0 应该与 ρU^2 具有相同的量级。

方程中各项的量级已经标在它们的下面。

比较方程中各项的相对大小,略去量级小的项,然后把方程组再写成原来的有量纲形式,即

$$\frac{\partial u}{\partial x}+\frac{\partial v}{\partial y}=0 \tag{8.39(a)}$$

$$u\frac{\partial u}{\partial x}+v\frac{\partial u}{\partial y}=-\frac{1}{\rho}\frac{\partial p}{\partial x}+\nu\frac{\partial^2 u}{\partial y^2} \tag{8.39(b)}$$

$$0=\frac{\partial p}{\partial y} \tag{8.39(c)}$$

由式(8.39(c))得到一个很重要的结论:边界层中的压强 p 沿 y 方向不变化。由此可知,流体作用在壁面上的压强与边界层外缘的压强相同,这就是实验中测出的物体壁面压强与势流理论计算出的压强很接近的原因。

在边界层外缘,$u=U$,而且 $\frac{\partial u}{\partial y}=\frac{\partial U}{\partial y}=0$,因此式(8.39(b))成为

$$U\frac{\mathrm{d}U}{\mathrm{d}x}=-\frac{1}{\rho}\frac{\mathrm{d}p}{\mathrm{d}x}$$

再用它消去式(8.39(b))中的压强梯度,最后,式(8.39(a)、(b))成为

$$\frac{\partial u}{\partial x}+\frac{\partial v}{\partial y}=0 \tag{8.40(a)}$$

$$u\frac{\partial u}{\partial x}+v\frac{\partial u}{\partial y}=U\frac{\mathrm{d}U}{\mathrm{d}x}+\nu\frac{\partial^2 u}{\partial y^2} \tag{8.40(b)}$$

它们就是求解边界层流动的基本微分方程,称为边界层方程。由于推导所用到的N-S方程只适用于层流,因此式(8.40)也只适用于层流边界层。边界层方程是由普朗特在1904年首先导出的。

边界层流动问题的边界条件为

$$y=0\ \text{时},u=v=0$$

$$y=\delta(\text{或}\to\infty)\text{时},u=U(x)$$

8.5 平板层流边界层的相似性解

虽然边界层方程较原始的N-S方程已有了很大的简化,但是在绝大多数情况下仍然无法求其解析解。德国科学家布拉休斯在1908年运用相似性方法对不可压缩流体的平板层流边界层流动求解了方程式(8.40)。下面介绍其求解过程。

对于平板边界层,不计边界层对外流的影响,外流速度 U 是常数,因此

$$\frac{\mathrm{d}U}{\mathrm{d}x}=0$$

于是式(8.40(b))可简化为

$$u\frac{\partial u}{\partial x}+v\frac{\partial u}{\partial y}=\nu\frac{\partial^2 u}{\partial y^2} \tag{8.41}$$

由量纲分析知道(见参考文献[3]),无量纲速度 u/U 与 x、y、U、ν 这四个变量组合而成的一个无量纲参数相关。无量纲参数记为 η,它可以表示为

$$\eta=y\sqrt{\frac{U}{\nu x}}$$

把 u/U 与 η 之间的函数关系表示为

$$\frac{u}{U}=f'(\eta)$$

其中,$f'=\mathrm{d}f/\mathrm{d}\eta$,它表示一个待求的任意函数,于是

$$u=Uf'(\eta),\quad \frac{\partial u}{\partial x}=-U\frac{\eta}{2x}f'',\quad \frac{\partial u}{\partial y}=U\sqrt{\frac{U}{\nu x}}f'',\quad \frac{\partial^2 u}{\partial y^2}=\frac{U^2}{\nu x}f'''$$

再把$\partial u/\partial x$代入连续性方程，即式(8.40(a))，又求出另外一个速度分量

$$v=\frac{1}{2}\sqrt{\frac{\nu U}{x}}(\eta f'-f)$$

把 u、v 及 u 的导数代入平板边界层方程式(8.41)，整理后就得到常微分方程

$$2f'''+ff''=0 \tag{8.42}$$

边界条件则相应地改写为

$$f(0)=0,\quad f'(0)=0,\quad f'(\infty)=1$$

由函数 f 及其导数可以求出平板层流边界层中的速度，进而求出其他的参数，而 f 又只与无量纲参数 η 有关。可见，边界层中的流动参数只与 η 相关。如果用 $\eta=y\sqrt{U/(\nu x)}$把边界层的各个截面放大或者缩小，则每个截面的流动状态是完全一样的，也就是说，各个截面具有彼此相似的性质，可见，由此求出的边界层解是相似性解，而 η 则是相似性变量。

常微分方程式(8.42)仍然是非线性的，它没有解析形式的解。在布拉休斯推导出这个方程后，许多学者运用数值积分计算了它的数值解，其中被引用较多的是霍华斯(L. Howarth)在1938年所求出的数值解(见表8-1)。根据表中列出的数值解，就可以计算边界层中的各个流动参数。由于用数值积分计算常微分方程的方法相对较成熟，误差较小，因此也可以把由常微分方程式(8.42)出发求出的布拉休斯解当成平板层流边界层的准确解。

表8-1　霍华斯给出的平板层流边界层布拉休斯解数值表

$\eta=y\sqrt{\frac{U}{\nu x}}$	f	$f'=\frac{u}{U}$	f''	$\eta=y\sqrt{\frac{U}{\nu x}}$	f	$f'=\frac{u}{U}$	f''
0	0	0	0.332 06				
0.2	0.006 64	0.066 41	0.331 99	2.2	0.781 20	0.681 32	0.248 35
0.4	0.026 56	0.132 77	0.331 47	2.4	0.922 30	0.728 99	0.228 09
0.6	0.059 74	0.198 94	0.330 08	2.6	1.072 52	0.772 46	0.206 46
0.8	0.106 11	0.264 71	0.327 39	2.8	1.230 99	0.811 52	0.184 01
1.0	0.165 57	0.329 79	0.323 01	3.0	1.396 82	0.846 05	0.161 36
1.2	0.237 95	0.393 78	0.316 59	3.2	1.569 11	0.876 09	0.139 13
1.4	0.322 98	0.456 27	0.307 87	3.4	1.746 96	0.901 77	0.117 88
1.6	0.420 32	0.516 76	0.296 67	3.6	1.929 54	0.923 33	0.098 09
1.8	0.529 52	0.574 77	0.282 93	3.8	2.116 05	0.941 12	0.080 13
2.0	0.650 03	0.629 77	0.266 75	4.0	2.305 76	0.955 52	0.064 24

续表

$\eta=y\sqrt{\frac{U}{\nu x}}$	f	$f'=\frac{u}{U}$	f''	$\eta=y\sqrt{\frac{U}{\nu x}}$	f	$f'=\frac{u}{U}$	f''
4.2	2.498 06	0.966 96	0.050 52	7.2	5.479 25	0.999 96	0.000 13
4.4	2.692 38	0.975 87	0.038 97	7.4	5.679 24	0.999 98	0.000 07
4.6	2.888 26	0.982 69	0.029 48	7.6	5.879 24	0.999 99	0.000 04
4.8	3.085 34	0.987 79	0.021 87	7.8	6.079 23	1.000 00	0.000 02
5.0	3.283 29	0.991 55	0.015 91	8.0	6.279 23	1.000 00	0.000 01
5.2	3.481 89	0.994 25	0.011 34	8.2	6.479 23	1.000 00	0.000 01
5.4	3.680 94	0.996 16	0.007 93	8.4	6.679 23	1.000 00	0.000 00
5.6	3.880 31	0.997 48	0.005 43	8.6	6.879 23	1.000 00	0.000 00
5.8	4.079 90	0.998 38	0.003 65	8.8	7.079 23	1.000 00	0.000 00
6.0	4.279 64	0.998 98	0.002 40				
6.2	4.479 48	0.999 37	0.001 55				
6.4	4.679 38	0.999 61	0.000 98				
6.6	4.879 31	0.999 77	0.000 61				
6.8	5.079 28	0.999 87	0.000 37				
7.0	5.270 26	0.999 92	0.000 22				

1）速度分布

$$\frac{u}{U}=f'(\eta)$$

由边界层中任意点的 x、y 计算相应的 $\eta=y\sqrt{U/(\nu x)}$，然后就可以由表 8-1 所列出的 f'值得到无量纲的速度。图 8-15 中画出了所得到的速度分布，其中横坐标是 η，纵坐标是 u/U。图中同时还标出了几种雷诺数 $Re_x=Ux/\nu$（从 $1.09\times10^5\sim7.29\times10^5$）的实验测量值，可以看出，布拉休斯解的计算值与实验值吻合得相当好。

另一个速度分量 v 与 u 相比是小量，一般都不需要考虑。

2）边界层厚度

按 $u=0.99U$，即 $f'(\eta)=0.99$，查表 8-1 得 $\eta\approx5.0$，因此

$$\delta(x)=5.0\sqrt{\frac{\nu x}{U}}=5.0\frac{x}{\sqrt{Re_x}}$$

由此式可知，边界层厚度 δ 与 $x^{1/2}$ 成正比。

3）位移厚度

$$\delta^*(x)=\int_0^\infty\left(1-\frac{u}{U}\right)\mathrm{d}y=\sqrt{\frac{\nu x}{U}}\int_0^\infty(1-f')\mathrm{d}\eta=\sqrt{\frac{\nu x}{U}}\lim_{\eta\to\infty}[\eta-f(\eta)]$$

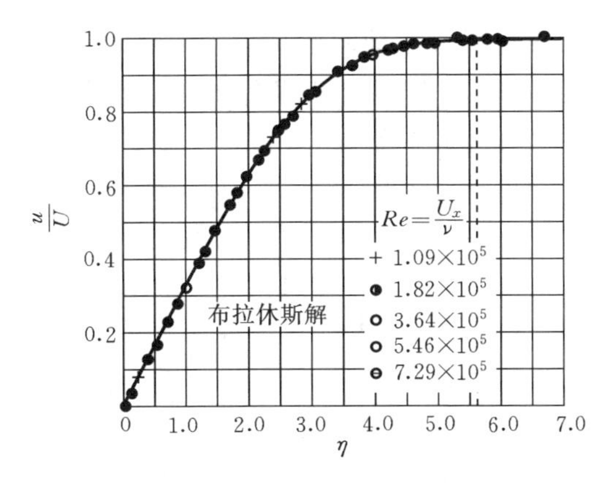

图 8-15　平板层流边界层速度分布

数值表不可能列出 $\eta\to\infty$ 的值。不过由表 8-1 知道，当 $f'\to 1$（也就是 $u\to U$）时，$\eta-f(\eta)$ 稳定地趋向于数值 1.721，把这个数值代入上式就可得到

$$\delta^{*}(x)=1.721\sqrt{\frac{\nu x}{U}}=1.721\frac{x}{\sqrt{Re_x}}$$

4）动量损失厚度

$$\delta^{**}(x)=\int_0^\infty\frac{u}{U}\left(1-\frac{u}{U}\right)\mathrm{d}y=\sqrt{\frac{\nu x}{U}}\int_0^\infty f'(1-f')\mathrm{d}\eta=\sqrt{\frac{\nu x}{U}}2f''(0)=0.664\frac{x}{\sqrt{Re_x}}$$

5）壁面切应力及摩擦阻力系数

$$\tau_{\mathrm{w}}=\mu\frac{\partial u}{\partial y}\bigg|_{y=0}=\mu U\sqrt{\frac{U}{\nu x}}f''(0)=0.332\frac{\rho U^2}{\sqrt{Re_x}}$$

壁面切应力与 $x^{1/2}$ 成反比。

自平板前缘作用于单位宽、长度为 l 的壁面上的总摩擦阻力

$$F_{\mathrm{D}}=\int_0^l\tau_{\mathrm{w}}\mathrm{d}x=0.664\frac{\rho U^2 l}{\sqrt{Re_l}}$$

其中，$Re_l=\frac{Ul}{\nu}$。由上式可见壁面上的总摩擦阻力 F_{D} 与 $U^{3/2}$ 成正比。相应的摩擦阻力系数

$$C_{\mathrm{f}}=\frac{F_{\mathrm{D}}}{\frac{1}{2}\rho U^2 l}=\frac{1.328}{\sqrt{Re_l}}\tag{8.43}$$

以上所求的只是平板单面的壁面切应力及摩擦阻力系数，如果平板上、下表面均浸没在流体中，则以上结果应该乘以系数 2。

8.6　边界层动量积分方程

对于任意的初始条件及边界条件，求解边界层流动的解析解是非常困难的。电子

计算机出现以后，对于许多边界层流动问题可以运用计算机求得令人满意的数值结果。但从工程应用的角度看，20 世纪以来所发展的许多求解边界层方程的近似方法今天仍有很大的应用价值，因为它们省时、省力，而且能够给出许多重要结果。在这些方法中，采用动量积分方程的求解方法是最简便而又使用得最普遍的一种。这种方法并不要求物理参数在边界层内的每一点精确地满足边界层方程，而只是要求它们在边界层的每一横截面上总体地满足这些方程，因此，采用动量积分方程求出的是近似解。求解动量积分方程时，通常需要预先给定边界层截面上速度分布的函数形式，如果所用的函数适当，就可以得到比较准确的近似解。下面首先建立动量积分方程。

以 U 乘以连续方程式(8.40(a)) 中的各项，并注意到 $\partial U/\partial y=0$，得到

$$\frac{\partial(uU)}{\partial x}+\frac{\partial(vU)}{\partial y}=u\frac{\mathrm{d}U}{\mathrm{d}x} \tag{8.44}$$

以 u 乘以连续方程的各项并和运动方程式(8.40(b)) 相加又得到

$$\frac{\partial u^2}{\partial x}+\frac{\partial uv}{\partial y}=U\frac{\mathrm{d}U}{\mathrm{d}x}+\nu\frac{\partial^2 u}{\partial y^2} \tag{8.45}$$

用式(8.44) 减去式(8.45) 得

$$\frac{\partial}{\partial x}[u(U-u)]+\frac{\partial}{\partial y}[v(U-u)]+(U-u)\frac{\mathrm{d}U}{\mathrm{d}x}=-\nu\frac{\partial^2 u}{\partial y^2}$$

将上式对 y 由 0 至 δ 积分，有

$$\int_0^\delta\frac{\partial}{\partial x}[u(U-u)]\mathrm{d}y+[v(U-u)]\Big|_0^\delta+\frac{\mathrm{d}U}{\mathrm{d}x}\int_0^\delta(U-u)\mathrm{d}y=-\nu\frac{\partial u}{\partial y}\Big|_0^\delta \tag{8.46}$$

对式(8.46) 等号左边第一项利用莱布尼兹法则，有

$$\int_0^\delta\frac{\partial}{\partial x}[u(U-u)]\mathrm{d}y=\frac{\mathrm{d}}{\mathrm{d}x}\int_0^\delta u(U-u)\mathrm{d}y+[u(U-u)]_{y=\delta}\frac{\mathrm{d}\delta}{\mathrm{d}x}$$

考虑到 $y=\delta$ 时 $u=U$ 和 $\partial u/\partial y=0$，以及 $y=0$ 时 $u=v=0$，式(8.46) 可变为

$$\frac{\mathrm{d}}{\mathrm{d}x}\int_0^\delta u(U-u)\mathrm{d}y+\frac{\mathrm{d}U}{\mathrm{d}x}\int_0^\delta(U-u)\mathrm{d}y=\nu\frac{\partial u}{\partial y}\Big|_{y=0}$$

上式等号右边 $\nu\frac{\partial u}{\partial y}\Big|_{y=0}=\frac{\tau_{\mathrm{w}}}{\rho}$，其中 τ_{w} 是壁面切应力。再运用位移厚度 δ^* 和动量损失厚度 δ^{**} 的表达式，上式可以改写为

$$\frac{\mathrm{d}}{\mathrm{d}x}(U^2\delta^{**})+U\frac{\mathrm{d}U}{\mathrm{d}x}\delta^*=\frac{\tau_{\mathrm{w}}}{\rho}$$

再将上式等号左边第一项展开，又可得

$$\frac{\mathrm{d}\delta^{**}}{\mathrm{d}x}+\frac{1}{U}(2\delta^{**}+\delta^*)\frac{\mathrm{d}U}{\mathrm{d}x}=\frac{\tau_{\mathrm{w}}}{\rho U^2}$$

若令 $H=\delta^*/\delta^{**}$，则上式最后成为

$$\frac{\mathrm{d}\delta^{**}}{\mathrm{d}x}+\frac{\delta^{**}}{U}(2+H)\frac{\mathrm{d}U}{\mathrm{d}x}=\frac{\tau_{\mathrm{w}}}{\rho U^2} \tag{8.47}$$

这就是边界层动量积分方程，它是由卡门(V. Karman)于1921年最先推导出来的，因此也称为卡门动量积分方程。卡门动量积分方程既可用于层流边界层的计算，也可用于湍流边界层的计算。

对于平板边界层，有 $\mathrm{d}U/\mathrm{d}x=0$，动量积分方程式(8.47)可进一步简化为

$$\frac{\mathrm{d}\delta^{**}}{\mathrm{d}x}=\frac{\tau_{\mathrm{w}}}{\rho U^2} \tag{8.48}$$

例 8-7 设来流速度为 U 的平板层流边界层内无量纲速度可以表示为三次多项式，即

$$\frac{u}{U}=a\left(\frac{y}{\delta}\right)^3+b\left(\frac{y}{\delta}\right)^2+c\left(\frac{y}{\delta}\right)+d$$

其中 a、b、c、d 是待定常数，试运用动量积分方程求边界层流动的近似解。

解 由以下四个边界条件确定四个待定常数 a、b、c、d。

在平板壁面上有

$$y=0\ 时，u=0 \qquad ①$$

再考虑式(8.41)，有

$$u\frac{\partial u}{\partial x}+v\frac{\partial u}{\partial y}=\nu\frac{\partial^2 u}{\partial y^2}$$

由于在边界 $y=0$ 处，不仅有 $u=0$，还有 $v=0$，于是由式(8.41)得到这个边界上的另一个边界条件

$$y=0\ 时，\frac{\partial^2 u}{\partial y^2}=0 \qquad ②$$

在边界层外缘，流动速度与外流速度相同，而且没有切应力(在外流中不考虑流体黏性影响)，这样可以得到外缘的两个边界条件

$$y=\delta\ 时，u=U \qquad ③$$

$$y=\delta\ 时，\frac{\partial u}{\partial y}=0 \qquad ④$$

运用以上四个边界条件，求出速度表达式中的待定常数

$$a=-\frac{1}{2},\quad b=0,\quad c=\frac{3}{2},\quad d=0$$

因此满足边界条件的三次多项式速度表达式为

$$\frac{u}{U}=\frac{3}{2}\ \frac{y}{\delta}-\frac{1}{2}\left(\frac{y}{\delta}\right)^3$$

现在式中的 δ 还是未知的，因此速度分布并未确定。速度分布应该满足动量积分方程。首先由所给的速度表达式计算动量积分方程中的动量损失厚度和壁面切应力，有

$$\delta^{**}=\int_0^\delta\frac{u}{U}\left(1-\frac{u}{U}\right)\mathrm{d}y=\delta\int_0^1\left(\frac{3}{2}\ \frac{y}{\delta}-\frac{1}{2}\ \frac{y^3}{\delta^3}\right)\left(1-\frac{3}{2}\ \frac{y}{\delta}+\frac{1}{2}\ \frac{y^3}{\delta^3}\right)\mathrm{d}\left(\frac{y}{\delta}\right)=\frac{39}{280}\delta$$

$$\frac{\tau_{\mathrm{w}}}{\rho}=\nu\frac{\partial u}{\partial y}\bigg|_{y=0}=\nu U\frac{\partial}{\partial y}\left(\frac{3}{2}\ \frac{y}{\delta}-\frac{1}{2}\ \frac{y^3}{\delta^3}\right)\bigg|_{y=0}=\frac{3\nu U}{2\delta}$$

把它们代入动量积分方程式(8.48)后得到

$$\frac{39}{280}\ \frac{\mathrm{d}\delta}{\mathrm{d}x}=\frac{3\nu}{2\delta U}$$

或

$$\frac{13}{140}U\delta\,\mathrm{d}\delta=\nu\mathrm{d}x$$

积分后得

$$\frac{13}{280}U\delta^2=\nu x+C$$

其中，C 是积分常数。设所取坐标系的 $x=0$ 在边界层的前缘点，于是有 $x=0$ 时，$\delta=0$，由此求出积分常数 $C=0$。再由上式解出边界层厚度，有

$$\delta(x)=4.64\sqrt{\frac{\nu x}{U}}=4.64\ \frac{x}{\sqrt{Re_x}}$$

壁面切应力

$$\tau_{\mathrm{w}}=\frac{3\rho\nu U}{2\delta}=\frac{3\mu U}{2\delta}=0.323\mu U\sqrt{\frac{U}{\nu x}}=0.323\ \frac{\rho U^2}{\sqrt{Re_x}}$$

长度为 l 的单位宽度平板单侧所作用的总摩擦阻力

$$F_{\mathrm{D}}=\int_0^l\tau_{\mathrm{w}}\mathrm{d}x=0.646\ \frac{\rho U^2 l}{\sqrt{Re_l}}$$

摩擦阻力系数

$$C_{\mathrm{f}}=\frac{F_{\mathrm{D}}}{\frac{1}{2}\rho U^2 l}=\frac{1.292}{\sqrt{Re_l}}$$

例 8-8　设来流速度为 U 的平板层流边界层内的无量纲速度可以表示为四次多项式

$$\frac{u}{U}=a\left(\frac{y}{\delta}\right)^4+b\left(\frac{y}{\delta}\right)^3+c\left(\frac{y}{\delta}\right)^2+d\left(\frac{y}{\delta}\right)+e$$

其中，a、b、c、d、e 是待定常数，试运用动量积分方程求边界层流动的近似解。

解　相对于上例中的三次多项式，本例中的四次多项式多出一个待定常数，因此除了上例中所用到的四个边界条件之外，还需要另外补充一个边界条件。

从上例中已知，在边界层的外缘，$y=\delta$ 时，$\partial u/\partial y=0$，对速度再求一次导数，显然有

$$y=\delta\ 时,\ \frac{\partial^2 u}{\partial y^2}=0$$

运用这个边界条件及上例中用到的其他四个边界条件，求出五个待定常数后得到速度表达式为

$$\frac{u}{U}=\left(\frac{y}{\delta}\right)^4-2\left(\frac{y}{\delta}\right)^3+2\left(\frac{y}{\delta}\right)$$

把它代入动量积分方程，最后得到边界层厚度、壁面切应力和摩擦阻力系数，它们分别为

$$\delta(x)=5.83\frac{x}{\sqrt{Re_x}}$$

$$\tau_w=0.343\frac{\rho U^2}{\sqrt{Re_x}}$$

$$C_f=\frac{1.372}{\sqrt{Re_l}}$$

以上两例的近似解和准确解(布拉休斯解)的比较列于表 8-2 中。同时列入表中比较的还有一次多项式、二次多项式和正弦函数速度分布的计算结果。

表 8-2　平板层流边界层近似解与布拉休斯准确解的比较

$f(\eta)=f\left(\frac{y}{\delta}\right)$	$\delta\sqrt{\frac{U}{\nu x}}$	$\delta^*\sqrt{\frac{U}{\nu x}}$	$\delta^{**}\sqrt{\frac{U}{\nu x}}$	$\frac{\tau_w}{\mu U}\sqrt{\frac{\nu x}{U}}$	$C_f\sqrt{\frac{Ul}{\nu}}$
η	3.46	1.732	0.577	0.289	1.155
$2\eta-\eta^2$	5.48	1.825	0.630	0.365	1.460
$\frac{3}{2}\eta-\frac{1}{2}\eta^3$	4.64	1.740	0.646	0.323	1.292
$2\eta-2\eta^3+\eta^4$	5.83	1.752	0.686	0.343	1.372
$\sin\frac{\pi}{2}\eta$	4.79	1.742	0.655	0.327	1.310
布拉休斯准确解	5.00	1.729	0.664	0.332	1.328

通过表中的比较可以知道，就是运用最简单的一次速度表达式也能得到定性合理的计算结果；运用三次和四次多项式的速度表达式，摩擦阻力系数 C_f 的误差只有 3%左右。可见，动量积分方程的确是一种简便而有效的近似计算方法。

8.7　湍流边界层与混合边界层

与管道流动类似，当边界层流动的雷诺数 $Re_x=Ux/\nu$ 大于临界值时，边界层内的流动发生转捩，由层流转变成湍流。可以像推导层流边界层方程式(8.40)一样推导湍流边界层的微分方程，但是在湍流边界层方程中不仅含有分子黏性应力项，还会出现湍流应力项，于是未知量的数目就会大于方程数目，从而使方程组不封闭。为了使方程组封闭，必须选用一定的湍流模式，给出湍流应力与时均参数之间的关系。目前最常用的湍流模式是基于涡团黏度假设的代数方程模式、k-方程模式和 k-ε 方程模

式。在第一种模式中，将混合长用一个代数方程描述；在第二种模式中，除了给定混合长的代数方程外还要加上一个代表湍流动能 k 保持平衡的偏微分方程，并将它们与时均速度方程联立求解；在第三种模式中，除了给定混合长与湍流动能方程外还要再加上一个表示湍动能耗散 ε 保持平衡的偏微分方程，并将它们与时均速度方程联立求解。不管采用哪一种模式，所涉及的方程组都十分复杂，除了个别极简单的情况外，一般都只可能用数值方法求解。限于本书的性质，这里不作详细讨论。下面仍然运用动量积分方程对湍流边界层求近似解。

1. 湍流边界层的近似计算

前面已推导了边界层动量积分方程式(8.47)，对于平板边界层，动量积分方程简化为式(8.48)。只要使用适合于湍流的速度分布函数，运用动量积分方程仍然可以对较为简单的湍流边界层求出令人满意的近似解。

对于光滑平板湍流边界层的实验研究表明，与光滑圆管内的湍流流动相比，湍流边界层的流动具有类似的分层结构，也可划分为黏性底层、过渡区和湍流核心区。实验还表明，在黏性底层和湍流核心区内，时均速度的变化规律与圆管湍流中的相应区域类似，因此可以把湍流水力光滑管的速度分布表达式用于光滑平板湍流边界层流动。

从第 4 章已经知道，水力光滑管中湍流核心区的速度为对数分布。由于运用对数表达式进行数学处理（如微分、积分）不方便，因此有人采用曲线拟合的方法给出 1/7 指数函数的速度表达式

$$\frac{u}{u_*}=8.74\left(\frac{u_* y}{\nu}\right)^{1/7} \tag{8.49}$$

其中，u_* 是摩擦速度。这个式子所描述的速度分布在很宽的雷诺数范围内都与对数函数接近。现在把式(8.49)给出的速度分布用于光滑平板湍流边界层的求解。

在边界层外缘 $y=\delta$ 处应该有 $u=U$，由式(8.49)得到

$$\frac{U}{u_*}=8.74\left(\frac{u_* \delta}{\nu}\right)^{1/7} \tag{8.50}$$

将式(8.49)与式(8.50)相除，又有

$$\frac{u}{U}=\left(\frac{y}{\delta}\right)^{1/7} \tag{8.51}$$

这就是经常用于光滑平板湍流边界层近似计算的速度表达式。在另一方面，把摩擦速度 $u_*=\sqrt{\tau_w/\rho}$ 代入式(8.50)还可以得到壁面切应力的表达式

$$\frac{\tau_w}{\rho U^2}=0.0225\left(\frac{\nu}{U\delta}\right)^{1/4} \tag{8.52}$$

运用式(8.51)给出的 1/7 指数函数的速度表达式，可以由边界层动量积分方程求出平板湍流边界层足够好的近似解。

例 8-9 设来流速度为 U 的平板湍流边界层内无量纲速度和壁面切应力可以分

别表示为

$$\frac{u}{U}=\left(\frac{y}{\delta}\right)^{1/7},\quad \frac{\tau_{\mathrm{w}}}{\rho U^2}=0.0225\left(\frac{\nu}{U\delta}\right)^{1/4}$$

试运用动量积分方程求边界层流动的近似解。

解　首先由所给速度表达式计算动量损失厚度

$$\delta^{**}=\int_0^\infty \frac{u}{U}\left(1-\frac{u}{U}\right)\mathrm{d}y=\int_0^\infty \left(\frac{y}{\delta}\right)^{1/7}\left[1-\left(\frac{y}{\delta}\right)^{1/7}\right]\mathrm{d}y=\frac{7}{72}\delta$$

把壁面切应力表达式和上面积分得到的 δ^{**} 表达式代入动量积分方程，得到

$$\frac{7}{72}\frac{\mathrm{d}\delta}{\mathrm{d}x}=0.0225\left(\frac{\nu}{U\delta}\right)^{1/4}$$

把坐标原点取在边界层前缘点，于是在 $x=0$ 处 $\delta=0$。将上式积分后得

$$\delta=0.37\left(\frac{\nu}{U}\right)Re_x^{4/5}=\frac{0.37x}{\sqrt[5]{Re_x}}$$

把 δ 代入壁面切应力表达式后得到

$$\tau_{\mathrm{w}}=0.0225\rho U^2\left(\frac{\nu}{U\delta}\right)^{1/4}=0.0288\frac{\rho U^2}{\sqrt[5]{Re_x}}$$

对壁面切应力积分得到摩擦阻力和摩擦阻力系数

$$F_{\mathrm{D}}=\int_0^l \tau_{\mathrm{w}}\mathrm{d}x=\frac{0.036\rho U^2 l}{\sqrt[5]{Re_l}}$$

$$C_{\mathrm{f}}=\frac{F_{\mathrm{D}}}{\frac{1}{2}\rho U^2 l}=\frac{0.072}{\sqrt[5]{Re_l}}$$

实验证明，当 $5\times10^5<Re_l<2.5\times10^7$ 时，上面例题中对平板湍流边界层所得到的近似计算结果已经很准确，如果把上面两式中的后一式中的系数稍作修改，写为

$$C_{\mathrm{f}}=\frac{F_{\mathrm{D}}}{\frac{1}{2}\rho U^2 l}=\frac{0.074}{\sqrt[5]{Re_l}}\tag{8.53}$$

则与实验结果吻合得更好。

研究还表明，当雷诺数非常大时，只要调整速度表达式中的指数，例如，当$3\times10^7<Re_l<3\times10^8$ 时取 1/8 指数函数，当 $2\times10^8<Re_l<10^{10}$时取 1/9 指数函数，仍然可以运用动量积分方程对平板湍流边界层得到较好的近似解。

与层流边界层的计算结果相比，层流边界层的厚度 δ 与 $x^{1/2}$ 成正比；湍流边界层的 δ 与 $x^{4/5}$ 成正比，显然后者的增长远快于前者。层流边界层的摩擦阻力系数 C_{f} 与 $Re_l^{-1/2}$ 成正比；湍流边界层的 C_{f} 与 $Re_l^{-1/5}$ 成正比；对于相同的平板，在相同的雷诺数 Re_l 下，湍流边界层的摩擦阻力系数远大于层流的。例如，当雷诺数同为 $Re_l=10^6$ 时，湍流边界层的摩擦阻力系数大约是层流边界层摩擦阻力系数的 3.5 倍。由此可知，如果能够采取措施把边界层流动控制在层流状态，就可以有效地减小壁面的摩擦

阻力。

2. 混合边界层

在实际流动中，从板的前缘开始形成边界层。在前段流动处于层流状态，沿着流动方向雷诺数 $Re_x=Ux/\nu$ 逐渐增大，当雷诺数达到某临界水平，层流边界层逐渐转变为湍流。由层流向湍流的转变就是在第 4 章中介绍过的转捩。

从层流向湍流的转捩要经历一个过渡阶段。因此，严格地说，在层流段和湍流段之间还存在着一个过渡段。过渡段内的流动状态很复杂，而且过渡段在整个边界层内所占的比例也不大，在一般的工程计算中通常都忽略过渡段，认为层流段与湍流段相接，相接点就是转捩点。前段处于层流状态、后段处于湍流状态的边界层称为混合边界层，如图 8-16 所示，转捩点的位置 x_c 取决于临界雷诺数

$$Re_{x_c}=\frac{Ux_c}{\nu}$$

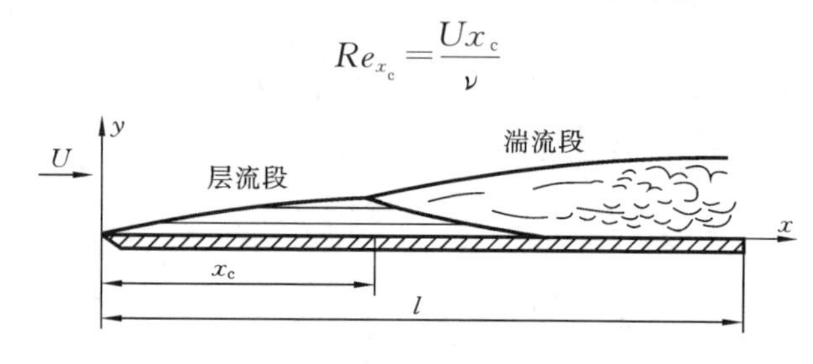

图 8-16　混合边界层

由于在求解边界层流动时，外流速度 U 和流体运动黏度 ν 一般都是已知的，因此只要知道临界雷诺数 Re_{x_c} 就可以确定两段之间的转捩点 x_c，于是也就可以运用层流边界层和湍流边界层的计算方法对两段的摩擦阻力分别进行计算。在计算湍流段的摩擦阻力时，一般把湍流段近似为从板前缘开始的湍流边界层的后一段。

转捩是一个非常复杂的过程，人们至今还不能用理论方法准确预测转捩的发生。有人在实验研究的基础上给出了一些计算转捩点的经验或半经验公式，但是由于转捩受壁面粗糙度、来流的扰动程度（湍流度）等诸多因素的影响，对于曲面边界层转捩还与外流的压强梯度有关，因此这些计算公式都具有一定的局限性。如何准确地预测转捩（特别是曲面边界层的转捩），从而给出准确的临界雷诺数 Re_{x_c}，仍然有待于进一步研究。对于光滑平板的边界层，目前使用较多的临界雷诺数值为 $Re_{x_c}=3.2\times10^5$。

例 8-10　已知薄平板宽 $b=0.6$ m，长 $l=10$ m，平板在石油中以速度 $U=5$ m/s 等速滑动，石油动力黏度 $\mu=0.0128$ Pa·s，密度 $\rho=850$ kg/m^3。不考虑板厚的影响，并设临界雷诺数 $Re_{x_c}=3.2\times10^5$，试确定：(1) 层流边界层的长度 x_c；(2) 平板单面上所作用的摩擦阻力 F_D。

解　对应于板长 l 的雷诺数

$$Re_l=\frac{\rho Ul}{\mu}=\frac{850\times5\times10}{0.0128}=3.32\times10^6$$

$Re_l > Re_{x_c}$，边界层的后段为湍流段。

(1) 由临界雷诺数的定义 $Re_{x_c}=\dfrac{\rho U x_c}{\mu}$ 解出层流边界层的长度

$$x_c = Re_{x_c}\frac{\mu}{\rho U} = 3.2\times10^5\times\frac{0.0128}{850\times5}\ \text{m} = 0.964\ \text{m}$$

(2) 对层流段和湍流段分别计算摩擦阻力，整块板的摩擦阻力是两段的摩擦阻力之和。

对于层流段，运用布拉休斯准确解的计算公式(8.43)

$$C_f = \frac{F_D}{\dfrac{1}{2}\rho U^2 l} = \frac{1.328}{\sqrt{Re_l}}$$

来计算。其中，层流段长 $l = x_c = 0.964$ m，相应的雷诺数 $Re_l = Re_{x_c} = 3.2\times10^5$。由所给公式计算的只是单位宽平板上的摩擦阻力，现在板宽 $b=0.6$ m，因此层流段上所作用的摩擦阻力

$$F_{D1} = \frac{1}{2}\rho U^2 b x_c \frac{1.328}{\sqrt{Re_{x_c}}} = \frac{1.328\times850\times5^2\times0.6\times0.964}{2\times\sqrt{3.2\times10^5}}\ \text{N} = 14.4\ \text{N}$$

对于湍流段运用式(8.53)

$$C_f = \frac{F_D}{\dfrac{1}{2}\rho U^2 l} = \frac{0.074}{\sqrt[5]{Re_l}}$$

来计算。湍流段只是从 $x=x_c$ 到 $x=l$ 的一段，其摩擦阻力为 l 长度的摩擦阻力减去 x_c 长度的摩擦阻力，即

$$\begin{aligned} F_{D2} &= \frac{1}{2}\rho U^2 b l \frac{0.074}{\sqrt[5]{Re_l}} - \frac{1}{2}\rho U^2 b x_c \frac{0.074}{\sqrt[5]{Re_{x_c}}} = 0.037\rho U^2 b\left(\frac{l}{\sqrt[5]{Re_l}} - \frac{x_c}{\sqrt[5]{Re_{x_c}}}\right) \\ &= 0.037\times850\times5^2\times0.6\times\left(\frac{10}{\sqrt[5]{3.32\times10^6}} - \frac{0.964}{\sqrt[5]{3.2\times10^5}}\right)\ \text{N} \\ &= 198.1\ \text{N} \end{aligned}$$

平板单面上作用的摩擦阻力

$$F_D = F_{D1} + F_{D2} = (14.4 + 198.1)\ \text{N} = 212.5\ \text{N}$$

8.8　边界层分离及物体阻力

1. 曲面边界层分离及尾流区

在大雷诺数情况下，流体黏性的影响主要局限在边界层内。由于流体与物体壁面之间的黏滞作用，边界层内的速度较外流速度小，通过的流量相应要少，这就使外流中的流线向外推移。严格地说，边界层的存在会使外流发生改变。但由于边界层非常薄，在一般的工程计算中完全可以忽略它对于外流的影响，因此在平板边界层的

外边界上，速度仍然可以取为常数，压强沿着流动方向也不变化。在曲面边界层外边界上，速度和压强都沿着流动方向变化，沿流动方向的压差会对边界层内的流动产生影响，而且在一定条件下还会使边界层与物面相分离。

以圆柱绕流为例。在大雷诺数条件下，忽略边界层对外流的影响，外流是一个无黏性流体的圆柱绕流问题，在7.6节中已求出了它的理论解。理论分析表明，在图8-17所示的点A和点B上的流动速度为零，流体质点的动能为零，压强势能达到最大值；在点M上速度最大，动能达到最大值，压强势能达到最小值。沿着壁面从点A到点M的切向速度逐渐增加，而压强则由大变小，压强势能逐步转化为动能。流体质点沿着壁面从点A到点M运动时，被压差"推着向前进"，因此通常也把这一区域称为顺压区。沿着壁面由点M到点B这一段速度减小，而压强则逐渐增大，因此这一区域是逆压区。在逆压区中动能逐步转化为压强势能。如果没有黏性的影响，当流体质点到达点B时，在顺压区获得的动能全部转化为压强势能，因此在点B的速度为零。实际流体都是有黏性的，黏性摩擦消耗流体的运动机械能。在黏性摩擦和逆压的共同作用下，流体质点在点B之前的逆压区中某点就"耗"尽了动能。如果逆压足够强，就会使物体壁面附近的流体速度从这一点开始发生反向，如图8-18中的SB段所示。此时，边界层主流将会离开壁面。这就是边界层的分离现象。图8-18中的点S就是分离点。

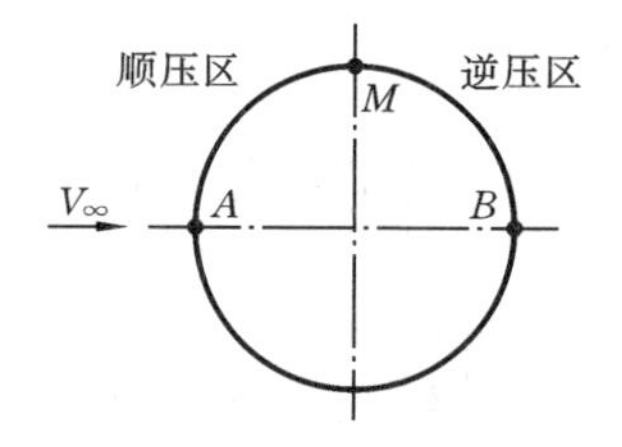

图8-17　圆柱表面上的顺压区和逆压区

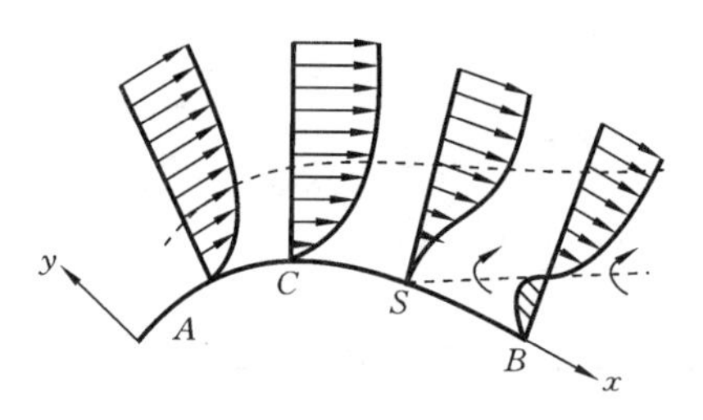

图8-18　曲面边界层的分离

圆柱绕流的实验结果表明，当雷诺数$Re=V_\infty d/\nu$（V_∞是来流速度，d是圆柱直径，ν是流体运动黏度）小于1或者约等于1时，圆柱壁面不会形成边界层，此时上、下游的流线基本对称，如图8-19(a)所示。当$Re>4$以后，圆柱壁面逐渐形成边界层，并且柱两侧的边界层在逆压的作用下均发生分离，生成两个旋转方向相反的旋涡，旋涡附着在圆柱的后方，形成较为稳定的尾流区，如图8-19(b)所示。通过在水流中加入染料或者在气流中施放烟气等方式可以显示边界层分离和旋涡生成的过程，图8-20是圆柱尾流区中附着旋涡的照片。当$Re>40$以后，尾流区中的一对旋涡开始出现不稳定的摆动，当Re进一步增大到60左右时，圆柱两侧的旋涡按一定的周期轮流地从壁面脱落并流向下游，在柱后方形成交错排列的两列旋涡，如图8-19(c)所示。著名科学家冯·卡门在1921年首先注意到这种涡列的存在，并对此进行了研究，因此这种涡列又称为卡门涡街。图8-21是卡门涡街的照片。当Re大于大约

5000 以后，涡列逐渐失去了规律性，最终形成有许多不规则旋涡的尾流区。在 $Re \approx 3 \times 10^5$ 时，分离点上游的边界层流动由层流转变为湍流，此时流体质点的湍流横向脉动把外流的部分前行动量带入边界层，使边界层内流体质点的前行动量增加，因而分离现象推迟，分离点沿壁面向后移，尾流区明显缩小，如图 8-22 所示。

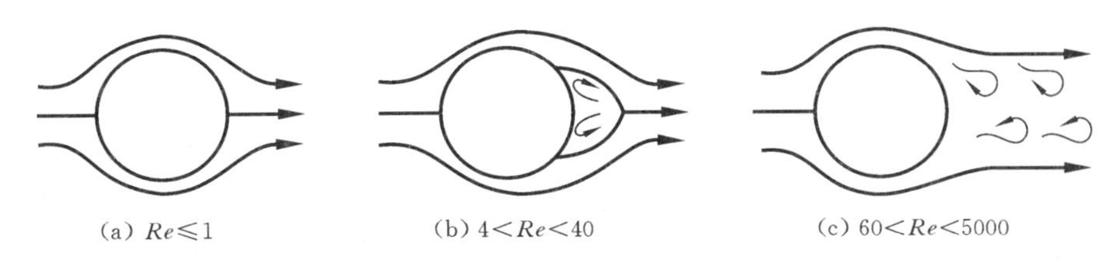

(a) $Re \leqslant 1$　　(b) $4 < Re < 40$　　(c) $60 < Re < 5000$

图 8-19　不同雷诺数下的圆柱绕流

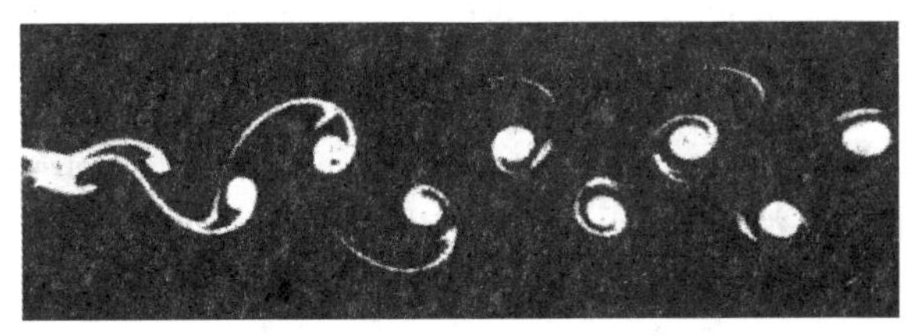

图 8-20　圆柱尾流区中附着旋涡照片　　图 8-21　卡门涡街照片

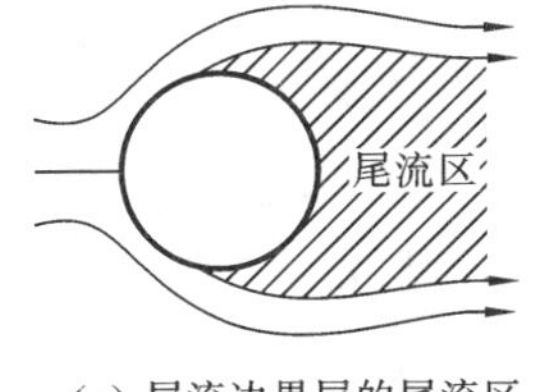

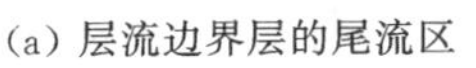

(a) 层流边界层的尾流区

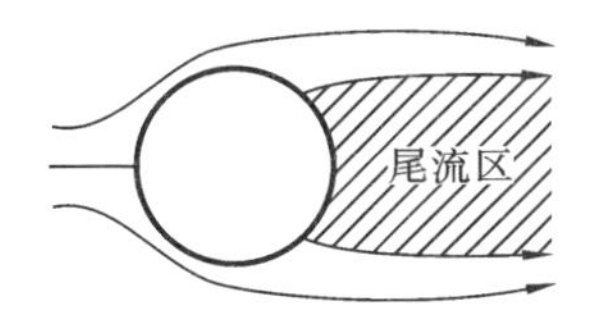

(b) 湍流边界层的尾流区

图 8-22　层流边界层和湍流边界层的尾流区

当出现卡门涡街时，由于两列旋涡交错排列，圆柱两侧的流场不对称，因此流体作用在圆柱两侧的压强也不对称，于是对圆柱产生横向(垂直于来流方向)的总压力。随着两侧旋涡交替地生成和脱落，横向力的数值和作用方向按正弦规律变化，其变化的频率与旋涡的脱落频率一致。虽然横向力远比阻力小，但是当它的变化频率与柱体结构的自然频率接近时有可能激发结构共振，因此在设计高烟囱、电视塔、高层建筑、大跨度桥梁、管式热交换器、潜艇潜望镜等柱形结构时经常需要计算气流或水流的旋涡脱落频率，以避免发生结构共振。一般由斯特劳哈尔数 $Sr = fd/V_\infty$ 的数值来确定旋涡的脱落频率 f，其中 d 是圆柱直径，V_∞ 是来流速度。根据实验研究结果，一

般可以取 $Sr \approx 0.2$。

2. 物体阻力

设 p 为圆柱表面的压强，p_∞ 和 V_∞ 分别为无穷远处的压强和速度。定义无量纲压强系数

$$C_p = \frac{p - p_\infty}{\frac{1}{2}\rho V_\infty^2}$$

图 8-23 给出了压强系数 C_p 在圆柱壁面上的变化，横坐标的 $\theta = 0°$ 对应圆柱壁面的前部中点，$\theta = 180°$ 对应后部中点。图中虚线给出的是在 7.6 节中求出的理想流体绕流的理论解，它表明圆柱壁面前半部分的压强分布对称于后半部分，因此流体对圆柱沿来流方向的总压力等于零。在实际流动中，当圆柱壁面上发生边界层分离现象时圆柱后方形成尾流区，因而压强发生变化。图中两条实线分别是圆柱壁面形成层流边界层和湍流边界层时的压强系数实测结果。在圆柱的前部，实测压强系数与理想流体的理论解相差不大。层流边界层在大约 $\theta = 80°$ 发生分离并形成尾流区，随后压强系数与理想流体的理论曲线产生较大差别；湍流边界层在大约 $\theta = 120°$ 时发生分离，形成尾流区，其压强系数曲线较晚离开理论曲线。从两条实测曲线不难看出，层流边界层的尾流区明显比湍流边界层的尾流区大。由于圆柱后方尾流区中的压强比圆柱前方压强小，前、后壁面上的压强差将对物体的运动造成阻力，这部分阻力称为压差阻力或者形状阻力。

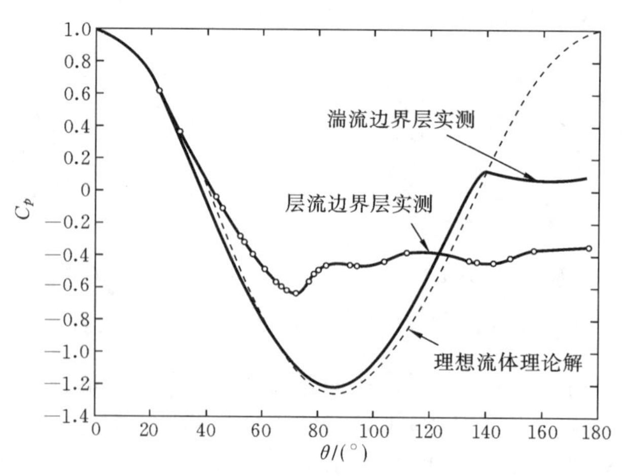

图 8-23　圆柱壁面压强系数分布

边界层内存在黏性切应力，流体对物体壁面所作用的切应力对物体的运动形成摩擦阻力。在平板边界层中，沿流动方向压强不变化，不存在逆压区，因此平板边界不会发生分离现象，平板的运动阻力只包括摩擦阻力。曲面边界层会发生分离，因此曲面物体的运动阻力包括摩擦阻力和压差阻力两部分。对于圆柱、圆球等短而粗的

钝体，其压差阻力远大于摩擦阻力，两者在数值上通常会相差两个数量级。

如果忽略流体的黏性作用，就不会有壁面切应力，也不会生成边界层及由边界层分离形成尾流区，所以说，产生摩擦阻力和压差阻力的根本原因都是因为流体有黏性。

理论分析和实验研究都证明，湍流边界层的摩擦阻力比层流边界层大。因此，在相同的几何条件和流动条件下保持边界层为层流是减小摩擦阻力的主要途径。光滑的壁面有助于推迟边界层流动的转捩，使边界层保持为层流，从而减小摩擦阻力。研究还表明，当边界层处于湍流状态时，物体壁面粗糙程度对摩擦阻力也有显著的影响；壁面粗糙度越大，摩擦阻力就越大。把物体壁面加工得更光滑是减小摩擦阻力的主要途径之一。

对压差阻力的理论分析比对摩擦阻力的分析更为困难，主要原因是尾流区内的流场非常复杂。在尾流区中包含大量的旋涡，即使在雷诺数不大的情况下，旋涡运动也会很快地触发转捩从而形成湍流，这就使问题变得相当复杂，从而无法进行有效的理论分析。由于这个原因，对压差阻力的认识主要基于实验。

设物体阻力为 F_D，来流速度为 V_∞，物体的迎风面积为 A。定义无量纲阻力系数

$$C_D = \frac{F_D}{\frac{1}{2}\rho V_\infty^2 A}$$

图 8-24 给出了由实验测量得到的圆柱阻力系数 C_D 与雷诺数 Re 之间的关系曲线。图中采用的是对数坐标。由图 8-24 可以看到，在小雷诺数范围，近似有 $C_D \propto Re^{-1}$，此时阻力与速度成正比；在 $Re = 10^3 \sim 3\times10^5$ 内阻力系数几乎不随雷诺数变化，这说明阻力与速度的平方成正比，因为此时圆柱后面有明显的尾流区，阻力主要是前、后压差造成的。图中曲线最引人注目的是，在 $Re = 3\times10^5$ 附近 C_D 有一明显下降处，正是在这一雷诺数附近分离点前方的边界层由层流状态转变为湍流状态。

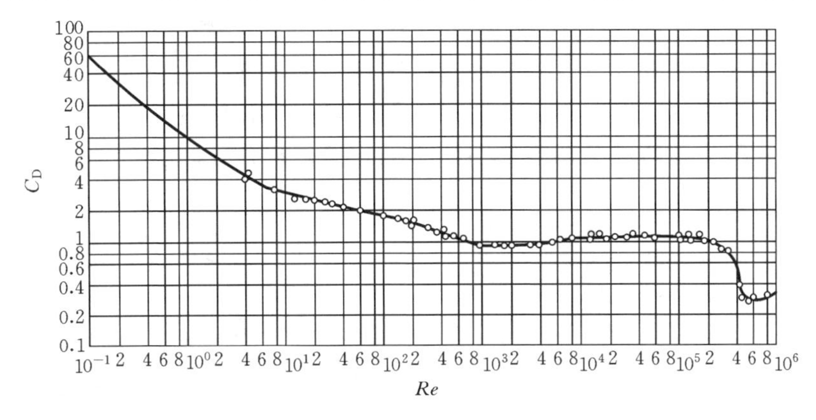

图 8-24　圆柱阻力系数随雷诺数的变化

虽然湍流边界层流动的摩擦阻力比层流边界层大，但是它与物面的分离较晚，所形成的尾流区较小，从而所产生的压差阻力比层流边界层小，由于圆柱的压差阻力在总阻力中占有较大的比例，因此物体的总阻力有了一个明显的下降。

圆球形和其他形状的三维钝头物体的阻力系数变化与圆柱形物体有类似的规律。对于圆球形物体，定义 $Re=V_\infty d/\nu$，其中 d 是圆球直径。当 $Re<1$ 时，不出现分离现象，总阻力中只包含摩擦阻力，它与速度成正比；当 $Re>1$ 时出现边界层分离，压差阻力出现，并且它在总阻力中所占的比例随着 Re 的增大而逐渐增加；当 $Re>10^3$ 时，阻力主要由压差产生，它与速度的平方成正比，阻力系数 C_D 几乎保持为常数。

对于 $Re<1$ 的流动，斯托克斯在忽略了全部惯性力项后求出了 N-S 方程的理论解；对于 $Re>1$ 的流动，无法求出理论解，只能依靠实验研究得出经验公式。不同雷诺数范围的圆球阻力系数理论计算公式和经验公式如下：

$$C_D=\begin{cases}\dfrac{24}{Re} & (Re<1\ (\text{理论}))\\ \dfrac{13}{\sqrt{Re}} & (Re=10\sim10^3)\\ 0.48 & (Re=10^3\sim2\times10^5)\end{cases} \tag{8.54}$$

圆球阻力系数也有突然下降的现象，一般发生在 $Re=4\times10^4\sim5\times10^5$ 之间，所对应的具体 Re 值与圆球表面的粗糙度有关，粗糙度越大，层流向湍流的转捩越早，所对应的 Re 值就越小。普朗特曾经做过一个实验，他在光滑圆球前部套一金属丝圈，人为地将层流边界层提前转化为湍流边界层，结果使分离点后移，从而使阻力系数明显下降。金属丝圈的作用与球表面的粗糙影响相类似，都可以提前触发边界层的转捩，使尾流区减小。从以上例子可以知道，对于压差阻力占优的物体，控制边界层的分离，减小尾流区是减小阻力的有效途径。所谓“流线型”物体后半部分的曲率一般都比较小，如图 8-25 所示，于是边界层逆压区中的逆压梯度就较小，这可以避免或者推迟边界层的分离，不产生或者减小尾流区，从而减小物体的阻力。

如果物体壁面上有棱角，则边界层通常从棱角处开始发生分离。棱角所产生的分离一般比圆顺壁面上发生的分离更靠前，所形成的尾流区更大，因此物体的压差阻力也会较大。平头物体的分离点就位于平面边缘的棱角处。图 8-26 所示是一垂直

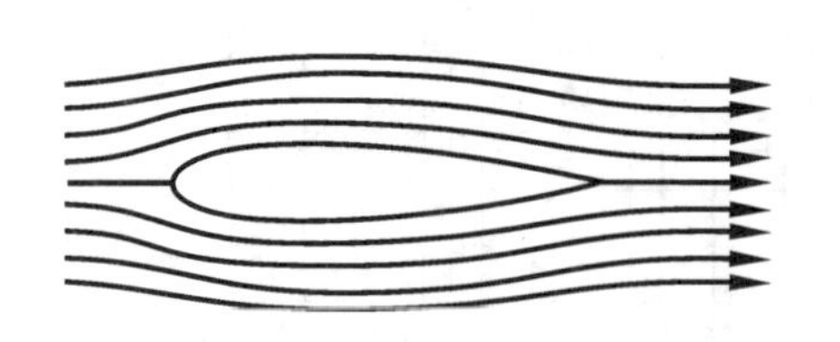

图 8-25　绕流线型物体的流动

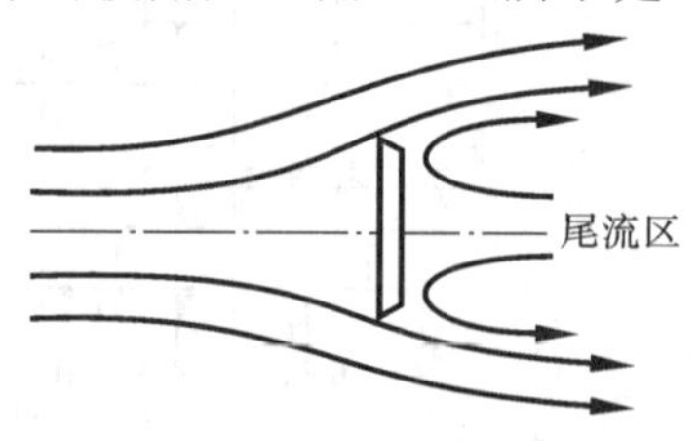

图 8-26　垂直于来流方向的平板后方所形成的尾流区

于来流方向的平板，此时并未在平板表面形成边界层，流体在平板的边缘发生分离，在平板后方生成旋涡，形成较大的尾流区，产生很大的压差阻力。当流体从棱角处分离时，分离点是固定的，因此物体的阻力也不会突然下降。

降低物体的运动阻力始终是人类追求的目标，降低阻力意味着节约能源、提高效率、减少污染。在阻力研究方面已经有非常丰富的成果，常见物体的阻力系数可以在相关的工程手册上查到。

例 8-11　高 $l=25$ m、直径 $d=1$ m 的圆柱形烟囱在 30 ℃的环境温度下受到 10 km/h 的均匀风作用。忽略端部效应，试估算风作用在烟囱上的总载荷和烟囱底部弯矩。

解　在 30 ℃的温度下，空气的密度和运动黏度分别为 $\rho=1.156\ \text{kg/m}^3$ 和 $\nu=1.6\times10^{-5}\ \text{m}^2/\text{s}$，风速和雷诺数分别为

$$V_\infty=\frac{10^4}{3600}\ \text{m/s}=2.78\ \text{m/s}$$

$$Re=\frac{V_\infty d}{\nu}=\frac{2.78\times1}{1.6\times10^{-5}}=1.74\times10^5$$

由 $Re=1.74\times10^5$ 查图 8-24，得到 $C_\text{D}\approx1.2$。总载荷和底部弯矩分别为

$$F_\text{D}=\frac{\rho V_\infty^2 A}{2}C_\text{D}=\frac{\rho V_\infty^2 dl}{2}C_\text{D}=\frac{1.156\times2.78^2\times1\times25}{2}\times1.2\ \text{N}=134\ \text{N}$$

$$M=F_\text{D}\ \frac{l}{2}=134\times\frac{25}{2}\ \text{N}\cdot\text{m}=1675\ \text{N}\cdot\text{m}$$

例 8-12　炉膛中烟气的上升速度 $V=0.25$ m，烟气密度和动力黏度 $\rho=0.234\ \text{kg/m}^3$，$\mu=5.04\times10^{-5}\ \text{Pa}\cdot\text{s}$，煤粉密度 $\rho_\text{s}=110\ \text{kg/m}^3$。试确定会被烟气带走的最大煤粉颗粒的半径。

解　漂浮的煤粉颗粒都在重力和烟气浮力的作用之下，当重力大于浮力时，煤粉颗粒下降，在下降过程中颗粒受到气体的阻力。当重力、浮力和阻力三者平衡时，颗粒的下降速度达到稳定。

把煤粉颗粒简化为半径为 R 的小圆球，其重力为 $\frac{4}{3}\pi R^3\rho_\text{s}g$，浮力为 $\frac{4}{3}\pi R^3\rho g$。设颗粒相对于烟气的下降速度为 V_0。由于 R 和 V_0 都很小，因此 $Re=\frac{V_0 d}{\nu}=\frac{2V_0R}{\nu}$ 也很小。运用式(8.54)中小雷诺数的公式 $C_\text{D}=24/Re$，再注意到圆球的迎风面积 $A=\pi R^2$，颗粒的运动阻力

$$F_\text{D}=\frac{\rho V_0^2 A}{2}C_\text{D}=\frac{\rho V_0^2\pi R^2}{2}\ \frac{24}{Re}=\frac{\rho V_0^2\pi R^2}{2}\ \frac{12\nu}{V_0R}=6\pi\mu RV_0$$

于是，三种力的平衡关系为

$$\frac{4}{3}\pi R^3\rho_\text{s}g=\frac{4}{3}\pi R^3\rho g+6\pi\mu RV_0$$

由此解出颗粒相对于烟气的下降速度

$$V_0=\frac{2(\rho_s-\rho)g}{9\mu}R^2$$

可见，颗粒大的煤粉下降速度快，颗粒小的煤粉下降速度慢，因此小颗粒煤粉容易被上升气流带走。令颗粒下降速度等于烟气上升速度，即 $V_0=V$，得到相应的颗粒半径

$$R=\sqrt{\frac{9\mu V}{2(\rho_s-\rho)g}}=\sqrt{\frac{9\times 5.04\times 10^{-5}\times 0.25}{2\times(110-0.234)\times 9.8}}\ \mathrm{m}=2.3\times 10^{-4}\ \mathrm{m}=0.23\ \mathrm{mm}$$

半径小于 $R=0.23$ mm 的煤粉颗粒下降速度小于烟气上升速度，因此会被烟气带走。

用所求出的颗粒半径检验雷诺数，有

$$Re=\frac{2\rho V_0 R}{\mu}=\frac{2\times 0.234\times 0.25\times 2.3\times 10^{-4}}{5.04\times 10^{-5}}=0.534$$

因雷诺数小于1，故所运用的阻力系数计算公式是恰当的。

8.9 自由淹没射流

射流指的是从各种孔口或者喷嘴喷射到另一流体区域中的运动流体。如果射流喷入同一种无界的环境流体，并且在整个运动过程中都不受固体壁面的限制，则这种射流称为自由淹没射流。工程上遇到的射流一般都是湍流射流。

射流存在于许多工程技术领域中，如火箭、喷气式飞机、蒸汽泵、汽轮机、锅炉、燃烧室、化工混合设备、自动控制射流元件、射流切割设备、水力采掘设备、消防设备、通风设备、空调、排热和排气设备，等等。

在讨论射流问题时一般不考虑重力的影响，而自由射流又不会受到固体壁面的作用力，因此在自由射流上没有外力的作用，在其内部和边界上，压强处处相等，都等于周围环境流体的压强。

图 8-27 是自由淹没射流的结构示意图，一股流体自孔口 AB 以速度 u_0 喷入同一种环境流体从而形成自由淹没射流。在射流内部，将喷射方向的速度记为 u，与喷射方向相垂直的速度分量都是小量，一般不需考虑；在射流边界上 $u=0$。由于射流

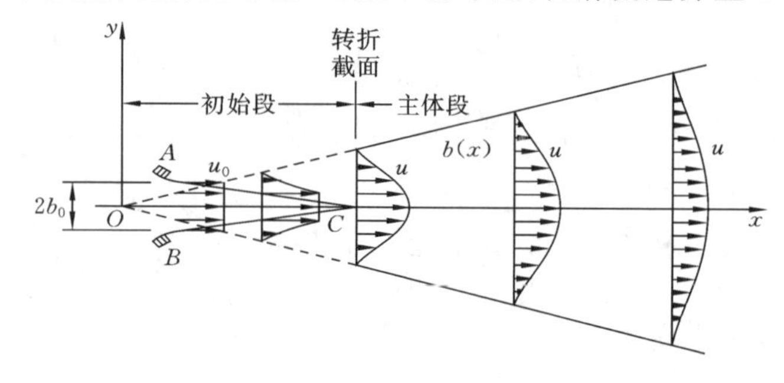

图 8-27　自由淹没射流

一般都是湍流，它不断与周围的环境流体发生质量交换和动量交换，环境流体被逐渐地卷吸进入射流，从而使射流的截面积不断扩大。理论和实验都证明，射流的边界线是直线。边界延长线的交点 O 称为射流极点。射流的卷吸作用主要发生在边界附近，被卷吸进来的流体吸收动量，使流体的速度减小，因此射流截面上的速度 u 自中心向外逐渐减小。按速度分布的不同特征，可以将射流划分为初始段和主体段两部分，两部分的交界截面称为转折截面。初始段的核心部分（图中 ABC 部分）称为射流核心区，核心区内的流体还未与环境流体发生相互作用，因此仍然保持为出口的初始速度 u_0。在核心区外，速度由 $u=u_0$ 向边界上的 $u=0$ 过渡。随着射流截面沿流动方向逐渐扩大，卷吸进来的流体吸收了更多的动量，核心区逐渐收缩，至转折截面处时消失。在主体段，射流截面上的速度 u 由轴线上的 $u=u_{\mathrm{m}}$ 向边界上的 $u=0$ 过渡，形成图 8-27 所示的速度分布。射流轴线速度 u_{m} 也是各截面的最大速度，它随着射程的增大而逐渐减小。

由于自由淹没射流不受外力的作用，因此射流任意截面上的总动量均等于出口截面的总动量，即

$$\int_A \rho u^2 \mathrm{d}A = \rho u_0^2 A_0 \tag{8.55}$$

该式称为射流的动量守恒方程，它是分析射流问题的基础。

最常见的射流是平面自由淹没射流和圆截面轴对称自由淹没射流。下面分别针对这两种形式的射流介绍常用的分析计算方法。

1. 平面自由淹没射流

可以把狭缝形喷口喷出的射流简化为平面射流。取图 8-27 所示平面直角坐标系，坐标系原点位于射流极点 O。设喷口半宽为 b_0，长（垂直于 Oxy 平面）为单位 1，射流半宽为 $b=b(x)$。对于单位厚度的平面射流，动量守恒方程式(8.55) 可写为

$$\int_0^\infty \rho u^2 \mathrm{d}y = \rho u_0^2 b_0$$

根据理论和实验分析，射流主体段的速度分布具有相似性，截面上的无量纲速度可以表示为以下高斯分布，即

$$\frac{u}{u_{\mathrm{m}}} = \exp\left(-\frac{y^2}{b^2}\right) \tag{8.56}$$

把速度表达式(8.56) 代入动量守恒方程，有

$$u_{\mathrm{m}}^2 \int_0^\infty \exp\left(-\frac{2y^2}{b^2}\right) \mathrm{d}y = u_0^2 b_0$$

计算积分后得

$$\sqrt{\frac{\pi}{2}}\, u_{\mathrm{m}}^2 b = 2u_0^2 b_0$$

再整理后得到

$$\left(\frac{u_m}{u_0}\right)^2=1.596\frac{b_0}{b}$$

由于 u_0 和 b_0 都是常数，因此该式给出了射流主体段中任意截面的半宽 b 与轴线速度 u_m 之间的关系。

射流边界是直线，半宽可以表示为 $b=Cx$，而根据实验结果，可以取 $C=0.154$。于是上式又可写为

$$\left(\frac{u_m}{u_0}\right)^2=10.364\frac{b_0}{x} \tag{8.57}$$

这说明在平面射流中轴线速度 u_m 与 $x^{1/2}$ 成反比。在特定距离上 u_m 大，则意味着射流的喷射能力强，它可以喷射得更远。由式(8.57)知道，加大喷口的宽度、增加喷射的初速度都可以提高射流的喷射能力。

考虑到在转折截面 $x=x_c$ 处 $u_m=u_0$，以及出口截面的位置为 $x_0=b_0/C=6.494b_0$，由式(8.57)得到转折截面距出口截面的距离

$$x_c-x_0=3.869b_0 \tag{8.58}$$

2. 轴对称自由淹没射流

由圆截面喷口喷出的射流是轴对称射流。采用圆柱坐标系，设喷口半径为 R_0，射流截面半径为 $R=R(x)$。对于轴对称射流，动量守恒方程式(8.55)可写为

$$\int_0^\infty \rho u^2 2\pi r\mathrm{d}r=\rho u_0^2\pi R_0^2$$

射流横截面上的无量纲速度表示为

$$\frac{u}{u_m}=\exp\left(-\frac{r^2}{R^2}\right) \tag{8.59}$$

把速度代入动量守恒方程并计算积分。射流的边界是直线，射流截面半径表示为 $R=Cx$，而由实验测得轴对称射流 $C=0.114$。经过与上面同样的推导，最后得到

$$\frac{u_m}{u_0}=12.405\frac{R_0}{x} \tag{8.60}$$

$$x_c-x_0=3.634R_0 \tag{8.61}$$

在平面射流中最大速度 u_m 与 $x^{1/2}$ 成反比，而在轴对称射流中 u_m 与 x 成反比。由此可见，如果矩形喷口的宽度与圆形喷口的直径相同，在喷射初速度相同的情况下，矩形喷口喷射得较远。

例 8-13 圆截面送风口半径 $R_0=0.2$ m，送风量 $Q_0=2$ m^3/s，试求：(1) 距送风口 $x-x_0=5$ m 处的喷射气流半径 R；(2) 此处最大风速 u_m。

解 这是一个轴对称自由淹没射流。送风口初始速度

$$u_0=\frac{Q_0}{\pi R_0^2}=\frac{2}{0.2^2\pi}=15.9 \text{ m/s}$$

(1) 送风口下游 5 m 处的喷射气流半径

$$R=Cx=R_0+C(x-x_0)=(0.2+0.114\times5)\ \text{m}=0.77\ \text{m}$$

(2) 由式(8.61)可得

$$x_c-x_0=3.634R_0=3.634\times0.2\ \text{m}=0.727\ \text{m}$$

转折截面在送风口下游 0.727 m 处，因此送风口下游 5 m 位于射流主体段。由式(8.60)得到该处最大风速

$$u_m=12.405\frac{R_0u_0}{x-x_0+\dfrac{R_0}{C}}=12.405\times\frac{0.2\times15.9}{5+\dfrac{0.2}{0.114}}\ \text{m/s}=5.84\ \text{m/s}$$

小　　结

切应力的存在是黏性流体运动有别于理想流体运动的主要特征。在黏性流体中，需要用六个独立的应力分量才能够完整地描述一点的应力状态，对于牛顿流体，黏性应力与流体的变形率成线性的正比关系，广义牛顿内摩擦定律描述了两者之间的关系。

包括黏性力在内的流体动力学基本方程是 N-S 方程。由于方程中对流项是非线性的，目前还没有求解非线性方程的一般数学理论，因此仅在少数特殊情况下才能求出 N-S 方程的解析解。本章对平壁之间的平行流动、圆柱面之间的缝隙流动，以及平板突然启动所诱导的流动求出了 N-S 方程的解析解。这些解不仅揭示了黏性流体运动的一些主要特征，同时也具有重要的应用价值。

在大雷诺数条件下，流体流过物体壁面时会形成边界层，求解边界层流动对于研究物体的运动阻力具有重要意义。可以根据边界层厚度方向的尺度远小于其长度方向的尺度，以及黏性力与惯性力具有相同量级的特点，通过量级分析对 N-S 方程进行简化。简化后的方程就是边界层方程。运用动量积分方程求边界层流动的近似解是较为简便、可靠的方法。动量积分方程既适合于层流边界层的计算，也适合于湍流边界层的计算。

边界层内速度梯度很大，因此存在着很大的切应力，流体对物体壁面所作用的切应力对物体的运动形成摩擦阻力。在平板边界层中，沿流动方向压强不变化，不存在逆压区，因此平板边界不会发生分离现象，平板的运动阻力只包括摩擦阻力。曲面边界层通常会发生分离现象，形成压强较小的尾流区，物体前、后压差形成压差阻力，因而曲面物体的运动阻力一般包括摩擦阻力和压差阻力两部分。对于圆柱、圆球等短而粗的物体，其压差阻力远大于摩擦阻力，主要通过推迟或避免边界层的分离来减小其运动阻力。

湍流边界层的摩擦阻力比层流边界层大，但湍流边界层发生分离较晚，所形成的尾流区较小，相应的压差阻力也较小。

射流是一种较常见的流动现象，工程上遇到的一般都是湍流射流。自由淹没射

流不受外力的作用，其动量是守恒的。射流主体段的速度分布具有相似性，截面最大速度随射程增大而逐渐减小。加大喷口的宽度或直径、增加喷射的初速度都可以提高射流的喷射能力。

思考题

8-1 广义牛顿内摩擦定律______。

(A) 适用于描述湍流应力　　(B)适用于描述分子黏性应力

(C) 既适用于描述分子黏性应力又适用于描述湍流应力

8-2 黏性流体界面两侧______。

(A) 切向速度分量和法向速度分量都必须连续

(B) 切向速度分量可以不连续，法向速度分量必须连续

(C) 法向速度分量可以不连续，切向速度分量必须连续

(D) 切向速度分量和法向速度分量都可以不连续

8-3 在______流动中会出现边界层。

(A) 小雷诺数　　(B) 大雷诺数

(C) 任何不能忽略黏性效应的　　(D) 任何可以忽略黏性效应的

8-4 外流中的流体______流入边界层，因为边界层的外边界______一条流线。

(A) 会/不是　　(B) 不会/是

8-5 在特定位置上边界层的厚度随雷诺数的增大而______。

(A) 增大　　(B) 减小　　(C) 不变化　　(D)无规律地变化

8-6 在边界层中______。

(A) 惯性力远比黏性力重要　　(B) 黏性力远比惯性力重要

(C) 惯性力与黏性力同等重要　　(D) 惯性力和黏性力都不重要

8-7 平板层流边界层的厚度 δ 与平板前缘距离 x 之间的关系是______。

(A) $\delta\propto x$　　(B) $\delta\propto x^{1/2}$　　(C) $\delta\propto 1/x$　　(D) $\delta\propto 1/x^{1/2}$

8-8 在同样的雷诺数下，层流边界层流动的摩擦阻力______湍流边界层流动的摩擦阻力。

(A) 大于　　(B) 小于　　(C) 等于

8-9 对于边界层流动的转捩，______。

(A) 雷诺数的大小是唯一的决定因素

(B) 雷诺数的大小与此无关

(C) 雷诺数的大小、来流条件和壁面粗糙度等都是相关的影响因素

8-10 物体的运动阻力包括摩擦阻力和压差阻力两部分。如果不考虑流体的黏性效应，______仍然存在着压差阻力。

(A) 是　　(B) 否　　(C) 不一定

8-11　边界层的分离通常发生在______。

(A) 顺压区　(B) 逆压区　(C) 速度为零的点 (D) 压强为零的点

8-12　满足边界层动量积分方程的解______。

(A) 一定满足边界层微分方程

(B) 一定不满足边界层微分方程

(C) 可能满足,也可能不满足边界层微分方程

8-13　如果矩形喷口的宽度与圆形喷口的直径相同,在喷射初速度相同的情况下,______。

(A) 圆形喷口喷射得较远

(B) 矩形喷口喷射得较远

(C) 两种形式的喷口喷射得一样远

8-14　要完整地描述理想流体中一点的应力状态,需要使用几个独立的应力分量?要完整地描述黏性流体中一点的应力状态,又需要使用几个独立的应力分量?为什么会有这样的区别?

8-15　通常需要用矢量描述力,为什么只用一个矢量却无法完整地描述黏性流体中一点的应力状态?

8-16　在求解欧拉方程时,只需要给定边界上的法向速度和法向应力条件;在求解 N-S 方程时,既需要给定边界上的法向速度和法向应力条件,也需要提供边界上的切向速度和切向应力条件。求解 N-S 方程比求解欧拉方程需要更多的边界条件。请从数学的角度说明其原因。

8-17　高尔夫球的壁面有许多凹坑,这样的球能够比光滑的球飞得更远。试运用本章学到的知识解释其原因。

8-18　有时电线在风中会发出鸣叫声,试运用本章学到的知识解释其原因。

习　题

8-1　已知不可压缩流体动力黏度 $\mu=1.002\times10^{-3}$ Pa·s,运动速度 $u=5x^2y$ (m/s),$v=16xyz$ (m/s),$w=-10xyz-8xz^2$ (m/s),以及点(2,4,−5) (m)处的正应力分量 $\sigma_{yy}=-40$ Pa,试求该点处其余应力分量。

8-2　相距 $h=0.01$ m 的两平行壁面之间的缝隙充满动力黏度 $\mu=0.08$ Pa·s 的油液,上壁运动速度 $U=1$ m/s,下壁固定,油液压强沿运动方向在 $l=80$ m 的距离上由 $p_1=17.65\times10^4$ Pa 下降为 $p_2=9.81\times10^4$ Pa。试求:

(1) 缝隙中油液的速度分布;

(2) 单位宽度缝隙所通过的流量;

(3) 壁面切应力。

8-3　两固定平行壁面之间的缝隙宽 $h=8$ cm,动力黏度 $\mu=1.96$ Pa·s 的油液

在压差的作用下在缝隙中运动，最大速度 $u_{nax}=1.5$ m/s。试求：

(1) 沿流动反向的压强梯度；

(2) 单位宽缝隙所通过的流量；

(3) 壁面切应力；

(4) 距壁面 2 cm 处的流体速度。

8-4 动力黏度 $\mu=0.9$ Pa·s，密度 $\rho=1260$ kg/m^3 的流体在两块无穷大的平行平板之间向下流动，两板间距 $h=10$ mm，板相对于水平面的倾斜角 $\theta=45°$，上板以速度 $U=1.5$ m/s 相对于下板向流动反方向滑动。在上板上开有两个测压孔，两测压孔的高度差为 1 m，测出上、下两个测压孔的相对压强分别为 250 kPa 和 80 kPa。试求平板之间的速度分布和压强分布，以及上板壁面上的切应力。

8-5 动力黏度为 μ 的液体在重力的作用下沿无穷大的倾斜平壁向下流动，形成厚度为 h 的液膜，斜壁与水平面之间的夹角为 θ，液膜表面为大气压 p_a。假设流动不随时间变化，并且忽略液膜与空气的摩擦，试求液膜的速度分布和平均速度。

8-6 厚度相同的两层不相混合的流体在两个固定的平行壁面间作定常流动，如题 8-6 图所示，流体的动力黏度分别为 μ_1 和 μ_2。设压强梯度 $\partial p/\partial x$ 为常数，试求流体的速度分布（提示：流体交界面上两侧的速度和切应力均相等）。

8-7 题 8-6 图中上壁面以速度 U 平行滑动，压强梯度 $\partial p/\partial x=0$，试求流体的速度分布。

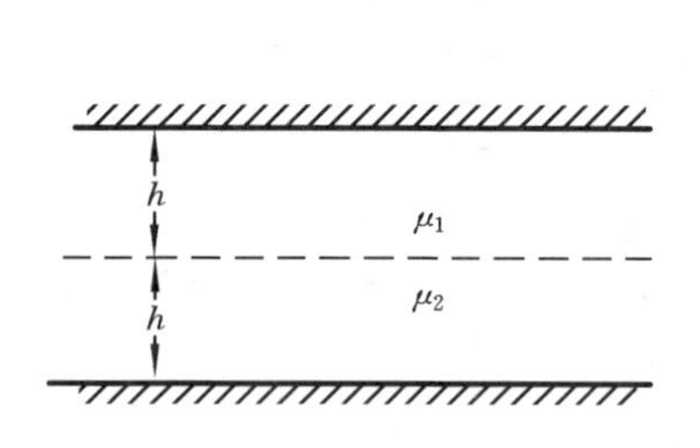

题 8-6 图

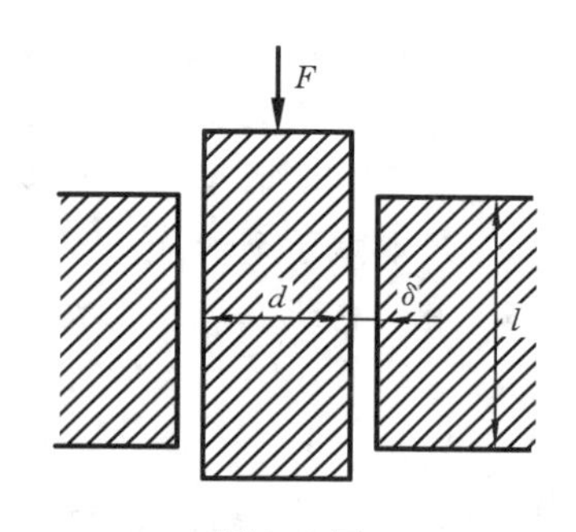

题 8-8 图

8-8 如题 8-8 图所示，直径 $d=20$ mm 阻尼活塞在力 $F=40$ N 的作用下沿缸体等速下滑，活塞与缸体同心，两者之间的间隙 $\delta=0.1$ mm，缸体长 $l=70$ mm，油液的动力黏度 $\mu=0.08$ Pa·s。试求活塞的下降速度。

8-9 直径 $d=100$ mm，长度 $l=150$ mm，质量 $m=10$ kg 的活塞在直径 $D=100.2$ mm 的竖直油缸中下滑，活塞与缸体的间隙内润滑油的动力黏度 $\mu=0.25$ Pa·s。设活塞在运动过程中始终与缸体同心，试计算活塞匀速下落 100 mm 所需的时间。

8-10 长 $l=20$ cm，直径 $d=5$ cm 的轴在内径 $D=5.004$ cm 的轴承中以 $n=$

100 r/min 的转速旋转，两者的间隙中充满动力黏度 $\mu=0.08\ \text{Pa}\cdot\text{s}$ 的润滑油，轴承两端的压强差 $\Delta p=3.924\ \text{MPa}$。试求：

（1）沿轴向的泄漏量；

（2）作用在轴上的摩擦力矩。

8-11　同心圆柱和圆筒分别以 ω_1 和 ω_2 的等角速度转动。假设圆柱和圆筒之间的不可压缩流体作定常运动。现给出下列三种情况的旋转角速度和相应的速度场。

(a) $\omega_1=\dfrac{\omega_2 b^2}{a^2}, v_\theta=\dfrac{\omega_1 a^2}{r}, v_r=0$；　　(b) $\omega_1=\omega_2, v_\theta=r\omega_1, v_r=0$；

(c) $\omega_1=\dfrac{2\omega_2 b^2}{a^2}, v_\theta=r\omega_1, v_r=0$。

试判断：（1）所给速度场是黏性流体流动的解还是理想流体流动的解；

（2）流动是否有旋；

（3）设流体的动力黏度为 μ，求物面上的切应力。

8-12　设平板层流边界层的速度分布

$$\frac{u}{U}=1-\exp\left(-k\frac{y}{\delta}\right)$$

其中，U 为外流速度，k 为待定常系数。试求系数 k 的值及位移厚度 δ^* 和动量损失厚度 δ^{**}。（提示：系数 k 可由边界条件 $y=\delta$ 时，$u=0.99U$ 确定。）

8-13　设平板层流边界层的速度分布

$$\frac{u}{U}=2\frac{y}{\delta}-\left(\frac{y}{\delta}\right)^2$$

试运用动量积分方程求边界层厚度和摩擦阻力系数。

8-14　设平板层边界层的速度分布

$$\frac{u}{U}=\sin\left(\frac{\pi y}{2\delta}\right)$$

试运用动量积分方程求边界层厚度和摩擦阻力系数。

8-15　将边长 $l=1\ \text{m}$ 的正方形平板以 $U=1\ \text{m/s}$ 的定常速度在运动黏度 $\nu=10^{-6}\ \text{m}^2/\text{s}$ 的水中拖拽（完全潜没在水中），假设在板两边形成的边界层都处于层流状态，试求所需的拖拽力。

8-16　密度 $\rho=925\ \text{kg/m}^3$、运动黏度 $\nu=7.9\times10^{-5}\ \text{m}^2/\text{s}$ 的油以 $U=0.6\ \text{m/s}$ 的速度沿板长度方向绕流长 $l=50\ \text{cm}$、宽 $b=15\ \text{cm}$ 的薄平板。试求板末端边界层厚度和板双面的总摩擦阻力。

8-17　水以 $U=0.2\ \text{m/s}$ 的速度绕流一薄板。已知水的运动黏度 $\nu=1.145\times10^{-6}\ \text{m}^2/\text{s}$，试求距平板前缘 $x=5\ \text{m}$ 处边界层的厚度，以及该处与板垂直距离为 10 mm的点上的水流速度。

8-18　把长 $l=50\ \text{m}$、宽 $b=10\ \text{m}$ 的平板顺长度方向在水中拖动，拖动速度 $U=$

0.4 m/s，水的运动黏度 $\nu=10^{-6}\ \mathrm{m^2/s}$。如果边界层临界雷诺数 $Re_{x_c}=5\times10^5$，试求克服板单面摩擦阻力所需要的功率。

8-19 考虑平板层流边界层，平板长为 l，来流速度为 U。试证明单位宽平板上所作用的摩擦阻力

$$F_D=\rho U^2 l\sqrt{\frac{a\nu}{Ul}}$$

其中，$a=\dfrac{U(\delta^{**})^2}{\nu x}$

8-20 为了确定液体的运动黏度 ν 和密度 ρ，观察两个不同的小圆球在该液体中的下落速度。一个小球是铅质的，直径 $d_1=3$ mm，材料密度 $\rho_1=2.6\times10^3\ \mathrm{kg/m^3}$；另一个小球是赛璐珞的，直径 $d_2=4.5$ mm，材料密度 $\rho_2=1.4\times10^3\ \mathrm{kg/m^3}$。对两个小球所测得的终端速度分别为 $V_1=0.5$ cm/s，$V_2=0.2$ cm/s，试计算液体的运动黏度 ν 和密度 ρ。

8-21 喷射燃烧器圆截面喷嘴，半径 $R_0=300$ mm，出口喷射速度 $u_0=20$ m/s，试计算离出口 1 m、2.5 m 和 5 m 处的喷射气流半径和最大喷射速度。

第 9 章　激波与膨胀波

在第 5 章中讨论过气体中小扰动波的传播问题，扰动可以是压缩也可以是膨胀，强度无穷小的扰动以声速传播。本章讨论有限强度的压缩波和膨胀波，压缩波聚集就形成激波。激波和膨胀波都是超声速气流中常见的物理现象，对它们物理特征的分析及相关的参数计算是工程中经常遇到的问题。

9.1　正激波

1. 激波的形成及激波的主要特征

飞机、炮弹、火箭等物体以超声速飞行时，会使前方气流受到强烈压缩；拉伐尔喷管中出现超声速气流但出口背压过大时也会在管内或者管口产生强烈的压缩。强压缩波以超声速在气体中传播，压缩波通过后气流参数会发生明显的变化。这样的强压缩波称为激波，它与第 5 章中介绍的以声速传播的微小扰动波有着本质的不同。

可以把强压缩过程看成是无数个微弱压缩过程的累积。下面以活塞在管道中加速推进为例，说明激波的形成过程和激波的主要特征。图 9-1 中等截面长管内充满静止气体，长管右端一活塞由静止开始向左加速，速度由 0 增大至 v。如果活塞的加速过程足够剧烈，就会在管内气体中形成激波。为了把过程描述得更清楚，把活塞向左加速的过程分解为许多个微小时段，在每一个微小时段 Δt，活塞产生一微小的速度增量 Δv。

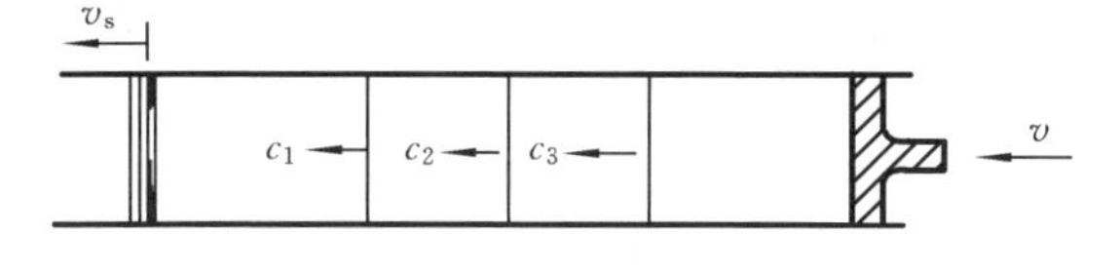

图 9-1　正激波的形成

设 $t \leqslant 0$ 时，管内静止气体的温度为 T_1。在时段 $t=0 \sim \Delta t$，活塞速度由 0 增大至 Δv。活塞的推进使左边的气体受到压缩，压缩影响区向左边迅速扩大，影响区与未受影响区的交界面是一压缩波。由于活塞的增速 Δv 是小量，所产生的压缩波是微小的扰动波，它以当地声速 $c_1=\sqrt{\gamma R T_1}$ 沿长管向左边传播。压缩波通过后，由于气体已经受到压缩，其温度上升 ΔT_1，成为 $T_1+\Delta T_1$，而气体速度则由 0 增至 Δv，与这一时刻的活塞速度相同。

在时段 $t=\Delta t \sim 2\Delta t$，活塞速度由 Δv 增大至 $2\Delta v$，于是在已经受到压缩的气流中产生了第二道微小的压缩波。此时当地声速 $c_2=\sqrt{\gamma R(T_1+\Delta T_1)}$，而当地气体则以

速度 Δv 向左运动，因此第二道压缩波向左传播的速度是 $c_2+\Delta v$。显然，第二道波比第一道波传播得快。第二道压缩波过后，气体温度再次上升，成为 $T_1+\Delta T_1+\Delta T_2$，而气体速度则由 Δv 增大为 $2\Delta v$，又与此时的活塞速度相同。

在时段 $t=2\Delta t\sim3\Delta t$，活塞速度再增大 Δv，从而又在两次被压缩的气流中产生了第三道微小的压缩波。此时当地声速 $c_3=\sqrt{\gamma R(T_1+\Delta T_1+\Delta T_2)}$，当地气体以速度 $2\Delta v$ 向左流动，第三道波的传播速度是 $c_3+2\Delta v$，它比第二道波行进得更快。

依此类推，活塞每一次微小的加速都会在气流中产生一道微小压缩波。由于后波是在前波的影响区内传播，因此比前波的行进速度快。随着时间的推移，后波终将赶上前波，从而聚集成一道强烈的压缩波，强压缩波以速度 v_s 在静止气体中传播，如图 9-1 所示。

实际上，活塞加速是一个连续渐进的过程，在这个过程中连续地压缩气体，形成有一定厚度的压缩波，而压缩波在传播的过程中会越来越薄，最后聚集成为厚度非常小的强压缩波，这就是激波。激波的传播速度 v_s 大于当地声速 c_1，也就是说，激波在静止气体中以超声速行进。

如果把坐标系固定在激波上，相对于该坐标系，激波静止，而上游气流以速度 v_s 向右流向物体前方的激波，并在穿过激波经历压缩后继续向右流向下游。需要注意的是，由于 v_s 大于当地声速，这意味着静止激波上游的来流总是超声速的。

可以认为激波由无数道微弱压缩波聚集而形成，因此它不再是小扰动波。激波的厚度非常小。例如，在标准大气压下，马赫数等于 2 的超声速气流遇钝头物体阻挡所形成的正激波，其厚度约为 2.5×10^{-5} cm，几乎与分子的平均自由程同量级，而气流通过激波后，其密度、压强和温度却分别是激波上游密度、压强和温度的 2.67、4.5 和 1.69 倍。在穿过这么小的厚度的过程中，气体的密度、压强和温度等都发生了这么明显的变化，气流穿过激波的过程不再是等熵过程。激波压缩是绝热、增熵过程，激波上、下游的流动参数不满足等熵关系。

在激波内部，连续介质假设已经不再适用，因此要详细研究气流参数在激波内部变化的过程是非常困难的。然而，对于解决一般工程实际问题的目的来说，主要关心气流穿过激波后其参数发生了什么变化，并不需要知道它们在激波内部是如何发生变化的，所以只需要知道激波上、下游气流参数的关系。正因为如此，在气体动力学中都把激波当成一个流动参数的间断面。

物体以超声速在气体中运动，会压缩前方的气体，从而在物体前方形成激波；超声速气流遇物体阻挡也会发生压缩，并由此产生激波。这两种问题在物理上是等同的。如果把坐标系固定在激波间断面上，则它们在数学上也是一致的。根据激波的不同形式又可以把它们分类为正激波、斜激波和曲线激波，分别如图 9-2(a)、(b)、(c)所示。正激波的间断面平直，与来流方向正交，气流穿过间断面后其方向不发生改变；斜激波的间断面与来流方向斜交，气流穿过间断面后其方向发生改变；曲线激

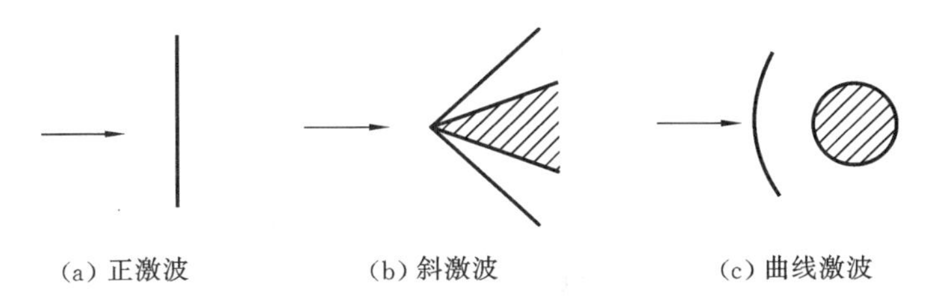

(a) 正激波　　(b) 斜激波　　(c) 曲线激波

图 9-2　正激波、斜激波和曲线激波

波的间断面通常与物体不接触，是脱体的，在其中心流线附近的部分近似于正激波，其余部分则类似于斜激波。在一般情况下，正激波和斜激波上、下游的流场都可以近似为直线均匀流。

下面分别介绍正激波和斜激波上、下游流动参数的关系。在分析曲线激波时，可以运用前两种激波的公式。

2. 正激波上、下游的参数关系

超声速气流遇钝头物体阻挡后所产生的激波一般可以简化为正激波；超声速喷管背压过大在管内所产生的激波通常也是正激波。

考虑图 9-3 所示的正激波。把坐标系固定在激波间断面上，于是激波静止，上游气体以超声速流向激波。设激波上游的流动参数为 v_1、Ma_1、p_1、ρ_1 和 T_1，气流穿过激波后其流动参数变化为 v_2、Ma_2、p_2、ρ_2 和 T_2。取波面控制体如图 9-3 所示，上、下游控制面与间断面平行。对控制体内的流体列出连续性方程和动量方程，即

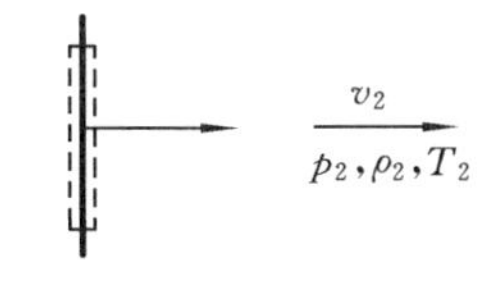

图 9-3　正激波及控制体

$$\rho_1 v_1 = \rho_2 v_2 \tag{9.1}$$

$$p_1 - p_2 = \rho_2 v_2^2 - \rho_1 v_1^2 \tag{9.2}$$

气流穿过激波是绝热过程，激波上、下游气体所具有的总能量仍然满足守恒关系

$$c_p T_1 + \frac{v_1^2}{2} = c_p T_2 + \frac{v_2^2}{2} = c_p T_0 \tag{9.3}$$

其中，T_0 是总温。由于在绝热过程中流体的总能量不变，因此激波上、下游的总温相等。需要注意的是，激波压缩不是等熵过程，不能对激波上、下游的流动参数运用等熵关系。

1) 激波上、下游速度之间的关系

在式(9.2)两边同除以 $\rho_1 v_1$ 或 $\rho_2 v_2$，再运用状态方程 $p = R\rho T$，得到

$$v_1 - v_2 = \frac{p_2}{\rho_2 v_2} - \frac{p_1}{\rho_1 v_1} = R\frac{T_2}{v_2} - R\frac{T_1}{v_1}$$

由能量方程式(9.3)解出 T_1 和 T_2，并代入上式后有

$$v_1 - v_2 = \frac{R}{v_2}\left(T_0 - \frac{v_2^2}{2c_p}\right) - \frac{R}{v_1}\left(T_0 - \frac{v_1^2}{2c_p}\right) = RT_0\left(\frac{1}{v_2} - \frac{1}{v_1}\right) + \frac{R}{2c_p}(v_1 - v_2)$$

再把关系式 $c_p=\dfrac{\gamma R}{\gamma-1}$代入上式并化简，得

$$v_1 v_2=\frac{2\gamma}{\gamma+1}RT_0=\gamma RT_*=c_*^2 \tag{9.4}$$

该式给出了正激波上、下游速度 v_1 和 v_2 之间的关系，其中 c_* 是临界声速。在上式的推导中用到了滞止温度 T_0 与临界温度 T_* 的关系式(5.21(a))。

在第 5 章定义了速度系数 λ，它是气流速度与临界声速之比，即 $\lambda=v/c_*$。如果用速度系数 λ_1 和 λ_2 代替速度 v_1 和 v_2，则式(9.4)成为

$$\lambda_1\lambda_2=1 \tag{9.5}$$

式(9.5)由德国科学家普朗特最先导出，称为正激波的普朗特方程，它说明，$\lambda_1>1$ 的超声速气流穿过正激波后一定会减速为 $\lambda_2<1$ 的亚声速气流。

2）激波上、下游马赫数之间的关系

运用速度系数 λ 与马赫数 Ma 之间的关系式(5.23)，把方程式(9.5)中的速度系数 λ_1 和 λ_2 分别用马赫数 Ma_1 和 Ma_2 代替，就得到

$$\frac{(\gamma+1)Ma_1^2}{2+(\gamma-1)Ma_1^2}\ \frac{(\gamma+1)Ma_2^2}{2+(\gamma-1)Ma_2^2}=1$$

将该式整理后，可得

$$Ma_2^2=\frac{2+(\gamma-1)Ma_1^2}{2\gamma Ma_1^2-\gamma+1} \tag{9.6}$$

3）密度比与上游马赫数之间的关系

由连续性方程式(9.1)及式(9.4)和式(5.23)得到

$$\frac{\rho_2}{\rho_1}=\frac{v_1}{v_2}=\frac{v_1^2}{v_1 v_2}=\frac{v_1^2}{c_*^2}=\lambda_1^2=\frac{(\gamma+1)Ma_1^2}{2+(\gamma-1)Ma_1^2} \tag{9.7}$$

激波上游的来流是超声速的，因此 $\lambda_1>1$(或者 $Ma_1>1$)，由式(9.7)可知，总是有 $\rho_2/\rho_1>1$。这说明，激波是压缩波。来流马赫数 Ma_1 越大，密度比 ρ_2/ρ_1 也越大，激波就越强烈。当 $Ma_1\to\infty$，有

$$\left.\frac{\rho_2}{\rho_1}\right|_{Ma_1\to\infty}=\frac{\gamma+1}{\gamma-1}$$

可见激波只能产生有限压缩。对于空气，$\gamma=1.4$，上式等号右边的比值等于 6。空气通过正激波后，其密度最多可以被压缩至波前的 6 倍；由连续性关系式 $\rho_2/\rho_1=v_1/v_2$ 还可知，气流速度最多减小至波前的 1/6。

4）压强比与上游马赫数之间的关系

运用连续性方程式(9.1)，动量方程式(9.2)还可以改写为

$$\frac{p_2-p_1}{p_1}=\frac{\rho_1 v_1^2}{p_1}\left(1-\frac{v_2}{v_1}\right)$$

运用式(9.7)消去式中的 v_2/v_1 后得到

$$\frac{p_2}{p_1}=\frac{2\gamma}{\gamma+1}Ma_1^2-\frac{\gamma-1}{\gamma+1} \tag{9.8}$$

一般用压强比 p_2/p_1 的大小来描述激波压缩的强弱程度，因此称 p_2/p_1 为激波强度。由式(9.8)可知，激波强度与上游来流马赫数 Ma_1 的平方成正比，当来流马赫数趋向于无穷大时，下游压强 p_2 也趋向于无穷大，而激波强度同时趋向于无穷大。

5）压强比与密度比之间的关系

式(9.7)给出了密度比 ρ_2/ρ_1 与上游马赫数 Ma_1 之间的关系，式(9.8)则给出了压强比 p_2/p_1 与 Ma_1 的关系，由两式消去 Ma_1 就得到密度比与压强比之间的关系式，即

$$\frac{p_2}{p_1}=\frac{(\gamma+1)\dfrac{\rho_2}{\rho_1}-(\gamma-1)}{(\gamma+1)-(\gamma-1)\dfrac{\rho_2}{\rho_1}}$$

或

$$\frac{\rho_2}{\rho_1}=\frac{(\gamma+1)\dfrac{p_2}{p_1}+(\gamma-1)}{(\gamma+1)+(\gamma-1)\dfrac{p_2}{p_1}} \tag{9.9}$$

式(9.9)称为朗金-雨果尼奥(Rankine-Hugoniot)公式，也称为激波绝热曲线。当式中 $p_2/p_1\to\infty$ 时，ρ_2/ρ_1 趋向于有限值(对空气趋向于 6)，由此也可看出激波产生的绝热压缩是有限的。在另一方面，等熵过程则可以产生无限压缩，因为当 $p_2/p_1\to\infty$ 时，由等熵关系式 $p_2/p_1=(\rho_2/\rho_1)^\gamma$ 可知 $\rho_2/\rho_1\to\infty$。

6）滞止压强比与上游马赫数之间的关系

运用激波上、下游总温相等 $T_{01}=T_{02}$ 的条件，把激波上、下游的滞止压强比 p_{01}/p_{02} 写为

$$\frac{p_{01}}{p_{02}}=\frac{\rho_{01}}{\rho_{02}}\frac{T_{01}}{T_{02}}=\frac{\rho_{01}}{\rho_1}\frac{\rho_1}{\rho_2}\frac{\rho_2}{\rho_{02}}=\left(\frac{p_{01}}{p_1}\right)^{\frac{1}{\gamma}}\left(\frac{p_2}{p_{02}}\right)^{\frac{1}{\gamma}}\frac{\rho_1}{\rho_2}$$

$$=\left(\frac{p_{01}}{p_{02}}\right)^{\frac{1}{\gamma}}\left(\frac{p_2}{p_1}\right)^{\frac{1}{\gamma}}\frac{\rho_1}{\rho_2}$$

由此解出 p_{01}/p_{02}，即

$$\frac{p_{01}}{p_{02}}=\left(\frac{p_2}{p_1}\right)^{\frac{1}{\gamma-1}}\left(\frac{\rho_1}{\rho_2}\right)^{\frac{\gamma}{\gamma-1}} \tag{9.10}$$

将式(9.7)和式(9.8)代入式(9.10)，可进一步得

$$\frac{p_{01}}{p_{02}}=\left(\frac{2\gamma}{\gamma+1}Ma_1^2-\frac{\gamma-1}{\gamma+1}\right)^{\frac{1}{\gamma-1}}\left[\frac{2+(\gamma-1)Ma_1^2}{(\gamma+1)Ma_1^2}\right]^{\frac{\gamma}{\gamma-1}} \tag{9.11}$$

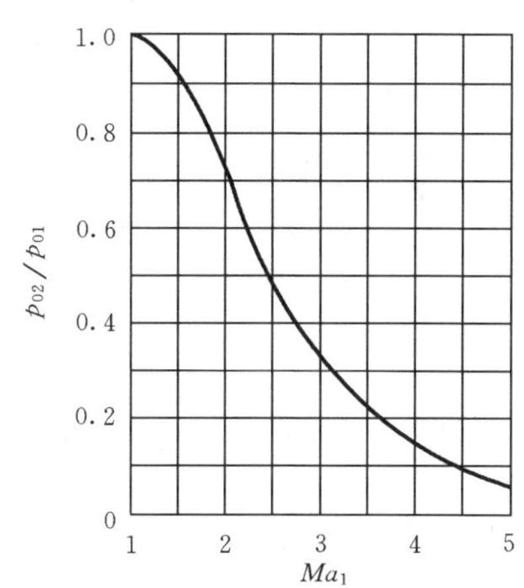

图 9-4　滞止压强比与马赫数之间的关系曲线

图 9-4 是根据式(9.11)绘出的(p_{02}/p_{01})-

Ma_1 曲线。从图中可以看出：当$Ma_1=1$时，$p_{02}/p_{01}=1$；当 $Ma_1>1$ 时，$p_{02}/p_{01}<1$。也就是说，气流穿过正激波后其滞止压强减小了。

7）熵增与上游马赫数之间的关系

由 5.1 节中熵的表达式可以写出熵增的表达式为

$$s_2-s_1=c_V\ln\frac{p_2}{\rho_2^\gamma}-c_V\ln\frac{p_1}{\rho_1^\gamma}=c_V\ln\left[\frac{p_2}{p_1}\left(\frac{\rho_1}{\rho_2}\right)^\gamma\right]$$

$$=R\ln\left[\left(\frac{p_2}{p_1}\right)^{\frac{1}{\gamma-1}}\left(\frac{\rho_1}{\rho_2}\right)^{\frac{\gamma}{\gamma-1}}\right]$$

把式(9.10)代入上式后得到

$$s_2-s_1=R\ln\frac{p_{01}}{p_{02}} \tag{9.12}$$

由图 9-4 可知，当 $Ma_1>1$ 时，总是有 $p_{01}/p_{02}>1$，由式(9.12)又可知，此时有 $s_2>s_1$。可见，激波压缩总是增熵过程。

例 9-1 已知超声速空气气流中正激波上游的参数 $p_1=10^5$ Pa，$T_1=283$ K，$v_1=500$ m/s。试求激波下游气流参数 p_2、T_2、v_2。

解 首先求出激波上游气流马赫数，有

$$Ma_1=\frac{v_1}{\sqrt{\gamma RT_1}}=\frac{500}{\sqrt{1.4\times287\times283}}=1.4828$$

再由式(9.8)和式(9.7)得出激波下游气流的压强和速度：

$$\frac{p_2}{p_1}=\frac{2\gamma}{\gamma+1}Ma_1^2-\frac{\gamma-1}{\gamma+1}=\frac{2\times1.4}{1.4+1}\times1.4828^2-\frac{1.4-1}{1.4+1}=2.3985$$

$$p_2=2.3985p_1=2.3985\times10^5\ \text{Pa}$$

$$\frac{v_1}{v_2}=\frac{(\gamma+1)Ma_1^2}{2+(\gamma-1)Ma_1^2}=\frac{(1.4+1)\times1.4828^2}{2+(1.4-1)\times1.4828^2}=1.8326$$

$$v_2=\frac{v_1}{1.8326}=\frac{500}{1.8326}\ \text{m/s}=272.84\ \text{m/s}$$

最后由能量方程式(9.3)得到激波下游气流温度：

$$c_p=\frac{\gamma R}{\gamma-1}=\frac{1.4\times287}{1.4-1}\ \text{J/(kg·K)}=1004.5\ \text{J/(kg·K)}$$

$$T_2=T_1+\frac{v_1^2-v_2^2}{2c_p}=\left(283+\frac{500^2-272.84^2}{2\times1004.5}\right)\ \text{K}=370.4\ \text{K}$$

例 9-2 用皮托管测量马赫数 $Ma_1=2$ 的超声速空气气流中的压强，气流在皮托管前方产生激波，如图 9-5 所示。如果由皮托管测得的压强 $p_{02}=1.5\times10^5$ Pa，求激波上、下游的压强 p_1 和 p_2。

解 由皮托管所测得的压强就是激波下游的滞止压强。上游的压强 p_1 变化为下游的压强 p_2 是非等熵的激波压缩过程，而下游的压强 p_2 变化为滞止压强 p_{02} 则是等熵过程。首先把所给的 Ma_1 代入关系式(9.6)，计算激波下游的马赫数 Ma_2。

$$Ma_2=\sqrt{\frac{2+(\gamma-1)Ma_1^2}{2\gamma Ma_1^2-\gamma+1}}=\sqrt{\frac{2+(1.4-1)\times 2^2}{2\times 1.4\times 2^2-1.4+1}}$$
$$=0.5774$$

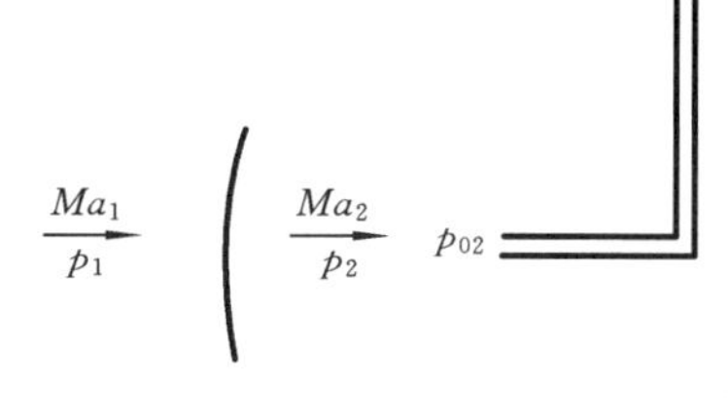

图 9-5　例 9-2 图

再由等熵气流的关系式(5.19(c))得到

$$\frac{p_{02}}{p_2}=\left(1+\frac{\gamma-1}{2}Ma_2^2\right)^{\frac{\gamma}{\gamma-1}}$$
$$=\left(1+\frac{1.4-1}{2}\times 0.5774^2\right)^{\frac{1.4}{1.4-1}}=1.2534$$

代入 p_{02}，计算出激波下游的气流压强

$$p_2=\frac{p_{02}}{1.2534}=\frac{1.5\times 10^5}{1.2534}\ \text{Pa}=1.1967\times 10^5\ \text{Pa}$$

由式(9.8)得

$$\frac{p_2}{p_1}=\frac{2\gamma}{\gamma+1}Ma_1^2-\frac{\gamma-1}{\gamma+1}=\frac{2\times 1.4}{1.4+1}\times 2^2-\frac{1.4-1}{1.4+1}=4.5$$

最后代入 p_2 值，得到激波上游的气流压强

$$p_1=\frac{p_2}{4.5}=\frac{1.1967\times 10^5}{4.5}\ \text{Pa}=0.2659\times 10^5\ \text{Pa}$$

9.2　斜激波

1. 斜激波上、下游的参数关系

超声速气流遇到内偏转壁面或者楔形物体时流动受到阻碍，由此发生压缩，从而产生斜激波。超声速喷管的出口背压过大时会在管内产生正激波，如果逐渐减小背压，正激波随之向下游管口移动，移出管口后则变成斜激波。超声速气流遇钝头物体阻挡时可能产生脱体曲线激波，脱体曲线激波除中心部分外，其他部分都类似于斜激波。下面以内偏转壁面上的斜激波为例介绍其分析计算方法。

超声速来流与壁面平行，壁面自点 A 向流场内偏转 θ 角，从而使气流受到压缩，形成始于点 A 的斜激波，如图 9-6 所示。激波间断面与来流方向斜交，两者之间的夹角 β 称为激波角。超声速气流穿过斜激波后其流动方向与下游壁面平行，因此壁面的内偏转角 θ 也是气流方向的偏转角。设激波上、下游气流速度分别为 v_1 和 v_2，它们在间断面的法向和切向分量分别为 v_{1n}、v_{1t} 和 v_{2n}、v_{2t}，上、下游其他流动参数分别为 Ma_1、p_1、ρ_1、T_1 和 Ma_2、p_2、ρ_2、T_2。

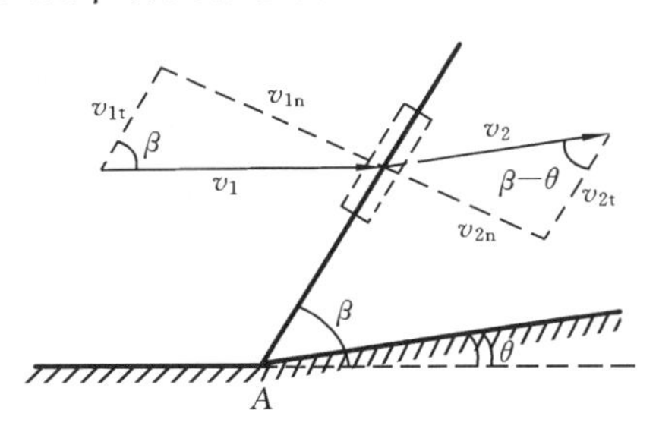

图 9-6　斜激波

取图 9-6 所示波面控制体，并对控制体建立连续性方程，即

$$\rho_1 v_{1n}=\rho_2 v_{2n}$$

间断面法向和切向的动量方程为

$$\rho_1 v_{1n}(v_{2n}-v_{1n})=p_1-p_2$$

$$\rho_2 v_{2n} v_{2t}-\rho_1 v_{1n} v_{1t}=0$$

由切向动量方程和连续性方程可知

$$v_{2t}=v_{1t}=v_t$$

由于激波压缩是绝热过程，激波上、下游的总能量相等，因此又有能量守恒方程为

$$c_p T_1+\frac{1}{2}(v_{1n}^2+v_t^2)=c_p T_2+\frac{1}{2}(v_{2n}^2+v_t^2)=c_p T_0$$

将法向动量方程两边同除以 $\rho_1 v_{1n}$ 或 $\rho_2 v_{2n}$，得到

$$v_{1n}-v_{2n}=\frac{p_2}{\rho_2 v_{2n}}-\frac{p_1}{\rho_1 v_{1n}}=\frac{RT_2}{v_{2n}}-\frac{RT_1}{v_{1n}}$$

由能量方程解出 T_1、T_2 并代入上式后有

$$\begin{aligned}v_{1n}-v_{2n}&=\frac{R}{v_{2n}}\left(T_0-\frac{v_{2n}^2-v_t^2}{2c_p}\right)-\frac{R}{v_{1n}}\left(T_0-\frac{v_{1n}^2-v_t^2}{2c_p}\right)\\&=RT_0\left(\frac{1}{v_{2n}}-\frac{1}{v_{1n}}\right)+\frac{R}{2c_p}(v_{1n}-v_{2n})-\frac{R}{2c_p}v_t^2\left(\frac{1}{v_{2n}}-\frac{1}{v_{1n}}\right)\end{aligned}$$

再运用关系式

$$c_p=\frac{\gamma R}{\gamma-1}$$

和

$$\frac{2\gamma}{\gamma+1}RT_0=\gamma RT_*=c_*^2$$

将上式化简后得到

$$v_{1n}v_{2n}=c_*^2-\frac{\gamma-1}{\gamma+1}v_t^2 \tag{9.13}$$

与正激波的相应公式(9.4)相比，斜激波公式(9.13)的右面多出了带有 v_t 的一项，当 $v_t=0$ 时，它就成为正激波关系式。

下面建立斜激波上、下游参数之间的关系。

由于激波上、下游的切向速度相等，即 $v_{2t}=v_{1t}=v_t$，因此在上、下游的速度分别为 v_{1n} 和 v_{2n} 的正激波流场上叠加一个沿切向且速度为 v_t 的均匀流，就得到上、下游气流速度分别为 v_1 和 v_2 的斜激波；或者换个角度说，在沿斜激波间断面的切向以定常速度 v_t 运动的惯性坐标系中所看到的是一个上游速度为 v_{1n}、下游速度为 v_{2n} 的正激波。叠加均匀流并不会改变激波上、下游参数之间的关系，因此只要在正激波关系式中把原来的 v_1 和 v_2 分别用斜激波法向速度 v_{1n} 和 v_{2n} 代替，或者把正激波的 Ma_1 和 Ma_2 用斜激波的法向马赫数 Ma_{1n} 和 Ma_{2n} 代替，就可以得到斜激波上、下游参数的关系式。由于

$$Ma_{1n}=\frac{v_{1n}}{c_1}=\frac{v_1}{c_1}\sin\beta=Ma_1\sin\beta$$

$$Ma_{2n}=\frac{v_{2n}}{c_2}=Ma_2\sin(\beta-\theta)$$

因此对应于正激波的式(9.6)至式(9.8)，斜激波的关系式可以写为

$$Ma_2^2\sin^2(\beta-\theta)=\frac{2+(\gamma-1)Ma_1^2\sin^2\beta}{2\gamma Ma_1^2\sin^2\beta-\gamma+1} \tag{9.14}$$

$$\frac{\rho_2}{\rho_1}=\frac{v_{1n}}{v_{2n}}=\frac{(\gamma+1)Ma_1^2\sin^2\beta}{2+(\gamma-1)Ma_1^2\sin^2\beta} \tag{9.15}$$

$$\frac{p_2}{p_1}=\frac{2\gamma}{\gamma+1}Ma_1^2\sin^2\beta-\frac{\gamma-1}{\gamma+1} \tag{9.16}$$

为了使用这些关系式，还必须先求出激波角。激波角 β 与气流偏转角 θ 和来流马赫数 Ma_1 有关，下面给出三者之间的关系。

参考图 9-6，由激波上、下游速度分量之间的几何关系有

$$\tan\beta=\frac{v_{1n}}{v_t},\quad \tan(\beta-\theta)=\frac{v_{2n}}{v_t}$$

两式相除消去 v_t，然后再代入式(9.15)可以得到

$$\frac{\tan(\beta-\theta)}{\tan\beta}=\frac{v_{2n}}{v_{1n}}=\frac{2+(\gamma-1)Ma_1^2\sin^2\beta}{(\gamma+1)Ma_1^2\sin^2\beta}$$

运用三角函数公式化简后，上式又成为

$$\tan\theta=\frac{2\cot\beta(Ma_1^2\sin^2\beta-1)}{2+Ma_1^2(\gamma+\cos2\beta)} \tag{9.17}$$

这就是激波角 β、气流偏转角 θ 及来流马赫数 Ma_1 三者之间的关系式。根据这个公式，可以把马赫数 Ma_1 作为参数，绘出图 9-7 中激波角 β 与气流偏转角 θ 之间的关系曲线。

下面分析图 9-7 中的曲线。

(1) 当超声速气流流过楔形物体时，楔形体的半顶角 θ 就是气流偏转角。对于任何给定的上游马赫数 Ma_1，气流偏转角 θ 都有一个极大值 θ_{max}。当 $\theta<\theta_{max}$ 时，曲线上有对应的激波角 β，此时形成附体斜激波，如图 9-8(a)所示；当 $\theta>\theta_{max}$ 时，它没有对应的激波角 β，因为此时不形成附体的斜激波，而是形成脱体的曲线激波，如图 9-8(b)所示。

为了求出 θ_{max} 所对应的 β，运用式(9.17)，令 $d\theta/d\beta=0$ 就得到

$$2+(\gamma+1)Ma_1^2+[(\gamma+1)Ma_1^4-4Ma_1^2]\sin^2\beta-2\gamma Ma_1^4\sin^4\beta=0$$

对于给定的 Ma_1，求解这个方程就得到 θ_{max} 所对应的 β。例如对于空气($\gamma=1.4$)，当 $Ma_1=3$ 时，最大偏转角发生在 $\beta=65.24°$ 时，再由式(9.17)计算出 $\theta_{max}=34.07°$。也就是说，对于上游马赫数 $Ma_1=3$ 的空气气流，不存在偏转角大于 34.07°的附体斜激波，只有当楔形物体的半顶角小于这个值时才会形成附体斜激波。当 $Ma_1\to\infty$ 时，最大偏转角为 $\theta_{max}=45.4°$，空气中不存在偏转角大于 45.4°的附体斜激波。

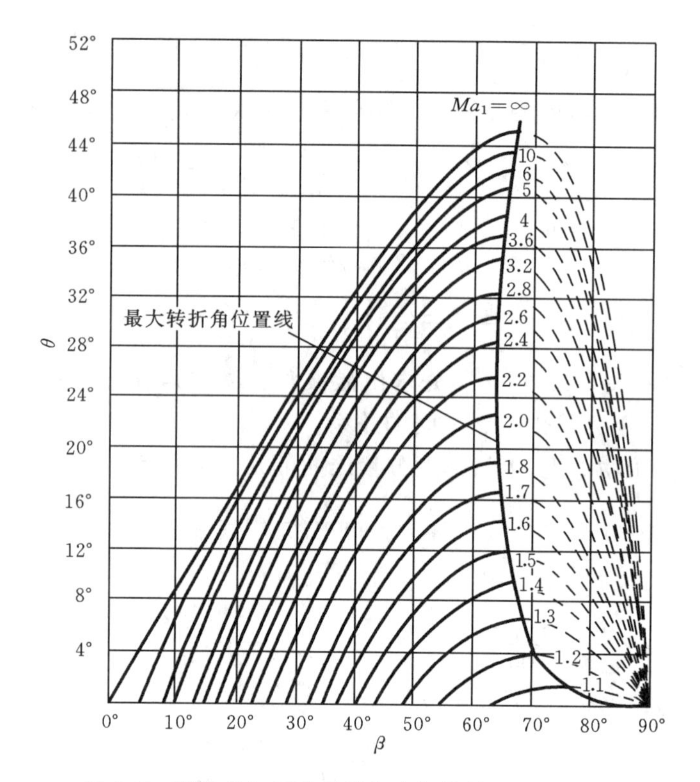

图 9-7　激波角与气流偏转角之间的关系($\gamma=1.4$)

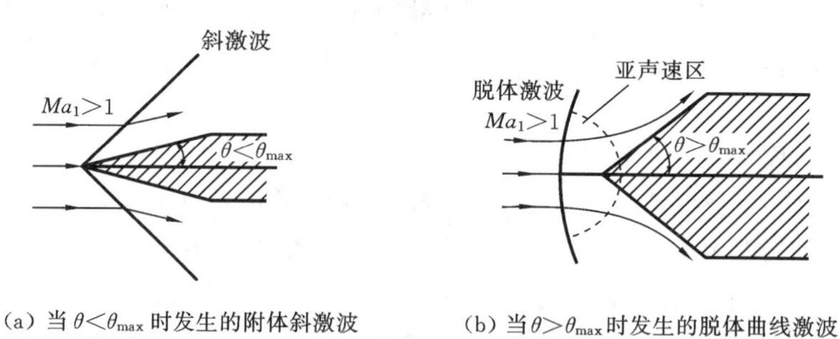

(a) 当 $\theta<\theta_{\max}$ 时发生的附体斜激波　　(b) 当 $\theta>\theta_{\max}$ 时发生的脱体曲线激波

图 9-8　附体斜激波和脱体激波

通常把 $\theta>\theta_{\max}$ 的楔形物体称为钝体。当超声速气流流过钝体时，前方形成脱体激波。脱体激波间断面的形状和距离取决于楔形的顶角、下游条件和来流马赫数。

脱体激波间断面呈曲线形，在中心流线附近它近似于正激波。超声速气流穿过正激波后减速为亚声速气流；超声速气流穿过斜激波后虽然也会减速，但下游气流可能还是超声速的。因此，气流穿过正激波时会比穿过斜激波时产生更强烈的压缩，从而在下游产生更高的压强。由于脱体激波中心流线附近近似于正激波，因此波下游存在一个亚声速流动区域，如图 9-8(b)所示。在亚声速流动区域内，气体受到强烈压缩，压强很高，从而形成对物体的阻力，这就是激波阻力。将超声速飞行器前端做成尖楔形就是为了避免激波脱体而在物体前方形成亚声速的高压区，以达到减小激波阻力的目的。由中心部分向外，脱体激波类似于斜激波，但是它的强度逐渐减弱，激波角变小，并且最终趋近于马赫角。

（2）当式(9.17)的分子等于零，即 $Ma_1^2\sin^2\beta=1$ 时有

$$\theta=0,\quad \sin\beta=\frac{1}{Ma_1}$$

由马赫角的定义知道，此时的激波角 β 就是马赫角。也就是说，当 $\theta\to 0$ 时，激波强度趋向于无穷小，激波退化为无穷小的扰动波。

当 $\cot\beta=0$ 时，$\beta=\pi/2$，所对应的是正激波，此时气流方向也没有偏转，即 $\theta=0$。

对于斜激波的激波角 β，总是有 $\mu<\beta<\pi/2$，其中 μ 是马赫角，而且 β 有两个可能的解，较小值 β_1（图 9-7 中实线部分）对应的是弱激波，较大值 β_2（图 9-7 中虚线部分）对应的是强激波。

通道壁面与超声速气流方向不平行时（如壁面内偏转和楔形体）所产生的斜激波都是弱激波，应该取两个 β 解中较小的一个。下游的高压强使超声速气流产生压缩，并使其流动方向发生偏转，从而也可以形成斜激波。对于这样的斜激波，由于 p_2/p_1 是已知的，因此 β 存在唯一解，它可以是强激波也可以是弱激波。

超声速气流穿过弱斜激波后，尽管下游法向马赫数 $Ma_{2n}=Ma_2\sin(\beta-\theta)<1$，但是 Ma_2 却可能大于 1。也就是说，超声速气流穿过斜激波后可能仍然是超声速气流，这与正激波下游一定是亚声速气流不同。

在很多情况下都是已知上游来流马赫数 Ma_1 和气流偏转角 θ，需要由式(9.17)计算激波角 β，然后再由式(9.14)至式(9.16)计算其余的未知参数。式(9.17)是 β 的隐式公式，在计算时可以运用解超越方程的牛顿迭代法。

例 9-3　上游来流马赫数 $Ma_1=3$ 的空气气流，沿壁面向内偏转 $\theta=15°$ 产生斜激波。试求激波下游马赫数 Ma_2。

解　首先计算激波角 β。将 $Ma_1=3$、$\theta=15°$ 和 $\gamma=1.4$ 代入式(9.17)，有

$$\tan 15°=\frac{2\cot\beta(3^2\sin^2\beta-1)}{2+3^2(1.4+\cos 2\beta)}$$

该式化简后成为

$$9\sin 2\beta-2\cot\beta-2.412\cos 2\beta-3.913=0$$

运用牛顿迭代法求解，令

$$f(\beta)=9\sin 2\beta-2\cot\beta-2.412\cos 2\beta-3.913$$

对 $f(\beta)$ 求导得到

$$f'(\beta)=18\cos 2\beta+\frac{2}{\sin^2\beta}+4.824\sin 2\beta$$

因此牛顿迭代公式为

$$\beta=\beta_0-\frac{f(\beta_0)}{f'(\beta_0)}=\beta_0-\frac{9\sin 2\beta_0-2\cot\beta_0-2.412\cos 2\beta_0-3.913}{18\cos 2\beta_0+\dfrac{2}{\sin^2\beta_0}+4.824\sin 2\beta_0}$$

设初值 $\beta_0=0.5$，代入迭代公式计算后得到 $\beta=0.5587$，这就是第一次迭代修正值；再令 $\beta_0=0.5587$，代入迭代公式计算又得到第二次修正值 $\beta=0.5628$；再令 $\beta_0=0.5628$，再计算得到 $\beta=0.5627$。第二次和第三次修正值相差不到 0.02%，迭代已收敛到可接受的范围内。于是，取第三次迭代修正值

$$\beta=0.5627\ \text{rad}=32.24°$$

作为近似计算结果。

将已知的 Ma_1、θ、β 和 γ 的数值代入式(9.14)，得

$$Ma_2^2\sin^2(32.24°-15°)=\frac{2+(1.4-1)\times 3^2\sin^2 32.24°}{2\times 1.4\times 3^2\sin^2 32.24°-1.4+1}$$

计算得到

$$Ma_2=2.255$$

斜激波下游的气流仍然是超声速的，因此它是一个弱激波的解。

实际上，β 的方程还有另外一个根，$\beta=1.4735\ \text{rad}=84.42°$，它对应强激波，在本题中此根应该舍去。

例 9-4 已知拉伐尔喷管出口截面上马赫数 $Ma_1=3$，压强 $p_1=0.134\times 10^5$ Pa，出口外部背压 $p_2=10^5$ Pa，气体绝热指数 $\gamma=1.4$。试求喷管出口处斜激波的激波角 β、气流偏转角 θ 和激波下游马赫数 Ma_2。

解 将 p_1、p_2、Ma_1 和 γ 的数值代入式(9.16)，有

$$\frac{1}{0.134}=\frac{2\times 1.4}{1.4+1}\times 3^2\sin^2\beta-\frac{1.4-1}{1.4+1}$$

计算得到

$$\beta=79.59°$$

把已知 Ma_1、β 和 γ 的数值代入式(9.17)，有

$$\tan\theta=\frac{2\cot 79.59°(3^2\sin^2 79.59°-1)}{2+3^2\times[1.4+\cos(2\times 79.59°)]}$$

计算得到

$$\theta=21.57°$$

运用式(9.14)，有

$$Ma_2^2\sin^2(75.59°-21.57°)=\frac{2+(1.4-1)\times 3^2\sin^2 79.59°}{2\times 1.4\times 3^2\sin^2 79.59°-1.4+1}$$

计算得到

$$Ma_2=0.5909$$

$Ma_2<1$，这是强激波。

2. 斜激波的反射与相交

超声速气流遇复杂边界条件时发生反射和相交等一系列物理现象，从而可能出现若干道斜激波。下面分三种情况简要讨论这些物理现象并介绍相应的分析方法。

1）斜激波遇直壁面所产生的反射

如图9-9所示，马赫数为Ma_1的超声速气流在通道内的区域①流动，在下壁的点A遇内偏转θ角产生斜激波。气流穿过激波间断面AB进入区域②后，其方向逆时针偏转θ角后与壁面AC平行，其马赫数变为Ma_2。如果Ma_2仍然大于1，区域②的超声速气流以入射角θ流向上壁，其方向再次发生偏转，于是产生第二道斜激波BC。气流穿过间断面BC后进入区域③，其方向顺时针偏转θ角度，其马赫数又变为Ma_3。如果Ma_3还是大于1，又会在下壁的点C产生新的激波反射。气流每穿过一道斜激波的间断面后，其马赫数都会有一定程度的减小。如果通道足够长，激波的反射将一直持续到马赫数降到接近于1为止。

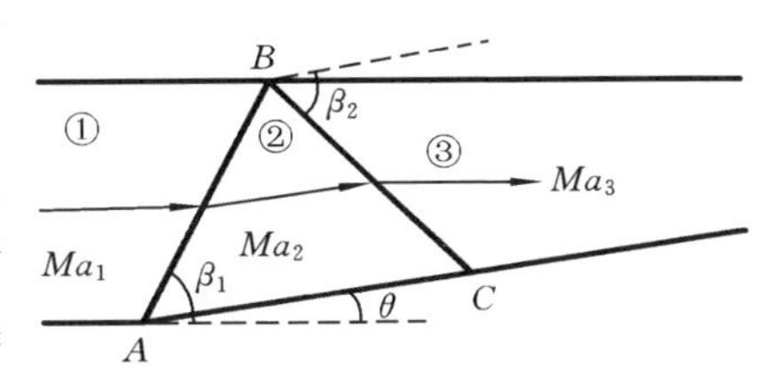

图9-9　斜激波遇直壁所产生的反射

对于上述斜激波连续反射的问题，一般知道上游来流马赫数Ma_1和壁面内偏转角θ。可以运用式(9.17)求出斜激波AB的激波角β_1，再由式(9.14)至式(9.16)计算区域②中的气流参数；如果Ma_2大于1，再由Ma_2和θ计算BC的激波角β_2及区域③中的气流参数；如果需要，还可以继续往下计算。

例9-5　考虑图9-9所示的超声速空气气流的直壁反射问题，设$Ma_1=3$，$\theta=10°$，试求区域②和③中的马赫数Ma_2和Ma_3。

解　将$Ma_1=3$、$\theta=10°$和$\gamma=1.4$代入式(9.17)，有

$$\tan 10°=\frac{2\cot\beta_1(3^2\sin^2\beta_1-1)}{2+3^2(1.4+\cos 2\beta_1)}$$

由牛顿迭代法求出

$$\beta_1=27.5°$$

把Ma_1、θ、γ和β_1代入式(9.14)，有

$$Ma_2^2\sin^2(27.5°-10°)=\frac{2+(1.4-1)\times 3^2\sin^2 27.5°}{2\times 1.4\times 3^2\sin^2 27.5°-1.4+1}$$

计算得到

$$Ma_2=2.4812$$

将$Ma_2=2.4812$、$\theta=10°$和$\gamma=1.4$再代入式(9.17)，运用牛顿迭代法又得到

$$\beta_2=32°$$

再次运用式(9.14)计算得到

$$Ma_3=2.0784$$

由于 $Ma_3>1$，因此还会产生更多的激波反射。

2）同侧斜激波的相交

如图 9-10 所示，马赫数为 Ma_1 的超声速气流沿壁面流动，在点 A 遇内偏转角 θ_1，产生斜激波 AB，气流由区域①穿过激波间断面进入区域②后其方向偏转 θ_1，马赫数变为 Ma_2。区域②中的气流与壁面 AC 平行。如果 Ma_2 大于 1，当气流在点 C 遇另一内偏转角 θ_2 后又产生斜激波 CB。点 B 是两道激波间断面的相交点。气流由区域②穿过 CB 进入区域③后其方向再偏转 θ_2，马赫数由 Ma_2 变为 Ma_3。如果 Ma_3 大于 1，气流遇内偏转角还会产生更多激波。

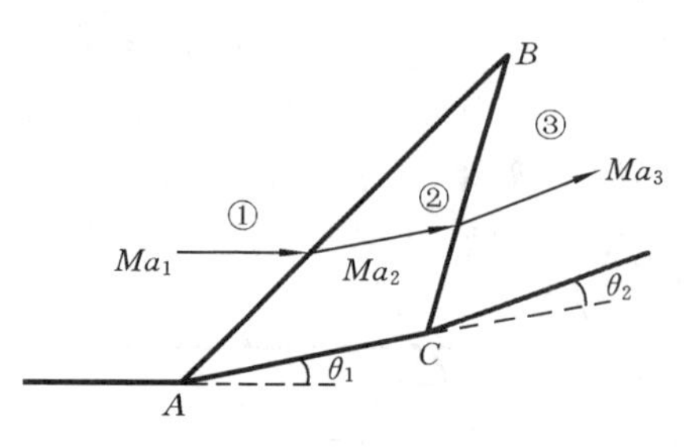

图 9-10　同侧斜激波的相交

对于上面描述的问题，可以运用相应的斜激波公式由区域①中的流动参数及偏转角 θ_1 计算区域②中的流动参数，再由区域②中的流动参数及偏转角 θ_2 计算区域③中的流动参数。如果有更多的斜激波，可以同样依次向下计算。

例 9-6　考虑图 9-10 所示的同侧激波相交问题，设 $Ma_1=2.5$，$\theta_1=5°$，$\theta_2=10°$，试求区域②和③中的马赫数 Ma_2 和 Ma_3。

解　将 $Ma_1=2.5$、$\theta_1=5°$和 $\gamma=1.4$ 代入式(9.17)，有

$$\tan 5°=\frac{2\cot\beta_1(2.5^2\sin^2\beta_1-1)}{2+2.5^2(1.4+\cos 2\beta_1)}$$

由牛顿迭代法求出

$$\beta_1=28°$$

把 Ma_1、θ_1、γ 和 β_1 代入式(9.14)，有

$$Ma_2^2\sin^2(28°-5°)=\frac{2+(1.4-1)\times 2.5^2\sin^2 28°}{2\times 1.4\times 2.5^2\sin^2 28°-1.4+1}$$

计算得到

$$Ma_2=2.1985$$

将 $Ma_2=2.1985$、$\theta_2=10°$和 $\gamma=1.4$ 代入式(9.17)，运用牛顿迭代法又得到

$$\beta_2=36°$$

再次运用式(9.14)计算得到

$$Ma_3=1.8019$$

3）异侧斜激波的相交

超声速喷管的出口外部背压 p_3 过大时会在管内产生正激波，或者在管口产生斜激波。当产生斜激波时，会发生如图 9-11 所示的激波间断面相交现象。

马赫数为 Ma_1 的超声速气流由区域①穿过激波间断面 AB 进入区域②后其方

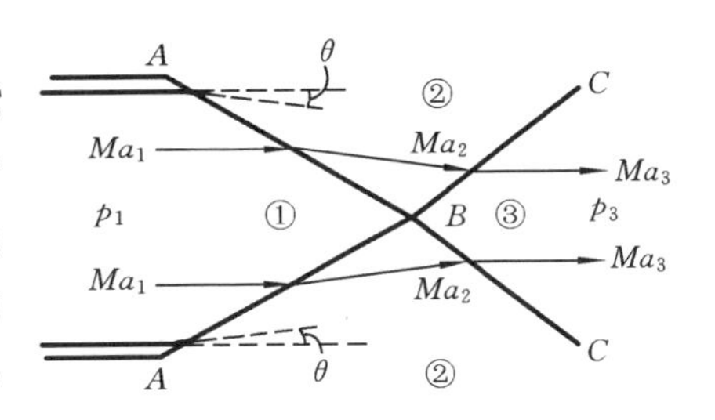

图 9-11　异侧斜激波的相交

向偏转 θ 角度，压强由 p_1 变为 p_2，马赫数由 Ma_1 变为 Ma_2。当气流再穿过激波间断面 BC 进入区域③后，气流又反向偏转 θ 角度，与管道内的出流 Ma_1 平行，马赫数成为 Ma_3，压强则等于外部背压 p_3。仍然可以运用斜激波的关系式逐步进行计算，但与前面所不同的是，在该问题中气流转角 θ 是未知的，而背压 p_3 却是已知的。需要采用试算的方法逐步逼近正确解。通常假设气流偏转角 θ 的初值，然后运用式(9.17)和式(9.14)由 θ 和 Ma_1 逐步计算 β_1 和 Ma_2 及 β_2 和 Ma_3，并运用式(9.16)计算 p_2/p_1 和 p_3/p_2，由此得到 p_3/p_1 的计算值。如果 p_3/p_1 的计算值与所给条件不相符合，则需要调整 θ 重新计算，直至 p_3/p_1 的计算值与所给条件相符合。

例 9-7　考虑图 9-11 所示的空气气流异侧激波相交问题，设出口截面马赫数 $Ma_1=1.8$，压强 $p_1=0.5\times10^5$ Pa，出口外部背压 $p_3=1.2\times10^5$ Pa，试求区域②和③中的马赫数 Ma_2 和 Ma_3。

解　根据所给条件知

$$\frac{p_3}{p_1}=\frac{1.2}{0.5}=2.4$$

设初值 $\theta=8^\circ$。把 $\theta=8^\circ$ 和 $Ma_1=1.8$ 代入式(9.17)，有

$$\tan8^\circ=\frac{2\cot\beta_1(1.8^2\sin^2\beta_1-1)}{2+1.8^2(1.4+\cos2\beta_1)}$$

运用牛顿迭代法求出

$$\beta_1=42^\circ$$

把 Ma_1、θ 和 β_1 代入式(9.14)，有

$$Ma_2^2\sin^2(42^\circ-8^\circ)=\frac{2+(1.4-1)\times1.8^2\sin^2 42^\circ}{2\times1.4\times1.8^2\sin^2 42^\circ-1.4+1}$$

计算得到

$$Ma_2=1.5011$$

把 Ma_1 和 β_1 代入式(9.16)，有

$$\frac{p_2}{p_1}=\frac{2\times1.4}{1.4+1}\times1.8^2\sin^2 42^\circ-\frac{1.4-1}{1.4+1}=1.5258$$

再把 $\theta=8^\circ$ 和 $Ma_2=1.5011$ 代入式(9.17)，有

$$\tan8^\circ=\frac{2\cot\beta_2(1.5011^2\sin^2\beta_2-1)}{2+1.5011^2(1.4+\cos2\beta_2)}$$

运用牛顿迭代法求出

$$\beta_2=52.2^\circ$$

再把 Ma_2 和 β_2 代入式(9.16)，有

$$\frac{p_3}{p_2}=\frac{2\times1.4}{1.4+1}\times1.5011^2\sin^2 52.2^\circ-\frac{1.4-1}{1.4+1}=1.4746$$

于是

$$\frac{p_3}{p_1}=\frac{p_3}{p_2}\frac{p_2}{p_1}=1.4746\times1.5258=2.2499$$

与所给条件 $p_3/p_1=2.4$ 还有较大误差。

再设 $\theta=9^\circ$。由同样的过程求出

$$\frac{p_3}{p_1}=2.5545$$

与所给条件 $p_3/p_1=2.4$ 仍然有较大误差。

运用线性插值计算新的 θ 修正值，即

$$\theta=8^\circ+(9^\circ-8^\circ)\times\frac{2.4-2.2499}{2.5545-2.2499}=8.4928^\circ$$

由 $\theta=8.4928^\circ$ 计算得到

$$p_3/p_1=2.4307$$

与所给条件 $p_3/p_1=2.4$ 相比，误差为 1.3%，作为例题，它是可以接受的近似解。由 $\theta=8.4928^\circ$ 计算得到区域②和③中的马赫数为

$$Ma_2=1.4694,\quad Ma_3=1.1452$$

9.3　膨胀波

在 9.1 节中借助图 9-1 说明，多道微弱压缩波会聚集而形成强压缩波，也就是激波。如果把图 9-1 中的活塞向右逐步加速，则会在管内气体中产生一系列以声速向左传播的微弱膨胀波。由于气体膨胀后声速降低，后面的微弱膨胀波不会比前面的波行进得快，因此膨胀波不会聚集而形成参数间断面。当超声速气流穿过激波时其压缩过程在非常短的距离内完成，相关参数发生突然地改变，其过程是增熵的；当超声速气流穿过膨胀波时在一定的厚度范围内逐渐发生膨胀，参数逐渐发生变化，其过程是等熵的。这就是压缩波与膨胀波在物理性质上的根本不同之处。

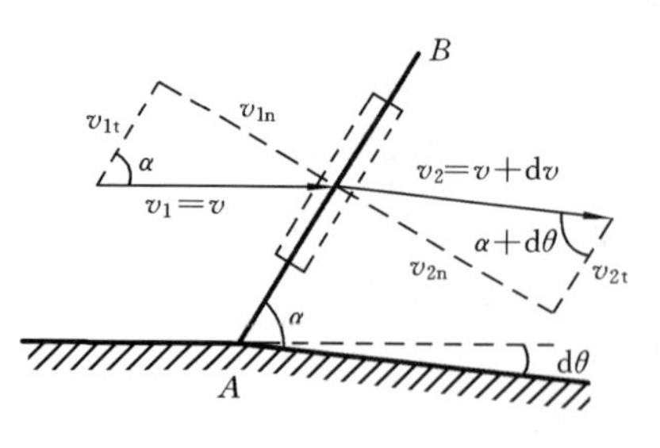

图 9-12　因微小外偏转角所产生的膨胀波

超声速气流遇内偏转壁面时流动受阻碍，发生压缩，从而产生斜激波。类似地，超声速气流遇外偏转壁面则会发生膨胀，从而出现膨胀波。本节主要讨论这种情况。

考虑沿壁面流动的超声速气流，如图 9-12所示，壁面从点 A 开始有一微小的外偏转角 $d\theta$。壁面外偏转使气流从点 A 开始发生膨胀，从而压强降低。这又可以看成是一

个始于点 A 的微小压强扰动，扰动影响区域与未影响区域的交界线为 AB。在第5章中介绍过，当超声速气流中出现微弱的压强扰动时，扰动只在马赫锥中传播，扰动区与未扰动区的交界是马赫波。显然，AB 就是始于点 A 的微小压强扰动的马赫波，它与来流方向之间的夹角 α 也就是马赫角。速度为 $v_1=v$ 的气体穿过马赫波 AB 后其方向偏转 $\mathrm{d}\theta$，与下游壁面平行，速度成为 $v_2=v+\mathrm{d}v$。下面研究马赫波 AB 前后的气流参数关系。

沿波面取控制体如图9-12所示。在控制体上连续性方程可以写为

$$\rho_1 v_{1\mathrm{n}}=\rho_2 v_{2\mathrm{n}}$$

其中，$v_{1\mathrm{n}}$ 和 $v_{2\mathrm{n}}$ 分别是马赫波上、下游的法向速度分量。

考虑沿波 AB 切向的动量关系。沿波的切向流动参数没有变化，沿该方向作用在控制体上的合力为零，因此动量关系为

$$\rho_1 v_{1\mathrm{n}} v_{1\mathrm{t}}=\rho_2 v_{2\mathrm{n}} v_{2\mathrm{t}}$$

其中，$v_{1\mathrm{t}}$ 和 $v_{2\mathrm{t}}$ 分别是上、下游的切向速度分量。同时考虑到前面列出的连续性方程，显然有

$$v_{1\mathrm{t}}=v_{2\mathrm{t}}=v_{\mathrm{t}}$$

可见，气流穿过马赫波后其切向速度分量不变。由图9-12中速度分量之间的几何关系有

$$v_{1\mathrm{t}}=v\cos\alpha,\quad v_{2\mathrm{t}}=(v+\mathrm{d}v)\cos(\alpha+\mathrm{d}\theta)$$

运用三角函数关系，有

$$v_{2\mathrm{t}}=(v+\mathrm{d}v)\cos(\alpha+\mathrm{d}\theta)=(v+\mathrm{d}v)(\cos\alpha\cos\mathrm{d}\theta-\sin\alpha\sin\mathrm{d}\theta)$$

由于 $\mathrm{d}\theta$ 是小量，因此 $\cos\mathrm{d}\theta\approx1$，$\sin\mathrm{d}\theta\approx\mathrm{d}\theta$，于是关系式 $v_{1\mathrm{t}}=v_{2\mathrm{t}}$ 可写为

$$v\cos\alpha=(v+\mathrm{d}v)(\cos\alpha-\mathrm{d}\theta\sin\alpha)$$

在略去二阶小量 $\mathrm{d}v\mathrm{d}\theta\sin\alpha$ 后，上式可简化为

$$\frac{\mathrm{d}v}{v}=\frac{\sin\alpha}{\cos\alpha}\mathrm{d}\theta$$

此外，由关系式 $v=Ma\sqrt{\gamma RT}$ 求微分有

$$\frac{\mathrm{d}v}{v}=\frac{\mathrm{d}Ma}{Ma}+\frac{1}{2}\frac{\mathrm{d}T}{T}$$

其中，Ma 是上游来流的马赫数，T 是上游的温度。综合以上 $\mathrm{d}v/v$ 的两个表达式就得到

$$\mathrm{d}\theta=\left(\frac{\mathrm{d}Ma}{Ma}+\frac{1}{2}\frac{\mathrm{d}T}{T}\right)\cot\alpha \tag{9.18}$$

气流穿过马赫波其能量不变，因此滞止温度与来流气体温度之比为

$$\frac{T_0}{T}=1+\frac{\gamma-1}{2}Ma^2$$

对该式两边微分后又得到

$$\frac{\mathrm{d}T}{T}=-\frac{2(\gamma-1)Ma\mathrm{d}Ma}{2+(\gamma-1)Ma^2}$$

由于 α 是马赫角，因此

$$\sin\alpha=\frac{1}{Ma},\quad \cot\alpha=\sqrt{Ma^2-1}$$

把 $\mathrm{d}T/T$ 和 $\cot\alpha$ 的表达式代入式(9.18)，整理后得到

$$\mathrm{d}\theta=\frac{2\sqrt{Ma^2-1}}{2+(\gamma-1)Ma^2}\frac{\mathrm{d}Ma}{Ma} \tag{9.19}$$

式(9.19)表明，$\mathrm{d}\theta$ 与 $\mathrm{d}Ma$ 同号。当 $\mathrm{d}\theta>0$(对应于外偏转角)时有 $\mathrm{d}Ma>0$，气流通过马赫波后其马赫数增大，发生膨胀；当 $\mathrm{d}\theta<0$(对应于内偏转角)时有 $\mathrm{d}Ma<0$，气流通过马赫波后马赫数减小，发生压缩。

当超声速气流连续遇到数个微小的外偏转角时，就会产生数个马赫波，如图9-13(a)所示。如果超声速气流自点 A 偏转一个有限大小的角度 θ，则会产生无数个汇交于点 A 的马赫波，如图9-13(b)所示。气流在穿过这些由马赫波所组成的扇形区域时连续地发生膨胀，并改变其方向，其马赫数最终由 Ma_1 变为 Ma_2。这个扇形的膨胀区域也称为膨胀波。

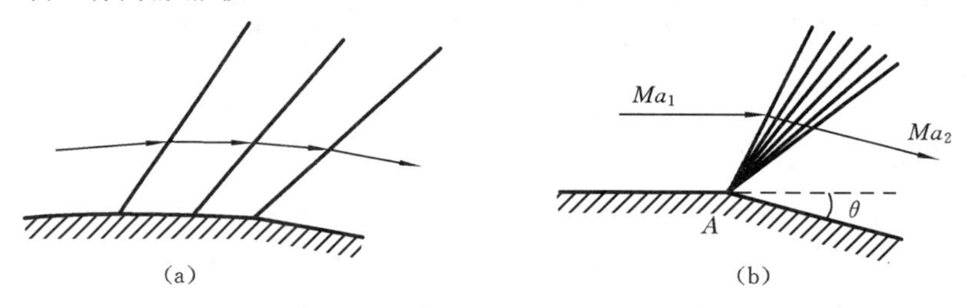

图9-13　膨胀波

可以认为，有限大小的气流转角 θ 由无数个微小转角 $\mathrm{d}\theta$ 组合而成，气流每转过 $\mathrm{d}\theta$ 角度，其马赫数变化 $\mathrm{d}Ma$。假设膨胀波上游来流 $\theta=0°$，$Ma_1=1$，膨胀后下游气流方向为 $\theta=\nu$，马赫数为 $Ma_2=Ma$，对式(9.19)积分，有

$$\int_0^{\nu}\mathrm{d}\theta=\int_1^{Ma}\frac{2\sqrt{Ma^2-1}}{2+(\gamma-1)Ma^2}\frac{\mathrm{d}Ma}{Ma}$$

计算积分后得到

$$\nu(Ma)=\sqrt{\frac{\gamma+1}{\gamma-1}}\arctan\sqrt{\frac{\gamma-1}{\gamma+1}(Ma^2-1)}-\arctan\sqrt{Ma^2-1} \tag{9.20}$$

其中，$\nu(Ma)$ 称为普朗特-迈耶(Prandtl-Mayer)函数，它给出膨胀过程中气流马赫数从1变化到 $Ma>1$ 的同时其流动方向所偏转的角度 ν。

运用第5章给出的马赫数 Ma 与速度系数 λ 之间的关系式，还可以把式(9.20)中的自变量由 Ma 换为 λ，得到以 λ 为自变量的普朗特-迈耶函数，即

$$\nu(\lambda)=\sqrt{\frac{\gamma+1}{\gamma-1}}\arctan\sqrt{\frac{\gamma-1}{\gamma+1}\frac{(\gamma+1)(\lambda^2-1)}{\gamma+1-(\gamma-1)\lambda^2}}-\arctan\sqrt{\frac{(\gamma+1)(\lambda^2-1)}{\gamma+1-(\gamma-1)\lambda^2}} \tag{9.21}$$

对于空气，$\gamma=1.4$，普朗特-迈耶函数式(9.20)可简化为

$$\nu(Ma)=\sqrt{6}\arctan\sqrt{\frac{Ma^2-1}{6}}-\arctan\sqrt{Ma^2-1} \tag{9.22}$$

图 9-14 是由式(9.22)绘出的空气气流($\gamma=1.4$)以马赫数 Ma 为变量的普朗特-迈耶函数曲线，也可以运用式(9.21)绘出以速度系数 λ 为变量的函数曲线。许多工程手册和气体动力学书籍中都列有普朗特-迈耶函数的数值表。

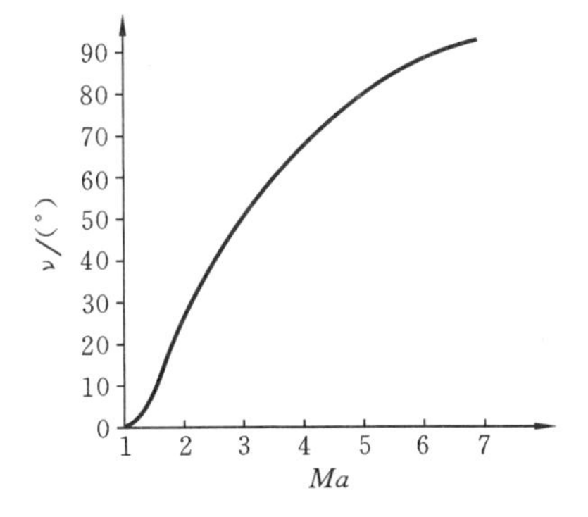

图 9-14　普朗特-迈耶函数曲线($\gamma=1.4$)

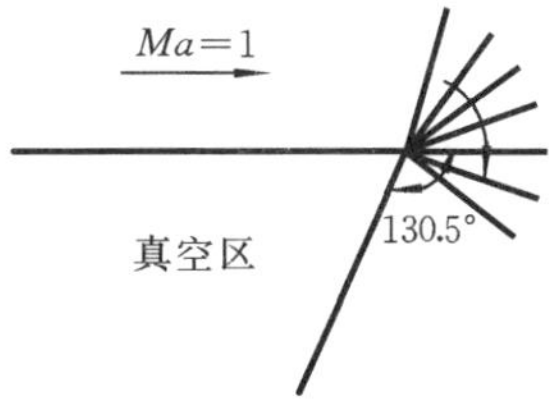

Ma=1

真空区

130.5°

图 9-15　声速气流膨胀的最大偏转角

由式(9.20)看出，当 $Ma\to\infty$ 时，$\nu=\frac{\pi}{2}\left(\sqrt{\frac{\gamma+1}{\gamma-1}}-1\right)$，它是普朗特-迈耶函数的最大值 ν_{max}，也是声速气流膨胀的理论最大偏转角。对于空气 $\gamma=1.4$，$\nu_{max}=130.5°$。如果不考虑流体的黏性作用(式(9.20)并未考虑黏性作用)，从理论上说，$Ma=1$ 的声速空气气流向外偏转 130.5°后将加速为 $Ma\to\infty$，此时压强和热力学温度均趋向于零。假设 $Ma=1$ 的空气气流沿一半无限长薄平板流动，薄板的下部压强等于零，气流到达板的前端后绕过平板边缘向外膨胀，它向外的最大偏转角为 130.5°，大于 130.5°处是真空区(见图 9-15)。超声速气流($Ma>1$)膨胀的最大偏转角要小于 ν_{max}。

当马赫数 Ma 从 1 开始增大时，对应的普朗特-迈耶函数值 ν 从 0 开始单调递增，ν 只与膨胀后的气流马赫数 Ma 和气体物理参数 γ 有关，与膨胀过程无关，它可以是声速气流一次膨胀所偏转的角度，也可以是数次膨胀累积偏转的角度。对于 Ma_1(>1)和 Ma_2($>Ma_1$)，对应的普朗特-迈耶函数值 $\nu(Ma_1)$ 和 $\nu(Ma_2)$ 分别是 $Ma=1$ 的声速气流膨胀加速到 Ma_1 和 Ma_2 所偏转的角度，而 $\nu(Ma_2)-\nu(Ma_1)$ 则可以认为是 $Ma=1$ 的气流膨胀加速到 Ma_1 以后又再次膨胀加速到 Ma_2 所偏转的角度。因此当上游来流的超声速气流 Ma_1 经膨胀加速为下游的 Ma_2 时，下游气流相对于上游来流方向的偏转角为

$$\theta=\nu(Ma_2)-\nu(Ma_1) \tag{9.23}$$

如果已知膨胀波上、下游的马赫数 Ma_1 和 Ma_2，可以由式(9.20)或者普朗特-迈耶函数数值表求出相应的函数值 $\nu(Ma_1)$ 和 $\nu(Ma_2)$，进而由式(9.23)计算气流的偏转角 θ。如果知道某个状态下的普朗特-迈耶函数 ν，要求对应的马赫数 Ma，一般需要运用牛顿迭代法求解式(9.20)，当然也可以利用普朗特-迈耶函数数值表。

在上述的求解过程中都可以用速度系数 λ 取代马赫数 Ma。

例 9-8 已知超声速空气来流参数 $Ma_1=2$，$p_1=75$ kPa，$T_1=250$ K，气流沿壁面向外偏转 $\theta=10°$ 发生膨胀。试求膨胀波下游的气流参数 Ma_2、p_2、T_2。

解 $$\theta=10°=0.1745 \text{ rad}$$

把 $Ma_1=2$ 代入式(9.22)，计算得到

$$\nu(Ma_1)=\left(\sqrt{6}\arctan\sqrt{\frac{2^2-1}{6}}-\arctan\sqrt{2^2-1}\right)\text{ rad}=0.4604 \text{ rad}$$

进而由式(9.23)得

$$\nu(Ma_2)=\nu(Ma_1)+\theta=(0.4604+0.1745)\text{ rad}=0.6349 \text{ rad}$$

现在知道 $\nu(Ma_2)=0.6349$ rad，需要由式(9.22)求 Ma_2。运用牛顿迭代法，令

$$f(Ma)=\sqrt{6}\arctan\sqrt{\frac{Ma^2-1}{6}}-\arctan\sqrt{Ma^2-1}-0.6349$$

而

$$f'(Ma)=\frac{\sqrt{Ma^2-1}}{Ma(1+0.2Ma^2)}$$

迭代公式为

$$Ma_2=Ma_0-\frac{f(Ma_0)}{f'(Ma_0)}$$

由于气流膨胀后其马赫数增大，因此应该选取一个大于 $Ma_1=2$ 的马赫数初值。现在以 $Ma_0=2.5$ 作为初值，三次迭代后得到

$$Ma_2=2.3848$$

对于空气 $\gamma=1.4$，由方程 $\frac{T_0}{T}=1+\frac{\gamma-1}{2}Ma^2$ 得到温度比，即

$$\frac{T_2}{T_1}=\frac{1+\frac{\gamma-1}{2}Ma_1^2}{1+\frac{\gamma-1}{2}Ma_2^2}=\frac{1+\frac{1.4-1}{2}\times 2^2}{1+\frac{1.4-1}{2}\times 2.3848^2}=0.8421$$

于是

$$T_2=0.8421T_1=0.8421\times 250\text{ K}-210.5\text{ K}$$

由等熵关系式得到压强比，即

$$\frac{p_2}{p_1}=\left(\frac{T_2}{T_1}\right)^{\frac{\gamma}{\gamma-1}}=(0.8421)^{\frac{1.4}{1.4-1}}=0.5480$$

于是

$$p_2=0.548p_1=0.548\times 75\ \text{kPa}=41.4\ \text{kPa}$$

例 9-9 空气气流从拉伐尔喷管流出。已知喷管出口的气流参数为 $Ma_1=1.4$，$p_1=1.25\times 10^5$ Pa，出口外部背压 $p_2=10^5$ Pa。由于背压低于出口压强，因此气流离开出口后发生膨胀。试求膨胀波下游的气流马赫数 Ma_2 及气流偏转角 θ。

解 气流的膨胀是等熵过程。由等熵关系式得

$$\frac{T_1}{T_2}=\left(\frac{p_1}{p_2}\right)^{\frac{\gamma-1}{\gamma}}=1.25^{\frac{1.4-1}{1.4}}=1.0658$$

把已知条件 $Ma_1=1.4$ 和已经得到的 $T_1/T_2=1.0658$ 代入

$$\frac{T_1}{T_2}=\frac{1+\dfrac{\gamma-1}{2}Ma_2^2}{1+\dfrac{\gamma-1}{2}Ma_1^2}$$

有

$$1.0658=\frac{1+\dfrac{1.4-1}{2}Ma_2^2}{1+\dfrac{1.4-1}{2}\times 1.4^2}$$

计算后得到下游马赫数 $Ma_2=1.5551$

把 $Ma_1=1.4$ 和 $Ma_2=1.5551$ 代入式(9.22)后又有

$$\nu(Ma_1)=\left(\sqrt{6}\arctan\sqrt{\frac{1.4^2-1}{6}}-\arctan\sqrt{1.4^2-1}\right)\text{rad}=0.1569\ \text{rad}$$

$$\nu(Ma_2)=\left(\sqrt{6}\arctan\sqrt{\frac{1.5551^2-1}{6}}-\arctan\sqrt{1.5551^2-1}\right)\text{rad}=0.2362\ \text{rad}$$

最后得到气流的转角

$$\theta=\nu(Ma_2)-\nu(Ma_1)=(0.2362-0.1569)\ \text{rad}=0.0793\ \text{rad}=4.54^\circ$$

小　　结

本章讨论了超声速气流中的压缩波和膨胀波。

可以认为激波是由无数微弱压缩波聚集而成的。激波压缩是绝热、增熵过程。激波的厚度非常小，气流穿过激波后其密度、压强、温度等都会发生明显的变化，因此通常把激波当做物理参数的间断面。

超声速气流穿过正激波后减速为亚声速气流，其压强和密度上升。正激波的强度随上游来流马赫数的平方增大；当上游马赫数趋向于无穷大时，下游压强也趋向于无穷大，但流体密度只能被压缩至有限值。对于空气气流，其密度最多被压缩至上游密度的 6 倍。

可以运用正激波公式计算斜激波的相应参数。与正激波不同的是，计算斜激波时一般还需要由上游马赫数和气流转角计算激波角。对应于特定的上游马赫数存在

着最大气流转角，当壁面内偏转角或楔形体半顶角小于最大气流转角时才会产生附体斜激波，否则产生脱体的曲线激波。在脱体曲线激波与物体之间存在亚声速的高压区，高压对物体运动造成很大的激波阻力。斜激波包括弱激波和强激波，气流遇内偏转壁面或楔形体所产生的斜激波都是弱激波。弱激波下游的气流仍然可能是超声速的，因此在一定的条件下会发生激波的反射和相交等现象。

超声速气流穿过膨胀波时逐渐发生膨胀，气流方向连续偏转，马赫数连续增大。气体的膨胀过程是等熵过程。普朗特-迈耶函数给出了声速气流膨胀加速过程中的偏转角，可以用它来计算任意超声速气流膨胀所产生的偏转角。

思考题

9-1 激波压缩是______过程。

(A) 等温　(B) 等压　(C) 等熵　(D) 绝热

9-2 超声速气流穿过正激波后______气流，超声速气流穿过斜激波后______气流。

(A) 一定成为亚声速　(B) 一定还是超声速

(C) 可能是超声速也可能是亚声速

9-3 气流穿过激波后______不改变。

(A) 滞止压强　(B) 滞止温度　(C) 滞止密度　(D) 无一滞止参数

9-4 如果正激波上游的速度系数 $\lambda_1=4$，则下游的速度系数 $\lambda_2=$______。

(A) 0.5　(B) 0.75　(C) 0.25　(D) 1

9-5 当上游来流马赫数趋向于无穷大时，正激波下游密度______。当上游来流马赫数趋向于无穷大时，正激波下游压强______。

(A) 趋向于无穷大　(B) 趋向于无穷小　(C)趋向于有限值

9-6 超声速气流遇半顶角 $\theta>\theta_{max}$ 的楔形体不会产生斜激波，只会产生______。

(A) 正激波　(B) 膨胀波　(C) 声波　(D) 脱体曲线激波

9-7 斜激波上、下游的气流参数比仅与激波上游的______有关。

(A) 速度　(B) 马赫数　(C) 法向马赫数　(D) 切向速度

9-8 超声速气流遇外偏转壁面后产生膨胀波，气流通过膨胀波后其方向______。

(A) 与上游来流方向平行　(B) 与下游壁面平行

(C) 与最后一道膨胀波平行　(D) 不确定

9-9 气体膨胀是______过程。

(A) 等温　(B) 等压　(C) 等熵　(D) 绝热

9-10 声速气流膨胀的理论最大偏转角是普朗特-迈耶函数的最大值 ν_{max}，而超声速气流膨胀的最大偏转角______。

(A) 大于 ν_{max}　(B) 小于 ν_{max}　(C) 等于 ν_{max}

习　题

9-1　已知空气气流穿过正激波后下游气流速度 $v_2=300$ m/s，如果下游压强与上游压强的比值 $p_2/p_1=5$，试求激波上游的气流速度 v_1。

9-2　已知正激波上游空气气流滞止温度 $T_0=753$ K，气流速度 $v_1=945$ m/s，试求激波下游的气流马赫数 Ma_2。

9-3　压强和温度分别为 $p_1=10^5$ Pa 和 $T_1=300$ K 的空气气流穿过强度为 $(p_2-p_1)/p_1=2.5$ 的正激波后发生压缩，试求激波下游的气流速度 v_2 和马赫数 Ma_2。

9-4　已知空气气流穿过正激波后其密度增加了一倍，如果上游气流的声速 $c_1=340$ m/s，试求激波上游的气流速度 v_1 及激波下游压强与上游压强的比值 p_2/p_1。

9-5　已知正激波上游空气来流的马赫数 $Ma_1=3$，滞止温度和滞止压强分别为 $T_{01}=333$ K 和 $p_{01}=6\times10^5$ Pa，试求激波下游的气流速度 v_2 和压强 p_2。

9-6　已知正激波上游空气气流的速度和温度分别为 $v_1=924$ m/s 和 $T_1=283$ K，试求激波下游气流的速度 v_2、马赫数 Ma_2 及激波上、下游滞止压强比 p_{01}/p_{02}。

9-7　马赫数 $Ma_1=4$ 的空气气流沿壁面向内偏转 $\theta=5^\circ$ 产生斜激波，试求激波角 β 和激波下游马赫数 Ma_2。

9-8　已知拉伐尔喷管出口截面压强 $p_1=0.2\times10^5$ Pa，马赫数 $Ma_1=3$，出口外背压 $p_2=2\times10^5$ Pa，空气气流在喷管出口形成斜激波。试求激波角 β 和气流偏转角 θ。

9-9　马赫数 $Ma_1=\sqrt{2}$ 的空气气流穿过激波角 $\beta=60^\circ$ 的斜激波发生方向偏转。试求气流偏转角 θ 和激波下游马赫数 Ma_2。

9-10　如题 9-10 图所示，平板上方有一半顶角 $\theta=10^\circ$ 的楔形物体，其对称面与平板平行。当与平板平行的超声速空气气流绕楔形物体流过时产生斜激波，此激波与平板相交，并产生反射激波。如果来流马赫数 $Ma_1=3$，试求反射激波角 β_2 和反射激波下游的气流马赫数 Ma_3。

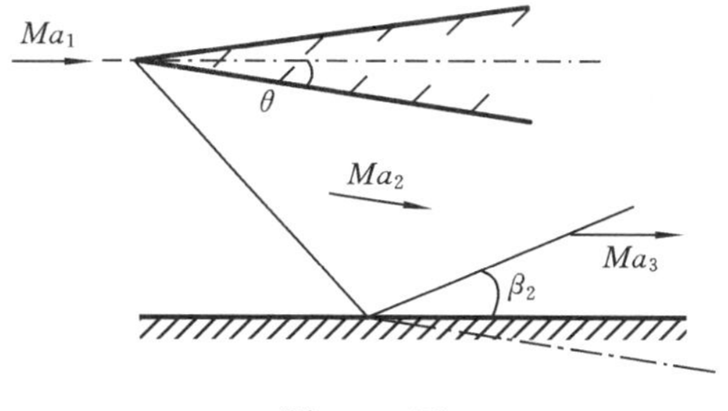

题 9-10 图

9-11　试证明对于弱正激波 $\left(\dfrac{p_2-p_1}{p_1}\ll1\right)$，下列关系成立：

(1) $\dfrac{\rho_2-\rho_1}{\rho_1}\approx-\dfrac{v_2-v_1}{v_1}\approx\dfrac{1}{\gamma}\dfrac{p_2-p_1}{p_1}\approx\dfrac{1}{\gamma-1}\dfrac{T_2-T_1}{T_1}$；

(2) $Ma_2^2 \approx 1-\frac{\gamma+1}{2\gamma}\frac{p_2-p_1}{p_1}$；

(3) $v_1 \approx c_1\left(1+\frac{\gamma+1}{4\gamma}\frac{p_2-p_1}{p_1}\right)$；

(4) $\frac{s_2-s_1}{R} \approx \frac{\gamma+1}{12\gamma^2}\left(\frac{p_2-p_1}{p_1}\right)^3$。

9-12 试证明对于强正激波$\left(\frac{p_2-p_1}{p_1} \gg 1\right)$，下列关系成立：

(1) $\frac{v_1}{v_2}=\frac{\rho_2}{\rho_1} \approx \frac{\gamma+1}{\gamma-1}$；

(2) $\frac{T_2}{T_1} \approx \frac{\gamma-1}{\gamma+1}\frac{p_2}{p_1}$；

(3) $v_1 \approx c_1\left(\frac{\gamma+1}{2\gamma}\frac{p_2}{p_1}\right)^{\frac{1}{2}}$；

(4) $v_1-v_2 \approx c_1\left[\frac{2p_2}{\gamma(\gamma+1)p_1}\right]^{\frac{1}{2}}$。

9-13 马赫数 $Ma_1=2.5$ 的空气气流沿壁面向外偏转 θ 角发生膨胀后其马赫数增大至 $Ma_2=3$。试求气流偏转角 θ。

9-14 马赫数 $Ma_1=5$ 的空气气流沿一半无限长薄平板流动，薄板的下部压强等于零，气流到达板的前端后绕过平板边缘向外膨胀。试确定气流的最大偏转角 θ_{max}。

9-15 马赫数 $Ma_1=2$，压强 $p_1=0.9\times10^5$ Pa 的空气气流穿过膨胀波后进入一个压强为 $p_2=0.6\times10^5$ Pa 的低压区，试求气流偏转角 θ。

9-16 马赫数 $Ma_1=2.3$，压强 $p_1=120$ kPa 的空气气流沿壁面向外偏转 $\theta=30^\circ$ 发生膨胀，试求膨胀波下游气流压强 p_2。

9-17 滞止压强 $p_0=6$ MPa，滞止温度 $T_0=1000$ K，马赫数 $Ma_1=2.5$ 的空气气流沿壁面向外偏转 $\theta=20^\circ$ 发生膨胀，试计算膨胀波下游参数 p_2、T_2 和 Ma_2。

9-18 速度系数 $\lambda_1=1.323$ 的空气气流沿壁面向外偏转 $\theta=10^\circ$ 发生膨胀，试求膨胀波下游速度系数 λ_2 和马赫数 Ma_2。

第 10 章　流动传输基础

在实际工程和自然界的各种流动中广泛地存在着物质的质量传输现象，如污染物在水或者大气中的稀释与弥散，燃料在发动机内部的混掺等。研究流体中的质量传输现象在环境保护、给水排水、海洋气象、农业水利、能源动力、冶金化工，以及生命科学等领域都有着重要的意义。本章介绍流体中质量传输的基本概念、基础理论和基本分析方法。

10.1　流体中的质量传输

流体中所含的物质称为扩散质。扩散质在流场中的质量转移称为质量传输。质量传输的方式主要有三种，即：分子扩散、湍流扩散和随流传输。

在静止的水中加入颜料或盐，色素或盐分会逐渐从浓度高处向浓度低处扩散，直至水中具有同一均匀程度的色素或盐分。由于这种扩散起源于流体分子的随机运动，因此称为分子扩散。分子扩散的快慢与扩散质的性质及其在流体中分布的均匀程度（或者浓度梯度）有关，同时也与温度和压强具有一定的关系。分子扩散几乎存在于一切传输现象中，在不同的问题中它的重要程度有所不同。

当流体作湍流运动时或者流体虽然不存在平均流动但受到湍动干扰时，流体质点的湍流随机脉动也可以引起扩散质的扩散。这种扩散称为湍流扩散。在前面的章节中已经介绍过，湍流脉动由各种尺度的旋涡运动组成，因此湍流扩散又称为涡扩散。流体质点的湍流随机脉动能够传递动量和能量，与此类似，它也能够传递物质质量。湍流扩散比分子扩散强烈得多，因此，当存在着湍流扩散时一般都可以忽略分子扩散。

流体中所含的扩散质还会随着流体自身的时均运动在流场中迁移。这种质量迁移的方式称为随流传输或移流传输。在各种实际问题中，随流传输通常都与分子扩散或湍流扩散同时存在。

在传输理论中，一般假设扩散质随流体一起运动，而且扩散质的存在不影响流体的运动。因此，流场的速度分布与扩散质的分布无关，扩散质只是作为一种示踪剂或标志物质而存在。实际上，在许多情况下扩散质的质量分布变化会对流动产生一定影响。例如，在热污染的扩散、海水和淡水的混掺等问题中质量传输会使流体的密度分布发生变化，从而对流动产生影响。在基本的传输理论中，一般假设扩散过程中流体所含扩散质的总质量不变，不考虑生化作用导致的物质产生及其衰减等现象。

10.2　扩散方程及传输方程

1. 菲克第一扩散定律

单位体积流体所含扩散质的质量称为扩散质的浓度。用 C 表示浓度，它定义为

$$C=\lim_{\Delta V\to 0}\frac{\Delta M}{\Delta V} \tag{10.1}$$

其中，ΔM 是体积为 ΔV 的流体微团所含扩散质的质量。在流场的不同空间点上扩散质的浓度可以不同，而且它还可以随时间变化，因此浓度 $C=C(x,y,z,t)$ 是空间位置和时间的函数，其单位是 kg/m^3。

单位时间内通过单位面积的扩散质质量称为扩散质量通量。菲克（A. Fick）在1855年通过实验发现，沿特定方向的扩散质量通量与该方向扩散质的浓度梯度成正比。假设质量传输各向同性，沿 x、y、z 三个方向上的扩散质量通量分别为 J_x、J_y、J_z，质量通量与浓度梯度之间的关系可以表示为

$$J_x=-D\frac{\partial C}{\partial x} \tag{10.2(a)}$$

$$J_y=-D\frac{\partial C}{\partial y} \tag{10.2(b)}$$

$$J_z=-D\frac{\partial C}{\partial z} \tag{10.2(c)}$$

其中，D 是分子扩散系数，单位为 m^2/s。式中负号表明扩散质的扩散方向与浓度梯度的方向相反，即物质总是从浓度高的地方向浓度低的地方传输。式(10.2)也称为菲克第一扩散定律。扩散系数 D 不仅与扩散质和流体有关，还与流场中的压强和温度有关。一般来说，气体中的扩散系数要比液体中的扩散系数大几个数量级。表10-1中列出了常温下几种物质在空气和水中的扩散系数。

表10-1　常温下几种物质在空气和水中的扩散系数

流体组分	扩散系数 $D/(m^2/s)$	流体组分	扩散系数 $D/(m^2/s)$
水中的食盐	1.1×10^{-9}	空气中的水蒸气	0.26×10^{-4}
水中的酒精	0.12×10^{-9}	空气中的苯	0.88×10^{-5}
水中的氧气	0.18×10^{-9}	空气中的氧气	0.21×10^{-4}
水中的二氧化碳	1.5×10^{-9}	空气中的二氧化碳	0.16×10^{-4}

2. 分子扩散方程

在静止的流体中取边长为 Δx、Δy、Δz 的微小平行六面体作为控制体，如图10-1所示。设控制体形心点坐标为 (x,y,z)，在任意时刻 t，形心点扩散质浓度 $C=$

$C(x,y,z,t)$，扩散质量通量为 J_x、J_y、J_z。在左、右两个控制面上沿 x 方向的质量通量可以表示为 $J_x-\frac{1}{2}\frac{\partial J_x}{\partial x}\Delta x$ 和 $J_x+\frac{1}{2}\frac{\partial J_x}{\partial x}\Delta x$，如图10-1所示，因此在微小时段 Δt 内通过这两个控制面净流出的扩散质质量为

$$\left(J_x+\frac{1}{2}\frac{\partial J_x}{\partial x}\Delta x\right)\Delta y\Delta z\Delta t-\left(J_x-\frac{1}{2}\frac{\partial J_x}{\partial x}\Delta x\right)\Delta y\Delta z\Delta t=\frac{\partial J_x}{\partial x}\Delta x\Delta y\Delta z\Delta t$$

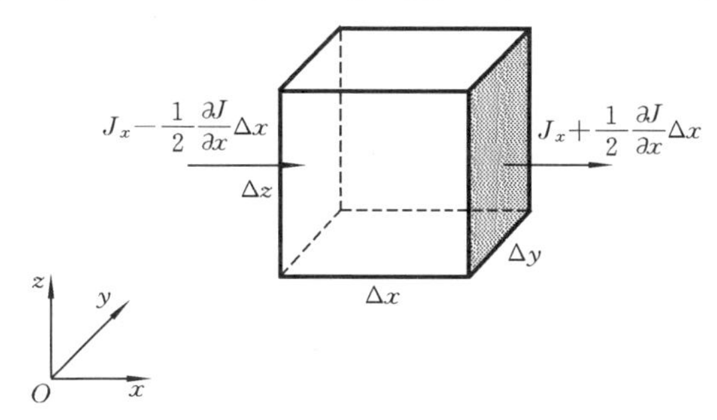

图10-1　微小控制体

同理，Δt 时段内沿 y 和 z 方向通过控制面净流出的扩散质质量分别为 $\frac{\partial J_y}{\partial y}\Delta x\Delta y\Delta z\Delta t$ 和 $\frac{\partial J_z}{\partial z}\Delta x\Delta y\Delta z\Delta t$。在微小时段 Δt 内因扩散质浓度变化在控制体内引起的质量增量为 $\frac{\partial C}{\partial t}\Delta x\Delta y\Delta z\Delta t$。根据质量守恒定律，由浓度变化所引起的扩散物质量增量等于净流入控制体的扩散物质量，因此有

$$\frac{\partial C}{\partial t}\Delta x\Delta y\Delta z\Delta t=-\left(\frac{\partial J_x}{\partial x}+\frac{\partial J_y}{\partial y}+\frac{\partial J_z}{\partial z}\right)\Delta x\Delta y\Delta z\Delta t$$

化简后得到

$$\frac{\partial C}{\partial t}=-\left(\frac{\partial J_x}{\partial x}+\frac{\partial J_y}{\partial y}+\frac{\partial J_z}{\partial z}\right) \tag{10.3}$$

把菲克第一扩散定律式(10.2)代入式(10.3)后就得到

$$\frac{\partial C}{\partial t}=D\left(\frac{\partial^2 C}{\partial x^2}+\frac{\partial^2 C}{\partial y^2}+\frac{\partial^2 C}{\partial z^2}\right) \tag{10.4}$$

如果运用微分算子 ∇，还可以把式(10.4)写成更为简洁的形式，即

$$\frac{\partial C}{\partial t}=D\,\nabla^2 C \tag{10.5}$$

这就是分子扩散方程，它描述了分子扩散的基本规律。分子扩散方程又称为菲克第二扩散定律。

3. 随流传输方程

由于分子运动的平均自由程很小，分子扩散只能产生短距离的质量传输，因此，

分子扩散非常缓慢，要产生长距离的质量传输一般需要相当长的时间。例如，在 20 ℃的温度下氧气通过分子扩散从湖面传输到 100 cm 的水深处大约需要 9 年的时间。如果分子扩散是氧气在水中的唯一传输过程，那么水中的生物就可能由于缺氧而无法生存。实际上，流体自身运动支配着一个更为快速的质量传输过程，这就是随流传输。

在运动的流体中，流动和分子运动都会引起扩散质的质量传输。假设流体的流动速度分量为 u、v、w，由流动和分子运动共同产生的质量传输通量为

$$J_x=uC-D\frac{\partial C}{\partial x} \tag{10.6(a)}$$

$$J_y=vC-D\frac{\partial C}{\partial y} \tag{10.6(b)}$$

$$J_z=wC-D\frac{\partial C}{\partial z} \tag{10.6(c)}$$

把式(10.6)的三个表达式代入式(10.3)就得到

$$\frac{\partial C}{\partial t}=-\left[\frac{\partial}{\partial x}\left(uC-D\frac{\partial C}{\partial x}\right)+\frac{\partial}{\partial y}\left(vC-D\frac{\partial C}{\partial y}\right)+\frac{\partial}{\partial z}\left(wC-D\frac{\partial C}{\partial z}\right)\right]$$

该式整理后成为

$$\frac{\partial C}{\partial t}+\frac{\partial(uC)}{\partial x}+\frac{\partial(vC)}{\partial y}+\frac{\partial(wC)}{\partial z}=D\left(\frac{\partial^2 C}{\partial x^2}+\frac{\partial^2 C}{\partial y^2}+\frac{\partial^2 C}{\partial z^2}\right) \tag{10.7}$$

这就是随流传输方程，其中也包含了等号右边的分子扩散项。式(10.7)中等号左边的第二、三、四项称为随流项。如果流体没有运动，随流项中各速度分量都等于零，式(10.7)就退化为分子扩散方程式(10.4)。

设流体运动的速度矢量为 $\boldsymbol{v}=(u,v,w)$，运用算子还可以把式(10.7)表示为

$$\frac{\partial C}{\partial t}+\nabla\cdot(\boldsymbol{v}C)=D\,\nabla^2 C \tag{10.8}$$

4. 湍流扩散方程

随流传输方程式(10.7)既适用于层流流动也适用于湍流流动，在用于湍流时，式中的各参数都是湍流的瞬时参数。由于湍流运动的复杂性，要求出其瞬时的速度和浓度分布是非常困难的，因此一般采用时均参数求解。采用时均参数求解湍流运动的方法已在第 4 章中有所介绍。

把湍流的瞬时速度矢量 $\boldsymbol{v}$ 和瞬时浓度 C 分别表示成时均值 $\bar{\boldsymbol{v}}$ 和 $\bar{C}$ 与脉动值 $\boldsymbol{v}'$ 和 C' 之和，即

$$\boldsymbol{v}=\bar{\boldsymbol{v}}+\boldsymbol{v}',\quad C=\bar{C}+C'$$

把它们代入扩散方程式(10.8)，并对方程的各项取时均，则有

$$\frac{\overline{\partial(\bar{C}+C')}}{\partial t}+\nabla\cdot\overline{(\bar{\boldsymbol{v}}+\boldsymbol{v}')(\bar{C}+C')}=D\,\nabla^2\,\overline{(\bar{C}+C')}$$

注意到$\overline{\bar{C}+C'}=\bar{C}$，$\overline{(\bar{\boldsymbol{v}}+\boldsymbol{v}')(\bar{C}+C')}=\bar{\boldsymbol{v}}\bar{C}+\overline{\boldsymbol{v}'C'}$，因此上式又简化为

$$\frac{\partial \bar{C}}{\partial t}+\nabla\cdot(\bar{\boldsymbol{v}}\bar{C}+\overline{\boldsymbol{v}'C'})=D\,\nabla^2\bar{C} \tag{10.9}$$

把方程写为分量形式则成为

$$\frac{\partial \bar{C}}{\partial t}+\frac{\partial(\bar{u}\bar{C})}{\partial x}+\frac{\partial(\bar{v}\bar{C})}{\partial y}+\frac{\partial(\bar{w}\bar{C})}{\partial z}$$
$$=-\left[\frac{\partial(\overline{u'C'})}{\partial x}+\frac{\partial(\overline{v'C'})}{\partial y}+\frac{\partial(\overline{w'C'})}{\partial z}\right]+D\left(\frac{\partial^2\bar{C}}{\partial x^2}+\frac{\partial^2\bar{C}}{\partial y^2}+\frac{\partial^2\bar{C}}{\partial z^2}\right) \tag{10.10}$$

将这个微分方程与式(10.7)相比较，除了时均流动所产生的随流项和时均浓度的分子扩散项外，式(10.10)还多出了三项，即$-\partial(\overline{u'C'})/\partial x$、$-\partial(\overline{v'C'})/\partial y$、$-\partial(\overline{w'C'})/\partial z$，它们对应于不规则的湍流脉动所引起的质量传输，也称为湍流扩散项。$\overline{u'C'}$、$\overline{v'C'}$、$\overline{w'C'}$是湍流扩散所引起的质量传输通量，在一般情况下它们都是未知的，因此微分方程式(10.10)是不封闭的。为了使方程封闭，最常用的方法是类似于菲克定律，将湍流传输通量表示为时均浓度梯度的一次关系式，即

$$\overline{u'C'}=-D_{Tx}\frac{\partial \bar{C}}{\partial x} \tag{10.11(a)}$$

$$\overline{v'C'}=-D_{Ty}\frac{\partial \bar{C}}{\partial y} \tag{10.11(b)}$$

$$\overline{w'C'}=-D_{Tz}\frac{\partial \bar{C}}{\partial z} \tag{10.11(c)}$$

其中，D_{Tx}、D_{Ty}、D_{Tz}分别是x、y、z方向的湍流扩散系数。湍流扩散系数与分子扩散系数D具有相同的量纲，但是前者并不是流体的物性系数，它们的值与流动状态相关。

把式(10.11)代入微分方程式(10.10)可得

$$\frac{\partial \bar{C}}{\partial t}+\frac{\partial(\bar{u}\bar{C})}{\partial x}+\frac{\partial(\bar{v}\bar{C})}{\partial y}+\frac{\partial(\bar{w}\bar{C})}{\partial z}$$
$$=\left\{\frac{\partial}{\partial x}\left[(D_{Tx}+D)\frac{\partial \bar{C}}{\partial x}\right]+\frac{\partial}{\partial y}\left[(D_{Ty}+D)\frac{\partial \bar{C}}{\partial y}\right]+\frac{\partial}{\partial z}\left[(D_{Tz}+D)\frac{\partial \bar{C}}{\partial z}\right]\right\} \tag{10.12}$$

在湍流运动中，湍流运动的尺度远大于分子运动的尺度，因此湍流扩散系数一般都远大于分子扩散系数。除了在湍流运动受到限制的区域(如壁面附近)外，分子扩散项通常都可以忽略不计，此时微分方程式(10.12)又可以简化为

$$\frac{\partial \bar{C}}{\partial t}+\frac{\partial(\bar{u}\bar{C})}{\partial x}+\frac{\partial(\bar{v}\bar{C})}{\partial y}+\frac{\partial(\bar{w}\bar{C})}{\partial z}=\frac{\partial}{\partial x}\left(D_{Tx}\frac{\partial \bar{C}}{\partial x}\right)+\frac{\partial}{\partial y}\left(D_{Ty}\frac{\partial \bar{C}}{\partial y}\right)+\frac{\partial}{\partial z}\left(D_{Tz}\frac{\partial \bar{C}}{\partial z}\right) \tag{10.13}$$

这就是湍流扩散方程。

求解湍流扩散方程的关键是确定湍流扩散系数D_{Tx}、D_{Ty}、D_{Tz}。除了非常简单的

情况外，目前还无法由理论方法求出湍流扩散系数，只能通过实验来提供相关数据。

例 10-1　为了改善湖水水质，需要了解物质在湖水中的扩散状况。为此在湖水中注入示踪剂，并于一周后测得不同水深处的示踪剂浓度分布如表 10-2 所示。已知示踪剂的分子扩散系数 $D=9.5\times10^{-10}\ \mathrm{m^2/s}$，竖直方向的湍流扩散系数 $D_{Tz}=2.0\times10^{-5}\ \mathrm{m^2/s}$。试确定湖面以下 5 m 处示踪剂沿竖直方向的扩散质量通量及其扩散方向。

表 10-2　示踪剂浓度分布

水深/m	0	1	2	3	4	5	6	7	8
浓度/(g/m^3)	2.8	4.2	5.5	5.8	4.7	4.2	3.8	3.4	3.0

解　分别考虑由分子扩散和湍流扩散所引起的质量传输通量。根据菲克第一定律式(10.2)，在 5 m 水深处沿竖直方向的分子扩散质量通量

$$J_z=-D\frac{\partial\overline{C}}{\partial z}\bigg|_{z=5\ \mathrm{m}}$$

坐标系 z 轴正方向竖直指向水底。可以由测量数据近似计算浓度梯度，5 m 水深处分子扩散通量

$$J_z=-D\frac{\partial\overline{C}}{\partial z}\bigg|_{z=5\ \mathrm{m}}=-D\frac{C|_{z=6\ \mathrm{m}}-C|_{z=4\ \mathrm{m}}}{6-4}=-9.5\times10^{-10}\times\left(\frac{3.8-4.7}{2}\right)\ \mathrm{g/(s\cdot m^2)}$$

$$=4.275\times10^{-10}\ \mathrm{g/(s\cdot m^2)}$$

此通量为正，这表明示踪剂向湖底方向传输。

由式(10.11(c))计算湍流扩散通量，在 5 m 水深处沿竖直方向的湍流扩散通量

$$J_z=\overline{w'C'}=-D_{Tz}\frac{\partial\overline{C}}{\partial z}\bigg|_{z=5\ \mathrm{m}}=-D_{Tz}\frac{C|_{z=6\ \mathrm{m}}-C|_{z=4\ \mathrm{m}}}{6-4}$$

$$=-2.0\times10^{-5}\times\left(\frac{3.8-4.7}{2}\right)\ \mathrm{g/(s\cdot m^2)}=9.0\times10^{-6}\ \mathrm{g/(s\cdot m^2)}$$

湍流扩散同样也使示踪剂向湖底方向扩散，这是因为无论分子扩散还是湍流扩散都受同样的浓度梯度影响。在此例中，湍流扩散通量大约是分子扩散通量的 2×10^4 倍，显然分子扩散可以忽略不计。

10.3　静止流体中的扩散

在静止流体中只有分子扩散，扩散方程为式(10.4)。该方程是一个二阶的线性偏微分方程，只有在比较简单的初始条件和边界条件下才有可能求出它的解析解。首先在无界的静止流体中求解。

扩散方程的求解与扩散质的初始形态密切相关。在传输理论中，可以研究在 $t=0$ 时刻以点、线、面和体等形式存在的扩散质在 $t>0$ 时刻所发生的扩散，也就是点

源、线源、面源和体源的扩散问题。在环境工程中可以把污染物近似为扩散质的源。各种形式的源又都可以分为瞬时源和连续源。例如，油轮事故中短时间内泄放的油污染可以近似为瞬时源，由于管道破裂长时间连续输入的污染源则可以近似为连续源。如果扩散质只在一个方向发生扩散，则称它为一元扩散；在两个方向（一个平面）和三个方向（整个空间）发生的扩散则分别称为二元扩散和三元扩散。

如果流体受到湍动干扰，湍流扩散各向同性，而时均速度 $\bar{\boldsymbol{v}}=0$，只要用湍流扩散系数替代本节中使用的分子扩散系数，以下的求解方法就同样适用。

1. 瞬时点源的一元扩散

在静止流体中瞬时均匀投放在一个足够大的平面上的扩散质基本上只在一个方向上发生扩散，其过程可以简化为瞬时点源的一元扩散。沿扩散方向取坐标轴 x，分子扩散方程式(10.4)简化为

$$\frac{\partial C}{\partial t}=D\frac{\partial^2 C}{\partial x^2} \tag{10.14}$$

为了把偏微分方程简化为常微分方程，首先运用量纲分析法研究参数之间的相互关系。假设初始时刻单位面积上的扩散质质量为 m_a，m_a 称为点源的强度。任意时刻 t 在流场任意空间位置 x 的扩散质浓度 C 与点源的强度 m_a 及扩散系数 D 有关。在该物理过程中，C、m_a、D、x 和 t 等五个物理参数相关联，涉及 M、L 和 T 等三个基本量纲。根据量纲分析原理，该物理过程可以由两(5－3＝2)个无量纲参数的关系式描述。注意到在一元扩散问题中浓度 C 的量纲为 $\mathrm{ML^{-1}}$，由 Π 定理可以求出两个无量纲参数，即

$$\Pi_1=\frac{C\sqrt{Dt}}{m_a},\quad \Pi_2=\frac{x}{\sqrt{Dt}}$$

于是一元扩散过程可以由下列一般函数关系式描述：

$$\frac{C\sqrt{Dt}}{m_a}=f\left(\frac{x}{\sqrt{Dt}}\right)$$

再把这个函数关系式改写为

$$C=\frac{m_a}{\sqrt{4\pi Dt}}f\left(\frac{x}{\sqrt{4Dt}}\right) \tag{10.15}$$

由于函数 f 还未具体确定，因此在上式中乘上系数 4π 和 4 并不会改变关系式的意义。乘上这些系数是为了使后面将要得到的常微分方程更为简洁。

令 $\eta=x/\sqrt{4Dt}$，式(10.15)成为

$$C=\frac{m_a}{\sqrt{4\pi Dt}}f(\eta) \tag{10.16}$$

将该式对 t 和 x 求偏导数，可得

$$\frac{\partial C}{\partial t}=-\frac{1}{2t}\ \frac{m_{\mathrm{a}}}{\sqrt{4\pi Dt}}\left(f+\eta\ \frac{\mathrm{d}f}{\mathrm{d}\eta}\right)$$

$$\frac{\partial^2 C}{\partial x^2}=\frac{m_{\mathrm{a}}}{\sqrt{4\pi Dt}}\ \frac{1}{4Dt}\ \frac{\mathrm{d}^2 f}{\mathrm{d}^2\eta}$$

再把它们代入分子扩散方程式(10.14)，整理后得到常微分方程

$$\frac{\mathrm{d}^2 f}{\mathrm{d}\eta^2}+2\eta\frac{\mathrm{d}f}{\mathrm{d}\eta}+2f=0 \tag{10.17}$$

式(10.17)还可以进一步整理为

$$\frac{\mathrm{d}}{\mathrm{d}\eta}\left(\frac{\mathrm{d}f}{\mathrm{d}\eta}+2\eta f\right)=0$$

于是有

$$\frac{\mathrm{d}f}{\mathrm{d}\eta}+2\eta f=B$$

其中，B 是任意常数。令 $B=0$，可得到常微分方程式(10.17)的一个特解

$$f(\eta)=A\exp(-\eta^2)$$

其中 A 是积分常数。把 f 和 η 代入式(10.16)后就得到扩散质的浓度为

$$C(x,t)=\frac{m_{\mathrm{a}}}{\sqrt{4\pi Dt}}A\exp\left(-\frac{x^2}{4Dt}\right)$$

由于假定扩散质质量守恒，分布在扩散空间的扩散质总质量等于它初始时刻的质量，因而有

$$\int_{-\infty}^{\infty}C\mathrm{d}x=m_{\mathrm{a}}$$

把浓度 C 的表达式代入上面的积分式就得到

$$m_{\mathrm{a}}=\int_{-\infty}^{\infty}C\mathrm{d}x=\int_{-\infty}^{\infty}\frac{m_{\mathrm{a}}}{\sqrt{4\pi Dt}}A\exp\left(-\frac{x^2}{4Dt}\right)\mathrm{d}x$$

$$=\int_{-\infty}^{\infty}\frac{m_{\mathrm{a}}}{\sqrt{\pi}}A\exp\left(-\frac{x^2}{4Dt}\right)\mathrm{d}\left(\frac{x}{\sqrt{4Dt}}\right)=\frac{m_{\mathrm{a}}}{\sqrt{\pi}}A\sqrt{\pi}=m_{\mathrm{a}}A$$

由此可知，为了满足扩散质的质量守恒必须有 $A=1$。于是，一元扩散方程式(10.14)的解为

$$C(x,t)=\frac{m_{\mathrm{a}}}{\sqrt{4\pi Dt}}\exp\left(-\frac{x^2}{4Dt}\right) \tag{10.18}$$

这是标准差为 $\sqrt{4Dt}$ 的高斯正态分布函数，它描述了在任意瞬间 t 扩散质浓度随空间坐标 x 的分布。图 10-2 给出了三个不同时刻的浓度分布曲线。由分布曲线可以看出，随着时间的推移，扩散质的分布范围不断变宽，峰值浓度不断减小，曲线逐渐趋于偏平，浓度分布趋于均匀。

2. 瞬时点源的二元扩散及三元扩散

在空间均匀分布的直线线源可以简化为与直线正交平面上的点源，这种点源在

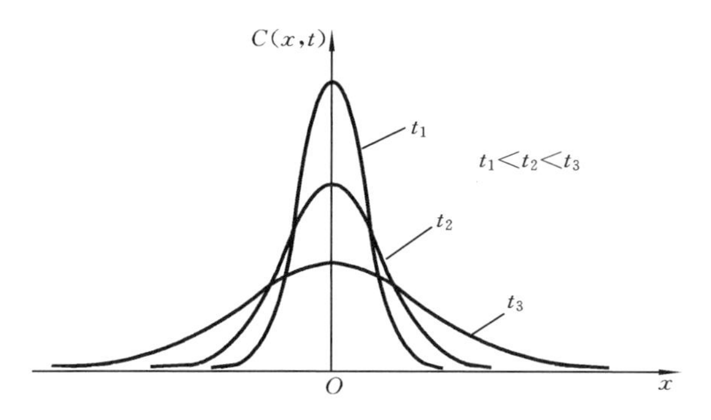

图 10-2　静止流体中不同时刻的扩散质浓度分布

平面中发生扩散。取平面坐标(x,y)，扩散方程式(10.4)简化为

$$\frac{\partial C}{\partial t}=D\left(\frac{\partial^2 C}{\partial x^2}+\frac{\partial^2 C}{\partial y^2}\right) \tag{10.19}$$

运用分离变量法，令

$$C(x,y,t)=C_1(x,t)C_2(y,t) \tag{10.20}$$

把式(10.20)代入扩散方程式(10.19)后得到

$$C_2\left(\frac{\partial C_1}{\partial t}-D\,\frac{\partial^2 C_1}{\partial x^2}\right)+C_1\left(\frac{\partial C_2}{\partial t}-D\,\frac{\partial^2 C_2}{\partial y^2}\right)=0$$

当两个括号中的部分分别等于零时，上式成立。这就意味着$C_1(x,t)$和$C_2(y,t)$各自是瞬时点源一元扩散方程式(10.14)的解，即

$$C_1(x,t)=\frac{m_x}{\sqrt{4\pi Dt}}A_1\exp\left(-\frac{x^2}{4Dt}\right)$$

$$C_2(y,t)=\frac{m_y}{\sqrt{4\pi Dt}}A_2\exp\left(-\frac{y^2}{4Dt}\right)$$

任意瞬间扩散质的总质量守恒，因此有

$$m_1=\int_{-\infty}^{\infty}\int_{-\infty}^{\infty}C_1(x,t)C_2(y,t)\,\mathrm{d}x\mathrm{d}y$$

其中，m_1是线源强度，即单位长度线源上扩散质的质量。由质量守恒关系得到$m_x m_y A_1 A_2=m_1$。于是二元扩散方程式(10.19)的解为

$$C(x,y,t)=\frac{m_1}{4\pi Dt}\exp\left(-\frac{x^2+y^2}{4Dt}\right) \tag{10.21}$$

由浓度分布函数式(10.21)知道，任意瞬间扩散质在(x,y)平面上的浓度分布如图10-3所示。点源处浓度最大，随着离点源距离的增大，浓度呈负指数形式衰减，其等浓度线为一族同心圆。

类似于二元扩散情况的推导，还可以得到瞬时点源三元扩散的浓度分布，即

$$C(x,y,z,t)=\frac{m_{\mathrm{v}}}{(4\pi Dt)^{3/2}}\exp\left(-\frac{x^2+y^2+z^2}{4Dt}\right) \tag{10.22}$$

其中，m_v 是空间点源强度。对于三元扩散，其等浓度线为一族同心的圆球。

3. 瞬时分布源的扩散

如果初始瞬间扩散质不是集中在一处，而是分布在一定的空间范围内，就应该把扩散质简化为瞬时空间分布源。把分布源所占空间划分为许多微小的单元，每个单元中的扩散质都可以近似为一个瞬时点源。每个瞬时点源对应一个浓度场，所有瞬时点源的叠加（积分）就是瞬时空间分布源。

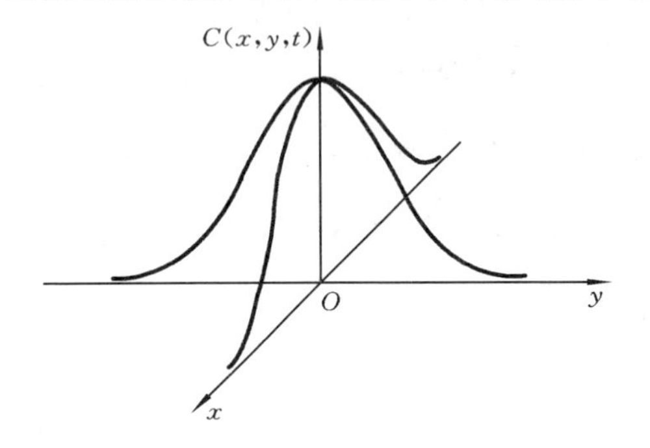

图 10-3　瞬时点源二元扩散浓度分布

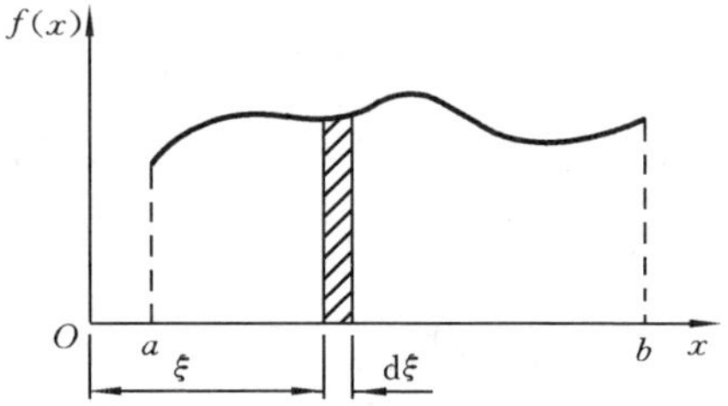

图 10-4　分布源

首先以瞬时线分布源为例说明分布源扩散的计算方法。设沿 x 轴在 $a \leqslant x \leqslant b$ 区间内有一瞬时分布源，如图 10-4 所示，初始时刻的扩散质浓度分布为

$$C(x,0)=f(x)\quad(a \leqslant x \leqslant b) \tag{10.23}$$

在 $x=\xi$ 处取一微段 $\mathrm{d}\xi$，该微段可以看做是一个点源，其强度为

$$m(\xi)=f(\xi)\mathrm{d}\xi$$

该点源经时间 t 扩散至 x 处的浓度 $\mathrm{d}C$ 可由式(10.18)得到，即

$$\mathrm{d}C=\frac{f(\xi)\mathrm{d}\xi}{\sqrt{4\pi Dt}}\exp\left[-\frac{(x-\xi)^2}{4Dt}\right]$$

在区间 $a \leqslant x \leqslant b$ 上对上式积分，即获得分布源所对应的浓度分布为

$$C(x,t)=\int_a^b \mathrm{d}C=\int_a^b \frac{f(\xi)}{\sqrt{4\pi Dt}}\exp\left[-\frac{(x-\xi)^2}{4Dt}\right]\mathrm{d}\xi \tag{10.24}$$

对于最简单的均匀分布源 $C(x,0)=C_0$，把坐标原点设在线源的中心，于是源的分布区间是 $-a \leqslant x \leqslant a$，浓度分布为

$$C(x,t)=\int_{-a}^{a}\frac{C_0}{\sqrt{4\pi Dt}}\exp\left[-\frac{(x-\xi)^2}{4Dt}\right]\mathrm{d}\xi$$

令 $\eta=(x-\xi)/\sqrt{4Dt}$，于是 $\mathrm{d}\eta=-\mathrm{d}\xi/\sqrt{4Dt}$，上面的积分可以改写为

$$\begin{aligned}C(x,t)&=\int_{\frac{x-a}{\sqrt{4Dt}}}^{\frac{x+a}{\sqrt{4Dt}}}\frac{C_0}{\sqrt{\pi}}\exp(-\eta^2)\mathrm{d}\eta=\int_0^{\frac{x+a}{\sqrt{4Dt}}}\frac{C_0}{\sqrt{\pi}}\exp(-\eta^2)\mathrm{d}\eta-\int_0^{\frac{x-a}{\sqrt{4Dt}}}\frac{C_0}{\sqrt{\pi}}\exp(-\eta^2)\mathrm{d}\eta\\&=\frac{C_0}{2}\left[\mathrm{erf}\left(\frac{x+a}{\sqrt{4Dt}}\right)-\mathrm{erf}\left(\frac{x-a}{\sqrt{4Dt}}\right)\right]\end{aligned} \tag{10.25}$$

其中

$$\mathrm{erf}(\xi)=\frac{2}{\sqrt{\pi}}\int_0^{\xi}\exp(-\eta^2)\mathrm{d}\eta$$

称为误差函数。误差函数有以下性质：

$$\mathrm{erf}(-\xi)=-\mathrm{erf}(\xi),\quad \mathrm{erf}(0)=0,\quad \mathrm{erf}(\infty)=1$$

表 10-3 列出了误差函数的部分值。

表 10-3　误差函数表

ξ	$\mathrm{erf}(\xi)$	ξ	$\mathrm{erf}(\xi)$	ξ	$\mathrm{erf}(\xi)$
0.0	0.0	0.7	0.6778	1.8	0.9891
0.1	0.1129	0.8	0.7421	2.0	0.9953
0.2	0.2227	0.9	0.7969	2.5	0.9996
0.3	0.3286	1.0	0.8427	3.0	0.99998
0.4	0.4284	1.2	0.9103	∞	1
0.5	0.5205	1.4	0.9523		
0.6	0.6309	1.6	0.9763		

对于平面区域$-a\leqslant x\leqslant a,-b\leqslant y\leqslant b$上浓度$C(x,y,0)=C_0$的瞬时均匀分布源，与式(10.25)的推导类似，可以得到其浓度分布的表达式为

$$C(x,y,t)=\frac{C_0}{4}\left[\mathrm{erf}\left(\frac{x+a}{\sqrt{4Dt}}\right)-\mathrm{erf}\left(\frac{x-a}{\sqrt{4Dt}}\right)\right]\left[\mathrm{erf}\left(\frac{y+b}{\sqrt{4Dt}}\right)-\mathrm{erf}\left(\frac{y-b}{\sqrt{4Dt}}\right)\right] \tag{10.26}$$

更进一步，对于空间区域$-a\leqslant x\leqslant a,-b\leqslant y\leqslant b,-c\leqslant z\leqslant c$上浓度$C(x,y,0)=C_0$的瞬时均匀分布源，其浓度分布的表达式为

$$C(x,y,z,t)=\frac{C_0}{8}\left[\mathrm{erf}\left(\frac{x+a}{\sqrt{4Dt}}\right)-\mathrm{erf}\left(\frac{x-a}{\sqrt{4Dt}}\right)\right]\left[\mathrm{erf}\left(\frac{y+b}{\sqrt{4Dt}}\right)-\mathrm{erf}\left(\frac{y-b}{\sqrt{4Dt}}\right)\right]\left[\mathrm{erf}\left(\frac{z+c}{\sqrt{4Dt}}\right)-\mathrm{erf}\left(\frac{z-c}{\sqrt{4Dt}}\right)\right] \tag{10.27}$$

4. 时间连续点源的扩散

在一定的时间段内连续输入流场的扩散质可以简化为连续源。与处理空间分布源的方法类似，可以把连续的时间划分为无数多个微小的时间段，在每个微小时间段内向流场输入的扩散质都可以被近似为瞬时源。运用瞬时源的计算公式求出微小时间段内所输入的扩散质浓度，然后将它们叠加(积分)就得到时间连续源的扩散浓度分布。

假设有一个时间连续点源，单位间内向流场输入的扩散质质量为$\dot{m}$，且输入强度

不随时间变化。在微小时间段 $\mathrm{d}\tau$ 内输入的扩散质质量为 $\dot{m}\,\mathrm{d}\tau$。根据瞬时点源三元扩散浓度计算公式(10.22)，它所对应的浓度为 $\mathrm{d}C$ 可以表示为

$$\mathrm{d}C=\frac{\dot{m}\,\mathrm{d}\tau}{[4\pi D(t-\tau)]^{3/2}}\exp\left[-\frac{x^2+y^2+z^2}{4D(t-\tau)}\right]$$

从开始向流场输入扩散质到任意的时刻 t，时间连续点源在空间位置 (x,y,z) 点所形成的扩散质浓度就是上式对时间的积分，即

$$C(x,y,z,t)=\int_0^t \mathrm{d}C=\int_0^t \frac{\dot{m}}{[4\pi D(t-\tau)]^{3/2}}\exp\left[-\frac{x^2+y^2+z^2}{4D(t-\tau)}\right]\mathrm{d}\tau \quad (10.28)$$

令 $\eta=r/\sqrt{4D(t-\tau)}$，其中 $r=\sqrt{x^2+y^2+z^2}$ 是任意空间点与源点之间的距离。对 η 微分后有 $\mathrm{d}\eta=\dfrac{r}{\sqrt{4D(t-\tau)^3}}\dfrac{\mathrm{d}\tau}{2}$，注意到当 $\tau=0$ 时，$\eta=r/\sqrt{4Dt}$，当 $\tau=t$ 时，$\eta\to\infty$，用变量 η 置换积分式(10.28) 中的 τ，则该式成为

$$C(r,t)=\frac{\dot{m}}{4\pi Dr}\frac{2}{\sqrt{\pi}}\int_{\frac{r}{\sqrt{4Dt}}}^{\infty}\exp(-\eta^2)\mathrm{d}\eta=\frac{\dot{m}}{4\pi Dr}\left[1-\mathrm{erf}\left(\frac{r}{4Dt}\right)\right] \quad (10.29)$$

因为 $\mathrm{erf}(0)=0$，因此当 $t\to\infty$ 时，上式简化为

$$C(r)=\frac{\dot{m}}{4\pi Dr}$$

这是扩散达到稳态后的浓度的分布，空间任意一点的浓度 C 与该点离开点源的距离 r 成反比。

对于时间连续点源的一元扩散，设在原点处连续排放浓度为 C_0 的扩散质。采用本节的方法可以求得浓度分布的表达式为

$$C(x,t)=C_0\left[1-\mathrm{erf}\left(\frac{x}{\sqrt{4Dt}}\right)\right] \quad (10.30)$$

具体的推导请读者自行完成。

例 10-2 在研究一元扩散的长槽道中测量食盐在水中的溶解扩散。试验系统可产生时均速度 $\bar{u}=0$ 的湍流扰动。在槽道的中心位置 $x=0$ 处放置一块隔板，隔板左侧盛满盐，右侧盛满水。在 $t=0$ 时刻将隔板抽出，在 $x=0$ 处维持一个时均浓度 $\bar{C}_0$ 为恒定的状态。不同时刻在槽道的几个截面上测得时均相对浓度分布如表 10-4 所示。估算食盐在水中沿槽道方向的湍流扩散系数 D_T。

表 10-4 时均相对浓度分布

t/s	100		200			600			1200		
x/cm	30	60	30	60	100	30	60	100	30	60	100
$\bar{C}/\bar{C}_0$	0.52	0.22	0.65	0.36	0.15	0.78	0.52	0.36	0.81	0.68	0.43

解　根据题意可以把它简化为时间连续点源的一元扩散问题。由于时均速度为零，不发生随流传输，只发生湍流扩散（分子扩散可以忽略），用湍流扩散系数 D_T 替换浓度分布公式(10.30)中的分子扩散系数 D 后，该式适用于本问题。由式(10.30)得到

$$\operatorname{erf}\left(\frac{x}{\sqrt{4D_T t}}\right)=1-\frac{\bar{C}}{\bar{C}_0}$$

将 $t=600$ s，$x=60$ cm，$\bar{C}/\bar{C}_0=0.52$ 代入上式后得

$$\operatorname{erf}\left(\frac{1.2247\times10^{-2}}{\sqrt{D_T}}\right)=0.48$$

查误差函数表 10-3，并由插值得到近似值

$$\frac{1.2247\times10^{-2}}{\sqrt{D_T}}=0.456$$

计算后得到湍流扩散系数

$$D_T=7.213\ \text{cm}^2/\text{s}$$

由 $t=200$ s，$x=30$ cm，$\bar{C}/\bar{C}_0=0.65$，同样可得 $D_T=10.9\ \text{cm}^2/\text{s}$。由表 10-4 中所列 11 组测量数据可求得 11 个系数，取其平均后可得湍流扩散系数

$$D_T=8.6\ \text{cm}^2/\text{s}$$

读者还可以思考其他确定湍流扩散系数的方法。

5. 有边界反射的扩散

在前面所讨论的问题中都没有考虑边界的影响，因此所得结果只适用于无界流场的扩散。在实际工程问题中，流场一般都存在边界。当扩散质没有到达边界时，前面所推导的公式仍然适用，扩散质到达边界后会被吸收或者反射，也可能部分被吸收，部分被反射。是发生吸收还是发生反射取决于扩散质的物性及边界的性质。在大部分情况下，扩散质到达边界后会同时发生吸收和反射。为了简单起见，下面只讨论完全反射问题。

设强度为 m_a 的扩散质瞬时点源沿 x 轴方向发生一元扩散，在右边距离点源 $x=L$ 处有一边界。扩散质点源可以向左侧扩散至无穷远，向右侧扩散至边界后则发生完全反射。由于扩散质不能穿过边界，因此在该处扩散质净通量为零。运用镜像原理，在边界右侧距离 L 处置入一个与真实点源强度相同的虚拟点源，由于实点源与虚点源对称于边界，因此扩散质通量等于零的边界条件得到满足，两个点源叠加后就得到满足边界条件的解。这种方法也就是在第 7 章中使用过的镜像法，虚拟源也称为镜像源。

取原点位于实点源处的 x 坐标轴，镜像源距离实源的距离为 $2L$，其位置坐标为 $x=2L$。由式(10.18)，任意 t 时刻实点源和虚点源沿 x 轴扩散所对应的扩散质浓度

分别为

$$C_{\mathrm{R}}(x,t)=\frac{m_{\mathrm{a}}}{\sqrt{4\pi Dt}}\exp\left(-\frac{x^2}{4Dt}\right)$$

$$C_{\mathrm{I}}(x,t)=\frac{m_{\mathrm{a}}}{\sqrt{4\pi Dt}}\exp\left[-\frac{(x-2L)^2}{4Dt}\right]$$

以上两部分相加就得到具有全反射边界的扩散质浓度表达式，即

$$C(x,t)=C_{\mathrm{R}}(x,t)+C_{\mathrm{I}}(x,t)=\frac{m_{\mathrm{a}}}{\sqrt{4\pi Dt}}\left\{\exp\left(-\frac{x^2}{4Dt}\right)+\exp\left[-\frac{(x-2L)^2}{4Dt}\right]\right\} \tag{10.31}$$

图 10-5 给出了实源的浓度分布曲线 C_{R} 和虚源的浓度分布曲线 C_{I}，也同时给出叠加后的浓度分布曲线 C。由图 10-5 可以看出，由于边界的反射，边界附近的扩散质浓度明显地增大了，在壁面 $x=L$ 处的扩散质浓度为

$$C(L,t)=\frac{2m_{\mathrm{a}}}{\sqrt{4\pi Dt}}\exp\left(-\frac{L^2}{4Dt}\right)$$

这个浓度值是不存在边界时相同位置上浓度值的 2 倍。

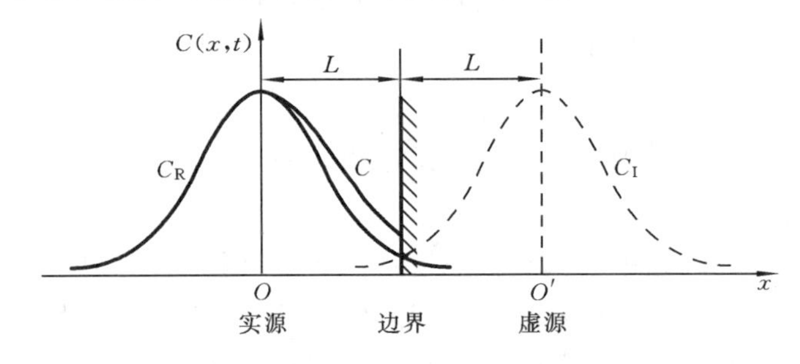

图 10-5　具有全反射边界的扩散质浓度分布

例 10-3　有一个废水池，池底面积 $A=300\ \mathrm{m}^2$，水深 $h=5\ \mathrm{m}$。池底有一层均匀分布的污染物，总质量 $m=1000\ \mathrm{kg}$。污染物在水中的分子扩散系数 $D=1.5\times10^{-3}\ \mathrm{cm^2/s}$。不考虑池侧壁的反射，试估算一年后池面和池底的污染物浓度分布。

解　由于污染物均匀地分布在池底，并且不考虑侧壁的影响，因此可以把问题简化为位于池底的瞬时点源沿水深 z 方向的一元扩散，位于 $z=0$ 的池底和位于 $z=h$ 的水面都是反射边界。在池底 $z=0$ 处置入一个虚拟点源，在水面以上 $z=2h$ 处置入两个虚拟点源来近似替代反射边界。单位面积上污染物的质量 $m_{\mathrm{a}}=m/A$，由式(10.18)，任意时刻池中污染物浓度分布计算公式为

$$C(z,t)=\frac{2m}{A\sqrt{4\pi Dt}}\left\{\exp\left(-\frac{z^2}{4Dt}\right)+\exp\left[-\frac{(z-2h)^2}{4Dt}\right]\right\}$$

污染物的扩散系数为

$$D=1.5\times10^{-3}\ \mathrm{cm^2/s}=1.5\times10^{-3}\times3600\times24\times10^{-4}\ \mathrm{m^2/d}=1.296\times10^{-2}\ \mathrm{m^2/d}$$

当 $t=365$ d(一年)时

$$4Dt=4\times1.296\times10^{-2}\times365\ \mathrm{m^2}=18.92\ \mathrm{m^2}$$

在池底 $z=0$ 处，一年后的污染物浓度为

$$C_1=\frac{2\times1000}{300\times\sqrt{18.92\pi}}\left\{1+\exp\left[-\frac{(0-2\times5)^2}{18.92}\right]\right\}\ \mathrm{kg/m^3}=0.87\ \mathrm{kg/m^3}$$

在池面 $z=h$ 处，一年后的污染物浓度是

$$C_2=\frac{2\times1000}{300\times\sqrt{18.92\pi}}\left\{\exp\left(-\frac{5^2}{18.92}\right)+\exp\left[-\frac{(5-2\times5)^2}{18.92}\right]\right\}\ \mathrm{kg/m^3}=0.46\ \mathrm{kg/m^3}$$

10.4　直线均匀流场中的随流传输

在许多情况下，扩散质的质量分布变化会对流动造成一定影响。因此，在严格的意义上应该将随流扩散方程与流体运动基本方程组联立求解(包括浓度在内的所有变量)。不过，在传输理论中一般假设扩散质只是示踪剂，它的质量分布变化并不影响流体的运动，而且扩散质随着流体一起运动。因此，可以将流场和浓度场分开求解。在传输理论中通常在已知流速分布的情况下求解随流传输方程。

本节讨论最简单的直线均匀流场中的随流传输。在流场空间各点流速相等，取直角坐标系，其 x 轴正方向与流动方向一致，流场中的速度表示为 $u=U,v=0,w=0$。尽管直线均匀流是一种便于分析的简单流动，但是其分析结果也可以近似应用于许多有实际背景的流动，例如有明显主流方向的流动。

1. 瞬时点源的随流传输

取以速度 U 随流体一起运动的坐标系。相对于该运动坐标系，流体的速度为零，因此扩散质不发生随流传输，只发生分子扩散。这样就把随流传输问题转换为单纯的分子扩散问题，从而可以直接运用分子扩散方程的解析解。只要用运动坐标系中的坐标 $x'=x-Ut$ 替换瞬时点源分子扩散浓度表达式(10.18)、式(10.21)和式(10.22)中的 x，就可得到直线均匀流中瞬时点源一元扩散、二元扩散和三元扩散的浓度表达式为

$$C(x,t)=\frac{m_a}{\sqrt{4\pi Dt}}\exp\left[-\frac{(x-Ut)^2}{4Dt}\right]\tag{10.32}$$

$$C(x,y,t)=\frac{m_l}{4\pi Dt}\exp\left[-\frac{(x-Ut)^2+y^2}{4Dt}\right]\tag{10.33}$$

$$C(x,y,z,t)=\frac{m_v}{(4\pi Dt)^{3/2}}\exp\left[-\frac{(x-Ut)^2+y^2+z^2}{4Dt}\right]\tag{10.34}$$

这些表达式说明，尽管存在着随流传输，任意 t 瞬间的扩散质浓度分布形态并没有改变，只是扩散质随流整体向下游平移了 $x=Ut$ 距离。图10-6是根据式(10.32)绘出的浓度分布曲线。各瞬间的浓度 C 沿 x 仍然呈正态分布，随着时间的增长，曲线趋于平缓，峰值下降，同时整个曲线随流向下游移动。读者可以将该图与静止流体

中分子扩散的浓度分布(见图 10-2)相比较。

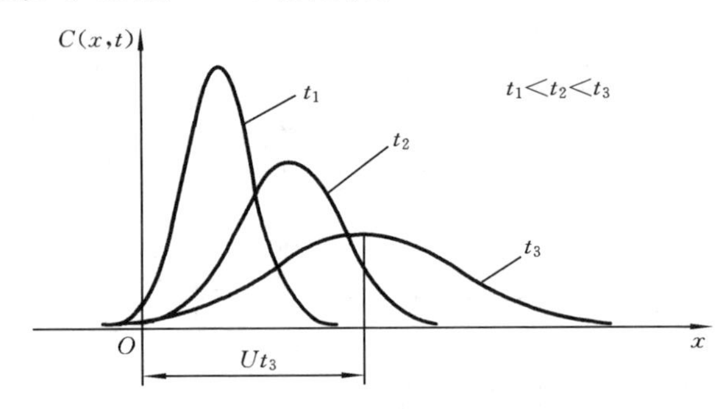

图 10-6　瞬时点源一元随流传输的浓度分布

例 10-4　在顺直的等截面矩形明渠中进行示踪剂实验，渠宽 $b=4\ \mathrm{m}$，水深 $h=1.5\ \mathrm{m}$，截面平均水流速 $U=0.6\ \mathrm{m/s}$。假设渠中水流可以被近似为定常的直线均匀流。当 $t=0$ 时，在 $x=0$ 的渠道截面中心投入 $m=16\ \mathrm{kg}$ 示踪染料，在投放点下游距离 1500 m 处用浓度探测器记录染料浓度随时间的变化过程。设示踪染料在水中的分子扩散系数 $D=0.05\ \mathrm{m^2/s}$，计算探测器所测量到的最大浓度 C_{max}，如果浓度探测器能够测量到的最小值 $C_{min}=0.05C_{max}$，以 C_{min} 作为示踪染料到达和离开的阀值，计算示踪染料从开始到达测量点至全部通测量点所需要的时间。

解　根据题意，按瞬时点源一元随流扩散问题处理。示踪染料浓度分布表达式为

$$C=\frac{m_a}{\sqrt{4\pi Dt}}\exp\left[-\frac{(x-Ut)^2}{4Dt}\right]$$

其中

$$m_a=\frac{m}{bh}=\frac{16}{4\times1.5}\ \mathrm{kg/m^2}=2.6667\ \mathrm{kg/m^2}$$

当 $x-Ut=0$(或 $t=x/U$)时，x 截面上示踪染料浓度 C 达到最大。在投放点下游距离 $x=1500\ \mathrm{m}$ 处的测点上示踪染料的最大浓度为

$$C_{max}=\frac{m_a}{\sqrt{4\pi D\dfrac{x}{U}}}=\frac{2.6667}{\sqrt{4\pi\times0.05\times\dfrac{1500}{0.6}}}\ \mathrm{kg/m^3}=0.0673\ \mathrm{kg/m^3}$$

探测器能够测到的最小浓度是

$$C_{min}=0.05C_{max}=0.0034\ \mathrm{kg/m^3}$$

根据题意，当测点浓度上升到 C_{min} 时示踪染料到达，浓度下降到 C_{min} 时染料全部通过测点。把已知数据代入浓度计算公式后有

$$0.0034=\frac{2.6667}{\sqrt{4\pi\times0.05t}}\exp\left[-\frac{(1500-0.6t)^2}{4\times0.05t}\right]$$

该式整理后成为

$$(1500-0.6t)^2+(0.1\ln t-1.3755)t=0$$

由牛顿迭代法求出 t 的两个根，即

$$t_1=2463\ \text{s},\quad t_2=2566\ \text{s}$$

示踪染料从开始到达测量点至全部通测量点所需要的时间

$$t=t_2-t_1=103\ \text{s}$$

2. 连续点源的随流传输

仍然把时间连续点源当成无穷多个瞬时点源 $\dot{m}\,\mathrm{d}\tau$ 的叠加。同样采用动坐标系，把时间连续点源浓度计算公式(10.28)中的 x 换为动坐标系中的 $x-U(t-\tau)$ 就得到相应的积分式

$$C(x,y,z,t)=\int_0^t \frac{\dot{m}}{[4\pi D(t-\tau)]^{3/2}}\exp\left\{-\frac{[x-U(t-\tau)]^2+y^2+z^2}{4D(t-\tau)}\right\}\mathrm{d}\tau \tag{10.35}$$

上式积分后成为

$$C(r,t)=\frac{\dot{m}}{8\pi Dr}\exp\left(\frac{Ux}{2D}\right)\left\{\exp\left(\frac{Ur}{2D}\right)\left[1-\mathrm{erf}\left(\frac{Ut+r}{\sqrt{4Dt}}\right)\right]+\exp\left(\frac{-Ur}{2D}\right)\left[1+\mathrm{erf}\left(\frac{Ut-r}{\sqrt{4Dt}}\right)\right]\right\} \tag{10.36}$$

其中 $r=\sqrt{x^2+y^2+z^2}$ 是任意点与点源之间的距离。

当扩散时间足够长时，浓度分布将趋于稳定。注意到 $\mathrm{erf}(0)=0$，$\mathrm{erf}(\infty)=1$，令 $t\to\infty$，得到稳定状态下的浓度分布

$$C(r)=\frac{\dot{m}}{4\pi Dr}\exp\left[-\frac{U}{2D}(r-x)\right] \tag{10.37}$$

采用无量纲的浓度 $C^*=\dfrac{4\pi CD^2}{\dot{m}U}$ 和无量纲空间坐标 $\dfrac{U}{D}x$ 及 $\dfrac{U}{D}y$，可以根据式(10.37)绘制稳定状态下 $x-y$ 平面上的等浓度线，如图10-7所示。由于沿流动方向的随流传输作用，等浓度线在 x 方向被拉长。根据这一特点，在远离点源的下游区域，可以在式(10.37)中运用 $r\approx x$ 和 $r=\sqrt{x^2+y^2+z^2}\approx\left(1+\dfrac{y^2+z^2}{2x^2}\right)x$，于是，该式又简化为

$$C(x,y,z)=\frac{\dot{m}}{4\pi Dx}\exp\left[-\frac{U(y^2+z^2)}{4Dx}\right] \tag{10.38}$$

例 10-5　高 50 m 的烟囱向大气排出含有固体微粒的废气，微粒排放强度 $\dot{m}=250$ g/s。忽略地面摩擦对气流的影响，认为地面附近的气流为直线均匀流，其时均速度 $\bar{u}=5$ m/s，假设各个方向的湍流扩散系数相同，均为 $D_{\mathrm{T}}=4\ \mathrm{m^2/s}$，并且忽略分子扩散。再假定由烟囱排出的微粒完全由气流所携带，由重力所引起的下落运动可

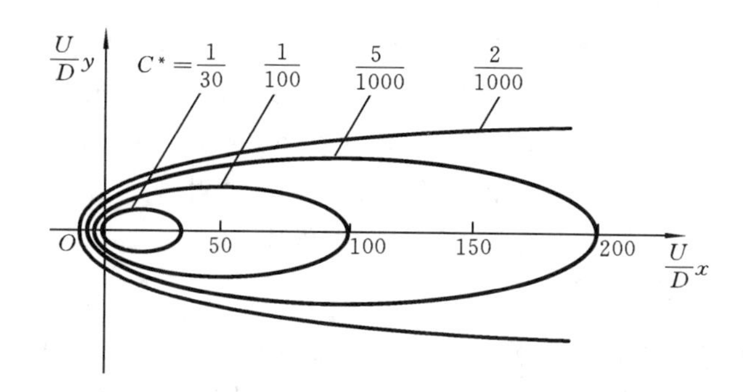

图 10-7　时间连续点源随流扩散在稳定状态下的等浓度线

以忽略，微粒由扩散作用到达地面后便完全沉积。如果在顺风方向下游 1200 m 处地面设置面积 $A=1\ \mathrm{m}^2$ 的集尘器，计算集尘器每小时能收集到的微粒。

解　可以按时间连续点源随流扩散问题来计算积尘器处的微粒浓度。取坐标系，其原点位于烟囱出口，x 轴沿顺风方向，z 轴竖直向上。由于积尘器距离烟囱较远，可以运用近似式(10.38)计算稳定状态下的微粒浓度，当忽略分子扩散时，浓度计算公式为

$$C(x,y,z)=\frac{\dot{m}}{4\pi D_{\mathrm{T}}x}\exp\left[-\frac{\bar{u}(y^2+z^2)}{4D_{\mathrm{T}}x}\right]$$

将 $x=1200$ m，$y=0$ m，$z=-50$ m 及所给 $\dot{m}$、D_{T}、$\bar{u}$ 代入上式后有

$$C=\frac{250}{4\pi\times4\times1200}\exp\left(-\frac{5\times50^2}{4\times4\times1200}\right)\ \mathrm{g/m^3}=0.00216\ \mathrm{g/m^3}$$

集尘器每小时能收集到的微粒质量

$$m=C\bar{u}TA=0.00216\times5\times3600\times1\ \mathrm{g}=38.9\ \mathrm{g}$$

小　　结

物质质量传输的基本形式是扩散和随流传输。分子运动和湍流脉动使扩散质发生扩散；流体运动则引起随流传输。根据菲克第一扩散定律，扩散质总是由浓度高处向浓度低处扩散，其扩散质量通量与浓度梯度成正比。在扩散过程中，扩散质的质量守恒。

菲克第一扩散定律和质量守恒定律是分析质量扩散规律和质量传输规律的基础。本章推导了三种扩散方程和传输方程，它们描述了物质质量在不同空间维度上的扩散和传输规律。

本章在简单的边界条件下对点源、瞬时空间分布源及时间连续点源给出了扩散方程的解析解。这些解析解描述了最基本的质量传输规律，它们也是进一步研究复杂传输问题的基础。

思 考 题

10-1　分子扩散与湍流扩散相比，______。

(A) 前者的空间尺度大　　(B) 后者的空间尺度大

(C) 空间尺度相同　　(D)两者空间尺度的相对大小视情况而定

10-2　当分子扩散和湍流扩散同时发生时，______。

(A) 分子扩散更为重要　　(B) 湍流扩散更为重要

(C) 两者同等重要　　(D) 两者相对重要性视情况而定

10-3　根据菲克第一扩散定律，湍流扩散的质量通量与扩散质的浓度梯度______。

(A) 成正比　(B) 成反比　(C) 没有关系　(D) 有不确定的关系

10-4　在基本传输理论中，一般假设扩散质的总质量______。

(A) 逐渐增加 (B) 逐渐减少 (C) 守恒

10-5　在流场的边界上，扩散质被边界______。

(A) 吸收　(B) 反射　(C) 部分吸收、部分反射

(D) 吸收还是反射取决于扩散质和边界的性质

10-6　分子运动和湍流脉动产生质量、动量和能量传输，试说明：通过不同物理量的传输，体现出流体的哪些物理性质？

习　题

10-1　横截面积为 25 m^2 的长槽中盛满静止流体，在槽中一截面瞬时投放质量 $m=1000$ kg 的污染物质，其分子扩散系数 $D=10^{-9}$ m^2/s。计算投放点 7 d 和 30 d 后的污染物浓度，并计算距离投放点 $x=1$ m 处 365 d 后的污染物浓度。

10-2　运用水槽进行扩散试验，设水槽右端封闭，左端足够长。在水槽中距右端 10 m 的截面 $A—A$ 上以平面源的方式瞬时投放 $m_a=1$ kg/m^2 的示踪剂。已知扩散系数为 200 cm^2/s，并假设示踪剂在水槽右端边界上发生全反射，计算投放 10 min 后截面 $A—A$ 右方 5 m 处的截面 $B—B$ 及左方 10 m 处的截面 $C—C$ 上的示踪剂浓度。如果不计边界的反射，计算 10 min 后截面 $B—B$ 及截面 $C—C$ 的示踪剂浓度。

10-3　时间连续点源位于 $x=0$ 处，在 $t=0$ 时刻，该处浓度突然升至 C_0，以后保持不变。运用量纲分析法证明该点源一元扩散的浓度分布式为

$$C(x,t)=C_0\left[1-\mathrm{erf}\left(\frac{x}{\sqrt{4Dt}}\right)\right]$$

10-4　火力发电厂烟囱高 $h=42$ m，连续排出污染气体 SO_2 强度 $\dot{m}=0.34$ kg/s，忽略地面摩擦对气流的影响，认为地面附近的气流为直线均匀流，其时均速度

$\bar{u}=1.6\ \mathrm{m/s}$，假设各个方向的湍流扩散系数相同，均为 $D_T=4\ \mathrm{m^2/s}$。求烟囱下风方向 $x=1000\ \mathrm{m}$ 处地面污染物浓度和该处侧向 $y=100\ \mathrm{m}$ 处地面污染物浓度。

10-5　将质量 $m=20\ \mathrm{kg}$ 的染料瞬时投放到截面积 $A=10\ \mathrm{m^2}$ 的长水渠某截面处，水渠流量 $Q=4\ \mathrm{m^3/s}$，染料扩散系数 $D=0.05\ \mathrm{m^2/s}$。求 $t=1800\ \mathrm{s}$ 时投放点下游截面染料平均浓度表达式，并求染料最大浓度 C_{max} 及其发生的位置。

附录　柱坐标系和球坐标系下的常用公式

1. 柱坐标系(r,θ,z)下的常用公式

(1) 不可压缩流体运动的连续性方程

$$\frac{\partial v_r}{\partial r}+\frac{v_r}{r}+\frac{1}{r}\frac{\partial v_\theta}{\partial \theta}+\frac{\partial v_z}{\partial z}=0$$

(2) 不可压缩流体的运动方程

$$\frac{\partial v_r}{\partial t}+v_r\frac{\partial v_r}{\partial r}+\frac{v_\theta}{r}\frac{\partial v_r}{\partial \theta}+v_z\frac{\partial v_r}{\partial z}-\frac{v_\theta^2}{r}=f_r-\frac{1}{\rho}\frac{\partial p}{\partial r}+\frac{\mu}{\rho}\left(\nabla^2 v_r-\frac{v_r}{r^2}-\frac{2}{r^2}\frac{\partial v_\theta}{\partial \theta}\right)$$

$$\frac{\partial v_\theta}{\partial t}+v_r\frac{\partial v_\theta}{\partial r}+\frac{v_\theta}{r}\frac{\partial v_\theta}{\partial \theta}+v_z\frac{\partial v_\theta}{\partial z}+\frac{v_r v_\theta}{r}=f_\theta-\frac{1}{\rho}\frac{\partial p}{r\partial \theta}+\frac{\mu}{\rho}\left(\nabla^2 v_\theta-\frac{v_\theta}{r^2}+\frac{2}{r^2}\frac{\partial v_r}{\partial \theta}\right)$$

$$\frac{\partial v_z}{\partial t}+v_r\frac{\partial v_z}{\partial r}+\frac{v_\theta}{r}\frac{\partial v_z}{\partial \theta}+v_z\frac{\partial v_z}{\partial z}=f_z-\frac{1}{\rho}\frac{\partial p}{\partial z}+\frac{\mu}{\rho}\nabla^2 v_z$$

(3) 广义牛顿内摩擦定律

$$\sigma_{rr}=-p+2\mu\left[\frac{\partial v_r}{\partial r}-\frac{1}{3}\left(\frac{\partial v_r}{\partial r}+\frac{v_r}{r}+\frac{1}{r}\frac{\partial v_\theta}{\partial \theta}+\frac{\partial v_z}{\partial z}\right)\right]$$

$$\sigma_{\theta\theta}=-p+2\mu\left[\frac{1}{r}\frac{\partial v_\theta}{\partial \theta}+\frac{v_\theta}{r}-\frac{1}{3}\left(\frac{\partial v_r}{\partial r}+\frac{v_r}{r}+\frac{1}{r}\frac{\partial v_\theta}{\partial \theta}+\frac{\partial v_z}{\partial z}\right)\right]$$

$$\sigma_{zz}=-p+2\mu\left[\frac{\partial v_z}{\partial z}-\frac{1}{3}\left(\frac{\partial v_r}{\partial r}+\frac{v_r}{r}+\frac{1}{r}\frac{\partial v_\theta}{\partial \theta}+\frac{\partial v_z}{\partial z}\right)\right]$$

$$\tau_{r\theta}=\tau_{\theta r}=\mu\left[r\frac{\partial}{\partial r}\left(\frac{v_\theta}{r}\right)+\frac{1}{r}\frac{\partial v_r}{\partial \theta}\right]$$

$$\tau_{\theta z}=\tau_{z\theta}=\mu\left(\frac{1}{r}\frac{\partial v_z}{\partial \theta}+\frac{\partial v_\theta}{\partial z}\right)$$

$$\tau_{zr}=\tau_{rz}=\mu\left(\frac{\partial v_r}{\partial z}+\frac{\partial v_z}{\partial r}\right)$$

(4) 梯度、散度、旋度及拉普拉斯算子

$$\nabla\varphi=\frac{\partial \varphi}{\partial r}\boldsymbol{e}_r+\frac{1}{r}\frac{\partial \varphi}{\partial \theta}\boldsymbol{e}_\theta+\frac{\partial \varphi}{\partial z}\boldsymbol{e}_z$$

$$\nabla\cdot\boldsymbol{v}=\frac{\partial v_r}{\partial r}+\frac{v_r}{r}+\frac{1}{r}\frac{\partial v_\theta}{\partial \theta}+\frac{\partial v_z}{\partial z}$$

$$\nabla\times\boldsymbol{v}=\left(\frac{1}{r}\frac{\partial v_z}{\partial \theta}-\frac{\partial v_\theta}{\partial z}\right)\boldsymbol{e}_r+\left(\frac{\partial v_r}{\partial z}-\frac{\partial v_z}{\partial r}\right)\boldsymbol{e}_\theta+\left(\frac{\partial v_\theta}{\partial r}+\frac{v_\theta}{r}-\frac{1}{r}\frac{\partial v_r}{\partial \theta}\right)\boldsymbol{e}_z$$

$$\nabla^2\varphi=\frac{\partial^2 \varphi}{\partial r^2}+\frac{1}{r}\frac{\partial \varphi}{\partial r}+\frac{1}{r^2}\frac{\partial^2 \varphi}{\partial \theta^2}+\frac{\partial^2 \varphi}{\partial z^2}$$

（5）速度分量与速度势函数及流函数之间的关系

对于不可压缩流体的平面势流：

$$v_r=\frac{\partial\varphi}{\partial r},\quad v_\theta=\frac{1}{r}\frac{\partial\varphi}{\partial\theta}$$

$$v_r=\frac{1}{r}\frac{\partial\psi}{\partial\theta},\quad v_\theta=-\frac{\partial\psi}{\partial r}$$

对于不可压缩流体的轴对称势流：

$$v_r=\frac{\partial\varphi}{\partial r},\quad v_z=\frac{\partial\varphi}{\partial z}$$

$$v_r=-\frac{1}{r}\frac{\partial\psi}{\partial z},\quad v_z=\frac{1}{r}\frac{\partial\psi}{\partial r}$$

2. 球坐标系(R,θ,λ)下的常用公式

（1）不可压缩流体运动的连续性方程

$$\frac{\partial v_R}{\partial R}+\frac{2v_R}{R}+\frac{v_\theta\cot\theta}{R}+\frac{1}{R}\frac{\partial v_\theta}{\partial\theta}+\frac{1}{R\sin\theta}\frac{\partial v_\lambda}{\partial\lambda}=0$$

（2）不可压缩流体的运动方程

$$\frac{\partial v_R}{\partial t}+v_R\frac{\partial v_R}{\partial R}+\frac{v_\theta}{R}\frac{\partial v_R}{\partial\theta}+\frac{v_\theta}{R\sin\theta}\frac{\partial v_R}{\partial\lambda}-\frac{v_\theta^2+v_\lambda^2}{R}$$

$$=f_R-\frac{1}{\rho}\frac{\partial p}{\partial R}+\frac{\mu}{\rho}\left[\nabla^2v_R-\frac{2v_R}{R^2}-\frac{2}{R^2\sin\theta}\frac{\partial(v_\theta\sin\theta)}{\partial\theta}-\frac{2}{R^2\sin\theta}\frac{\partial v_\lambda}{\partial\lambda}\right]$$

$$\frac{\partial v_\theta}{\partial t}+v_R\frac{\partial v_\theta}{\partial R}+\frac{v_\theta}{R}\frac{\partial v_\theta}{\partial\theta}-\frac{v_\lambda}{R\sin\theta}\frac{\partial v_\theta}{\partial\lambda}+\frac{v_Rv_\theta}{R}-\frac{v_\lambda^2}{R}\cot\theta$$

$$=f_\theta-\frac{1}{\rho}\frac{\partial p}{R\partial\theta}+\frac{\mu}{\rho}\left(\nabla^2v_\theta+\frac{2}{R^2}\frac{\partial^2v_R}{\partial\theta^2}-\frac{v_\theta}{R^2\sin\theta}-\frac{2\cos\theta}{R^2\sin^2\theta}\frac{\partial v_\lambda}{\partial\lambda}\right)$$

$$\frac{\partial v_\lambda}{\partial t}+v_R\frac{\partial v_\lambda}{\partial R}+\frac{v_\theta}{R}\frac{\partial v_\lambda}{\partial\theta}-\frac{v_\lambda}{R\sin\theta}\frac{\partial v_\lambda}{\partial\lambda}+\frac{v_Rv_\lambda}{R}+\frac{v_\theta v_\lambda}{R}\cot\theta$$

$$=f_\lambda-\frac{1}{\rho}\frac{1}{R\sin\theta}\frac{\partial p}{\partial\lambda}+\frac{\mu}{\rho}\left(\nabla^2v_\lambda+\frac{2}{R^2\sin\theta}\frac{\partial v_R}{\partial\theta}-\frac{v_\lambda}{R^2\sin^2\theta}+\frac{2\cos\theta}{R^2\sin^2\theta}\frac{\partial v_\theta}{\partial\lambda}\right)$$

（3）广义牛顿内摩擦定律

$$\sigma_{RR}=-p+2\mu\left[\frac{\partial v_R}{\partial R}-\frac{1}{3}\left(\frac{\partial v_R}{\partial R}+\frac{2v_R}{R}+\frac{v_\theta\cot\theta}{R}+\frac{1}{R}\frac{\partial v_\theta}{\partial\theta}+\frac{1}{R\sin\theta}\frac{\partial v_\lambda}{\partial\lambda}\right)\right]$$

$$\sigma_{\theta\theta}=-p+2\mu\left[\frac{1}{R}\frac{\partial v_R}{\partial\theta}+\frac{v_R}{R}-\frac{1}{3}\left(\frac{\partial v_R}{\partial R}+\frac{2v_R}{R}+\frac{v_\theta\cot\theta}{R}+\frac{1}{R}\frac{\partial v_\theta}{\partial\theta}+\frac{1}{R\sin\theta}\frac{\partial v_\lambda}{\partial\lambda}\right)\right]$$

$$\sigma_{\lambda\lambda}=-p+2\mu\left[\frac{1}{R\sin\theta}\frac{\partial v_\lambda}{\partial\lambda}+\frac{v_R}{R}+\frac{v_\theta\cot\theta}{R}\right.$$

$$\left.-\frac{1}{3}\left(\frac{\partial v_R}{\partial R}+\frac{2v_R}{R}+\frac{v_\theta\cot\theta}{R}+\frac{1}{R}\frac{\partial v_\theta}{\partial\theta}+\frac{1}{R\sin\theta}\frac{\partial v_\lambda}{\partial\lambda}\right)\right]$$

$$\tau_{R\theta}=\tau_{\theta R}=\mu\left(\frac{1}{R}\frac{\partial v_R}{\partial\theta}+\frac{\partial v_\theta}{\partial R}-\frac{v_\theta}{R}\right)$$

$$\tau_{\theta\lambda}=\tau_{\lambda\theta}=\mu\left(\frac{1}{R\sin\theta}\frac{\partial v_\theta}{\partial\lambda}+\frac{1}{R}\frac{\partial v_\lambda}{\partial\theta}-\frac{v_\lambda\cot\theta}{R}\right)$$

$$\tau_{\lambda R}=\tau_{R\lambda}=\mu\left(\frac{\partial v_\lambda}{\partial R}+\frac{1}{R\sin\theta}\frac{\partial v_R}{\partial\lambda}-\frac{v_\lambda}{R}\right)$$

(4) 梯度、散度、旋度及拉普拉斯算子

$$\nabla\varphi=\frac{\partial\varphi}{\partial R}\boldsymbol{e}_R+\frac{1}{R}\frac{\partial\varphi}{\partial\theta}\boldsymbol{e}_\theta+\frac{1}{R\sin\theta}\frac{\partial\varphi}{\partial\lambda}\boldsymbol{e}_\lambda$$

$$\nabla\cdot\boldsymbol{v}=\frac{\partial v_R}{\partial R}+\frac{2v_R}{R}+\frac{v_\theta\cot\theta}{R}+\frac{1}{R}\frac{\partial v_\theta}{\partial\theta}+\frac{1}{R\sin\theta}\frac{\partial v_\lambda}{\partial\lambda}$$

$$\nabla\times\boldsymbol{v}=\left(\frac{1}{R}\frac{\partial v_\lambda}{\partial\theta}+\frac{v_\lambda\cot\theta}{R}-\frac{1}{R\sin\theta}\frac{\partial v_\theta}{\partial\lambda}\right)\boldsymbol{e}_R$$

$$+\left(\frac{1}{R\sin\theta}\frac{\partial v_\theta}{\partial\theta}-\frac{\partial v_\lambda}{\partial R}-\frac{v_\lambda}{R}\right)\boldsymbol{e}_\theta+\left(\frac{\partial v_\theta}{\partial R}+\frac{v_\theta}{R}-\frac{1}{R}\frac{\partial v_R}{\partial\theta}\right)\boldsymbol{e}_\lambda$$

$$\nabla^2\varphi=\frac{\partial^2\varphi}{\partial R^2}+\frac{2}{R}\frac{\partial\varphi}{\partial R}+\frac{\cot\theta}{R^2}\frac{\partial\varphi}{\partial\theta}+\frac{1}{R^2}\frac{\partial^2\varphi}{\partial\theta^2}+\frac{1}{R^2\sin^2\theta}\frac{\partial^2\varphi}{\partial\lambda^2}$$

(5) 速度分量与速度势函数及流函数之间的关系

对于不可压缩流体的轴对称势流：

$$v_R=\frac{\partial\varphi}{\partial R},\quad v_\theta=\frac{1}{R}\frac{\partial\varphi}{\partial\theta}$$

$$v_R=\frac{1}{R^2\sin\theta}\frac{\partial\psi}{\partial\theta},\quad v_\theta=-\frac{1}{R\sin\theta}\frac{\partial\psi}{\partial R}$$

习题答案

第1章

1-1　900 kg/m^3

1-2　990 Pa

1-3　4×10^{-3} Pa·s

1-4　1 N

1-5　1 N·m

1-6　5.88 mm

第2章

2-2　8053 Pa

2-3　826.3 kg/m^3

2-4　2.47 m

2-5　784 Pa

2-6　61.47 kPa

2-8　516.9 Pa

2-9　$h=\left[\left(\frac{D}{d}\right)^2-1\right]H$

2-10　1.96 m/s^2

2-11　0.207 m

2-12　$\arctan\frac{a\cos\theta}{g-a\sin\theta}$

2-13　$\frac{\rho\pi\omega^2D^4}{64}+\frac{\rho gh\pi D^2}{4}$

2-15　29.188 kN

2-16　$\frac{3}{2}\rho gR^2,\frac{3}{4}\rho g\pi R^2$

2-17　0.33，0.67

2-18　19.6 cm

2-19　0.816 N

第3章

3-1　$(3+4t)x-(1+2t)y=C$

$3x-y=0,3x-y=-1,3x-y=1$

3-2　(2,18,216)

3-3　(19.5,17.25,0)

3-5 $e^{-x}\text{sh}y$
3-7 213 mm/s
3-8 2.5 m/s
3-9 4.34 m/s
3-10 28 m/s
3-11 2.07×10^{-4} m^3/s
3-12 0.1 m^3/s
3-13 0.0458 m^3/s
3-14 5.3 m，1.64 m
3-15 3.73 m^3/s
3-16 $2\mp\sqrt{3}$ m
3-17 4，2
3-18 0.5
3-19 3024 N
3-20 6519 N
3-21 $F_x=505$ N，$F_y=546$ N
3-22 4.459×10^3 N
3-23 30°，456.5 N
3-24 $\left(4.63\dfrac{B}{b}-5\right)\rho u_0^2 B$
3-25 1.59×10^2 N
3-26 70.71 N，0°
3-28 $(p+\rho V^2)\pi d^2 h/2$
3-29 4.47 rad/s
3-30 5.171 rad/s，0.324 N·m

第4章

4-1 9032 cm^3/s，79.84 cm^3/s，90.32 cm^3/s，1355 cm^3/s
4-2 7.854×10^{-5} m^3/s，3.722×10^{-6} m，9.12×10^{-3} Pa
4-3 58.8 Pa；6.9 m/s；6.0 m/s；4.8×10^5；0.03 m^3/s
4-4 0.064 m
4-5 0.2 mm
4-6 0.00139
4-7 0.29 m
4-8 0.085 m^3/s
4-9 0.326 m，40.86 kPa
4-10 0.186 m；4.21 m；10 kW
4-11 2.875 m
4-12 0.0093 m^3/s，0.0107 m^3/s
4-13 0.152 m^3/s
4-14 13.9 m
4-15 1085 m/s，2×10^6 Pa

4-16 $3.74\times10^{-4}\ m^3/s$
4-17 $4.13\times10^{-4}\ m^3/s$
4-18 $0.037\ m^3/s$，$0.022\ m^3/s$

第 5 章

5-1 $1.2256\ kg/m^3$
5-2 3433 J/(kg · K)，5493 J/(kg · K)
5-3 −37.93 J/(kg · K)
5-4 1.219
5-5 357.76 K
5-6 0.835
5-7 226.1 m/s
5-8 0.975×10^5 Pa
5-9 319.56 m/s，1.19×10^5 Pa
5-10 6.826×10^5 Pa
5-11 0.774×10^5 Pa
5-14 0.955
5-15 1.6059
5-17 14.877 kg/s
5-18 0.3754 kg/s，0.3951 kg/s
5-19 0.6068 kg/s，0.1455
5-20 292.67 K，1.775×10^5 Pa，36.7 mm
5-21 0.04695 m
5-22 1.8077 kg/s
5-23 0.1122 kg/s
5-24 $12.41\ cm^2$，$12.11\ cm^2$
5-25 1.4234，1.128
5-26 1.1602，0.667 kg/s
5-27 2.15，0.3234 kg/s
5-28 0.111 m，0.0995 m
5-29 2.172 m
5-30 2.797 m，1.044×10^5 Pa，285.8 K
5-32 87.1 m/s
5-33 -2.33×10^5 J/kg
5-34 2.46 J/kg，5.4×10^5 Pa，845 K

第 6 章

6-1 $\frac{\Delta p}{\rho V^2}=f\left(\frac{\rho VD}{\mu},\frac{d}{D}\right)$

6-3 $R=f\left(\frac{p}{\rho T}\right)$

6-4 $h=f\left(\frac{p}{\rho},\frac{c_p}{c_V}\right)$

6-5 $e=f\left(\frac{p}{\rho},\frac{c_p}{c_V}\right)$

6-7 39.22 rad/s，0.933 N·m

6-8 1.16 m/s

6-9 2.83 m/s

6-10 3.42 m/s，7.06×10^4 N，2.4×10^5 N·m/s

6-11 371.32 m/s，135.7 kPa

6-12 63.3 m/s，4.88 F_m

6-13 2.06×10^3 m^3/s，0.21

第 7 章

7-1 0,0,0;2.5，−2.5,0.5;0.5，−0.5,2.5 rad/s

7-2 (a) 无旋,均匀直流线;(b) 有旋,圆流线;(c) 无旋,射线流线

7-3 (a) 不可压缩,无旋,$\varphi=\frac{1}{2}(x^2-y^2)$,$Q=0$,$\Gamma=0$;

(b) 不可压缩,有旋,$Q=0$,$\Gamma=2\pi a^2$;

(c) 不可压缩,无旋,$\varphi=\frac{x^3}{3}-xy^2+\frac{1}{2}(x^2-y^2)$,$Q=0$,$\Gamma=0$

7-4 驻点:(0,0),(−1,−1/4)，(−2,0);$\psi=x^2y+2xy-2y^2$

7-5 (a) $v_r=\frac{Q}{2\pi r}$,$\theta=c$，(b) $v_\theta=\frac{\Gamma}{2\pi r}$,$r=c$

7-6 (a) $p_\infty-\rho Q^2/(8\pi r^2)$；(b) $p_\infty-\rho\Gamma^2/(8\pi r^2)$

7-7 (a) $\varphi=\frac{1}{2}(x^2-y^2)$,$Q=22$,$\Gamma=-14$；(b) $\varphi=-2xy$,$Q=-28$,$\Gamma=-44$

7-8 $2\pi a^2\omega,0,\pi a^2\omega/2$

7-9 (a) 0.5；(b) −0.5；(c) 1

7-11 $\frac{1}{2}(x^2-y^2)-3x-2y$

7-12 $2xy+y$

7-13 (0,0),(0,2),(0,−2),(0.8,2.4)

7-14 2 m^2/s

7-15 (1.061,0),(0.382,0),(0.0477,0.143);$(y-3)^2+x^2=C[x^2+(y+3)^2]$

7-16 $2\pi k,-2\pi k,0$

7-17 88.5 kPa

7-18 $\rho Q^2/(4\pi a)$,$\pm a$

7-20 $\tan(5\pi y)=2y/(y^2-1)$;20.33 Pa

7-21 $\psi=V_\infty r\sin\theta+\frac{Q}{2\pi}\theta,\varphi=V_\infty r\cos\theta+\frac{Q}{2\pi}\ln r$

7-22 $\psi=\frac{Q}{2\pi}\arctan\frac{4a^2xy}{a^4-(x^2+y^2)^2}$

7-23 30°; 1.414×10^6 N,向下

7-24 (−1,0); (1,−0.5)

7-25 $y+0.5b\ln(x^2+y^2)+a\arctan(y/x)=C$

7-26 $x^2+(y+C_1)^2=C_1^2;(x-C_2)^2+y^2=C_2^2$

7-27 $xy=C_1,x^2-y^2=C_2$

7-28 (a) 沿负 y 方向平行流,$v=-1$ m/s;

(b) 强度 2π 点源(−4,0),强度 2π 点汇(4,0),强度 2π 顺时针点涡(−4,0),强度 2π 逆时针点涡(4,0);

(c) 沿负 y 方向平行流,$v=-6$ m/s,沿负 y 方向偶极子,强度 48π。所有 $Q=0,\Gamma=0$

7-29 点源(1,0),点源(−1,0),点汇(0,0) ,强度 $2\pi Q$

$\varphi=Q\ln r_1+Q\ln r_2-Q\ln r_3,\psi=Q(\theta_1+\theta_2-\theta_3)$

其中 $r_1=\sqrt{(x-1)^2+y^2},r_2=\sqrt{(x+1)^2+y^2},r_3=\sqrt{x^2+y^2}$

$\theta_1=\arctan\frac{y}{x-1},\theta_2=\arctan\frac{y}{x+1},\theta_3=\arctan\frac{y}{x}$

流量 $Q=0$

7-30 7402 N

7-31 $p=p_\infty-\rho r^2Q^2/[32\pi^2(r^2+a^2)^3],r=\frac{\sqrt{2}}{2}a$

7-32 $v_r=Q/(2\pi r)$

7-33 $v_\theta=\Gamma/(2\pi r)$

第 8 章

8-1 −39.5 Pa,−39.5 Pa,−0.3 Pa,0.228 Pa,0

8-2 $161.25z-6125z^2$;6.021×10^{-3} m²/s;$y=0$ 时为 12.9 Pa,$y=h$ 时为 3.1 Pa

8-3 3675 Pa/m; 0.08 m²/s; 147 Pa; 1.125 m/s

8-4 $u=-150y+71632(0.01-y)y,p=250069-120200x-6934y,\tau=-800$ Pa

8-5 $u=\frac{\rho g}{\mu}y\left(h-\frac{y}{2}\right)\sin\alpha,V=\frac{1}{3}\frac{\rho gh^2}{\mu}\sin\alpha$

8-6 $u_1=\frac{h^2}{2\mu_1}\frac{\partial p}{\partial x}\left[\frac{y^2}{h^2}-1+\frac{\mu_1-\mu_2}{\mu_1+\mu_2}\left(\frac{y}{h}-1\right)\right],u_2=\frac{h^2}{2\mu_2}\frac{\partial p}{\partial x}\left[\frac{y^2}{h^2}-1+\frac{\mu_1-\mu_2}{\mu_1+\mu_2}\left(\frac{y}{h}+1\right)\right]$

8-7 $u_1=\frac{U}{\mu_1+\mu_2}\left(\mu_2\frac{y}{h}+\mu_1\right),u_2=\frac{U}{\mu_1+\mu_2}\left(\mu_1\frac{y}{h}+\mu_1\right)$

8-8 0.375 mm/s

8-9 0.12 s

8-10 2.56×10^{-3} m³/s; 0.904 N·m

8-11 (a) $4\mu\frac{\omega_1}{a},4\mu\frac{\omega_2}{b}$; (b) 0,0; (c) 0,0

8-12 4.6，$0.933\frac{x}{\sqrt{Re_x}}$，$0.462\frac{x}{\sqrt{Re_x}}$

8-13 $5.48\frac{x}{\sqrt{Re_x}}$，$\frac{1.46}{\sqrt{Re_L}}$

8-14 $4.79\frac{x}{\sqrt{Re_x}}$，$\frac{1.31}{\sqrt{Re_L}}$

8-15 1.328 N

8-16 4 cm，0.538 N

8-17 0.1236 m，0.1397 m/s

8-18 39.64 kW

8-20 1.256×10^{-3} m^2/s，1140 kg/m^3

8-21 414 mm，585 mm，870 mm；20 m/s，14.50 m/s，9.75 m/s

第 9 章

9-1 845.5 m/s

9-2 0.4969

9-3 208.3 m/s，0.6227

9-4 537.58 m/s，2.75

9-5 170.02 m/s，1.6872×10^5 Pa

9-6 256.7 m/s，0.4926，2.44

9-7 18.03°，3.6476

9-8 79.74°，24.36°

9-9 8.64°，1.06

9-10 32°，2.0784

9-13 10.64°

9-14 53.53°

9-15 6.89°

9-16 11.48 kPa

9-17 0.746×10^5 Pa，285.48 K，3.5376

9-18 1.523，1.776

第 10 章

10-1 18.35 kg/m^3，8.87 kg/m^3，9.16×10^{-4} kg/m^3

10-2 0.0491 kg/m^3，0.0101 kg/m^3，0.0333 kg/m^3，0.0101 kg/m^3

10-4 5.67×10^{-6} kg/m^3，2.09×10^{-6} kg/m^3

10-5 $0.05947\exp\left[-\frac{(x-720)^2}{360}\right]$，720 m，0.0595 kg/m^3

参考文献

[1] 赵汉中. 工程流体力学(Ⅰ)、(Ⅱ)[M]. 武汉:华中科技大学出版社,2005.

[2] 莫乃榕. 工程流体力学[M]. 武汉:华中理工大学出版社,2000.

[3] 周光炯,严宗毅,许世雄,等. 流体力学[M]. 北京:高等教育出版社,2000.

[4] 休斯 W F,布赖顿 J A. 流体动力学[M]. 许燕侯,等译. 北京:科学出版社,2002.

[5] 巴切勒 G K. 流体动力学引论[M]. 沈青,甄思淼,译. 北京:科学出版社,1997.

[6] 怀特 F M. 流体力学[M]. 陈建宏,译. 台北:晓园出版社,1992.

[7] 普朗特 L,等. 流体力学概论[M]. 郭永怀,陆士嘉,译. 北京:科学出版社,1981.

[8] 丁祖荣. 流体力学[M]. 北京:高等教育出版社,2003.

[9] 庄礼贤,尹协远,马晖扬. 流体力学[M]. 合肥:中国科技大学出版社,1997.

[10] 吴望一. 流体力学[M]. 北京:北京大学出版社,1982.

[11] 潘文全. 流体力学基础[M]. 北京:机械工业出版社,1980.

[12] 张兆顺,崔桂香. 流体力学[M]. 北京:清华大学出版社,1999.

[13] 郭清南,祝世兴. 流体力学及应用[M]. 北京:机械工业出版社,1996.

[14] FOX R W, MCDONALD A T. Introduction to fluid mechanics[M]. Fifth Edition. New York:John Wiley & Sons Inc,1998.

[15] 力学名词审定委员会. 力学名词[M]. 北京:科学出版社,1993.